资源节约综合利用专项经费资助项目

主要发达国家
废弃电子产品管理
及我国相关政策研究

Waste Electronic Product Management in Major
Countries and Relevant Policies in China

曲凤杰◎主编

中国市场出版社
China Market Press

·北京·

图书在版编目（CIP）数据

主要发达国家废弃电子产品管理及我国相关政策研究/
曲凤杰主编. —北京：中国市场出版社，2016.9

　　ISBN 978－7－5092－1488－6

　　Ⅰ．①主… Ⅱ．①曲… Ⅲ．①电子产品-废物处理-
对比研究-中国、外国 Ⅳ．①X760.5

　　中国版本图书馆 CIP 数据核字（2016）第 088036 号

主要发达国家废弃电子产品管理及我国相关政策研究

ZHUYAO FADA GUOJIA FEIQI DIANZI CHANPIN GUANLI JI WOGUO XIANGGUAN ZHENGCE YANJIU

主　　编：曲凤杰
责任编辑：宋　涛（zhixuanjingpin@163.com）
出版发行：中国市场出版社
社　　址：北京市西城区月坛北小街2号院3号楼（100837）
电　　话：(010) 68034118/68021338/68022950/68020336
经　　销：新华书店
印　　刷：河北鑫宏源印刷包装有限责任公司
规　　格：185mm×260mm　　16 开本
印　　张：29.5　　　　　　　　字　　数：560 千字
版　　次：2016 年 9 月第 1 版　　印　　次：2016 年 9 月第 1 次印刷
书　　号：ISBN 978－7－5092－1488－6
定　　价：68.00 元

国家发展和改革委员会资源节约和环境保护司委托项目

项目指导

李 静 牛 波 马维辰 岳 高

项目成员

主 编：曲凤杰

副主编：李大伟 杜 琼

编 委：高颖楠 金瑞庭 季剑军

冯 叶 章潇萌 朱梦曳

华 漠 李慧慧 耿 炎

陈佳奇 方 庆 刘 鹏

任继球 李丽平 何 石

罗云开

问卷调查协作单位

中国再生资源回收利用协会

中国电子视像行业协会

中国家用电器研究院

目录

Waste
Electronic Product Management in Major
Countries and Relevant Policies in China

国 别 篇

⚡Z 评 估 篇

⚡Z 影 响 篇

Z 目 录 篇

Z 对策篇

国别篇 Waste
Electronic Product Management in Major Countries and Relevant Policies in China

· 美国废弃电子产品回收再利用政策研究

· 欧盟废弃电子电气产品回收处理政策研究

· 日本废弃电器电子产品回收处理政策研究

美国废弃电子产品回收再利用政策研究

一、美国废弃电子产品管理法律概述

美国是世界上最大的经济体，也是世界上电子产品的进口大国和消费大国，因各种电子产品消费量巨大，由此而产生的各种电子废弃物规模巨大。由于美国易于从全球获取资源，导致国内不重视对废弃物的利用，废弃物回收利用率总体不高。但随着资源消耗的增加和环保意识的增强，美国政府、企业界和美国公民也认识到加强废弃物管理对保护环境和节约资源的重要性。

尽管电子废物仅占美国固体废弃物总量的1%～2%，占市民生活垃圾的8%左右，但其管理却备受重视。主要原因有二：一方面，由于电子产品推陈出新速度快，废弃量增长迅猛；另一方面，由于电子产品所使用材料复杂，废弃产品回收处理的环境效益较高。目前，美国有关电子废弃物回收利用的循环经济模式日益成熟，相关的法律体系也趋于完善。

（一）联邦有关立法基本情况

尽管对电子垃圾处理的设想已超过十年，但美国国会始终没有提出一份正式的联邦电子垃圾处理和回收方案的建议。2000年12月制订的《国家电子产品管理计划》规定了联邦层面的电子垃圾管理架构，试图建立一个统一的涵盖全部特定产品的目录，以及一个支撑联邦电子垃圾处理计划的融资体系。但该计划在2004年由于没能解决资金来源问题而搁浅。

由于回收电子垃圾所需的融资机制无法在全国范围内获得一致的支持，这阻碍了联邦层级的立法。另外，美国环保署（EPA）对于制定综合性的电子垃圾处理法规，也缺乏足够的立法权限，这也极大地限制了EPA解决国内电子垃圾问题的能力。

由于日渐认识到电子垃圾问题的严峻，考虑到产品本身的毒性，一旦处置不当有可能造成人体健康安全隐患，对公众健康和环境产生影响，因此在进行回收、翻新、原料和能源再利用、灰化和处理时，务必谨慎从事。对于电子垃圾，《美国资源保护和循环利用法》（RCRA）主要对阴极射线管的处理和出口做了相应的规定。EPA 关于阴极射线管的立法内容包括国内部分的规定以及对回收者在出口环节之前设置提示注意义务。

由于国会无力对电子垃圾数量持续增长的局面提供应对之策并建立联邦级立法，给各州留下了政策空间。

（二）各州相关立法及主要内容

迄今为止[1]，美国已有 25 个州通过了全州范围内的电子垃圾回收法律，其中 23 个州和纽约市明确生产者责任延伸制度，加州明确消费者预付回收利用费制度，犹他州通过了生产者教育的立法，这也就意味着美国已有 65% 的人口受电子废物回收处理法的规制，还有一些州致力于通过新法律或改善现有法律。另一些州，如阿肯色州、马萨诸塞州、蒙大拿州、新罕布什尔州、新墨西哥州等虽然没有明确的电子垃圾回收法，但也在相关法案中有对电子废物管理的相关规定。

1. 实行消费者预付费制度的州

加州

该州修订后的《电子废物回收法》于 2003 年签署，2005 年 1 月 1 日开始回收电子废物。所规定的电子目录产品主要包括电视机和显示器，便携式 DVD 播放器。该法案的特点是规定购买电子产品目录中所涵盖的产品，消费者需要支付 6 美元到 10 美元不等的费用，这取决于视频显示器的大小。收取的费用计入州回收基金，然后用于支付合格的电子废物的收集和回收企业，以弥补其进行电子废物处理的成本。基金专款专用。

尽管加州在 2003 年通过了基于预付费（ARF）的电子废弃物回收法案，2007 年 9 月加州通过了号召采用"生产商责任延伸"（EPR）的决议，作为未来加州立法的框架。

2. 实行生产者责任延伸制度的州

（1）康涅狄格州

该州修订后的《受管制电子产品回收法》于 2007 年 7 月签署，2009 年 1 月 1 日生效，但直到 2011 年初才开始真正进行电子废物回收。所规定的回收目录产品主要包括电视机、显示器、个人电脑和笔记本电脑。该法案规定了废弃电子设备强制回收计划，目录中的电子设备生产者必须参与一项计划，收集、运输和回收这些产

---

[1]　即 2013 年 9 月。

品，安排运输到回收和循环再造名录厂家。

（2）夏威夷州

该州《电子设备回收法》于 2008 年 7 月 1 日签署，但 2010 年 1 月 2 日才开始回收计划。所规定的回收目录产品主要包括电视、电脑显示器或任何具有显示大于 4 英寸或包含电路板的设备。该州法案特点是截至 2009 年 1 月 1 日，各生产者新供出售的电子设备必须在卫生署注册，并交纳 5 000 美元的登记费。自 2009 年 7 月 1 日后的每年，每个生产者必须向卫生署递交一份计划书，针对在夏威夷出售的特定电子设备的收集、交易和循环使用事项进行规划、实施和管理。

（3）伊利诺伊州

该州的《电子产品再使用和回收再利用法》于 2008 年签署，2010 年 1 月 1 日才开始回收计划，所规定的回收目录产品主要包括电脑、电视、手机、掌上电脑、打印机、传真机、游戏机、录像机、DVD 播放机、iPod 播放器、其他设备（不包括计算机及打字机）。

法案特点是需要厂商建立设施，以接受消费者的电子垃圾。截止到 2012 年，某些电子废物市政废物卫生填埋场处置方式，以及电子废物用焚化炉焚化处置的方式将被禁止。该法案只适用于居民产生的电子设备，但该项规定影响了许多企业参与其中。生产者未向伊利诺伊州环境保护局（IEPA）下属的土地管理局（BOL）缴纳注册费，将会面临每天高达 1 万美元的民事罚款。

（4）印第安纳州

该州环境法的修订于 2009 年 5 月 13 日签署，2010 年 4 月才开始电子废物的回收计划。所规定的回收目录产品主要包括电视、电脑、笔记本电脑、键盘、打印机、传真机、DVD 播放机、盒式磁带录像机。

该法案特点是需要视频显示器供应商收集和回收他们在过去一年在印第安纳州出售的产品体积总重量的 60%，在最开始的两年，生产者若不能实现这些目标将会支付额外的回收费用，所支付费用的多少与距离目标的差距成正比。

（5）缅因州

缅因州的《关于构建责任承担体系以安全回收和再循环废弃电器电子产品的公共健康和环境保护法》于 2004 年签署，2009 年修订后扩大了产品的范围，2011 年修订后扩展了参与回收的主体范围，其中最初关于电子废物回收的规定于 2006 年 1 月 18 日生效。所规定的回收目录产品主要包括电视机、电脑显示器或任何具有显示大于 4 英寸或包含电路板的电子设备。

该法案要求各市将废旧电脑和废旧电视监视器送到生产者资金充足的分货中心。厂家要根据缅因州的环境无害化回收指引，给运输和循环利用电子垃圾付费。生产者根据他们在缅因州的回收产品的数量，包括"无主产品"的份额（无主元件是指生产者生产过的已经停产的部件）来计算他们的成本分摊。

（6）马里兰州

该州《关于州内电子废物回收计划环境法》法案于 2005 年签署，2006 年 1 月 1 日开始回收电子废物。所规定的回收目录产品主要包括台式电脑、笔记本电脑和电视机。该法案建立了从城镇到城镇的收集系统，生产者负责为项目筹集资金或创建他们自己的计划。该法案在 2007 年增加了一项新举措并进行了更新，扩大了产品范围，将电视和其他显示设备涵盖在内。修订过的全州电子垃圾回收计划于 2012 年 10 月 1 日生效。法案有两处重要的改动，一是采取级差制收取注册费（依据是生产者的销售量），二是对电子产品回收计划增加新的要求，即就电子垃圾存储数据的销毁提供教育和指导材料，这项举措可以用来核减更新注册费。

（7）密歇根州

格兰霍姆州长于 2008 年 12 月 26 日签署《自然资源与环境保护法》，其中关于回收计划的规定 2010 年 4 月 1 日生效。所规定的回收目录产品主要包括电视机、电脑显示器、笔记本电脑和打印机。该法律给电脑生产者增加了一个新的 2 000 ~ 3 000 美元的年度注册税（registration tax），包括在密歇根州出售的关联设备和影像显示设备，税款可能会在 2015 年后有所增加。该法律还制定一个新的监管制度，强制要求厂家制定回收和再利用的方案。

（8）明尼苏达州

普兰提州州长于 2007 年 5 月 8 日签署了《关于构建视频播放设备收集、运输和回收环境法》，于 2007 年 8 月开始回收计划，所规定的回收目录产品主要包括电视机、电脑显示器、笔记本电脑、电脑、打印机、扫描仪等电脑外设。

所涵盖设备的生产者必须向国家注册，缴纳登记注册费并制订电子废物回收计划。这些生产者必须达到既定的回收目标，生产者在 2008 年 7 月前，回收目标是必须达到占州内售出的特定电子产品总重量的 60%，自 2008 年 7 月后比例为每年 80%。

（9）密苏里州

《生产者责任和消费者设备回收法》于 2008 年 6 月 16 日签署，2010 年 7 月 1 日后开始回收计划。所涵盖的设备只有电脑。该法案要求电脑生产者实施"复苏计划"来收集、回收或再利用陈旧设备。该计划必须实施，且生产者在将该计划副本提交自然资源部后才能在密苏里州出售其电脑。同时，生产者还必须在设备上标注商标来确定其身份。

（10）新泽西州

新泽西州的《电子废物管理法》最初于 2008 年 1 月 15 日签署，经过 2009 年 1

月 12 日的修订后，其中关于回收的规定自 2011 年 4 月生效。所规定的回收目录产品主要包括台式机、显示器、手提电脑、电视机。该项生产者责任立法是 2008 年签署的，根据计划要求目录产品的生产者每年支付注册费并订立回收计划。对于所涵盖的电子设备，建立在市场份额上的回收目标必须每年都要完成，生产者收集和回收覆盖电子设备生产商超过目标的可以出售信用额度给其他注册的生产者，从而将其信用额度用在次年目标实现上。

（11）纽约州

纽约州的《电子设备收集、再使用和回收利用法》（EERRA）于 2010 年 5 月 29 日签署，从 2011 年 4 月 1 日开始回收处理电子废弃物。所规定的回收目录产品主要包括电视机、电脑显示器、电脑、电脑周边设备、打印机、传真机、小型电子设备和小规模服务器。

该法案被誉为全美最先进、最到位的电子垃圾处理法案，它设计了一个相互关联的对电子垃圾回收供应链上的每一个参与者行为的激励和抑制机制，覆盖了生产、零售、消费到垃圾回收、再生处理等各个环节的主体，在全州范围内实现了电子垃圾回收的目标，采用将回收费用的负担分配给生产者的做法，在减少消费类电子产品中使用有毒原材料的激励措施方面十分合理有效。

该法案要求生产者设立一个综合性的由生产者提供资金支持的电子垃圾回收处理体系，这一模式不需要消费者、学校、市政当局和小企业，以及小型的非营利组织付费。

（12）纽约市

纽约市是第一个通过《电子废物回收法》的市政当局，该法案于 2008 年 4 月 1 日签署，但从 2009 年 7 月 1 日才开始回收处理电子废弃物。所规定的回收目录产品主要包括 CPU、电脑显示器、电脑配件（包括键盘和鼠标）、笔记本电脑、电视、打印机、便携式音乐播放器。

该法案需要某些电子设备生产者创建一个征收系统。该系统对于城市内任何一个想妥善丢弃他们的电子产品的公民均适用。该法案还禁止将电子废物处理纳入城市固体废弃物流。

（13）北卡罗来纳州

该州修订后的《北卡罗来纳州通则法》于 2007 年 8 月签署成为法律，2008 年 8 月修订后将电视增加为产品目录，2010 年 1 月 1 日开始回收处理电子废弃物。所规定的回收目录产品主要包括台式机、笔记本电脑、显示器、键盘、鼠标。该措施需要目录产品的生产者为来自于征收地点的目录产品支付运输和回收成本。

（14）俄克拉荷马州

俄克拉荷马州《关于构建计算机设备回收法》于 2008 年 5 月 13 日签署成为法

案，2009 年 1 月 1 日才开始对电子废物进行回收处理。所规定的回收目录产品主要包括台式机、笔记本电脑、电脑显示器，不包括电视机。该法案要求在俄克拉荷马州进行商贸行为的电脑生产者需要给州环境质量部提供电脑回收或循环利用系统的证据，如建立自动回复邮件系统或与州电子回收商店签订的合同。该法案同时规定，如果任何生产者不合格还将取消他们参与政府招投标合同的权利。

（15）俄勒冈州

《电子产品回收法》于 2007 年 6 月签署，2009 年 1 月 1 日正式开始回收处理电子废物。所规定的回收目录产品主要包括电视机、显示器、个人电脑、笔记本电脑。

覆盖电子设备生产商（CEDS）必须注册参加回收项目，并提供电子废物的收集点。生产者依据他们在州出售目录电子设备的市场份额来支付一定费用，该法律还禁止对 CEDS 收取托收费（collection fee）。

（16）宾夕法尼亚州

该州法案《议会法案》（第 708 号）于 2010 年 11 月 23 日签署生效，2011 年 1 月 23 日开始回收电子废物。所规定的回收目录产品主要包括电视机和计算机设备，还包括硬盘驱动器、显示器、键盘、鼠标和打印机等。该法案于 2010 年 11 月 24 日签署，使宾夕法尼亚州成为第 24 个采用电子回收系统的州。覆盖设备回收法案要求电子垃圾生产者收集、运输和回收其生产电子设备。生产者将被要求提交计划至环境保护部，供其审查和批准。该法案还规定，在立法生效后的两年后禁止电子垃圾的填埋处理。

（17）罗得岛州

罗得岛州的《关于废弃电器电子产品管理以保护公众健康和安全的生产者责任法》于 2008 年 6 月 27 日签署成为法案，2009 年 2 月 1 日开始回收电子废物。所规定的回收目录产品主要包括电视机、显示器、个人电脑和笔记本电脑。

该法案在罗得岛州建立一个所涵盖产品的收集、循环再利用并由生产者资助的系统。生产者或者创立自己的电子垃圾回收系统，或者向本州的资源再生公司所属的电子垃圾回收项目缴费，这一项目未来将会扩张。

（18）南卡罗来纳州

该州法案《生产者的责任和消费者便利信息技术设备收集和复苏法案》于 2010 年 5 月 19 日签署，2011 年 7 月 1 日开始回收电子废物。所规定的回收目录产品主要包括台式机、笔记本电脑、电脑显示器、打印机和电视。

该项措施建立了一个全州范围内的生产者责任延伸计划，旨在收集和回收电子设备。

（19）德克萨斯州

《关于消费计算机设备回收计划法》于 2007 年 6 月签署，2008 年 9 月 1 日开始回收电子废物。2011年6月又新通过了《电视设备回收计划法》，所规定的回收目录产品主要包括台式机、笔记本电脑、显示器。

电子设备生产者需支付收集、运输和回收再利用涵盖设备的费用，同时建立自己的回收处理项目。

（20）佛蒙特州

该州法案于2010年4月19日签署，2011年7月1日开始回收电子废物。所规定的回收产品主要包括电脑（包括笔记本电脑）、电脑显示器、含有阴极射线管、打印机和电视设备。

该法案禁止对电脑和其他包含有害物质的电子设备进行垃圾填埋处理，同时也为消费者建立一个方便且免费的回收所涵盖电子设备的回收系统。

（21）弗吉尼亚州

《关于计算机设备回收的生产者责任计划法》于2008年3月11日签署，2009年7月1日开始回收电子设备。所规定的回收目录产品主要包括台式电脑、笔记本电脑。

该项生产者责任法案要求生产者成立一个收集系统，为消费者返回电脑设备提供免费再利用。

（22）华盛顿州

《关于构建电子产品回收法》于2006年3月通过，2009年1月1日开始回收电子废物。所规定的回收目录产品主要包括电视机、显示器、笔记本电脑和台式电脑。

该州的电子垃圾回收立法的设计理念是建立一个灵活的、以高效市场为基础的电子垃圾回收体系，实施者是企业而非政府，激励企业生产对环境影响更小的产品，企业应将电子垃圾回收处理费用作为经营成本负担，这部分开支将纳入产品价格之中。

（23）西弗吉尼亚州

该州参议院法案（第746号）第22篇第15A款修订的法令于2008年3月1日通过，2008年7月正式开始回收电子废物。所规定的回收目录产品主要包括电视机、显示器、笔记本电脑和台式电脑。

该法案要求生产者制订回收计划。生产者为州基金登记缴纳会费，会费用来偿还城镇和市政回收计划及行政成本。

（24）威斯康星州

《电子废物回收法》于2009年10月23日签署成为法案，2010年2月1日正式开始回收电子废物。所规定的回收目录产品主要包括桌面式打印机、电脑、电视、直径至少是7英寸的电脑显示器以及其他可能获得回收抵免的电子设备。

该法案在州内建立了收集和回收再利用系统，专门针对住户丢弃的特定消费性电子产品。禁止在州内垃圾填埋或焚烧这些设备。生产者只有具备以下条件，才被允许通过直接销售或零售商转售的方式售卖目录电子产品给威斯康星州的住户：（1）在自然资源部登记注册；（2）对合格电子设备的收集和回收利用进行安排；（3）提交必要的报告；（4）每年支付5 000美元的登记费，如有需要的话，还需交付差额费用。回收的目标被定为该项目实施年度之前三年出售的电子设备总重量的80%，其中包括卖给家庭的和卖给公立学校的。

3. 通过生产者教育立法的州

犹他州

州法案于2011年3月22日签署，2011年7月1日正式开始回收电子垃圾。所规定的回收目录产品主要包括电脑及电脑外围设备（包括打印机）、电视和电视外部设备。

犹他州是美国第25个采取电子垃圾回收系统的州。涵盖电子设备的生产者需符合犹他州环境质量部的报告要求（其中包括回收系统），同时为消费者的回收和再利用选择提供公共教育。该州法案的一大特点就是没有对于电子废物收集的要求，只对教育做出强制性规定。

4. 其他有相关法律规定的州

（1）阿肯色州

《关于计算机和废弃电器电子产品管理法》于2001年颁布，2008年正式开始回收电子设备，所规定的回收目录产品只包括州机构产生的电子垃圾。设备包括电脑、电脑显示器、电视、视频和立体声设备、显示器、计算机、录像机、键盘、打印机、电话和传真机。

该法案为处理电脑和填埋电子垃圾设定最后期限。州内政府机构需捐助和回收所有涵盖的电子设备。

（2）马萨诸塞州

《废弃物处置禁令》于2000年颁布。同年，马萨诸塞州所有的固体处理装置禁止处理电视和电脑显示器中的阴极射线管（CRT）。

（3）蒙大拿州

《关于电子废物回收或安全处置信息发布法》于2007年4月修订，所规定的回收目录产品主要包括视频、音频、通信设备、计算机和家用电器等。

该法案为家庭有害废物回收建立公共教育系统。这一项目能为人们提供信息来决定是否将危险家庭废弃物（HHW）填埋处理，以及如何选择将电子垃圾进行循环再生。

（4）新罕布什尔州

该州法案 2007 年 7 月 1 日有效。该法禁止在固体垃圾填埋场或焚化炉处理视频显示设备（包括阴极射线管）。州环境服务部将被要求监察处置电子废物。

（5）新墨西哥州

《关于制定电子产品回收和环境友好技术指南的要求》于 2008 年 2 月 12 日修订后很快生效，该法案涉及州设备的采购和回收。它要求州环境管理部门（DEP）与独立小组合作，截至 2009 年 12 月 1 日，为州电子设备的采购和回收提建议。由特别工作组专门为州立机构制定对环境无害的电子产品采购和回收指导方针。

各州相关立法名称和生效日期见表 1-1。

表 1-1　美国各州废弃电子产品管理立法情况

序号	州名	法规名称	签署日期	生效日期
1	加州	《电子废物回收法》	2003 年	2005 年 1 月 1 日
2	康涅狄格州	《受管制电子产品回收法》	2007 年 7 月	2011 年初
3	夏威夷州	《电子设备回收法》	2008 年 7 月	2010 年 1 月 2 日
4	伊利诺伊州	《电子产品再使用和回收再利用法》	2008 年 9 月 17 日	2010 年 1 月 1 日
5	印第安纳州	《州环境法》	2009 年 5 月 13 日	2010 年 4 月
6	缅因州	《关于构建责任承担体系以安全回收和再循环废弃电器电子产品的公共健康和环境保护法》	2004 年初次签订，2009 年修订扩大了产品范围，2011 年修订扩大了所涵盖的整体范围	2006 年 1 月
7	马里兰州	《关于州内电子废物回收计划环境法》	2005 年	2006 年 1 月
8	密歇根州	《自然资源和环境保护法》	2008 年 12 月 26 日	2010 年 4 月 1 日
9	明尼苏达州	《关于构建视频播放设备收集、运输和回收环境法》	2007 年 5 月	2007 年 8 月
10	密苏里州	《生产者责任和消费者设备回收法》	2008 年 6 月 16 日	2010 年 7 月 1 日
11	新泽西州	《电子废物管理法》	2008 年 1 月 15 日签订，2009 年 1 月 12 日修订	2011 年 4 月 1 日
12	纽约州	《电子设备收集、再使用和回收利用法》	2010 年 5 月 29 日	2011 年 4 月 1 日
13	纽约市	《电子废物回收法》	2008 年 4 月 1 日	2009 年 7 月 1 日
14	北卡罗来纳州	《北卡罗来纳州通则法》	2007 年 8 月签署，2008 年 8 月将电视加入法案中	2010 年 1 月 1 日

续　表

序号	州名	法规名称	签署日期	生效日期
15	俄克拉荷马州	《关于构建计算机设备回收法》	2008 年 5 月 13 日	2009 年 1 月 1 日
16	俄勒冈州	《电子产品回收法》	2007 年 6 月	2009 年 1 月 1 日
17	宾夕法尼亚州	《议会法案》（第 708 号）	2010 年 11 月 23 日	2011 年 1 月 23 日
18	罗得岛州	《关于废弃电器电子产品管理以保护公众健康和安全的生产者责任法》	2008 年 6 月 27 日	2009 年 2 月 1 日
19	南卡罗来纳州	《生产者的责任和消费者便利信息技术设备收集和复苏法案》	2010 年 5 月 19 日	2011 年 7 月 1 日
20	德克萨斯州	《关于消费计算机设备回收计划法》《电视设备回收计划法》	计算机法案 2007 年 6 月；电视法案 2011 年 6 月	2008 年 9 月 1 日
21	佛蒙特州	佛蒙特法案	2010 年 4 月 19 日	2011 年 7 月 1 日
22	弗吉尼亚州	《关于计算机设备回收的生产者责任计划法》	2008 年 3 月 11 日	2009 年 7 月 1 日
23	华盛顿州	《关于构建电子产品回收法》	2006 年 3 月	2009 年 1 月 1 日
24	西弗吉尼亚州	西弗吉尼亚州参议院法案（22-15A-2，5）	2008 年 3 月 1 日	2008 年 7 月 1 日
25	威斯康星州	《电子废物回收法》	2009 年 10 月 23 日	2010 年 2 月 1 日
26	犹他州	《电子废物回收法》	2011 年 3 月	2011 年 7 月 1 日
27	阿肯色州	《关于计算机和废弃电器电子产品管理法》	2001 年	2008 年
28	马萨诸塞州	《废弃物处置禁令》	2000 年	2000 年
29	蒙大拿州	《关于电子废物回收或安全处置信息发布法》	2007 年 4 月	2007 年
30	新罕布什尔州	《议会法案》（第 1455-FN-A 号）	2007 年	2007 年 7 月 1 日
31	新墨西哥州	《关于制定电子产品回收和环境友好技术指南的要求》	2008 年 2 月 12 日	2008 年

（三）美国废弃电子产品管理立法的主要特点

1. 缺少联邦层面的统一立法

尽管做过尝试，但由于融资机制面临困难，美国没有建立联邦层面的法律。美国环保署没有电子垃圾回收处理综合性立法权限，EPA 的工作重心主要集中在国际层面的有毒有害物质处理上，监管对象局限于阴极射线管和被《美国资源保护和循环利用法》界定为潜在有毒设备的物品。

2. 各州立法时间和生效时间相对集中

美国目前有 25 个州有电子废弃物回收立法，从各年立法数目看，2007、2008 年各州推行实施废弃电子产品管理法呈现出峰值，新泽西、俄克拉荷马、弗吉尼亚、西弗吉尼亚、密苏里、夏威夷、罗得岛、伊利诺伊及密歇根州相继推出适应于各州实际情况的废弃电子产品管理法。而生效日期则集中在 2010 年以后，有 13 个州法案在 2010 年以后开始生效。

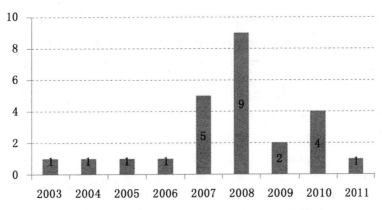

图 1-1　美国各年份废弃电子产品管理法出台情况

数据来源：美国国家环境保护局（U. S. Environmental Protection Agency）。

3. 各州立法内容差异较大

在截至目前已经推行废弃电子产品管理法的 25 个州中，德克萨斯、华盛顿及俄勒冈等 23 个州以及纽约市要求电子产品生产商承担回收处理成本，即推行生产者责任延伸制度；加利福尼亚州则要求消费者承担回收处理成本，即推行消费者预付回收利用费制度；犹他州并不向电子产品生产商或消费者强制规定回收处理义务，仅要求电子产品生产商向消费者履行关于回收、重复使用及循环利用的教育的责任。即便同是实行生产者责任延伸制度的州，有的采用比较温和的"生产者责任"模式，只是规定了资金责任，有的则比较严格，要求企业设立回收处理设施，履行直接参与责任。此外，各州法律对纳入管理的目录产品范围、资金制度和监管规则都有比较大的差异。

4. 要求联邦立法的呼声很高

美国各州法律立法目的都是回收废弃电器电子产品，禁止或避免废弃电器电子产品的填埋处置。但是各州废弃电器电子产品管理法规实施的方式却各有不同，这导致跨州经营企业因履行各州不同的法规要求而使回收工作趋于复杂，处理成本也增加。为此，受法规约束的各相关方强烈呼吁联邦立法。

二、美国废弃电子产品目录比较

（一）美国废弃电子产品目录涵盖的范围

与中国将废弃电子产品回收处理监管范围界定为电视机、电冰箱、洗衣机、房间空调器及微型计算机不同，美国定义的"废弃电子产品"由电子计算机、电视机、硬拷贝设备及移动设备等黑色家电构成，而不包括电冰箱、洗衣机等白色家电。美国废弃电子产品目录通常覆盖的范围如表1-2所示，主要囊括了各类电子计算机、电视机、打印机及扫描仪等硬拷贝设备和数量增长迅速的移动设备。

表1-2 美国各州相关法规主要覆盖的废弃电子产品种类

电子计算机	电视机	硬拷贝设备	移动设备
笔记本电脑	阴极射线管电视机	打印机	移动电话
台式机 CPU	平板电视机	传真机	智能手机
显示器	投影机	扫描仪	掌上电脑
键盘	黑白电视	复印机	寻呼机
鼠标		多功能设备	

数据来源：美国国家环境保护局（U. S. Environmental Protection Agency）。

各州的电子垃圾立法中电子设备的范围各不相同（尽管电视机、手提电脑、显示器一般来说是包括的）。一些州法倾向于管制阴极射线管，如电脑显示器和电视机。然而，有一些州，如明尼苏达，电子设备更为广泛。明尼苏达州的电子垃圾法律涵盖计算机、附属设备、传真机、DVD播放器、视频磁带录音机和视频显示设备。这意味着生产者的某些产品在该州将会受到不同于其他州的额外限制。

（二）代表性州废弃电子产品管理目录

1. 加州

在加州，所谓被立法涵盖的电子设备是指被该州公共资源法典42463条（e）款中产品目录列明的电子设备，具体包括：电视机和显示器中使用的阴极射线管（CRTs），液晶显示器（LCD），含LCD屏幕的手提电脑、液晶电视机、等离子电视机以及其他被加州健康和安全法典25214.10.1（b）款中由加州有毒有害物质控制局（DTSC）列明的产品。但以下电子设备如汽车、商业或工业设备不在上述范畴，包括但不限于商业医疗设备，包含阴极射线管、阴极射线管装置、平板屏或其他类似包含在内而非分开的视频显示设备，以及一部分工业或商业设备。

2. 康涅狄格州

该州目录所涵盖的电子设备包括台式机或个人电脑、电脑监视器、便携式电脑、基于阴极射线管的电视和非基于阴极射线管的电视或其他类似或法规中规定的根据该法案第 11 条确定的出售给消费者的辅助电子设备。但所指的电子设备不包括以下内容：

（1）作为机动车辆一部分的电子装置或任何作为组装机动车辆一部分的电子装置，或车辆生产者或特许经销商，包括在使用中的机动车辆更换的零件；

（2）用于工业、商业或医药用处的大型设备中的电子设备，包括诊断、监测和控制设备；

（3）洗衣机、干衣机、冰箱、冰柜、微波炉、传统烤箱中的电子设备；

（4）洗碗机、房间空调器、除湿机、空气净化器，任何类型的电话，除非它们含有依照对角线测量超过 4 英寸的视频显示器；

（5）任何用于访问商业移动广播服务的手持设备。

3. 夏威夷州

所涵盖的电子设备包括：电脑、电脑打印机、电脑显示器或便携式计算机，或从对角线测量屏幕尺寸大于 4 英寸的电子设备。不包括：

（1）机动车辆所涵盖的电子设备或机动车辆的任何组装零件，或机动车辆的生产者或特许经销商，包括机动车辆中替代使用的部分；

（2）用于工业、商业或医药用处的大型设备中的电子设备，包括诊断、监测和控制设备；

（3）洗衣机、干衣机、冰箱、冰柜、微波炉、传统烤箱中的电子设备；

（4）洗碗机、房间空调器、除湿机、空气净化器，任何类型的电话。

4. 伊利诺伊州

所涵盖的电子设备指任何一台电脑、计算机显示器、电视机、打印机（打印机无论购买地点，只要是在该州所在地取得服务即可），不包括以下内容：

（1）机动车辆所涵盖的电子设备或机动车辆的任何组装零件，或机动车辆的生产者或特许经销商，包括机动车辆中替代使用的部分；

（2）用于工业、商业、图书馆结账、交通管制、电话亭、安全（除了家庭安全），政府、农业、医疗环境，包括但不限于诊断、监控或控制设备，作为这些用途的设备中功能性或物理性的电子设备组成部分；

（3）包含在洗衣机、干衣机、冰箱、冰柜、微波炉、传统的烤箱、洗碗机、房间空调器、除湿机、水泵、液下泵、空气液化器中的电子装置。

5. 印第安纳州

所涵盖的电子设备是指通过零售、批发或电子商务形式出售的电脑、外部设备、传真机、DVD 播放器、磁带录像机、视频显示设备。

6. 缅因州

该州法案规定"所涵盖电子装置"是指计算机中央处理单元的阴极射线管、阴极射线管装置的平板显示器或类似的视频显示设备的屏幕（需通过对角线测量大于4 英寸），并包含一个或多个电路板。"涵盖的电子设备"不包括汽车、家用电器、商业或工业设备中的部分，如商业医疗设备包含的阴极射线管、阴极射线管装置的平板显示器或类似的视频内所包含的并没有分开的较大的显示设备，或其他医疗设备。

7. 新泽西州

所涵盖的电子设备是指台式机或个人电脑、电脑显示器、手提电脑或卖给消费者的电视。不包括以下内容：

（1）汽车或任何组成部分的电子装置，或车辆生产者或特许经销商组装车辆的电子设备；

（2）计划用于工业、商业或医疗环境中的包括诊断、监控或控制设备的一部分在功能上或物理一块较大的电子装置；

（3）洗衣机、干衣机、冰箱、冰柜、微波炉、传统烤箱或范围、洗碗机、房间空调器、除湿机、空气净化器中的电子设备；

（4）通过对角线测量视频显示面积大于 4 英寸的任何类型的电话。

8. 西弗吉尼亚州

所涵盖的电子设备是指电视、电脑、视频播放设备（仅指通过对角线测量大于4 英寸的屏幕），不包括机动车的视频设备或位于家庭器械中的电子设备，以及用于商业、工业和医用的电子设备。

9. 新罕布什尔州

主要涵盖"视频显示装置"，视频显示装置是指一个可视化的显示元件的电视或计算机，无论是单独的或集成的计算机的中央处理单元/盒，并包括一个阴极射线管、液晶显示器、等离子气体、数字光处理或其他的图像投影技术，以及通过对角线测量屏幕大于 4 英尺的室内电线和电路。

10. 纽约州

电子垃圾是指基于各种主客观原因遭废弃被收集、回收、处理、加工、再利用的特定电子设备。电子垃圾不包括已拆除了合并组件、元件、材料、电线、电路或其他核心部件的电子产品的机箱、外壳和附件。

表1-3　美国主要州所涵盖的电子产品目录范围比较

序号	州名称	产品目录
1	加州	(1) 电视机和显示器中使用的阴极射线管（CRTs）；（2）液晶显示器（LCD）；（3）含LCD屏幕的手提电脑；（4）液晶电视机；（5）等离子电视机或其他被加州健康和安全法典25214.10.1（b）款中由加州有毒有害物质控制局（DTSC）列明的产品
2	康涅狄格州	(1) 台式机或个人电脑；（2）电脑监视器；（3）便携式电脑；（4）基于阴极射线管的电视和非基于阴极射线管的电视；（5）其他类似或法规中规定的根据该法案第11条确定的出售给消费者的辅助电子设备。
3	夏威夷州	(1) 电脑；（2）电脑打印机；（3）电脑显示器或便携式计算机；（4）从对角线测量屏幕尺寸大于4英寸的电子设备
4	伊利诺伊州	(1) 电脑；（2）计算机显示器；（3）电视机；（4）打印机（打印机无论购买地点，只要是在该州所在地取得服务即可）
5	印第安纳州	通过零售、批发或电子商务的形式出售的（1）电脑；（2）外部设备；（3）传真机；（4）DVD播放器；（5）磁带录像机；（6）视频显示设备
6	缅因州	计算机中央处理单元的（1）阴极射线管；（2）阴极射线管装置的平板显示器；（3）类似的视频显示设备的屏幕通过对角线测量大于4英寸，并包含一个或多个电路板
7	新泽西州	(1) 台式机；（2）个人电脑；（3）电脑显示器；（4）手提电脑；（5）卖给消费者的电视
8	西弗吉尼亚州	(1) 电视；（2）电脑；（3）视频播放设备通过对角线测量大于4英寸的屏幕
9	新罕布什尔州	(1) 可视化的显示元件的电视或计算机；（2）无论是单独的或集成的计算机的中央处理单元/盒，并包括一个阴极射线管、液晶显示器、等离子气体、数字光处理；（3）其他的图像投影技术，以及通过对角线测量屏幕大于4英尺的室内电线和电路
10	纽约州	基于各种主客观原因遭废弃被收集、回收、处理、加工、再利用的特定电子设备

（三）美国各州废弃电子目录产品特点

1. 各州目录产品普遍不包含白色家电

美国回收处理目录主要包括电子产品，普遍不包含白色家电（冰箱、冰柜、干衣机、洗衣机、洗碗机、烤箱、炉灶、抽油烟机、废物清除器、空调、热泵、除湿机及微波炉）。

其原因在于，一方面，美国白色家电回收处理行业已经发展得较为成熟，独立商业运行顺畅，对于政府补贴的依赖度较低。美国环境保护署估算，每年约有1 600万件冰箱、空调及除湿机等包含制冷剂的电器被废弃，同时800余万自动售货机和数以千万计的炉灶、洗碗机、暖通空调系统、热水器、管道、电线及灯具退出使用进入报废处置流程，这为处理行业规模发展提供了基础。

另一方面，白色家电的回收率从 1994 年开始一直保持在 70% 以上，2010 年回收率更是达到了 92%，每年钢材回收量达到 7 000 万吨，铝回收量达到 500 万吨。由于白色家电的回收处理主要受到金属废料的回收这一经济利益驱动，零售商、生产商、政府、私人都在广泛从事回收工作，故而对于监管法规的需求较弱，并不需要政府成立基金加以激励。

2. 各州对目录产品普遍做了一些除外规定

各州确定产品目录的最小范围是显示器和笔记本电脑；最大范围是电视、计算机，打印机、键盘、鼠标、小型服务器、个人音响、移动电话、录像机/数字化视频光盘、数目录影机、分线盒/分控箱；大部分州所确定的产品目录都在最大和最小范围之间，就是"五大类"——电视、台式机、笔记本电脑、显示器和打印机。

除了明确规定纳入目录的电子产品外，一些州还对工业、商业、医用以及汽车及其他设备上的电子产品做了除外的规定。

3. 各州选择目录产品的动因大体相同

尽管目录产品有所差异，但美国各州选择目录电子产品主要出于三点考虑：

第一，各种目录废弃电子产品通常包含铅、镉、汞和溴化物等有毒物质，处理不当容易导致环境污染、威胁工作人员生命安全以及危害公众健康。以阴极射线管设备为例，1 台阴极射线管设备平均包含 1.8 千克铅，未经处理而被直接填埋处置极有可能造成泄漏以致污染环境。

第二，目录中的废弃电子产品数量增长迅速，其增长数量、更新换代速度超过当前合理回收处理设施的发展速度。

第三，废弃电子产品回收和处理的成本较高，尤其产品内部含有的危险成分更增加了处理成本，因而需要资金保证回收处理工作的顺利实施。

三、美国废弃电子产品回收处理相关方的责任

明确废弃电子产品回收处理相关各方责任是保证废弃电子产品管理效果的前提。美国各州法律规定的回收责任与承担回收费用相关联，需承担法律规定的回收责任方主要包括生产者、消费者、市政当局。另外也鼓励销售商参与回收。

（一）不同制度下生产者责任的差异

目前，美国各州法律所规定的电子废物回收责任主要分为生产者责任延伸制、消费者预付回收费制——也就是对消费者收费的制度和生产者教育制度。无论采取哪种制度，生产者、消费者、市政当局都承担责任，但责任的偏向有所差异。生产者责任延伸制度更强调生产者的责任，消费者预付回收费制对生产者责任的规定较

少，生产者教育法制度也主要规定生产者责任，但责任重心在于要求生产者开展教育活动。

1. 生产者责任延伸制

生产者责任延伸制（EPR）是目前美国各州有关电子废物回收方面主要的责任制度，该模式被 23 个州和纽约市采用。它将激励机制作为电子垃圾处理的核心问题。EPR 制的支持者认为，生产者作为有毒害威胁的电子产品的设计者、制造者和收益人，承担电子垃圾处理的费用是妥当的。如果要在重新设计和重复利用之间进行取舍的话，生产厂商无疑是掌握最多信息、最合适的决策人，让生产者来处理自己生产的产品，是符合社会效用最大化原则的。

这些州按统一的每磅价格向生产者收取费用，康涅狄格州和罗得岛按重量计算回收费，每磅不超过 0.5 美元。缅因州则将定价权交给了费用的支付对象——回收利用人，而行政管理部门仅仅制定判断合理收费的标准。尽管将决定具体价格的权利赋予了回收利用者，但行政管理部门却规定不论产品品牌或类型每磅的回收费用必须统一。

从理论上讲，生产者支付的回收费用会转嫁到消费者身上，以提高价格的方式化解。生产者为了争取消费者需要拥有低价优势，即包含了回收费的低价。因此，谁能将回收费用降到更低谁就获得了更大的竞争优势。可见，这一制度的关键是由生产者承担责任并支付回收处理费用，回收费用和成本的大小取决于生产者的产品设计。可以说，ERP 是在一个竞争的程序下有利于鼓励生产企业实现绿色环保的设计。

2. 消费者预付费制

消费者预付回收费制（ARF）即向消费者收费制，在美国各州应用较少。加州第一个也是唯一在电子垃圾处理方案中征收"预付回收费"的州，消费者在购买商品时需要为电子垃圾回收支付一笔可见的费用，ARF 的倡议者们认为，消费者作为产品的受益者和电子垃圾消费者，为电子垃圾的处理提供资金支持是合理的。在加州，消费者在购买特定的电子设备的时候，需要支出的处理费用是 6 ~ 10 美元，具体数额取决于屏幕的尺寸。零售商将这笔费用存放在州管理的"电子垃圾回收和再生利用账户"上，加州资源回收利用部门 Cal Recycle 有权使用该账户上的经费来支付垃圾收集者、回收利用者和其他管理费用。

在加州的管理模式中，生产者的责任主要限于信息和报告方面，为资源回收利用部门评估垃圾处理项目效果时提供一些辅助，包括清晰的分类标签、销售报告、再利用效果反馈，告知公众在何处以及怎样回收电子产品。生产者不用承担任何支付费用责任，其他参与者诸如回收者和再利用者也是如此。加州生产商还具有报告责任，该州法律规定，自 2004 年 7 月 1 日后，除非委员会或有关部门决定所涵盖的电子设备生产者证明符合报告责任该部分的要求，在该州售卖所涵盖的电子设备是违法的。

2005 年 1 月 1 日后，个人将不能在这个州售卖或提供售卖所涵盖的电子设备，除非该设备标有生产者的标签或生产者的名字，进而使该设备明显可见。

2005 年 7 月 1 日前，每年至少一次，此后都由主管部门决定在该州售卖所涵盖的电子设备生产者需要做到以下几点：

（1）向主管部门提供一份包括以下内容的报告。①前一年特定电子设备生产者在该州售卖该电子设备的数量；②展现所涵盖的电子设备生产商在那一年用于制造电子设备使用相关元素总量的基线，相关元素包括水银、镉、铅、六价铬、多溴二苯醚和多溴联苯，以及相比前一年生产者在这些元素的使用上所减少的量；③对生产者所售卖的当年所涵盖电子产品内部所含可回收材料的大概数量，以及与前一年相比该数量增加的量；④需要描述生产者在设计所涵盖电子产品再回收的目标和计划，以及为了回收再利用进一步做出的改进。

（2）对消费者描述以下信息，使消费者掌握怎样返还、重复利用和处理所涵盖的电子产品，以及收集和返还这些产品的概率和地点，主要通过使用免费的电话号码、网站、设备商标上的信息、包装的信息以及与商品售卖相伴随的一些信息。

3. 生产者教育制度

生产者教育制度是一种比较特殊的制度，目前只有刚刚通过电子废物回收法的犹他州法律中涉及该规定。该州法律规定，生产者不得在州内向消费者提供消费性电子设备，除非该生产商建立并实施关于电子垃圾收集和回收项目的公共教育活动。生产者有义务通过一系列的客户拓展材料，例如包装说明书、网站和其他传播方式，并和环境质量部门和其他利益相关方合作开发教育性质的材料，让消费者了解电子垃圾处理计划。

犹他州禁止生产者在州内向消费者出售特定电子产品，除非该生产者向州环境质量部门履行了申报义务，生产者的报告义务始于 2011 年 7 月 1 日，每年 8 月 1 日前向环境质量部门提交报告。申报中一定要有关于电子垃圾回收合格项目的内容，还可以包括对消费类电子产品收集、运输和回收系统的介绍，以及电子垃圾回收合格项目的实施者情况。实施者可以是消费者电子设备的回收人、修理店、再利用人、零售商、非营利组织、公共部门等。环境质量部门需将生产者的申报内容向自然资源、农业与环境临时委员会以及公共设施和技术过渡委员会汇报。

（二）相关法律对生产者的定义

由上可见，目前除了加州和犹他州外，基本上所有州均采取生产者责任制。各方均需要为电子垃圾处理承担责任。虽然大多数州都将责任分配给了生产者，但各州以不同的方式定义生产者。

大多数州认为分销商也属于生产者。例如俄勒冈州，将"生产者"定义为可以是满足以下条件的任何人，无论是否进行技术转让，远程销售也在此列：

（1）以自有品牌或者授权生产的方式生产特定电子设备；

（2）销售由他人代工的自有品牌电子设备；

（3）生产的特定电子产品无商标；

（4）生产的特定电子产品所附的商标不属于生产者；

（5）在美国境外生产并进口至美国的电子产品的所有人。

但是当特定电子产品进口到美国之时，另有人注册为该进口商品品牌的生产者，该条不再适用。

包括康涅狄格和华盛顿在内的有些州，在某些情形下将零售商包含在生产者的范畴之内。康涅狄格州的法律认为，如果零售商销售的电子产品是由来自境外的生产企业出口的，那么零售商应被视为生产者或者当零售商代替作为产品生产者的进口商注册。

（三）代表性州生产者的法定责任

1. 纽约州

（1）实施电子垃圾回收项目

纽约州规定，所涵盖电子设备的生产者需实施电子垃圾回收项目，具体内容如下：

以一种对消费者而言便利的方式对电子垃圾进行收集、处理、再利用，采用邮寄或者水运的方式回收电子垃圾。

生产者可以委托代理人或者指派相关方实施回收行为，公共部门和私营机构均可。

生产者或其代理人需要设回收站点并负责运营。

生产者需要同当地政府、零售商、直销零售店超市或者非营利机构建立合作关系，以确保上述主体愿意为回收来的电子垃圾的收集提供设施设备。建立方便消费者的社区收购和多种收购形式混合的收购模式，确保在每一个乡村或人口超过10 000的市镇至少有一个电子垃圾回收模式存在。告知消费者将采取什么样的方式清除电子垃圾上存储的数据，无论是通过物理毁坏的方法还是数据擦除技术。

通过公共教育使消费者了解电子垃圾回收项目：通过网站、设定免费电话和产品手册向特定电子产品的消费者告知怎样将废弃的电子产品送还以便回收和再利用；教育消费者在电脑、硬盘驱动或者其他电子设备垃圾上存有私人信息时，在上缴之前如何清除。

生产者必须将自己按照相关法律处理电子垃圾的记录妥善保管，以便接受环境保护部门 3 年一次的审计和检查。

单个的生产者可以通过和其他生产者的合作，联合完成电子垃圾回收项目的任务。联合处理项目和生产者单独处理时对生产者的要求相同，其注册程序和缴纳的费用也和单个生产者注册一样。

由生产者来承担电子垃圾回收项目涉及的一切费用，生产者不能就此向消费者收取电子垃圾的收集、处理和再生费用，但这一收费禁令不适用于企业消费者，或其他额外的服务。所谓企业消费者，指的是不属于按照纽约州税收法典 501（c）（3）成立的非营利性企业；额外服务指的是设备、数据的保护服务、翻新再利用服务以及其他由环境保护部门界定的惯例服务。

（2）收集、处理、回收或二次利用的义务

纽约州规定：从 2011 年 4 月 1 日开始，生产者必须收集、处理、回收或二次利用自己生产的特定电子设备产生的电子垃圾；只要消费者在购买特定电子产品时，提供了同种类的电子垃圾，那么不论是否为自己生产，生产者必须对这些电子垃圾进行收集、处理、回收或二次利用。

生产者必须将自己按照相关法律处理电子垃圾的记录妥善保管，以便接受环境保护部门 3 年一次的审计和检查。单个的生产者可以通过和其他生产者的合作，联合完成电子垃圾回收项目的任务。联合处理项目和生产者单独处理时，对生产者的要求没有不同。

纽约州的居民可以通过访问注册产品生产商的网站，在上面浏览产品再利用教育信息或拨打网站上的免费电话。在消费者的要求下，生产者不仅需要回收处理自己生产的产品，还要处理消费者提供的登记在册的其他生产者的一件产品，生产者还要义务告知消费者如何处理电子设备。

（3）生产者回收任务目标的确定方法

全州范围内回收和再次利用目标的确定方法如下：①从 2011 年 4 月 1 日到 2011 年 12 月 31 日，全州回收和再利用电子垃圾的计划为：由美国人口普查局公布的本州最新人口数量×3 磅/人×3/4。②2012 年度全州回收和再利用电子垃圾的计划为：由美国人口普查局公布的本州最新人口数量×4 磅/人。③2013 年度全州回收和再利用电子垃圾的计划为：由美国人口普查局公布的本州最新人口数量×5 磅/人。④从 2014 年度开始，全州回收和再利用电子垃圾的计划为：基准重量×目标完成比例。其中，基准重量等于过去三年里全州回收和再利用电子垃圾总量的平均值；或者由电子垃圾收集站点电子垃圾集中处理站点，以及电子垃圾再利用工厂向环保部门提交的年度报告中申报的过去三年用于收集、回收和再利用的电子垃圾之和的平均数。

目标完成比例的确定方法如下：①如果基准重量低于上一年度全州电子垃圾回收和再利用计划的90%，那么该年度的目标完成比例即为90%；②如果基准重量是上一年度全州电子垃圾回收和再利用计划的90%~95%，那么该年度的目标完成比例即为95%；③如果基准重量是上一年度全州电子垃圾回收和再利用计划的95%~100%，那么该年度的目标完成比例即为100%；④如果基准重量是上一年度全州电子垃圾回收和再利用计划的100%~110%，那么该年度的目标完成比例即为105%；⑤如果基准重量是上一年度全州电子垃圾回收和再利用计划的110%以上，那么该年度的目标完成比例即为110%。

单个生产者回收计划=全州年度回收和再利用的电子垃圾的计划总重量×该生产者的市场份额。

（4）生产者注册义务

从环境保护部门认可之日起生产者的注册即生效。如果注册信息发生任何实质性的变化，那么生产者必须在30日内申请变更。

从2011年1月1日起，任何新成立生产者都必须在环保部门就电子垃圾处理进行注册，否则不允许在州内销售或者以销售为目的提供特定电子产品。

2011年4月1日之前，所有生产者将不允许继续销售或提供特定电子设备，除非其在环保部门进行注册，并制定自己的电子垃圾回收项目。在这个项目中，生产者可以自己直接从事或者请代理人、指派人来向州内的消费者收集电子垃圾以供循环使用。生产者还必须确保零售商知悉其注册情形。

（5）信息披露义务

该州法律规定生产者需提交一份声明，披露如下信息：其在州内销售的电子产品是否超过了铅、汞、镉、六价铬、多溴联苯和多溴二苯醚等物质的有害物质限制指令（ROHS）规定的最大容许浓度值，该指令的依据是欧洲议会和理事会通过的2002/95/EC和修正案，如果确实超标，那么必须将涉及超标的所有产品予以列明，或者为某些元素的使用得到豁免批准。

2. 缅因州

缅因州采取EPR的电子垃圾处理模式，生产者责任延伸至电子垃圾回收之后。生产者需要向回收人支付用于垃圾分类和再生循环的费用，但是不用向政府支付收集费用。

缅因州法律关于生产者责任做出如下规定：不论电子产品目录上所包含的电视机或者电脑显示器是通过怎样的渠道销售出去的（零售、产品目录、网络、分销），都将产生生产者责任。此外，就算企业没有直接把特定电子产品销售给缅因州的居民，也不影响其承担责任。只要一家企业正在或者曾经销售的电视机、电脑显示器出现在缅因州的电子垃圾回收项目中，那么它就是生产者。由此可见，缅因州对生产者的责任做出扩大的解释。生产者负有以下责任：

（1）制订并申报回收计划

一个生产者必须向缅因州环境保护部（MEDEP）申报关于将如何在该州实施家庭废弃电视机和电脑显示器的收集和回收计划。

（2）电子垃圾回收义务

除非生产者选择替代性方案回收其生产的电子垃圾，例如直接从被核准的电子垃圾集中处理人处回收，如果不履行这一替代方案，那么生产者需要支付集中处理人开出的账单，它包括处理和回收来自该生产者的电子垃圾，和需要由生产者承担的无主电子垃圾份额。目前约有150个电视机和电脑的生产者向MEDEP提交计划，陈述其回收由该州居民废弃的自有品牌的产品。它们中有143家选择向集中处理人付费的方式回收电子垃圾，还有7家选择自主回收。做出前一种选择的又区分为两种情况，第一种仅向集中处理人支付分类费用，而后将分类过的垃圾运送到生产者指定的处理再利用工厂，第二种是直接在集中处理人处进行拆卸，然后将元件送往生产者。

生产者的回收义务是根据其进入缅因州的电子垃圾回收系统的特定电子产品的数量确定的。集中处理人会统计其收集的每个品牌的电子垃圾重量和总数量，并向MEDEP认定的生产者告知其对该产品的法定回收义务。

（3）无主电子垃圾的回收责任

每个生产者还需要承担一定比例的无主电子产品的回收义务。无主电子垃圾的定义为：电视或电脑显示器的生产者不能被识别或原本的生产者不再营业且相关权益没有继承者。品牌出售、公司兼并或被收购都有可能导致品牌不再存续。MEDEP已经建立一种对品牌开展调查的协定，用来确定那些应对产品负责任的厂家的身份。MEDEP列出了一个无主品牌的电视和电脑显示器的名单。这部分产品的回收费用是分摊在全体同类产品的生产者身上的，根据其向家庭消费者出售的产品的市场份额来决定分摊比例。

对于没有申报计划或者不履行回收义务的生产者，零售商有义务配合MEDEP执法，不得出售其产品。

3. 德克萨斯州

该州法案要求生产者在电脑被销售出去之前执行"回收项目"，回收项目要求为个人消费者支付回收费用，这样可以避免因经费原因导致的计划受阻。在回收计划中，生产者还需要为消费者提供一个网络链接以供访问，从而了解在何处丢弃电脑或怎样送交电子设备。

如果生产者集团决定设立回收项目中的某一个，这个生产者联合组织在德克萨斯州必须拥有不低于 200 个回收站点，否则每个生产者需要向德州环境质量委员会（TCEQ）每年支付 2 500 美元，同时按照在州内的市场份额回收电视机，这反映出责任和销量是联系在一起的。不同于电脑回收的是，电视机生产者可以收取回收费，只要其提供的资金激励大于或等于收费的数额。

无论是自己组织回收还是加入回收计划，生产者都必须开展公共教育活动，在向 TCEQ 咨询后向消费者发放教育资料，或者建立网站以方便生活在乡村的消费者获取信息。此外，生产者必须每年向 TCEQ 提交一份年度回收报告，这一报告必须包括回收产品目录和回收到的电子垃圾的具体数量。

4. 夏威夷州

该州法案规定生产者自 2009 年 10 月 1 日开始，需对在州内进行售卖和运输的新的所涵盖的电子设备贴有标签，且该标签是永久地附在电器上并可见的；自 2009 年 1 月 1 日起，每个新涵盖电子设备的生产者为其在州内的售卖和运输行为向有关部门缴纳 5 000 美元的注册费。自那以后，若生产者之前没有注册，需在州内为售卖或运输新的涵盖电子产品注册。已注册的生产者需在每年 1 月 1 日缴纳 5 000 美元的续展费，生产者的注册和每次续展须包括在生产者商标的列表中，并且部门收到注册费和续展费之后当月生效。

自 2009 年 6 月 1 日后的每年，每个生产者须向部门提交一份在州内建立、实施、管理收集、运输和回收所涵盖的电子产品的计划。

自 2011 年 3 月 31 日之后，每年每个生产者需向部门提交上一年所有所回收的涵盖电子设备的总重量，这其中既包括生产者自己所涵盖的电子设备，也包括其他的生产者。

自 2011 年 7 月 1 日后，每年部门都要对所有生产者在州内售卖的所涵盖的电子设备出版一个排名，主要基于每个生产者在过去一年内所涵盖的电子设备总重量来确定的。

5. 印第安纳州

生产者需在每个计划年份内回收或计划收集回收所涵盖的视频播放设备总重量至少达到其每年注册时向印第安纳环境管理部门（IDEM）报告的售卖给州内居民的制定电子设备总量的 60%。

生产者需实施和证明收集者和回收者与生产者签订的合同允许生产者遵守该部分内容的尽职调查评估；生产者需要维持 3 年的文件证明所有涵盖电子设备已被回收或部分回收，或已被送到下游回收管理系统企业，符合该法案对于回收的要求。

生产者需要提交给 IDEM 供个人可与生产者联系的信息。

生产者在生产所涵盖设备时须向 IDEM 申请注册且缴纳注册费。

6. 弗吉尼亚州

零售商不能在州内出售或要约出售新的电脑设备，除非该设备标有生产者的商标且该生产者有符合该法案规定的回收计划，同时还公布在生产者的网站上。禁止不是生产者的零售商收集电脑设备用于回收利用。

弗吉尼亚州还对电脑上的信息存储规定了责任，它规定，如果制造者的网站上显著表明该免责条款，并且提供给消费者怎样从电脑设备上删除该信息或保护消费者遗落在电脑设备上的信息不被公开的详细信息，生产者或生产者的被指派者或计算机设备的零售者不对消费者以任何形式遗落在电脑中的任何信息负有收集和回收再利用的责任。但该法案不能豁免一个人在联邦或州法律下的潜在责任。

7. 西弗吉尼亚州

生产者能在州内出售或出租所涵盖的电子设备，需要具备以下条件：

（1）采取和实施回收计划；

（2）在所涵盖的电子设备上贴有永久的易于辨识的生产者商标；

（3）该项目需确保消费者回收所涵盖的设备或电视时不需支付额外的回收费用；

（4）生产者从消费者处收集到的所涵盖的电子设备已达到电子设备的使用期限，同时标有生产者的商标；

（5）在法案规定的条件下进行所涵盖电子设备的回收再利用；

（6）在回收计划下收集的所涵盖电子设备必须是合理、便利和易于消费者在州内操作的，同时能满足消费者在州内收集的要求。收集方法的例证是单独的或符合该法条的有关规定。（该法条规定：生产者或生产者的被委派者提供的通过邮件返还所涵盖的电子设备的系统对消费者应免费；生产者或生产者的被委派者管理的消费者可能返还所涵盖的电子设备的系统应适用物理分类地点法；生产者或生产者的被委派者所采取的消费者返还所涵盖的电子设备的系统适用收集事件）。

该部分的收集服务可能使用现存的收集基础设施来处理所涵盖的电子设备，同时需鼓励该系统的内含物共同被一组生产者、电子回收站、修配车间、其他商品的回收再利用阻止，非营利性公司、零售商、回收站和其他合适的操作共同管理。如果生产者或生产者的被委派者提供该部分所描述的邮件回复系统，单独与一组生产者合作或与他人合作都被视为符合该部分的要求。

回收计划需要包括消费者如何和到何处返还生产者所涵盖的电子设备的信息。生产者须在公共网站上提供收集、回收再利用的信息。生产者还须给环境保护部门提供收集、回收再利用的信息。生产者可能在包装上或在其他与生产者所涵盖的电子设备信息一起销售出去的材料上标明收集和回收利用信息。

8. 新泽西州

新泽西州比较特别，它建立了一套信用系统，如果生产者该年度超额完成其电子垃圾回收计划，对于超额部分的工作量他们既可以向其他的电子垃圾回收计划的注册人出售，也可以冲抵下一年度的任务量。

（四）其他相关方的责任

1. 消费者承担较少责任

由于用处理普通城市垃圾的方法来处理所涵盖的电子产品是违法的，各州除了对生产者规定回收责任外，消费者一般也承担将废弃产品送到指定回收地点以及信息等相应的责任。

在加州，消费者不仅支付处理费用，还需要对生产者提供的以下说明负责：管理机构、零售商、当地政府和寿命终止服务提供者。

缅因州要求各市政部门在其辖区内组织实施垃圾收集，并支付相应的费用。如果市政当局拒绝参与，那么将不会在该区域推行 EPR 项目。各市可以确定某一天为专门的电子垃圾收购日，或者要求市民将电子垃圾直接送到附近的集中回收点。市政部门将收集起来的电子垃圾运给回收人，他将按照品牌进行分类并转给授权进行再生循环的企业。

弗吉尼亚州消费者自己需要对遗留在需要收集回收再利用电脑的任何信息负责。

2. 市政当局和监管机构负有监管、处罚和信息责任

（1）生产者责任延伸制度

对于采取生产者责任延伸制度模式的各州中，监管机构的主要责任包括为生产者注册提供公共服务，为公众处理电子垃圾提供信息和服务，在网站上公布合格的生产者名单，审阅生产者的回收计划以及每年提交的报告，对生产者行使处罚权和相关建议权。以下举例说明。

①德克萨斯州。德克萨斯州德州环境质量委员会（TCEQ）是国家的环保机构，负责废弃电子产品生产者责任的监管。为了监督生产者遵守条例，TCEQ 有权对其进行审计和检查。如果 TCEQ 认为生产者违反了条例的相关条款，那么它应该首先对其做出警告，这种情况下生产者有 60 天的改过时间。同时，TCEQ 保留向立法机关建议通过其他路径改进电子垃圾回收做法的建议权。和电脑回收管理机制一样，TCEQ 有权对电视回收企业进行审计以确信其遵守法律的规定，当 TCEQ 第一次发现违法时，应发出警告并给违法企业 60 天的改过期；第二次违法时应处以不超过10 000美元的罚款，此后每次违法须支付25 000美元的罚款。

②夏威夷州。夏威夷州卫生署是为了保护和促进夏威夷民众的健康和环境而设立的，目标在于防止污染并且为民众提供一个干净、健康和自然的环境。自 2009 年 4 月 1 日开始，卫生署需要将每一个注册的生产者列入清单，将注册生产者的品牌和未注册生产者的品牌分开，这些名单需要公布在部门的网站上且每月第一天更新。零售商在售卖制定电子产品时需查看网站上的列表，符合以下规定：零售商所售卖的生产者的产品，该生产者的品牌需在网站的名单上。卫生署需要在收到生产者计划的 60 日之内对计划进行审核，来确定该计划是否遵照该部分规定。如果计划通过，该部门需通知生产商，或计划被拒绝，部门同样需通知生产者，同时说明拒绝的理由。在被拒绝后的 30 日内，生产者可以再次提交计划。夏威夷州法案规定，在 2010 年 1 月 1 日，卫生署需维护和更新其网站以及公布可用免费号码的权利。同时，该部门还负责掌管州电子设备回收基金，该基金的主要来源是各参与者所缴纳的费用和罚金。

③印第安纳州。纽约州印第安纳州的主管部门是印第安纳州环境管理部门（IDEM），其主要任务是执行联邦和州的相关规定来保护人类健康和环境，实现环境和经济的和谐发展。IDEM 为生产者、征收者和回收者提供注册、证明或报告所需要的表格；建立一些程序，如接收和维护注册文件和证明文件的程序，使一些文件和证明容易被生产者、零售商和大众得知。在 2010 年 6 月 1 日之前，以及之后的每年 6 月 1 日之前，主管部门需要计算在之前的一年售卖给居民的视频播放设备。在 2013 年 8 月 1 日前，以及之后每年的 8 月 1 日前，主管部门需要提交一份报告，包括以下内容：以电子表格形式的会员大会；主管人员建立环境质量服务委员会以及印第安纳州回收市场发展委员会。州会计年度提交的报告包括：必须讨论在会计年度内所回收的涵盖电子设备总量；必须讨论生产者用于收集所涵盖电子设备不同的回收计划，包括由个人而不是注册生产者、征收者和回收者收集的指定电子设备；必须包含在该会计年度内对实施行文的描述；必须包括主管部门在该法案规定的实施行为中其他信息的描述。主管部门需要通过公共教育和外联行为使公众参与到该行动中来。主管部门需从每年统计注册生产者上交的数据得出：出售给住户的视频电子播放设备的特别模型总量；出售给住户的视频播放设备总量；所涵盖整体回收的涵盖电子设备总量；回收奖励的数据。主管部门还需根据收集到的数据决定可变的回收费，还可加入区域多态组织来实施该项计划。

④弗吉尼亚州。弗吉尼亚州的主管部门是弗吉尼亚环境质量部门（DEQ），该部门需在网站上公布一份已经告知该部门符合州内回收计划可行性的生产者列表，这些生产者的电子设备可在联邦内出售；同时主管部门还需在网站上提供以下链接：生产者的收集、回收和再利用项目，包括生产者的回复计划；有关存储在需收集、

回收和再利用电脑上的有关个人信息的潜在安全问题。该州未授予主管部门征费的权利，包括回收费和注册费。

⑤康涅狄格州。在市政当局和监管机构的责任方面，康涅狄格州比较特殊，法案规定市政部门可以和其他收集者一样，从生产者那里得到补贴，但是和其他的项目参与者不同，市政部门加入这一覆盖全州项目是强制性的。

⑥纽约州。纽约州环境保护部（NYDEC）负责监管生产者的电子垃圾处理活动，对于没有完成回收指标的企业处以罚款。罚款与处理规模相关，与各类违禁行为适用的固定数额罚款不同，比例处罚是根据企业完成的处理量在年度计划中所占的份额来决定的，这就促使企业尽可能多地处理电子垃圾。企业可以通过适用"回收信用"来规避罚款，"回收信用"是对超额完成任务的一种奖励，可以用来减少一部分回收成本，因为它既可以计入接下来的任务量，也可以出售给其他未完成任务的企业计入他们的处理量。

（2）消费者预付费制度

对于采取"消费者责任"模式的加州，主管机构除了负有审阅生产者提交的回收计划和收取相关费用的责任外，其主要责任是创造一个公平的竞争环境，为电子垃圾回收处理市场设立相关法规和标准。

加州主管机构努力创建一个公平的竞争环境，确保所有生产商符合既定要求和目标。考虑适当的中立第三方组织管理这样的责任。主管机关包括立法机关，美国环保署加州署（Cal/EPA）、加州废物管理委员会（CIWMB）和其他相关州层级的有关当局。上述主管机构审查和批准代表生产者的由生产者和管理组织提交的管理计划。通过在框架中宣布的指导原则来实施生产者责任，包括鼓励绿色产品设计的采购说明书，并参与多方协作提高环境效益，包括努力建立产品性能标准。

3. 零售商负有信息和售卖注册合法产品责任

零售商的责任主要包括信息责任、售卖合法电子处理注册的电子产品的责任。举例来说：

纽约州零售商在消费者购买特定电子产品的时候，应该告知消费者生产者回收电子垃圾的信息；如果生产者和生产者拥有的特定电子产品品牌没有在环境保护部门进行电子垃圾处理注册，那么零售商不能销售该生产者的产品。

德克萨斯州法案规定如果零售商并没有制造产品的话，那么没有义务回收电脑设备，但是零售商必须保证其销售的电脑有合法的品牌标签，同时上游生产者已经向德州环境质量委员会报告其回收方案并已位列"已经建立回收计划的生产者名单"中。

夏威夷州法律规定，自2010年1月1日开始，零售商须向消费者提供在州内收集服务的信息，包括部门网站和免费电话。偏远的零售商须将这些信息放在其网站显而易见的地方。

伊利诺伊州对零售商做出如下规定：零售商应给当地消费者提供产品使用末期选择的首要信息来源，这些产品包括电脑、电脑显示器、打印机和电视。自2010年1月1日开始，没有零售商可以售卖或提供售卖电脑、电脑显示器，打印机或电视，或者运输以上电子设备至州内，除非零售商符合以下条件：①电脑、电脑显示器、打印机或电视均贴有标签，标签永久附上且信息明确可见；②生产者在代理处已注册，并已支付了规定的注册费；③不适用于在2010年1月1日前购买的电脑、电脑显示器、打印机和电视；④至2009年7月1日，零售商需通过模型向每个电视生产商报告在2008年10月1日至2009年3月31日半年间，其在州内销售给州内居民的每个生产者的电视总量；⑤至2010年8月1日，零售商需通过模型向每个电视生产者报告在2010年1月1日至2010年6月30日半年间，其在州内销售给州内居民的每个生产者的电视总量；⑥每年2月15日之前，销售商须向每个电视生产者通过模型报告其在前一年售卖给州内居民电视的总量。

印第安纳州规定销售者售卖新的视频播放设备需给居民提供以下信息：关于回收处理视频播放设备的地点和方法；给住户提供方便的回收视频播放设备的机会和地点。零售商还需给居民提供环境管理部门的联系信息和网站地址；如果零售商通过电子目录或网络售卖指定设备，需要在零售商的电子目录和网站上的突出位置标明有关信息。

弗吉尼亚州零售商不能在州内出售或要约出售新的电脑设备，除非该设备标有生产者的商标且该生产者有符合该法案规定的回收计划，同时还公布在生产者的网站上。不是生产者的零售商不许收集电脑设备用于回收利用。

4. 处理企业一般需获取认证

通常，回收处理企业应具有经审核认证的管理系统和设施，如ISO14001环境管理认证，或者国际废弃电器电子产品回收商协会（IAER）、废物回收工业协会（ISRI）的认证。如果没有这些认证，企业应按EPA"废弃电子产品回收行动"导则实施回收管理。如果回收含汞产品，如液晶显示器（LCD）、笔记本电脑和复印机，处理企业在处理前应遵循含汞组分的处理要求。

美国环保署（EPA）鼓励所有的电子产品回收商能被独立的有公众信服力的第三方所认可，符合其标准进而安全地回收和管理电子产品。目前主要有两个主要的认证标准，即由美国环保资助所成立的非营利组织推行的R2标准和美国非营利组织发起的e-Stewards标准。其中R2标准不需要有环境管理系统，e-Stewards标准须有ISO14001验证；R2标准只适用于美国，其对有毒废弃物的出口、有毒物掩埋及焚烧、粉碎含汞装置都是有条件许可，而 e-Stewards 标准适合于全球，其直接禁止有毒废弃物的出口，禁止有毒物掩埋和焚烧，还禁止粉碎含汞装置。

在美国能够授权认证处理企业的机构是美国国家认可委员会（ANAB），认证的电子处理商需要符合严格的环境标准来使其安全地管理使用过的电子产品，一旦处理商被认证，将会受到认证机构持续的监管，来确保其一直符合严格的环境标准。

以犹他州为例。在犹他州，对于进行电子垃圾回收的厂商实行认证制度，认证条件为在指定的独立第三方审计人前声明履行安全回收和管理电子垃圾的特定要求。目前通行的认证要求有两种：负责任的回收行为规范（R2）和电子产品处理标准。实行回收商认证制度的好处有：减少不当回收行为给人类和环境的负面影响；为需要的人提供更多的再利用和翻新电子产品；减少对原材料的开采和加工，节约资源。以上两种标准都能够确保回收行为是负责任的，使回收活动科学管理并且包含对环境、工人健康和安全、回收企业规范、下游回收者对原材料的安全使用以及数据清除等内容。认证回收商一旦宣示接受认证就必须接受认证机的持续监督，同时 EPA 也会适时修改认证标准以提高要求。自 2012 年 2 月开始，EPA 对采用上述两种标准的地区提供技术支持。

明尼苏达州法规规定处理企业应遵守关于所有适用的健康、环境、安全和资金责任的要求；应具有经政府主管部门批准的适用的许可证明；不能雇佣监狱工人；环境、事故和应急等保险费不应少于 100 万美元；如果非营利性企业与有关机构合作在学校再使用电器电子产品，可以免保险证明，并雇佣监狱工人。

此外，值得一提的是缅因州，缅因州对电子垃圾集中处理站做出了特别要求：

（1）自 2006 年 1 月 1 日开始，电子垃圾集中处理站会对送到这里的废弃电脑和电视的生产者身份进行识别，同时对由州内居民产生的垃圾进行确认，还需通过生产者保持一张家用废弃电脑显示器数量和家用废弃电视数量的账单，自 2007 年开始在每年的 3 月 1 日，电子垃圾集中处理站要通过生产者向主管部门提供这份账单。

（2）电子垃圾集中处理站可能在处理站进行生产商的识别，可能与船运的垃圾回收和分解站共同进行识别和提供账单服务。

（3）电子垃圾集中处理站可能和生产者共同工作，确保财政计划实施的实际性和可行性。至少电子垃圾集中处理站应记录生产者处理、运输和回收的成本。

（4）电子垃圾集中处理站需要把废弃电脑显示器和电视运送至有执照许可的回收和分解站，还需维护有执照许可的回收和分解站至少 3 年的记录，同时在主管部门需要的情况下，24 小时之内上报主管部门。

（5）回收拆解处理站需给电子垃圾集中处理站提供证明其对所涵盖电子设备的处理、加工，整修和回收符合主管部门对环境无害的原则。

四、美国废弃电器电子产品处理资金模式

（一）以加州为代表的消费者预付费制

1. 资金来源

加州的电子垃圾回收处理项目是由消费者在购买立法涵盖的电子设备时以可见的方式向零售商支付的，根据电子产品屏幕尺寸的大小确定收费标准，如 6 美元（对角线大于 4 英寸小于 15 英寸）、8 美元（对角线大于 15 英寸小于 35 英寸）和 10 美元（对角线大于 35 英寸）。零售商将收取的回收费转交给公平委员会（BOE），该机构将该笔资金存入加州统一垃圾管理基金（IWMF）设立电子垃圾回收账号（EWRRA）。除了回收费以外，该账号的资金来源还包括对违反电子垃圾处理强制性规定的生产者、零售商、电子垃圾回收站点经营者、集中回收人、集中处理人和消费者收处征收来的罚款。

另外，电子垃圾回收账户上产生的任何收益都必须通过储蓄的方式留存在该账户上，以备各类合法支出。

2. 资金使用和支付范围

加利福尼亚州资源回收利用部门负责分配资金的用途，过去承担这一职责的是加州统一垃圾管理委员会（CIWMB），CIWMB 是加州负责垃圾回收和降解的主管机构，在 2010 年 6 月 1 日被撤销，其职能由 Cal Recycle 继承。

Cal Recycle 的支付范围为：

（1）按照法定价格 0.28 美元/磅的处理费和 0.20 美元/磅的收集费向回收处理人付款；向实施了收集和回收活动的生产者支付，具体数额等于 ARF 模式下的处理费用。

（2）为 Cal Recycle 和加州有毒有害物质控制局（DTSC）的行政活动提供经费，但用于 Cal Recycle 和 DTSC 管理和执行立法的经费不得超过基金账户的 5%。

（3）为执行健康和安全法典第 20 分支的 6.5 章的规定提供经费。

（4）每年不超过基金总量 1% 的数额被投入到公众信息项目，用于教育公众不当保管和处理被立法涵盖的电子产品的危害和回收的途径，同时要给零售商 3% 的 ARF 收入以补偿其收集成本。

（5）当电子垃圾按照有毒有害垃圾出口的规定来处理并满足了全部要求时，Cal Recycle 应支付费用。但是当这些电子垃圾的出口目的地是禁止电子垃圾进出口的国家，则委员会不需要支付费用。

3. 收费调整机制

立法规定 ARFs 收费一旦无法负担全部收集和回收处理费用则必须进行调整。

例如在 2008 年早些时候，人们预计在当年 9 月电子垃圾回收处理项目的支出将会大于收入，EWRRA 无法维持收支平衡。做出这一推断是对项目增长空间、当时的支出比例和收入状况进行综合评估的结果。为此，CIWMB（现为 Cal Recycle）在 2008 年 6 月调整了消费者预付费的水平，改为 8、16 和 25 美元的标准，依据仍然是电子设备的屏幕尺寸。截止到 2008 年年中，电子垃圾回收项目规模以每季度增加 400 万磅的速度增长，但是却在当年的后半年出人意料地回落，又在 2009 年的第一季度达到峰值，其后再次回落。这一情况导致基金账户出现盈余，于是在 2010 年 6 月，收费标准被再次调回到 6、8、10 美元。目前，新近的一次调整是 2013 年 1 月 1 日，收费标准再次下调为 3、4、5 美元。总之，收费标准以维持偿付能力为限，但是收费标准的调整间隔必须控制在一年以上两年以下的期间中，同时由 Cal Recycle 会同环境保护部门经过听证程序确定。

4. 支付程序

从 2004 年 7 月 1 日开始，此后每隔两年的 7 月 1 日 Cal Recycle 联合 DTSC 制订电子垃圾回收支付计划表，该计划表需要满足授权收集人在本州建立的免费、快捷的电子收集、集中和运输体系的运营成本。这笔费用可以直接支付给授权收集人，也可以交付给授权处理人补偿其给收集人的费用。从 2004 年 7 月 1 日开始，此后每隔两年的 7 月 1 日 CIWMB 联合环境保护部门制订电子垃圾处理支付计划表，该计划表需要满足授权处理人从授权收集人处接收、处理、再利用电子垃圾的成本。

具体的支付程序是授权收集人和授权处理人向 Cal Recycle 递交规定格式和形式完整的经确认的账单，CIWMB 在收到后付款。在授权处理人向授权收集人进行转付的时候，同样需要遵循上述程序。Cal Recycle 付款条件为：完成规定数量的处理量，同时垃圾处理设施经营合法，例如在过去 12 个月接受环境保护部门的监督且无违法事项，工作时间无异常，作业环境安全、健康，雇员经过培训等。

（二）以纽约州为代表的生产者责任延伸制度

1. 纽约州

（1）一般不对消费者收费

纽约州采取生产者责任延伸制，对于绝大多数消费者来说，生产者不能就电子垃圾的收集和处理向他们收取费用，例外情形是：提供上述服务的合同在 2011 年 1 月 1 日前就开始履行；消费者是拥有 50 个以上全职雇员的营利性组织，或者是拥有 75 个全职雇员以上的非营利性组织；提供了额外的服务。额外的服务是指任何超出该州《电子设备收集、再使用和回收利用法》（EERRA）规定的合理便利的回收方式以外的服务，包括设备、数据的保护服务、翻新再利用服务。

（2）环境保护基金来源和使用

纽约州环境保护部筹措的资金将拨入纽约环境保护基金，纽约州的电子垃圾处理法案中规定全部收费和支出都进入依据州金融法第九十二节设立的环境保护基金中（EPF）。这包括对未完成回收利用任务的生产商，对回收商不当循环利用的处理行为以及对个人消费者随意丢弃等事项征收费用。EPF 向当地政府和非营利性组织从事的环保事业提供资金支持，其资金来源渠道多样，包括用于专门用途的资金、不动产交易税等，使用 EPF 的资金需要立法的规定和州长的年度拨款。

2. 明尼苏达州

（1）生产者完成回收任务或支付回收费用

根据《视频播放器和电子设备收集和处理法》，明尼苏达州采用的是延伸的生产者责任，被认定为生产者的企业每年需要回收或者通过安排收集、回收一定数量的特定电子设备，具体方式有回收一定数量的电子垃圾、使用回收信用或者支付回收费三种方式。具体数额等同于上一年度其销售给该州家庭用户的全部产品重量×监管当局确定的需要回收的比例。生产者责任仅局限从家庭用户处回收来的电子垃圾，其他来源的不计入回收任务。

（2）征收注册费

明尼苏达州的电子垃圾回收体制也采纳了注册方式管理，从生产者、零售商到收集人、回收利用人都要进行注册。注册制度也是该州的电子垃圾回收资金体制的重要部分。在明尼苏达州，凡是 2007 年 9 月 1 日以后注册的生产者每年都必须向税务专员缴纳注册费，税务专员会将这笔税收存入州财政部或者借贷给环境基金（该机构是一家以社会捐赠为资金来源的公益性环保组织）。注册费是由 2 500 美元基础费加上数额不定的回收再利用费。

回收再利用费，实际上是对生产者未完成回收再利用目标任务的不足额部分的比例罚款，计算公式如下：$[(A \times B) - (C + D)] \times E$，在这里，A 指的是在本项目年度的前一年生产者向州税务局报告的出售给家庭使用的视频播放器的总重量（磅）；B 设定的是应被回收的电子垃圾在已出售的视频播放器中所占的份额，第一年的系数为 0.6，第二年之后的系数为 0.8；C 指的是在本项目年度的前一年生产者向州税务局报告的向家庭回收的特定电子设备的总重量（磅）；D 指的是生产者获得的可以用来计算可变的回收费的回收信用数额；E 指的是估算的每磅电子垃圾的回收成本，具体价格有：0.5 美元/磅，该价格适用于回收比例低于 50% 的生产者；0.40 美元/磅，该价格适用于回收比例高于 50% 低于 90% 的生产者；0.3 美元/磅，该价格适用于回收比例高于 90% 低于 100% 的生产者。如果 C − $(A \times B)$ 所得为正数，那么所得的数字（磅）就将被确定为生产者的回收信用，该信用可以整体或部分在以后的任何年份与 C 相加，只要不超过当年度生产者义务（A×B）的 25%。回收信用同样可以整体或部分向其他生产者出售，价格由双方协商确定，购买方的使用权限和出售方等同。值得注意的是，如果回收的电子垃圾来自 11 个指定的县市区以外，那么在计算总量的时候要乘以 1.5 倍，另外，年销售量在 100 台以下的生产者的注册费为 1 250 美元。

（3）注册费的使用

注册费的使用由税务专员决定，用作电子垃圾回收的管理经费；支付给特定的 11 个县市以外的从事电子垃圾收集的乡村和电子垃圾收集人，这些地区的电子垃圾回收是纳入当地的固体垃圾回收体系的。这笔经费分配时带有竞争性质，税务局对那些与生产者积极配合回收的乡村和私营回收人予以优先待遇。

3. 华盛顿州

（1）生产者履行义务的途径

华盛顿州的资金模式是由生产者为电子垃圾收集和回收计划提供资金支持，生产者必须加入或者设立回收项目并依据其在特定电子设备中的份额为收集、运输和回收利用提供资金。生产者不能因回收事宜向消费者征收任何费用，只有在收集人提供了额外的，或者路边的便利服务的时候，可以收取适当费用。

生产者履行义务的途径有两种：一是要加入由华盛顿州材料管理和融资局（Authority）设立的标准计划，二是设立独立回收项目，独立项目的设立要经州环保部（DOE）批准，申请人必须是一个或以上的至少占 5% 电子垃圾份额的生产者，新成立的生产者和生产无牌产品的生产者没有资格。

DOE 每年都要对生产者的法定回收份额做出认定，回收义务的基础是被认定是该生产者应付责任的立法涵盖的电子垃圾的总重量。最初确定回收份额时，DOE 需要使用一切合理方法和公开信息；接下来的年份 DOE 在计算回收份额时，只需要更新被立法涵盖的电子产垃圾份额模型的数据即可。生产者可以对 DOE 的初步认定提出质疑。DOE 每年都需要将生产者的回收份额和电子垃圾的总回收量进行对比，得出某个生产者的均等义务。（注意均等义务不是同等义务，强调的是回收比例和销售份额的一致）。每年的 6 月 1 日之前，DOE 都应告知生产者它上一年度的均等义务，同时给没完成均等义务的项目开出账单，生产者将为欠缺部分的处理成本支付费用。对于超出均等义务的项目，DOE 应在每年 9 月 1 日之前支付相关费用。如果某个项目由非营利组织进行收集，那么该项目的购买支出将获得占该生产者均等份额 5% 的贷款支持。对于没有完成回收份额的生产者来说，除了向 DOE 缴纳欠缺部分的回收成本外，还需要支付一笔行政管理费。DOE 收取的费用将被存入一个新设立的电子产品回收账户，用于对回收超出均等份额的生产者给予补偿。另外，计划的实施包括对特点电子产品的分类费用。

（2）会员生产者需要向 Authority 支付管理和收集费

生产者参加的标准项目是由 Authority 来制定并组织实施的，该机构是华盛顿州的公共机构，采用董事会制度，由 11 名选举产生的参加该项目的生产者代表组成。其中 5 个席位是由 5 家电子垃圾回收份额最大的 10 个品牌的代表占据，剩下的 6 个席位由其他生产者代表组成。代表们来自电视机和电脑制造行业。DOE、社区工作部、贸易和经济发展组织、州财政部的首长是 Authority 的当然委员。董事会有权制定章程。Authority 规定生产者会员应负的均等义务，并就计划的制订和实施举行至少一次的公开听证。会员生产者需要向 Authority 支付管理和收集费，如果计费依据是在州内销售的产品数量，那么初始费不超过 10 美元；如果 Authority 没有设定初始费，那么按照每个电脑和平面电脑显示器 6 美元、其他电脑显示器 8 美元和电视机 10 美元的价格收取。等到第二年，Authority 将收取年费和其他必要的费用。

（3）DOE 收取年度注册费和回收项目年审费

为了保障执法活动的开展，DOE 收取年度注册费和回收项目年审费，上述费用的收取是以生产者在本州的年销售量份额确定的，它们将被存入电子产品回收账户。当生产者不参加许可的回收计划，DOE 必须向生产者进行书面警告，命令其必须在 90 日内加入。如果生产者不遵守警告的提示，则面临着最高 10 000 美元的罚款。如果 Authority 或者其他被授权主体不实施被核准的回收项目，那么 DOE 的第一次处罚最高可达到 5 000 美元，90 日以后，若仍不履行义务，罚款最高可达 10 000 美元。对于不遵守生产者注册义务、教育、标识告知、报告义务，收集人、运输人注册和处理义务以及零售商责任的行为都将受到书面警告，90 日后拒不改正的将面临第一次 1 000 美元和第二次及以后 2 000 美元的罚款。

4. 缅因州

该州采取 EPR 模式，即由生产者负担电子垃圾的回收成本。生产者负担资金义务的途径有两种：一种是从被核准的电子垃圾集中处理人处回收电子垃圾，完成处理再利用流程；另一种是直接支付集中处理人开出的账单。生产者需要负责的电子垃圾为来自该生产者自身的和无主电子垃圾，无主电子垃圾的回收义务是依据当前的市场份额来分配的。

集中处理人寄给生产者的账单是全州电子垃圾中被认定为该生产者出产的电视机和电脑显示器总数。集中处理站会区分每一个品牌和所属的产品重量，集中处理需要向生产者明示该商品已被缅因州环境保护部（MEDEP）认定为生产者需要承担法律责任的商品。在项目进行的第一个年度，MEDEP 通过美国其他地区的电子垃圾回收实践得出的数据，计算出了市场份额。而缅因州自己的数据需要项目实施一年以后才能得到。对于无主产品的比例责任还存在一些例外：首先，那些对家庭销售总量不到市场份额1%的企业无须承担这一责任；其次，对于那些不付费的回收项目的生产者来说，如果该项目涉及的产品需要在缅因州进行回收的话，生产者将获得贷款。

通过集中处理人给MEDEP第一年的报告可以看出，在2006年的5个月时间里，大约有14 000台电视机和11 000台电脑被回收，那么可以算出大约一年可以回收60 000台电视机、电脑，州内居民1磅/年的处理量。MEDEP以单件商品重50磅、每磅30美分的标准核准计价，那么生产者每年回收的总费用大约在375 000美元。

5. 马里兰州

马里兰州是采取电子垃圾回收生产者责任体系的州，由生产者来负担电子垃圾的回收和处理成本。按照该州《全州电子垃圾回收计划》的规定，生产者的责任主要是成立一个电子产品回收项目并负担其经费开支。生产者必须回收公布在产品名录上的全部产品种类，对于电子垃圾的送还者提供免费的服务，例如为电子垃圾提供到付服务，设立电子垃圾收集点等；生产者可以和回收人、当地政府部门、其他生产者等合作经营自己的电子垃圾回收项目。此外，生产者必须为回收项目配备免费电话和网站，告知消费者如何将准备回收、翻新、再利用的特定电子设备送还。从2008年开始，马里兰州就要求被立法涵盖的电子产品的生产者向州环保部门（MDE）注册，并支付注册费，否则将不允许在该州内销售相关产品。

注册费的征收依据如下：第一年，上一年度的年销量1 000台以上被立法涵盖的电子产品的生产者应缴纳注册费为10 000美元，销量为100台以上999台以下的生产者为5 000美元；第二年开始，未完成MDE认可的回收计划中上一年度回收计划的生产者，按照第一年的标准缴纳注册费，对于完成回收计划的生产者可以享受注册费更新待遇，每年500美元。这笔费用每年的1月1日向马里兰州环保部门（MDE）提交，汇入州回收信托基金。对于上一年度销量低于100台的被立法涵盖的电子产品生产者无须缴纳注册费，但仍然要履行注册手续。

州回收信托基金的资金来源有新闻纸回收激励费、电话目录收集激励费，生产者实施电子垃圾回收项目注册费、各类罚款、州预算的拨款，其他基金收益等。该基金由州长MDE的行政首长管理，财政部长掌握，审计官监督。当一个财政年度终结时，如果回收信托基金账户上的结余超过2 000 000美元，则需要归还到普通基金中。

表1-4　代表性州电子垃圾处理融资模式比较

州名	融资模式
加州	在 ARF 框架下分别在购买时依据产品特性向消费者征收 ＄6、＄8、＄10 数额不等的回收费
缅因州	生产者有义务对特定品牌负法律责任，向集中处理人支付相关品牌的运输和回收处理费和一定份额的无主产品的回收费。集中处理人的收费标准为 19～42 美分/磅
马里兰州	生产者每年需支付 5 000 美元的注册年费，但若加入回收计划且完成回收任务只需缴纳 500 美元/年
华盛顿州	生产者必须加入一个州公共机构，同时支付一定数额的电子垃圾的收集和回收成本，已成立的生产者也可以申请成立一个独立的回收项目

（三）两种资金模式的特点和优劣势分析

概括起来，美国的电子垃圾处理的资金模式也大体分为两种，即以加州为代表的消费者预付费制度和以纽约州为代表的延伸的生产者责任制度。由于责任主体的不同，二种回收体系的资金支持方式有很大的差别。

1. 加州 ARF 模式的主要特点

在加州，由于采用全体消费者支付预付费（ARF），CIWMB 统一支配的方式，那么如何确定缴费标准和如何分配资金的使用就成了加州模式中最重要的两个问题，这关系到州内消费者的负担和电子垃圾回收计划的正常运转。关于缴费标准的界定，Cal Recycle 每年都会对收费标准进行评估和调整，以确保收支平衡和维系理性适度的回收活动。在申请资费调整时，需要提供项目成本和收入需求评估、历史资费记录和资费模型分析三份文件以供参考。EWRRA 账号上的付费对象十分广泛，包括授权的收集人和回收人（含有回收行为的生产者）的成本，还用于管理机关和公共教育项目开支。

2. 纽约州等 EPR 模式的主要特点

与加州相反，以纽约州为代表的延伸的生产者责任（EPR），则在减少行政干预的前提下，在市场主体间寻找最适合的回收责任承担者。电子垃圾处理资金模式是将生产者作为电子垃圾回收成本的负担者，以此为基础给生产者赋予了注册、标识、报告、收集、回收等多项义务，这些义务中注册、标识是便于管理，而报告、收集、回收则是生产者义务的主要部分。在实践中，生产者履行收集回收义务的方式是多样的，既可以自己亲自实施，也可以委托专门的回收人和处理人代为实施，并支付相关费用。在 EPR 模式下，管理部门掌握的资金是比较有限的，大致包括注册费、年费和罚款，这些费用将用于维持必要行政管理成本，存入财政账户生息，还可以汇入或者借贷给环保基金用于环境保护用途。

EPR 模式以生产者为中心，带动消费者、零售商、集中回收人、处理人等市场参与者参与，生产者根据自己的选择布局本企业的电子垃圾收集和回收版图，以市场定价的方式向其他参与人支付对价，而管理部门的作用仅仅是设定回收份额，规定计算标准和处罚方式。

值得注意的是，在 EPR 下，各州由于管理理念和实际情况的差异存在着形式各异的生产者责任，这些差异体现在市场份额的认定标准、注册费用的设定、设立独立回收项目的门槛等各州在生产者管理方式和基金管理制度上的差异。这些差别仅局限于生产者内容责任分配的不同，并不影响该模式的本质特性。

3. 两种模式优劣分析

（1）ARF 模式的优势和不足

ARF 模式的优势：ARF 以明确可见的方式向消费者征收电子垃圾处理费，可以减少对立法涵盖的电子产品的过度消费；该州的电子垃圾处理计划经费来源和支出都是由管理部门严格控制，统一收费，统一支出，由政府部门在统合评估之后对消费者预付费进行核定，免去了电子垃圾回收的定价问题，操作简便；包括历史遗留产品在内所有废弃电器电子产品都能得到回收，解决了对历史遗留产品和无主产品的处理问题；有利于快速建立用于回收设施的可持续资金，通过简单有效的实施以及对消费者的收费公开，有助于消费者了解回收费的收取和使用情况。

然而在 ARF 下，也存在如下弊端：由于政府承担着费用征收和经费开支的职责，导致管理部门无可避免地接入到回收项目的实施当中，行政成本增加较大；生产者没有直接参与回收系统的建设，故生产者也不太可能将产品回收纳入自身的商业模式，因此该模式在激励生产者生产绿色产品方面意义不大；由于管理部门拥有定价权，这也就决定了该州电子垃圾处理市场的资金规模，故一旦预计支出大于收入，则消费者预付费标准就要进行调整，这种调整往往和实际情况存在差异，导致加重消费者负担；为了回收处理老产品增加了新产品的销售价格，也有可能抑制正常的消费需求，增加消费者的负担；尽管立法规定了行政管理开支的上限，但消费者缴纳的回收费能否确保用于回收项目缺少立法上的保障；如果征收的费用高于回收成本，那些超出费用可能被州政府用于其他用途；增加了零售商向消费者收取费用的负担，并需要向零售商支付手续费；通过网络直接对一级经销商进行的购买可能逃脱了 ARF 的缴纳。总之，加州的预付费模式由于政府主导电子垃圾回收的资金规模和定价权而体现出较强的行政管理色彩，市场功能较弱化。

（2）EPR 模式的优势和不足

EPR 较 ARF 不同，它认为生产者是最适宜的电子垃圾回收行为的实施者和成本负担者，尽管从根本上来说，回收成本的最终负担者是消费者，但是如果让生产者成为直接的负担者是有利于将回收成本降到最低的。EPR 有利于激励生产者从降低成本的角度考虑革新技术，减少电子产品使用的有毒有害物质；在消费者（到收集点上交废弃产品）、当地组织（经营收集中心）、生产者（负责回收处理）之间分配责任，避免了政府部门或者第三方介入基金管理，减少了管理成本；这种以生产者为中心的回收运行体制，给回收形式的灵活多样提供了可能，生产者可以根据自己的情况，选择由自己还是专门的机构进行收集、回收和处理，这种做法在降低回收成本的同时也有利于在竞争的环境下培育出相关市场主体。

EPR 的不足之处在于已有的生产者和新进入市场的主体之间责任分配不均，来自先前生产者的投入减轻了新加入者的责任；那些年代久远的电子产品的回收成本基本上落在了消费者身上；品牌分类是 EPR 体制下独有的成本；对于电视机这样的商品，由于生命周期较长的产品较长，生产者改进设计的动力不大。

4. 趋势判断：淘汰 ARF，向 EPR 发展

ARF 和 EPR 都意在改变电子垃圾填埋处理的模式，但是由于 EPR 明确了生产者的强制责任，使市场机制可以发挥效力。目前，除加州以外的州都采用 EPR，无论作为一种指导原则还是一种实用主义做法，EPR 都是效用最大化的模式，电子垃圾的管理趋势是逐步淘汰 ARF，而向着 EPR 发展。

EPR 直面问题的根本即产品的毒性，而不是对有毒的电子垃圾的急速增长做出反应。在 EPR 模式下，生产者负责回收，为了降低回收成本，生产者有重大的激励来直接参加到回收进程，不管是在收集、分类或回收环节，来保证效率同时降低成本。如果公营回收效率不尽如人意，生产者更有足够的动力去创造自己的回收系统，或与公营项目进行竞争。换言之，昂贵的回收费用迫使生产者将回收业务私有化，如果生产者认为自己比市政当局或其他从业者更有效率的时候，他们就会自己从事电子垃圾回收。各州目前已经认识到这一好处，几乎所有的采用 EPR 的州都鼓励或者要求生产者建立私营的回收业务，并带来效率的提升。

EPR 的另一个独到之处在于给生产者在产品设计环节以激励，生产者会努力改变产品自身，使用更少的有毒物质来降低回收的成本。这对于解决产品中含有毒有害物质的问题有很大裨益。

所以，从发展趋势看，消费者预付费制度会逐步向生产者责任延伸制度过渡。事实上，加州 2007 年 9 月 19 日已经通过了号召采用"生产商延伸责任"（EPR）的决议，制定了实施生产者责任延伸制度的整体框架。

表1-5 各州法律相关规定的对比

州名称	免费回收的受益人	支付回收费用的资金机制	对有毒物质的要求	收集的目标	对监狱劳工的禁令	禁止填埋和焚烧
实行生产者责任制州的法律						
康涅狄格州	消费者或每次丢弃少于7件电子产品的居民	生产者,电视机依据市场份额,计算机依据实际返回率	无	将于2010年10月前制定收集目标	无	有,自2011年1月生效
夏威夷州	消费者,商业机构,非营利机构,政府	生产者必须建立收集和回收其所生产产品的计划	无	无	无	无
伊利诺伊州	消费者	整个州的目标依据返回率;而州目标转化为公司义务时,TV按市场份额,IT按返回率	披露义务。企业必须披露其产品是否符合欧盟RoHS指令	州范围目标	无	有,自2012年开始
印第安纳州	家庭,公立学校,雇员少于100人的小公司	市场份额。生产者需支付基于所销售的视频播放设备所占市场份额的收集、运输、回收和满足目标的费用	无	无	无	无
缅因州	2004年只有家庭,2011年增加学校,非营利机构和雇员少于100人的小公司,运输项目少于8个的公司	生产者支付交通回收费用,部分收集费用。市民支付部分收集费用,IT公司通过返还份额支付的溢出成本(spilt cost),TV公司通过市场份额的溢出成本	无	无	无	有
马里兰州	未详细说明	生产者向州缴纳费用,州基金将这些费用用于偿还回收费用	无	无	无	无
密歇根州	每天丢弃废物不超过7件的消费者和小商业者	生产者支付收集、运输和回收费用,但没有服务水平被授权	无	电视机企业应回收前一年销售总量的60%	是(在SB898中规定)	无,将被研究
明尼苏达州	消费者	市场份额,生产者支付收集、运输和回收费用	披露义务,如果最大浓度限值超过RoHS指令,企业应在注册时报告	第一年:生产者应回收前一年销售总重量的60%;一年后(2008.07)前一年销售总重量的80%	是	已存在

州名称	免费回收的受益人	支付回收费用的资金机制	对有毒物质的要求	收集的目标	对监狱劳工的禁令	禁止填埋和焚烧
密苏里州	消费者	生产者支付收集、运输和回收费用，但没有对服务水平进行强制性规定	无	无	无	无
新泽西州	消费者，雇员少于50人（包括50）的小公司	返还份额。生产者支付收集、运输和回收费用，电视企业根据返回率和市场份额分配回收费用	必须符合RoHS对重金属的规定	自2011年1月开始，法律指导州部门设定目标	有	有，自2011年1月开始
纽约市	每个人，包括消费者、公司以及其他	市场份额。生产者必须收集和回收产品	无	有。基于市场份额的收集目标，2012年：25%；2015年：45%；2018年：65%	无	有，自2010年7月1日开始
纽约州（纽约州有一个需要手机供应商进行回收的单独的法规）	除了雇员超过50人（包括50）的大公司和雇员超过75人（包括75人）的非营利性机构之外的所有主体	生产者根据各自的市场份额支付收集运输和回收费用，法律建立一个全州适用的目标，然后各州根据各自的市场份额确定各自的部分，生产者每卖出一个电子产品就需拿回一个电子产品	有。必须保证其所出售的任何一件产品都未违反RoHS的规定	有，需将目标与便利度相结合。全州范围内适用的收集目标计算方式：2011年：每人3磅；2012年：每人4磅；2013年：每人5磅；在2013年后，目标在经验的基础上重新计算	无	有，2011年4月1日开始对生产者、零售商、垃圾处理者和基金会有要求，2012年1月1日开始增加消费者
南卡罗来纳州	2007年没有明确标明，2010年的法案宣称适用于消费者和雇员少于10人的非营利性组织	通过收集的网站和收集的目标。他们不能支付收集费用。电视公司的市场份额，IT公司的返还份额	无	无	无	有，自2011年7月1日开始禁止填埋和焚化
俄克拉荷马州	消费者	生产者支付收集、运输和回收费用，但没有对服务水平的强制性规定	无	无	无	无

州名称	免费回收的受益人	支付回收费用的资金机制	对有毒物质的要求	收集的目标	对监狱劳工的禁令	禁止填埋和焚烧
俄勒冈州	家庭、小公司，小型非营利性组织，以及一次在收集点丢弃的废弃物不超过7件的任何实体	生产者支付收集、运输和回收费用。电视机企业根据返回率和市场份额分配回收费用	无	有，便利设施，生产者必须在每个郡县都有收集点，并且每个城市都要超过100个	无	有，自2010年1月1日生效
宾夕法尼亚州	消费者，雇员少于50人（包括50人）的小公司	生产者需要建立、制定和管理手机、运输和回收所涵盖电子产品数量的计划，该计划需与生产者的市场份额相当	无		本身没有，但回收企业必须符合R2和e–Stewars的规定	2013年1月1日起有效
罗得岛	家庭，公共和私立的小学和初中	生产者支付收集、运输和回收费用	必须披露超过RoHS标准的视频播放设备	无	有	有，自2009年1月31日生效
德克萨斯州	消费者	生产者必须要有取回计划，但是没有关于服务水平的强制性规定	无	没有针对电脑的，有基于市场份额的对电视设定的部分目标	无	无
南卡罗来纳州	消费者	生产者必须要有回收项目，但是没有关于服务水平的强制性规定	无	无	无	有，自2011年7月1日开始禁止垃圾填埋
佛蒙特州	家庭，慈善机构，地方学校或雇工小于11人的小公司	将市场份额目标和便利设施结合起来，在每个郡县须有3个站点，另外在超过10 000人的城市另增加一个站点	无	有，为收集设立目标，同时有便利设施的要求	无	有，自2011年1月1日生效
弗吉尼亚州	消费者	生产者必须要有回收项目，但是没有关于服务水平的强制性规定	无	无	无	无
华盛顿州	消费者，慈善机构，小公司，学校和小政府	生产者为收集、运输和回收付费，返还份额	无	有，便利设施，生产者必须在每个城市都有收集站点，并且要在城市拥有超过10 000个站点	有	没有法案，但是一些城市已经通过禁令

续 表

州名称	免费回收的受益人	支付回收费用的资金机制	对有毒物质的要求	收集的目标	对监狱劳工的禁令	禁止填埋和焚烧
西弗吉尼亚州	消费者	生产者若没有回收计划需支付10美元的注册费,若有回收计划需支付3美元的注册费	无	无	无	无
威斯康星州	消费者和家庭	生产者需支付基于市场份额的收集、运输和回收费用	有,生产者必须披露他们售卖出去的不符合RoHS标准的产品	目标的80%由3年前售卖给家庭和学校的产品重量决定	有	有,自2010年9月1日生效
实行消费者收费制或其他模式的法律						
加州	所有的所有者,包括消费者和公司	消费者在购买时支付费用,费用进入州基金,用于补偿回收者和收集者	符合RoHS中关于重金属的规定,公司不能销售超过RoHS标准的笔记本电脑、监视器、电视以及可能的DVD播放器	议案规定到2007年12月31日减少电子废弃物和历史废弃物的目标	无	已存在
犹他州		生产者必须在2011年8月前简单向州主管机构汇报,并且在2012年1月之前在州政府的网站上进行回收选择的公共教育。生产者自己不需做电子废物回收的任何事情	无	无	无	无

五、不同制度下美国废弃电子产品回收处理效果分析

(一)美国回收处理制度及背景

2003年2月,欧盟颁布了电子废弃物管理的WEEE指令,尽管在联邦层次上,美国至今尚未出台废弃电子产品强制性回收利用管理法规,在废弃电子产品回收处理立法方面走在欧盟的后面,但是近五年来进展迅速,各州积极采取行动防止废弃电子产品对环境的危害。

针对废弃电子产品回收处理立法问题，美国民间环境保护组织与电子产业界一直存在着激烈而持久的争论。一方面，环境保护组织一般倾向于要求联邦政府和各州政府对于废弃电子产品管理采取更为严格的措施，以法律法规的形式要求生产商承担废弃电子产品的回收处理责任。另一方面，产业界基于维护本国电子产业国际竞争力的观点而采取抵制态度，主张废弃电子产品的回收处理应当遵循自愿协议的原则，而并非诉诸法律强制实施。

由于力图在产业界与环境保护组织的观点间寻求调和与平衡，美国联邦政府迟迟未出台法律确定废弃电子产品回收处理的责任归属，仅在国家环境保护署（EPA）的支持下成立了一个基于自愿原则的协调机构，在全国范围内建立起废弃电子产品管理体系，在各州组织实施一系列示范回收项目，不断探究切合各州实际情况的回收处理体系和管理办法。各州在"废弃电子产品的回收处理成本由谁承担"这一问题上存在的巨大分歧，客观上阻碍了联邦层面法律法规的出台。

在联邦立法缺失的情况下，美国各州分别通过州法案建立关于废弃电子产品处置的相关规定。从州层面上，自 2003 年开始截至目前，共有 25 个州出台相应的废弃电子产品管理法并达成诸多共识，例如，从回收品种上来看，废弃阴极射线管（CRTs）显示器在各个州均被包含在法规管理范围内；立法的最终目的都是回收废弃电子产品并对其进行合理处置；至于处置的方法，各个州全部禁止或避免以填埋的方式处理回收的废弃电子产品。

但是，各州废弃电子产品管理法规实施的方式尤其是废弃电子产品回收处理资金的征收和使用模式存在着较大的差异。如表 1-6 所示，除加利福尼亚州与犹他州以外的 23 个州和纽约市均选择了由生产者承担回收处理成本的生产者责任延伸制度（EPR），即回收处理所产生的成本由生产者负担；加利福尼亚州在费用承担对象上与之有所差异，采取了由消费者承担回收处理成本的预付回收利用费制度（ARF）；犹他州在生产商责任程度上明显弱于其他推行 EPR 制度的 23 个州，实施生产商教育制度（manufacturer education），指出生产商对于产品消费者负有教育责任，但并未规定其承担相关成本的责任。

表 1-6 美国废弃电子产品回收处理制度情况

回收处理制度	相关州
生产者责任延伸制度（EPR）	缅因州（2004）、马里兰州（2005）、华盛顿州（2006）、康涅狄格州、明尼苏达州、俄勒冈州、德克萨斯州、北卡罗来纳州（2007）、新泽西州、俄克拉荷马州、弗吉尼亚州、西弗吉尼亚州、夏威夷州、密苏里州、密歇根州、罗得岛州、伊利诺伊州、纽约市（2008）、印第安纳州、威斯康星州（2009）、纽约州、南卡罗来纳州、宾夕法尼亚州、佛蒙特州（2010）

回收处理制度	相关州
消费者预付回收利用费制度（ARF）	加利福尼亚州（2003）
生产商教育制度（manufacturer education）	犹他州（2011）

数据来源：电子回收联盟（Electronics Takeback Coalition）。

一般来说，各个国家和地区政府出台的政策和担当的角色都会显著影响其废弃电子产品回收处理产业的发展。本文分别探讨不同制度下废弃电子产品管理政策的效果。

（二）生产者责任延伸制度实施情况及效果评价

1. 生产者责任延伸制度及基本原则

生产者责任延伸制度（EPR）的核心思想为由造成污染的一方承担治理的成本，反映出从末端治理转向污染源预防的环境政策新趋势。在废弃电子产品回收处理的问题上，生产者责任延伸制度则规定电子产品生产商对其引入市场的产品整个生命周期负责，由其承担废弃电子产品收集和回收处理的费用，实现资源再利用的目标。

生产者责任延伸制度并非一个新兴的概念，它于1988年由瑞典环境经济学家托马斯·林赫斯特（Thomas Lindhqvist）首次提出，而世界上第一个涉及生产者责任延伸制度概念和产品回收的计划来源于1991年德国的《包装废品废除法令》（Ordinance on the Avoidance of Packaging Waste），该法令要求使用包装的企业回收包装废品或企业参与全国包装废品回收计划。随着近100年间连续重复使用和循环的传统做法已经被大量一次性产品、大量消费和以前无法想象的大量废弃物所取代，许多工业化国家和地区逐渐颁布或考虑推行EPR政策。

从国际范围内来看，EPR的覆盖范围不断扩大、影响力越发深远的原因主要有三个：①越来越多的国家和地区面临着废弃物填埋空间不足的问题；②废弃物可造成的毒性、腐蚀性以及放射性危害越来越大；③填埋空间不足和对废弃物中有毒物质管理的复杂化使得废弃物管理的成本大大增加。

尽管在不同的国家和地区，生产者责任延伸制度具有差异化的表现形式，但它们拥有相同的两条基本原则：①生产商对因其产品而产生的废弃物和环境问题负责；②减少废弃物和环境问题最有效的方法是污染源头的预防。

第一个基本原则其本质为经济学中"外在成本内在化"的概念——废弃电子产品导致的资源耗费及环境污染具有极强的负外部性，它所造成的社会成本包括政府治理污染必须支付的费用、对于自然资源的极大浪费，以及污染物对人类健康造成的危害；而责令生产商对因其产品而产生的废弃物和环境问题负责可督促其将治理成本内部化为产品生产成本的一部分，减少非环保电子产品的生产，实现资源的有效利用和环境的保护治理。

第二个基本原则指出减少废弃物和环境问题最有效的方法是在问题产生前就设计出解决方法，而非在污染形成后努力控制废弃物和环境污染问题。这一原则指出，EPR 并非单纯地鼓励再循环，因为再循环本身并不能限制能源材料密集型产品以及高污染型产品的生产与扩张。因而 EPR 将其最终目标定位于鼓励生产商在"上游"阶段针对产品的设计和工艺进行根本改造，促使生产商设计出易于拆解的产品，使用更少、更轻、更耐用且毒性小的材料，调整产品运输和回收体系，在产品生命周期的每一个阶段降低材料和能源的使用强度，从根本上减少环境污染的可能性。

2. 美国实行生产者责任延伸制度的基本情况

（1）各州具体措施各有不同，也有一些共同的特点

截至 2013 年 8 月，全美已有 23 个州及纽约市实施典型的生产者责任延伸制度，各州制度在产品目录、生产商责任范围及激励惩罚措施方面各有不同，但在实际应用中一般具有以下共同特点：

①制度覆盖的产品范围主要是家用视频显示设备，即电视机、台式电脑、笔记本电脑以及计算机显示器，此类产品占美国家庭废弃电子产品的大部分。但这一目录不包括工业用、商用、医疗用或家用电器（白色家电）用视频显示设备。

②废弃电子产品收集、运输和回收的费用由生产商承担，消费者则可获得免费的回收服务。一般生产商支付的费用分为注册费和回收费两种形式，回收费通常依据市场份额或返回率进行分配。

③生产商负有标识的义务，即生产商须在其产品上加贴标签，该标签上应有生产商的自有或授权品牌，标签应永久加贴并且清晰可见。

④生产商须向州环保管理部门注册，每年缴纳一定的注册费用，采用并实施一定的回收计划，并将该计划以报告的形式提交环保管理部门。

⑤政府主管部门应当根据生产商提交的报告或注册情况对其回收能力进行评估，并在其网站上公布注册企业名单以供零售商和消费者查看，同时管理收取的相关费用，向相关方宣传推广废弃电子产品回收的理念。

⑥生产商在规定的期限后，不得销售未加贴标签或未经注册的产品，并有义务在产品销售时或在其网站上提供如何对产品进行回收的信息。

⑦零售商不得销售未加贴标签或未在官方机构网站上公布的企业名单内的电子产品，并有义务指导消费者如何对产品进行回收及提供相关信息。

（2）制度内容具有灵活性

值得注意的是，生产者责任延伸制度的形式不仅具有灵活多样的特点，其内容同样随时间推移表现出很强的适应性。缅因州、马里兰州、北卡罗来纳州、俄勒冈州、得克萨斯州和夏威夷州都在不同程度上扩大了自己的废弃电子产品目录，将电视机及打印机等设备列入回收名单，这也显示出废弃电子产品回收处理普遍化的发展趋势。

（3）生产者责任的严格程度有所不同

不同的州法律对于电子产品生产者延伸责任的要求力度具有显著的差异，例如明尼苏达州、伊利诺伊州、印第安纳州、威斯康星州、纽约州及佛蒙特州鼓励厂商达成绩效目标，并要求未完成目标任务的生产商为自身失职支付附加费用，这一附加费用随生产商未完成额度的增加而递增。法律的严格或许可以解释以上地区在废弃电子产品回收方面的优秀表现，美国国家环境保护署统计数据显示，2006—2009年明尼苏达州、俄勒冈州，威斯康星州的收集率位居全国最高水平。相比之下，得克萨斯州、密苏里州、俄克拉荷马州、弗吉尼亚州、宾夕法尼亚州以及南卡罗来纳州的相关法律法规较为宽松，并不对电子产品生产商的回收表现进行强制规定，仅要求生产商自身建立起电子计算机回收处理项目。法律的宽松降低了生产商的执行力度，故而在以上各州废弃电子产品回收率处于较低水平，人均年回收量仅为实施严格法律各州回收量的1/6左右。

3. 较为严格的生产者责任延伸制度及效果分析——以明尼苏达州为例

出于对废弃电子产品造成重金属污染威胁的担忧，明尼苏达州于2007年5月通过《视频播放器和电子设备收集和处理法》，以规范废弃电子产品的回收处理流程，并建立基金引导生产商积极参与回收处理工作，同时补贴边远回收处理企业。这一法律由州环保监管机构——明尼苏达州污染控制局（MPCA）监督以确保实施。明尼苏达州在废弃电子产品的回收处理中采取了生产者责任延伸制度，符合法律法规要求并被划分为生产商的企业每年需要承担一定数量的废弃电子产品的回收责任。明尼苏达州所采取的废弃电子产品回收制度模式在全美具有一定的代表性，印第安纳州、威斯康星州、纽约州、佛蒙特州以及宾夕法尼亚州的现行制度均与其较为类似。

明尼苏达州采用的是凡是2007年9月1日以后注册的生产商每年都必须向税务专员缴纳注册费，即2 500美元基础费加上数额不定的回收费用。在该州，负责基金筹措及支付的机构为州税务部门。该费用由各生产商交由税务部门，由后者分配对符合条件的回收处理企业进行补贴。表1-7列出明尼苏达州所出台的法规基本内容，可以看出明尼苏达州所包含的条文较为全面严格，覆盖了较广的产品范围，采取了灵活的基金征收模式，强调了生产商减少产品中有害物质含量的义务，并对处理流程参与者以及处理方式加以严格限制，基本上可以实现对于生产商充分履行生产商延伸责任的监督。

表 1-7　明尼苏达州废弃电子产品回收处理制度情况

涵盖产品范围	家用视频显示设备（电视机、显示器、笔记本电脑）、计算机、键盘、打印机、传真机、DVD 播放机、VCR
免费回收的受益方	消费者
筹集回收处理基金模式	生产商根据其市场份额缴纳收集、运输和回收的费用，采用固定的注册费用与从量的回收费用相结合的方式
减少有害物质的要求	生产商承担有害物质含量的披露义务，如果最大浓度超过 RoHS 指令标准限值，企业应在注册时向相关部门报告
回收处理目标	生产商应回收前一年销售总重量的 80%
是否禁止使用犯人劳工	禁止
是否禁止填埋及焚烧	禁止

数据来源：明尼苏达州污染控制局（MPCA）。

（1）政策要点

①基于市场份额确定生产者回收义务，同时鼓励超额回收

根据明尼苏达州相关法规规定，按照重量计算，电子产品生产商有义务回收其前一年度产品销售量的 80%，而这一回收义务是基于其市场份额决定的，市场份额基于生产商直接销售给该州消费者的数量或全国销售量中明尼苏达州所占比例加以计算。考虑到逐年计算生产商回收处理义务的可行性，政策鼓励生产商超额回收，并将其计算入信用量，生产商可根据信用减少以后年度的回收数量。

生产商大多直接与处理企业合作，以一对一或一对多的形式完成废弃电子产品的处理工作；这一合作也延伸至与回收者的配合，保证了生产商每年可以完成既定的回收处理任务。

对于本品牌电子产品中的有害物质含量，生产商负有披露义务，且如果有害物质最大浓度超过 RoHS 指令标准，企业应在注册时向相关部门报告。与华盛顿州、纽约州和俄勒冈州有所区别的是，明尼苏达州法律并未明确要求生产商必须提供至少一个回收处理设施。

②通过阶梯式递减的处理费征收模式鼓励生产商提高回收比例

为激励电子产品生产商生产采用环保设计并支付回收处理流程所需要的成本，明尼苏达州建立废弃电子产品回收处理基金，向生产商收取的费用由固定的注册费用与征收比率随回收任务完成情况而递减的回收费用两部分组成。注册费包括基础注册费和未完成任务额需要缴纳的回收费用。回收费用的总额取决于前一年度生产商向税务局报告的出售给家庭使用的视频播放器的总重量、回收目录中规定强制回

收的电子产品在已出售的视频播放器中所占的份额以及每磅废弃电子产品的回收成本等因素。未完成任务的每磅废弃电子产品的回收成本则随着生产商回收比例的增高而递减，每磅从 30 到 50 美分不等，具体数值取决于制造商对于回收的贡献大小，如表 1-8 所示，这一阶梯式递减的征收模式可以激励生产商提高回收比例，更加积极地参与废弃电子产品的回收处理。

表 1-8　明尼苏达州废弃电子产品未完成任务的罚款征收标准

生产商回收比例	每磅废弃电子产品回收费用（美元/磅）
回收比例≤50%	0.50
50%＜回收比例≤90%	0.40
90%＜回收比例≤100%	0.30

数据来源：明尼苏达州污染控制局（MPCA）。

③对大都市以外回收提供补贴，促进人口稀少地区的回收服务

在明尼苏达州，废弃电子产品回收处理基金由税收部门收取，而这一基金的分配补贴工作同样由州税务专员负责，除了支付行政费用外，还补贴边远地区废弃电子产品回收处理企业的运营成本。通过对大都市区外回收得到的废弃电子产品提供额外补贴的方式，鼓励对于人口稀少地区提供回收服务。

④资金支付具有一定竞争性质，有利于回收处理企业与生产商的合作

在向特定的从事废弃电子产品回收处理的企业提供支付时，带有一定竞争性质，税务部门对于那些与生产商积极配合的回收处理企业给予优先待遇。这一做法有利于回收处理企业与生产商的合作，使得回收系统更加流畅高效。

⑤支持多渠道、多方式回收，地方政府在回收过程中发挥主导作用

尽管该州法律没有明确规定由哪一方具体负责废弃电子产品的回收工作，并鼓励社会各方参与，支持多方式、多途径的回收，主要包括永久回收网点的建立、定期开展回收处理活动以及邮寄回收等。以零售商百思买（Best Buy）为例，该公司自 2008 年夏天展开废弃电子产品回收活动，每年大约可回收 30% 来自于居民家庭的废弃电子产品，成为零售商参与回收渠道的较好代表以及州内最大的回收组织。

在明尼苏达州，地方政府在废弃电子产品回收流程中扮演了较为重要的角色，一些政府出于服务本地居民的目的，主动承担从居民家庭回收废弃电子产品的任务，并将所收集到的废弃物交由合格的处理企业进行环保处理；而另外一些政府参与此流程是因为当地缺乏可以提供此类服务的专业机构。通过与处理企业的订单合作，地方政府可以获得少量收入并以此覆盖回收废弃电子产品所造成的成本。统计显示，2011 年明尼苏达州回收名单所包含的废弃电子产品中 49% 的部分由地方政府负责回

收，主要回收方式包括固定网点、定期活动以及街边回收。MCPA 指出，地方政府参与废弃电子产品回收流程的显著成效意味着当地居民确有积极参与回收处理的意愿，然而出于提高流程效率的考虑，未来会提供更为多样化的回收渠道。

（2）优势和不足

明尼苏达州的废弃电子产品生产者责任制度可以充分鼓励生产商与回收处理企业的合作（如图1-2所示），提供市场的有效性，具有以下优势与不足。

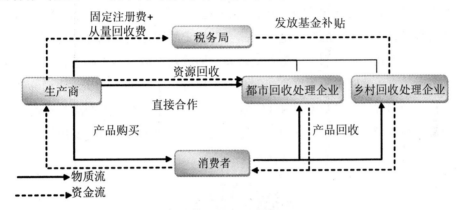

图1-2　明尼苏达州废弃电子产品回收流程

优势：针对生产商确定费率的征收模式使得费率的核算过程较为简化，降低了主管部门的工作难度，压缩了寻租的空间，且具有易于征收的特点，可以保证操作透明、兼顾公平；在电子产品销售量大于废弃量的前提假设下，回收处理基金不会亏损，可以稳定运行；对于生产商与回收处理企业充分合作的激励可以充分促进产业升级，减少回收处理能力的闲置，更由于较强的竞争性可在产业运行成本较低的前提下促使废弃电子产品的资源化。从理论上讲，生产商支付的回收处理费用会转嫁到消费者身上，以提高价格的方式被化解，然而生产商为了争取消费者需要拥有低价优势，因此将回收处理费用降到更低意味着获得了更大的竞争优势，故可以说 EPR 模式能在一个竞争的环境下实现产品绿色环保的设计。另外，EPR 制度下，生产商可承担无主废弃电子产品的回收处理费用，不会出现无人负担的情况。

不足：以确定的费率征收基金虽然较少面临基金亏损的情况，却有可能导致基金额度的不断积累增加，而庞大的资金数额会提高管理的难度。与此同时，行业内部的充分竞争合作对于制度设计有着较高的要求，招标制度造成了暗箱操作的空间，需要有关部门加以监督管理。

（3）政策效果评价：回收处理效果较好

①州内的固定回收网点数目出现了显著的增长

自 2007 年法规推出以来，回收行业取得很大的发展。截至 2011 年，明尼苏达州已经有 75 个品牌的电子产品生产商在州污染控制局（MPCA）注册，建立起明确的回收计划并按照年内出售其产品的重量承担确定的责任。州内的回收商数目出现了显著的增长，州内固定回收网点的数目增长 80%，固定回收网点遍布明尼苏达州的 87 个县，而在 2006 年时有 12 个县未启动任何的废弃电子产品回收处理项目，这一变化直接导致消费者的回收程序更为便捷高效，回收的成本大幅度降低，民众参与的意愿有所提高。

如图 1-3 所示，明尼苏达州回收的废弃电子产品有 75% 是通过固定网点实现的，即消费者只需将家中的废弃电子产品交至指定的固定回收网点即可完成回收义务。这一回收方式简单可靠，且随着全州固定回收网点数量的不断增长会变得越发便捷。其中，有一些网点免费接收任何品牌的废弃电子产品，例如，明尼苏达废弃物管理机构的回收网点接受索尼和 LG 品牌的废弃产品，而电子产品生产商回收管理机构（MRM）则接受三菱、松下、三洋、夏普、东芝和 VIZIO 等品牌。

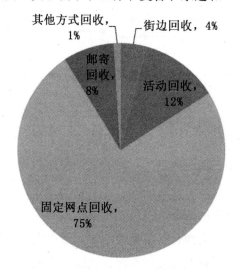

图 1-3　明尼苏达州废弃电子产品回收渠道构成

数据来源：明尼苏达州污染控制局（MPCA）。

表 1-9 显示，明尼苏达州内大部分的固定回收网点集中分布在 11 个都市区，这一比重高达 75%，故而通过固定网点回收的方式具有一定的地域局限性，不利于废弃电子产品回收工作向乡村地区的推广。仅次于这一回收方式的是通过定期举办回收活动收集废弃电子产品，这一回收方式的特点是回收量大、效率较高，且具有明显的宣传教育作用。通过邮寄回收的方式大概占到 8% 的比重，这需要生产商提前公布回收地址、赠送免费邮寄标签或声明回收所需要支付的费用，此方式对于州内物流网络有较强的依赖性。

表 1-9　明尼苏达州固定回收网点分布情况

年份	11 个都市区	明尼苏达州
2010 年	90	148
2011 年	113	158
2012 年	118	157

数据来源：明尼苏达州污染控制局（MPCA）。

②回收处理量在美国处于领先水平

表 1-10 数据显示，自明尼苏达州推行废弃电子产品管理法以来，人均回收处理量稳定保持在 3 千克左右，相当于该州居民平均每人回收一台笔记本电脑。2010 年，明尼苏达州人均回收 2.95 千克，同年其他在废弃电子产品回收处理领域全国领先的州，例如俄勒冈州、华盛顿州以及威斯康星州，这一数字分别为 2.86 千克、2.68 千克以及 1.91 千克，可见明尼苏达州在回收处理量这一数据上在美国处于领先水平。生产商新增加信用这一数据衡量生产商参与回收的实际重量与其法定回收重量的差值，可以看出 4 年来这一差值持续为正，信用累积量保持增长，这说明生产商有较高的积极性参与回收处理流程，实际完成总量超过政策要求数量。全州 2011 年回收的废弃电子产品1 361万千克，人均回收量为 2.86 千克。

表 1-10　明尼苏达州 2008—2011 年废弃电子产品回收情况（单位：千克）

	2008 年	2009 年	2010 年	2011 年
全州人均回收处理量	2.95	2.59	2.95	2.86
全州总回收量	1 524	1 374	1 574	1 361
全州生产商新增加信用	798	231	476	463
全州生产商信用年终值	798	1 030	1 506	1 969

数据来源：明尼苏达州污染控制局（MPCA）。

③处理企业数量较为稳定并呈现增加趋势

在明尼苏达州，注册的公共或私人处理企业从回收者处获取待处理的废弃电子产品，并按照 e-Stewards 及 R2 等相关规定进行无害化处理。图 1-4 显示，明尼苏达州废弃电子产品处理企业数量较为稳定并呈现增加趋势，然而事实上由于较高的行业集中度，这一数量在未来将有可能呈现减少趋势。2011 年，处理量最大的 10 家企业瓜分了 95% 的市场份额，而前 3 家处理企业接收的废弃电子产品占全年总量的 72%，垄断趋势明显。

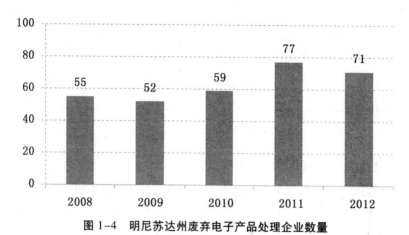

图1-4 明尼苏达州废弃电子产品处理企业数量

数据来源：明尼苏达州污染控制局（MPCA）。

此外，为推动废弃电子产品管理法案的实施，明尼苏达州污染控制局（MPCA）开展大量相关活动相配合以提高政策效率，例如为乡村区域提供竞争性的补贴，采取合规及监督检查督促生产商、回收者及处理企业进行注册并提供年度报告。另外，MCPA定期与其他州监管机构进行信息与经验共享，例如伊利诺伊州对于废弃电子产品回收目录的扩大化（目前包括电视机、显示器、打印机、电子计算机、键盘、传真机、录像机、便携式数字音乐播放器、数字视频光盘播放机、游戏机、小规模服务器、扫描仪、电子鼠标、数字转换盒、电缆接收机、卫星电视接收器和数字视频光盘录像机等），以及俄勒冈州对于"生产商信用"这一概念的引入，均与明尼苏达州现有项目存在密不可分的联系。

4. 较为宽松的生产者责任延伸制度及效果分析——以德克萨斯州为例

德克萨斯州于2007年6月首先签署《关于消费计算机设备回收计划法》，自2008年9月1日开始以法律法规的形式规范州内废弃电子计算机的回收处理问题，所规定的回收产品目录主要包括台式机、笔记本电脑、显示器以及配套的键盘和鼠标；2011年6月该州后续通过《电视设备回收计划法》，推动州内大量废弃电视机的规范回收与处理。该法案要求州内电子产品生产商有义务支付回收、运输和处理费用，同时建立自己的回收项目。这一法律由德克萨斯州环境质量委员会（TCEQ）监督以确保实施，针对未妥善完成回收处理义务的生产商，TCEQ有权采取警告、收取罚款等惩罚措施。德克萨斯州在废弃电子产品的回收处理中同样采取了生产者责任延伸制度，电子产品生产商承担废弃电子产品的回收责任，然而相对于以明尼苏达州为代表的各州，德克萨斯州的法律要求较为宽松，并未对生产商回收处理服务的级别提出强制要求，生产商也不必向相关政府机构缴纳注册费或回收费用。德克萨斯州所采取的废弃电子产品回收制度模式同样具有一定程度上的代表性，密苏里州、俄克拉荷马州、弗吉尼亚州、宾夕法尼亚州以及南卡罗莱纳州等均采取此种宽松的 EPR 模式。

该州法案要求生产商在电子计算机等电子产品被销售出去之前即执行"回收项目"，回收项目要求生产商为个人消费者支付回收费用，以避免因经费原因可能导致的项目实施受阻。同时，在回收计划中，生产商有义务为消费者提供一个网络链接以供其了解废弃电子产品的回收方法与回收渠道。另外，生产商同样负有向消费者教育与宣传的义务，对于监管机构 TCEQ 则负有定期报告的责任。可以看出，由于在德克萨斯州，生产商按照本品牌销量自行负责废弃电子产品的回收流程，并将回收到的废弃物交由处理企业或自行进行处理加工，这一流程无须设立废弃电子产品回收处理基金以约束生产商行为并对回收处理企业给予激励。

表 1-11 列出了德克萨斯州生产者责任延伸制度的基本内容，可以看出德克萨斯州所包含的条文较为宽松，覆盖了产品范围仅包括电子计算机和电视机，不涉及移动设备和硬拷贝设备，生产商需建立回收项目并支付回收、运输及处理的费用即可，受到政府的监管力度较小；另外，该模式对于生产商减少产品中有害物质含量的义务未加要求，对处理流程参与者以及处理方式也不存在严格限制。这一模式着眼于实现废弃电子产品回收处理这一简单目标，对于实现目标的渠道、方式以及附加影响未进行有效监督。

表 1-11 德克萨斯州废弃电子产品回收处理制度情况

涵盖产品范围	台式机、笔记本电脑、显示器、配套的键盘、鼠标以及电视机
免费回收的受益方	消费者
筹集回收处理基金模式	生产商支付回收、运输及处理的费用，并应实施一定的回收计划，但未被强制规定服务的等级，也无须缴纳注册费用或回收费用，因而也不必建立废弃电子产品回收处理基金
减少有害物质的要求	无要求
回收处理目标	无要求
是否禁止使用犯人劳工	无要求
是否禁止填埋及焚烧	无要求

数据来源：德克萨斯州环境质量委员会（TCEQ）。

（1）政策要点

①生产商承担回收处理成本并有效建立回收网络

德克萨斯州法案要求电子产品生产商承担回收处理成本并有效建立回收网络，同时规定如果生产商决定推行一个回收项目，这个联合组织在全州必须设有不低于200 个回收站点，否则每个制造商需要向德州环境质量委员会每年支付2 500美元作为补偿。生产商的回收义务基于其在州内的市场份额决定，具体数量与其销量高度相关，这体现出"谁污染谁治理"的 EPR 制度的基本原则。

电子计算机的回收费用应完全由生产商负担，与此不同的是，电视机生产商可以从消费者处部分收取回收费，然而收取的数额不可超过成本的总额，即至少有一部分回收处理成本由生产商负担。

无论是独自组织回收或是加入回收计划，生产商都有义务开展公共教育活动，在获得 TCEQ 许可后向产品消费者发放教育资料，或者建立网站以方便生活在乡村等不便地区的消费者获取回收处理信息。

②实行年度报告制度

生产者必须每年向 TCEQ 提交一份年度回收报告，这一报告内容必须包括回收产品目录和回收到的废弃电子产品的具体数量，以实现 TCEQ 对于废弃电子产品整体数量以及各生产商责任履行情况的监督管理。

③没有基金征收和补贴，政府主要承担监管职责

与明尼苏达州相比，德克萨斯州的废弃电子产品回收处理流程参与方较少，这一责任主要由产品生产商承担，依照法律规定，如果零售商并未参与产品的制造过程，则无义务回收该设备，然而其必须保证销售的电子产品贴有合法的品牌标签，且其生产商已向德克萨斯州环境质量委员会报告其回收方案，推行回收计划。

如图 1-5 所示，德克萨斯州的废弃电子产品回收机制监管力度较弱，监管机构较少涉及回收处理资金的使用，基本依靠电子产品生产商进行自主回收。

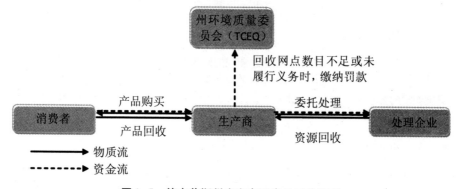

图 1-5　德克萨斯州废弃电子产品回收流程

（2）优势与不足

优势：该模式将废弃电子产品回收处理责任交由各生产商负责，可以充分实现将外部成本内部化，有利于激励生产商改进设计、提升产品的环保水平，并充分利用其广泛的销售渠道与网络以实现高效率的回收；生产商的责任回收处理量与其市场份额挂钩，可以在全社会较为公平地分配回收处理义务；德克萨斯州环境质量委员会仅需对生产商的资格以及责任履行情况进行监管，不需要进行费率的核算，可

在一定程度上降低工作难度与行政成本。

不足：该模式对于生产商减少产品中有害物质含量的义务未加要求，对处理流程参与者以及处理方式也不存在严格限制，这提高了回收处理流程中出现危害人体健康与环境安全事件的概率，不符合以环保方式回收处理废弃电子产品的本质要求；由于生产商本身无动力追求优于硬性规定的回收处理成果，法规对于生产商的低要求使得生产商完成回收的效果较差，监管力度不足也导致出现暗箱操作、虚报谎报的现象。

（3）政策效果评价：回收处理效果不理想

德克萨斯州环境质量委员会统计显示，2010 年州内共回收废旧电子计算机硬盘、主板以及其他配件总重量 11 022 吨，人均回收量为 0.44 千克，尽管这一数字是 2009 年回收量的 2 倍，与明尼苏达等各州相比仍有很大差距。

值得注意的是，德克萨斯州环境质量委员会过于软弱的监管不利于有害废弃电子产品获得合理处置，其中的部分仍有可能被填埋并对环境造成严重污染。数据证实，在该州宽松的法律制度下，2010 年仅有少数几个电子计算机生产商完成了自身的延伸义务，回收了绝大多数的废弃电子计算机，而其他众多生产商并没有完成根据市场份额所计算出的回收义务。如图 1-6 所示，78 家生产商中的戴尔、三星、Altex 以及索尼 4 家大型生产企业完成了 92% 的废弃电子计算机的回收工作，而 36 家生产商未完成任何回收，这显示法律法规并未建立起一个公平竞争的环境。

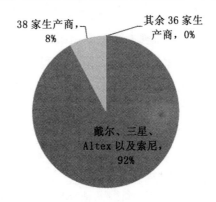

图 1-6 德克萨斯州生产商废弃电子产品回收完成情况

数据来源：德克萨斯州环境质量委员会（TCEQ）。

有环保组织调查显示，部分生产商与"假回收企业"合作将回收得到的废弃电子产品出口至发展中国家进行处置，TCEQ 需要加大力度监督电子产品生产商切实以环保方式处理再利用废弃电子产品。

另外，与明尼苏达州固定网点的回收方式占比达到 75% 左右不同，德克萨斯州的废弃电子产品回收多利用邮寄回收的方式，这给打印机等大型电子产品的消费者带来诸多不便。在弗吉尼亚州、俄克拉荷马州等与德克萨斯州采取相似模式的地区，废弃电子产品回收处理效果均较为不理想。

（三）消费者预付回收利用费制度实施情况及效果评价

加利福尼亚州于 2003 年颁布《电子废物回收法》，成为全美第一个针对废弃电器电子产品回收处理流程立法的州，该法律自 2005 年 1 月 1 日开始实施。消费者预付回收利用费制度（ARF）的出发点为由消费者承担废弃电器电子产品回收处理的成本。相比于提倡由生产商承担回收处理成本的典型生产者责任延伸制度（EPR），ARF 在美国应用较少，加利福尼亚州是唯一的在废弃电器电子产品处理方案中向消费者征收预付回收利用费的州。消费者 ARF 制度的倡议者们认为，消费者作为电器电子产品功能的受益者和废弃电器电子产品的直接制造者，为废弃电器电子产品的回收处理提供资金支持是合情合理的。

尽管如此，加利福尼亚州已于 2007 年 9 月通过了号召推行生产者责任延伸制度的决议，将其作为未来立法的框架，旨在扩大生产商对于废弃电器电子产品回收处理承担的责任范围。现行模式中，消费者预先缴纳的费用将覆盖整个的回收及处理流程，用于补贴废弃电器电子产品的回收企业与处理企业。在加利福尼亚州，负责的政府机构为加利福尼亚州资源回收利用部门以及环境保护部门，二者互相配合控制回收管理基金的征收与发放。

根据加利福尼亚州法律，回收处理费用在销售者购买产品时以可见的方式由销售者代为征收，实际征收工作由税务机构加利福尼亚州公平委员会（BOE）负责，该费用将被纳入基金由州委员会或独立第三方组织管理，主要用来向特定废弃电器电子产品的授权回收者支付处理费，并为资源回收利用部门（Cal Recycle）和环境保护部门（加州有毒有害物质控制局 DTSC）的行政活动提供经费。表 1-12 列出加利福尼亚州预付回收利用费制度的主要内容。

表 1-12　加利福尼亚州废弃电器电子产品回收处理制度情况

涵盖产品范围	台式电子计算机、显示器、笔记本电脑、电视机、带 LCD 屏的便携式 DVD 机等
免费回收的受益方	电器电子产品所有者、消费者以及商业机构
筹集回收处理基金模式	消费者在购买电器电子产品时预先支付一定的费用（6、8 或 10 美元），该费用将被纳入废弃电器电子产品回收处理基金，用于弥补回收者（每磅 0.20 美元）与处理企业的成本（每磅 0.28 美元）
减少有害物质的要求	生产商应当符合 RoHS 指令对于重金属含量的规定，不得销售违反该指令的产品
回收处理目标	仅就州内废弃电器电子产品回收总量制定阶段性目标
是否禁止使用犯人劳工	无要求
是否禁止填埋及焚烧	禁止

数据来源：加利福尼亚州资源回收利用部门（Cal Recycle）。

可以看出，加利福尼亚州所包含的内容相对较为全面严格，覆盖了较广的产品范围，将征收费率与废弃电器电子产品回收难度相挂钩，强调了生产商减少产品中有害物质含量的义务，并对填埋及焚烧等处置方式加以严格限制，基本上可以实现回收处理基金的顺利征收与处理流程的安全与环保。

1. 政策要点

（1）在销售环节向消费者征收回收利用费，有利于消费者推迟产品报废时间

向消费者征收回收利用费用将被记入新电器电子产品的销售价格，在新电器电子产品出售的时候征收。这种征收模式有利于促使消费者推迟废弃电器电子产品的报废时间，在一定程度上延长其使用寿命，可以降低废弃电器电子产品的报废量。另外，向消费者征收回收利用费用有利于向社会大众宣传环境保护知识，提高其保护环境、节约资源的意识。这一回收费用的征收额度为 6～10 美元，具体数额取决于产品屏幕的尺寸，如表 1-13 所示，显示器屏幕小于 15 英寸的产品只需缴纳 6 美元费用，而大于 35 英寸的则需缴纳 10 美元。零售商有责任将这笔费用存放在 Cal Recycle 名下的"废弃电器电子产品回收和再生利用账户"，Cal Recycle 有权使用该账户上的经费来支付废弃电器电子产品回收处理企业所需要的补贴以及其他管理费用。立法规定，ARF 制度下的基金征收一旦无法负担全部回收和处理费用则必须进行调整；另一方面，法律同时规定了回收处理基金的储备数额不得超过 5%。

表 1-13　加利福尼亚州废弃电器电子产品回收处理基金征收标准

显示器屏幕尺寸	回收处理基金征收标准（美元）
4 英寸<显示器屏幕<15 英寸	6
15 英寸≤显示器屏幕<35 英寸	8
显示器屏幕≥35 英寸	10

数据来源：加利福尼亚州资源回收利用部门（Cal Recycle）。

（2）回收者由授权的处理企业支付相关回收费用

加利福尼亚州以一致的费率支付由政府授权的回收者和处理企业运营成本以及宣传、管理成本。在回收处理基金的拨付上，回收者和处理企业只有向 Cal Recycle 提出申请，成为政府授权机构后，才能申请支付相关费用。其中，回收者由授权的处理企业支付相关回收费用，其额度为 0.20 美元/磅；而授权处理企业的补贴则由 Cal Recycle 按照 0.48 美元/磅的标准支付，如表 1-14 所示。另外，每年 Cal Recycle 同时要支付给零售商 3% 的回收处理基金收入以补偿其收集成本，并使用不超过基金总量 1% 的数额投入到公众信息项目，用于教育公众不当保管和处理特定电子产品的危害和回收的途径。

表1-14 加利福尼亚州废弃电器电子产品回收处理基金补贴标准

补贴支付方	补贴获取方	补贴金额
授权处理企业	授权回收者	0.20 美元/磅
Cal Recycle	授权处理企业	0.48 美元/磅
Cal Recycle	零售商	3%的回收处理基金收入
Cal Recycle	公众信息项目	低于1%的回收处理基金收入

数据来源：加利福尼亚州资源回收利用部门（Cal Recycle）。

（3）消费者负有将手中的废弃电器电子产品交至指定回收者处的责任

根据加利福尼亚州法律，电器电子产品生产商有义务告知消费者回收废弃电器电子产品的渠道与方法；而消费者负有将手中的废弃电器电子产品交至指定回收者处的责任。回收商通过将废弃电器电子产品汇总至授权处理企业处而获得0.20美元/磅的回收补贴，授权处理企业通过上报实际处理量获得来自于Cal Recycle的0.48美元/磅的处理补贴。

（4）生产商对回收处理的参与度较低

在这一制度模式中，消费者的自主行为以及监管机构的基金激励起到了至关重要的推动左右，而生产商参与度较低，仅完成信息提供的工作。加利福尼亚州法律并未强制规定生产商需要对回收处理流程承担经济责任甚至实际管理责任，这两个责任基本交由产品消费者与政府机构承担，生产商所具有的信息全面、网络广泛、效率较高的优势并未得以发挥。

如图1-7所示，在物质流动的过程中，生产商、零售商、消费者、回收商以及授权处理企业闭合成一个循环，使得物质资源以电器电子产品、废弃电器电子产品以及再生资源的形式充分流动。在资金流动的过程中，消费者支付的价格可被分解为覆盖生产商生产成本的产品价格以及覆盖回收商、授权处理企业回收处理成本的基金分别进入循环。废弃电器电子产品回收处理基金由公平委员会（BOE）收取，Cal Recycle与环境保护部门进行统一管理，分别补贴零售收集、回收运输、处理再生以及教育宣传等各个流程。

2. 优势和不足

优势：以EPR为基础的基金征收与补贴模式有可能造成市场的不公平现象，对于新进入行业的小型生产商企业来说，本身可能不具备足够的资金来负担废弃电器电子产品回收利用的费用，而那些财力雄厚的大企业故而可以通过降价树立起进入壁垒以阻碍新企业的进入，长期必然导致行业的垄断水平不断提高；而消费者预付回收利用费制度可以暂时降低新生企业的负担，有助于行业竞争性发展。另外，直接可见地向消费者征收回收费用对消费者是一种教育手段，有助于循环经济知识的宣传以及公众环保意识的培养。

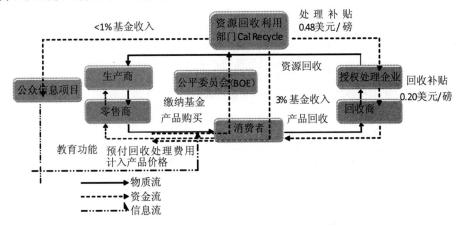

图1-7　加利福尼亚州废弃电器电子产品回收流程

不足：很明显，在消费者预付回收利用费制度下，废弃电器电子产品产生的源头——生产商较少直接参与回收系统的建设，也不太可能将产品回收处理纳入自身的经营模式及研发计划，这不利于从根本上控制废弃电器电子产品的产生。另外，这一模式的运行存在以新产品的提价为老产品的回收处理埋单的可能，且消费者缴纳的回收处理费用能否确保全部用于回收处理项目仍然缺少立法上的保障，负责向消费者收取基金同样增添了零售商的负担。

3. 政策效果评价：回收处理效果尚好，但行政成本较高

（1）加利福尼亚州内回收处理企业众多，企业规模巨大

加利福尼亚州内回收处理企业众多其业务成功覆盖了整个回收处理链条，并辐射到整个联邦。州内分布的回收处理企业总计349家，排名联邦第一位，密集的回收处理网络为整个流程的高效运行提供了可能。其中规模最大的废弃电器电子产品回收处理企业 Electronic Recyclers International（ERI）同时也在美国获得了最高的市场份额。在专业的物流网络支持下，ERI每年平均回收处理7.71万吨废弃电器电子产品，占2011年全美回收量的9.1%左右。ERI对于所有废弃电器电子产品采取粉碎处理，禁止非法出口以及填埋处置，并实现100%的回收再利用。如表1-15所示，ERI的回收处理业务涉及种类繁多的废弃电器电子产品，并提供登记、回收、消毒、转售、处置等一系列服务。以其目前的技术水平，处置一台CRT设备仅用时3~5秒，可实现对于废弃电器电子产品的高效处理；而"从摇篮到摇篮"的条形码跟踪系统使在整个回收处理过程的各个阶段，所有材料的信息被跟踪记录，这有助于监管机构统计回收总量等信息，并对废弃电器电子产品回收处理流程各参与方的责任履行情况加以严格监督。

表1-15　Electronic Recyclers International 废弃电器电子产品回收处理业务情况

业务覆盖区域	加利福尼亚州、科罗拉多州、印第安纳州、马萨诸塞州、北卡罗来纳州、德克萨斯州、华盛顿州以及物流网络覆盖地区
回收处理产品目录	电视机、显示器、笔记本电脑、LCD产品、打印机、传真机、复印机、键盘、鼠标、音响设备、网络设备、通信设备、白色家电、电灯、电池以及所有的办公用电子产品、无生物危害的医疗设备
获得环保认证	巴塞尔行动网络（BAN）、ISO14001、ISO9001、EPA认证、"从摇篮到摇篮"问责制度
回收处理服务	生命末期废弃电器电子产品回收 EPR项目 IT产品登记、消毒、处置 商品聚集与处置 排序 存储以供转售 销售处回收/返还解决方案

数据来源：http：//electronicrecyclers.com。

（2）加利福尼亚州废弃电器电子产品回收总量呈现平稳趋势

如图1-8所示，2011年回收总量达8.94万吨，人均回收废弃电器电子产品重约2.36千克，比较接近明尼苏达州等较高水平。回收目录包含的废弃电器电子产品回收率达到58%左右，明显高于全美平均的24.9%。电子产品可持续倡议组织（Sustainable Electronics Initiative）指出，对于消费者征缴的ARF制度催生出大量欺诈行为，使这一系列数字的可信度有所下降。

（3）处理企业有动力从州外进口废弃产品获取补贴，给加利福尼亚州消费者的福利带来极大的损失

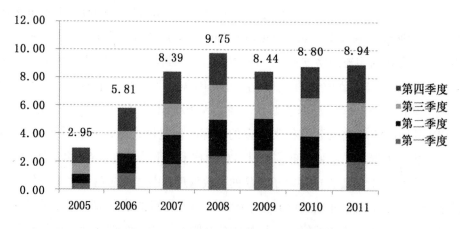

图1-8　加利福尼亚州废弃电器电子产品回收总量情况（单位：万吨）

数据来源：加利福尼亚州资源回收利用部门（Cal Recycle）。

由于回收处理成本由消费者承担，回收处理企业所受到的监管较弱，于是产生极大的动力从亚利桑那等邻近各州进口废弃电器电子产品以获取更多的基金补贴。据统计，截至 2010 年，加利福尼亚州消费者为废弃电器电子产品的回收处理支付 3.2 亿美元，然而其中至少有 3 000 万美元用来回收州外的废物，这一现象相当于使用州内消费者的资金为其他州进行补贴，给加利福尼亚州消费者的福利带来极大的损失。加利福尼亚州有必要从根本上调整废弃电器电子产品回收处理政策，以提高回收利用效率并保护州内消费者利益。

（4）存在明显的生产商"搭便车"现象，政府行政成本高

生产商不必为自身生产出的电器电子产品承担回收处理成本，这一费用完全由消费者承担。这一模式也增加了政府的监管压力，无形中提高了行政成本。

威胁到加利福尼亚州消费者预付回收利用费制度存续的另外一个重要原因是网络购物对于基金征收的影响。美国研究机构 eMarketer 明确指出，美国网络购物市场在未来四年将保持 14% 的复合增长率，到 2017 年市场规模有望达到 4 342 亿美元，其中 3C 数码类购物占比最高达到总额的 21.9%，然而通过网络购物直接从一级经销商处购买电器电子产品可能使消费者顺利规避政府机构及零售商的监督，逃脱对于废弃电器电子产品回收处理基金的缴纳义务。如果监管机构无法出台相关法规以监督这一部分回收处理费用的征收，基金额度逐渐将无法弥补回收处理成本，加大州财政压力。

（四）生产商教育制度及其效果

犹他州于 2011 年 3 月 22 日颁布废弃电子产品回收法令，进而成为美国第 25 个制订废弃电子产品管理法令的州。与其他 24 个州不同的是，犹他州并未采取生产者责任延伸制度或消费者预付回收利用费制度，而是推行了生产商教育制度。

生产商教育制度（manufacturer education）约束的产品目录覆盖各式电子计算机及其配件、电视机及其配件。该制度规定，电子产品生产商有义务通过一系列的客户拓展材料，例如包装说明书、网站和其他传播方式，并同环境质量部门与其他利益相关方合作开发教育性质的材料，让消费者了解废弃电子产品处理计划，建立并实施关于废弃电子产品收集和处理项目的公共教育活动；若不能依法履行此义务，该生产商将被禁止在州范围内向消费者提供消费性电子产品。

除教育责任以外，生产商同样负有申报义务，即自 2011 年 7 月 1 日开始，生产商有义务于每年 8 月 1 日前向环境质量部门提交报告，内容要求包含关于废弃电子产品回收合格项目的说明，还可以包括对消费类电子产品收集、运输和回收系统的介绍，以及废弃电子产品回收合格项目的实施者的具体情况。

然而，犹他州管理法未强制规定生产商或消费者在废弃电子产品回收利用流程

中所应承担的经济责任和实际管理责任，这一点相比于其余 24 个州仍处于立法的初级阶段。另外，由于没有规定废弃电子产品的强制回收，该州尚未建立回收处理基金，也并未禁止填埋处置。

根据犹他回收联盟（Recycling Coalition of Utah）统计，每年犹他州约有 9.4 万吨废弃电子产品被填埋，其数量已占到犹他州居民废弃物总量的 5%，占全部有毒废弃物总量的 70% 左右，且该比例将随着产品的更新换代而持续上升。随着犹他州法律的发布实施，回收处理行业不断发展，并实现废弃电子产品的安全经济处置。在回收渠道方面，截至目前，零售商百思买（Best Buy）及斯台普斯（Staples）均已发起回收项目，其中百思买可免费接收包括电冰箱、DVD 播放器在内的废弃电子产品，尚不包括电视机以及电子计算机。

六、中美废弃电器电子产品管理范围及立法依据比较

中国于 2011 年 1 月 1 日实施《废弃电器电子产品回收处理管理条例》，并配合条例的实施制定了一系列相关政策，现已取得初步成效。2003 年美国加州最先进行废旧电器电子产品相关立法，截至目前，已经有 25 个州通过了有关废弃电器电子产品回收处理的法规。美国各个州的发展情况不同，法律制定的背景不同，生产者责任延伸制采取不同的实现形式，因此研究各州政策并进行中美比较，对中国具有重要的参考价值。

（一）中美电器电子废弃物管理政策的覆盖产品

中国与美国对"废弃电器电子产品"的定义也有较大的不同。

1. 条例出台之前，中国相关法律对废弃电器电子产品的界定

2006 年中国为贯彻《中华人民共和国固体废物污染环境防治法》和《中华人民共和国清洁生产促进法》，减少家用电器与电子产品使用废弃后的废物产生量，提高资源回收利用率，控制其在综合利用和处置过程中的环境污染，国家环境保护总局发布《废弃家用电器与电子产品污染防治技术政策》。其中，废弃家用电器与电子产品是指已经失去使用价值或因使用价值不能满足要求而被丢弃的家用电器与电子产品，以及其元（器）件、零（部）件和耗材。电器产品包括电视机、电冰箱、空调、洗衣机、吸尘器等；电子产品是指信息技术（IT）和通信产品、办公设备，包括计算机、打印机、传真机、复印机、电话机等。

表 1-16　中国《废弃家用电器与电子产品污染防治技术政策》的产品范围

类别	具体产品
电器产品	电视机、电冰箱、空调、洗衣机、吸尘器
电子产品	信息技术（IT）和通信产品、办公设备，包括计算机、打印机、传真机、复印机、电话机

该政策对还对有毒有害物质及含有有毒有害物质的零部件进行了界定。有毒有害物质指家用电器与电子产品中含有的铅、汞、镉、六价铬、多溴联苯（PBB）和多溴二苯醚（PBDE）以及国家规定的其他有毒有害物质。

表 1-17　含危险物质的零（部）件

序号	零（部）件名称	所含危险物质
1	阴极射线管（CRT）	含铅玻锥、无铅玻屏、玻屏上的含荧光粉涂层
2	液晶显示器（LCD）	背光模组中的冷阴极荧光管
3	线路板	线路板上拆下的芯片、含金连接器及其他含贵金属的废料、焊料熔化时产生的铅烟尘、多氯联苯电容器
4	含多溴联苯或多溴二苯醚阻燃剂的电线电缆、塑料机壳	含多溴联苯（PBB）和多溴二苯醚（PBDE）电线电缆中的铜、铝等金属
5	电池	蓄电池、充电电池和纽扣电池
6	CFCs 制冷剂	废电冰箱、空调器及其他制冷器具压缩机中的制冷剂与润滑油

2. 中国《废弃电器电子产品处理目录》的覆盖产品

国家发展改革委会同环境保护部、工业和信息化部于 2011 年成立管理委员会，基于（1）社会保有量大、废弃量大；（2）污染环境严重、危害人体健康；（3）回收成本高、处理难度大；（4）社会效益显著、需要政策扶持的四大原则，制定了《废弃电器电子产品处理目录》（见表 1-18）。

表 1-18　《废弃电器电子产品处理目录》

序号	产品种类	产品范围
1	电视机	阴极射线管（黑白、彩色）电视机、等离子电视机、液晶电视机、背投电视机及其他用于接收信号并还原出图像及伴音的终端设备
2	电冰箱	冷藏冷冻箱（柜）、冷冻箱（柜）、冷藏箱（柜）及其他具有制冷系统、消耗能量以获取冷量的隔热箱体
3	洗衣机	波轮式洗衣机、滚筒式洗衣机、搅拌式洗衣机、脱水机及其他依靠机械作用洗涤衣物（含兼有干衣功能）的器具
4	房间空调器	整体式空调器（窗机、穿墙式等）、分体式空调器（分体壁挂、分体柜机等）、一拖多空调器及其他制冷量在14 000W 及以下的房间空气调节器具
5	微型计算机	台式微型计算机（包括主机、显示器分体或一体形式、键盘、鼠标）和便携式微型计算机（含掌上电脑）等信息事务处理实体

3. 美国废弃电子产品相关立法的覆盖产品集中于电子产品，电器产品以市场机制为基础可实现回收再利用

美国各州确定产品目录的最小范围是显示器和笔记本电脑；最大范围是电视、计算机，打印机、键盘、鼠标、小型服务器、个人音响、移动电话、录像机/数字化视频光盘、数目录影机、分线盒/分控箱；大部分州所确定的产品目录都在最大和最小范围之间，就是"五大件"——电视、台式机、笔记本电脑、显示器和打印机。

美国对白色家电如电冰箱和洗衣机的回收处理行业没有实施专门的立法管理，美国的《清洁大气法》对其造成的污染构成有效的约束，而其回收处理主要受到金属废料的回收这一经济利益驱动，主要回收废物以钢铁为主，还包括铜、铝、锌等，回收的塑料等非金属材料的处理方式主要是粉碎、分类回收和填埋等方式。

（二）对电器电子废弃物管理的法理依据

对废弃电器电子产品的回收处理进行立法管理，主要有三个方面的原因：一是废弃电器电子产品含有有价值的成分，如稀有贵金属；二是废弃电器电子产品中含有危险物质，非法回收处理对环境的污染非常严重；三是在一些国家有关危险废弃物的立法中，家庭危险废弃物的管理不在固体危险废物的立法范围之内，有必要对家庭产生的带有危险物的废弃电器电子产品进行有效的管理，以减少对环境的污染和实现对资源的集约利用。

1. 对环境的污染性

1989 年 3 月联合国环境规划署于瑞士巴塞尔召开的世界环境保护会议上通过了《控制危险废物越境转移及其处置的巴塞尔公约》（Basel Convention on the Control of Transboundary Movements of Hazardous Wastes and Their Disposal），简称《巴塞尔公约》（Basel Convention），1992 年 5 月正式生效。该公约把电子废弃物定义为危险废物，并且设计了控制这类废弃物跨境转移的框架。为进一步控制有害废弃物的转移问题，1995 年 9 月在日内瓦通过了《巴塞尔公约》的修正案，即"巴塞尔禁令"，禁止危险废物从发达国家向发展中国家出口。

虽然部分发达国家，尤其是美国未加入《巴塞尔公约》，反对"巴塞尔禁令"，但是《巴塞尔公约》在国际层面上对跨境转移的"电子废物"在非法处理后对发展中国家的环境污染问题予以重视，并提出了相应的控制方案。该公约未对危险电子电器废物提出明确的定义，但列出了废弃电子电器废物中的危险物成分（见表1-19）。

表 1-19 "危险废物"：金属和含金属废物

序号	废弃电子电器废物	危险物成分
A1010	金属废物和由以下任何物质的合金构成的废物	锑、砷、铍、镉、铅、汞、硒、碲、铊
A1040	其成分为以下任何物质的废物	·金属碳基化合物 ·六价铬化合物
A1060	金属酸浸产生的废液体	
A1150	焚烧印制线路板产生的稀有金属灰烬	
A1160	废铅酸性电池，完整或破碎的	
A1180	废电气装置和电子装置或碎片	蓄电池和其他电池、汞开关、阴极射线管的玻璃和其他具有放射性的玻璃和多氯联苯电容器，或被附件一物质（例如镉、汞、铅、多氯联苯）污染的程度使其具有附件三所列特性

2. 具有资源性

废弃的电器电子产品蕴藏着丰富的资源，如有色金属、塑料和玻璃等。以电脑主机为例，所含铜、铝、铜、铁和塑料等占其总重量约 90%，另含有少量贵金属金、银、钯等。另外，一些不受使用年限制约的零部件，如果经有效措施处理后进行再制造，能节省加工制造成本。

根据欧盟《报废电子电器设备指令》，共包含十大类电器电子产品，因此，总体上估计废弃物的物质构成比较困难，但根据欧盟资源和废物管理中心的统计，钢和铁是主要成分，占总重量的一半，塑料是第二大成分，占总量的 21%，非冶炼金属大约占 13%，其中铜占 7%。

3. 家庭废弃电子废物不在危险废物管理的法律范围内

美国联邦环保局已经建立了有关危险废物的运输、储存和处理的法律规定，1976 年美国通过了《资源节约与再生利用法案》（Resource Conservation and Recovery Act，RCRA），但是家庭和小企业不在美国固体危险废物的覆盖范围之内，这意味着在联邦法律下，家庭和某些小企业可以随意填埋和焚烧这些电子电器废弃物。因此，对家庭或者包括家庭、小企业和学校等产生的电子电器废弃物进行专门的立法管理成为废弃电子产品回收处理立法的重要原因。

中国已通过了《中华人民共和国固体废物污染环境防治法》和《国家危险废物名录》。根据《国家危险废物名录》，家庭日常生活中产生的废药品及其包装物、废杀虫剂和消毒剂及其包装物、废油漆和溶剂及其包装物、废矿物油及其包装物、废胶片及废相纸、废荧光灯管、废温度计、废血压计、废镍镉电池和氧化汞电池以及电子类危险废物等，可以不按照危险废物进行管理。但是，上面所述废弃物从生活垃圾中分类收集后，其运输、贮存、利用或者处置，要按照危险废物进行管理。这意味着家庭产生的电器电子产品在废弃阶段不受《中华人民共和国固体废物污染环境防治法》的管辖，但是在废弃之后进入回收处理和再利用阶段，则受到法律的管辖。

（三）中美废弃电器电子产品回收利用管理思想的发展演变

1. 生产者责任延伸制在美国的发展：不是最大化的回收废弃物，而是环境影响的最小化

1994 年 11 月，美国清洁生产与技术中心在连续探讨 EPR 四年后，于美国华盛顿特区主办第一次研讨会，集合各界专家，探讨此概念在美国的可能应用方向。他们对 EPR 的观念从宽解释，除了人为 EPR 不应只局限于产品的弃置阶段外，还认为产品对环境冲击不应由生产者负完全责任，而主张责任分担。

在 1996 年永续发展总统咨询委员会对 EPR 的建议中，则主张应将产品链各阶段所产生的环境冲击由政府、消费者和生产者共同分担。因此特别将 EPR 中的 "P" 由 Producer（生产者）改成 Product（产品），其着眼点在于产品对环境之冲击在每个阶段皆应顾及，而不应只着重在弃置阶段，于是将欧盟的概念修正为 "产品责任延伸制"，制订一般性实施原则，并建议实行自愿式的 EPR 体系。

产品责任延伸制是指产品生产消费链中每一成员，对于该产品生命周期过程中所产生的环境冲击，负分享式责任。而责任承担之轻重，取决于产品生命周期中不同阶段之环境冲击大小。从上游的原料开采、提炼，到中游的产品设计、生产、包装、铺货、消费，到下游的弃置、回收、处理至最终处置，哪一个环节所产生的环境冲击程度较大，该阶段的责任归属者即须负担较重的责任。而其目的，则期望在产品的生命周期中，形成产品链，定位上中下游的关联性，同时借由 EPR 的实施，推动整合性生产链管理。

而美国环保局认为不同的产品需要不同生产者责任延伸制度的同时，美国政府则更倾向于利用市场的力量实施生产者责任延伸制度，支持各州政府探索电子废物的各种管理途径。这就为各州在废弃电子产品立法中采取消费者预付费制度和生产者责任延伸制度提供了空间。

另外，就环境政策的目标来看，美国的政策分析家认为，环境政策的主要目标是同时降低所有的环境影响，而不应仅仅局限在降低产品废弃物这一个方面，而延伸生产者责任政策仅仅是个环境改善工具，欧盟的废弃物管理政策的目标是最大化的回收废弃物，而美国的分析家认为，政策的目标应侧重于环境影响的最小化。美国更热衷于推广自己的 "为回收而设计"、"延伸生产者责任" 和 "绿色消费指南" 等能同时实现多个环境目标的政策，如降低毒物排放、废弃物减量化和空气质量改

善的环境政策。

2. 生产者责任延伸制在中国的发展：积极采纳理念，但执行中生产者的强制性责任相对宽松

生产者责任延伸制度的理念早已在我国立法中予以采纳，如 1989 年颁布的《旧水泥纸袋回收办法》中明确要求水泥厂对废旧水泥袋进行回收，并规定了生产者的回收比例，构建了押金—退款制度，该办法可以被视为我国最早的体现生产者责任延伸理念的立法，其所建立的生产者责任延伸制度为我国最早的适用于特定包装物的生产者责任延伸制度。2002 年 6 月，我国颁布的《清洁生产促进法》第 27条、39 条都规定了生产者责任延伸制度。《清洁生产促进法》为形成我国生产者责任延伸制度的完整框架奠定了基础。之后，生产者责任延伸制度在我国多部法律法规及规章中得以体现，如 2003 年 10 月，国家环保总局等五部委联合发布的《废电池污染防治技术政策》、2005 年 1 月起施行的《电子信息产品污染防治管理办法》、2005 年 4 月施行的修改后的《固体废物污染环境防治法》以及 2007 年 3 月商务部等六部委联合颁布、2007 年 5 月正式实施的《再生资源回收管理办法》等。

"生产者责任延伸制"的理念虽早已被采纳，但执行程度相对宽松，即更多地体现为"责任分担"。在废弃物的回收、处理、利用的责任分配上，我国相关法律法规分别进行了规定。1995 年颁布的《固体废物环境污染防治法》第十七条规定"产品生产者、销售者、使用者应当按照国家有关规定对可以回收利用的产品包装物和容器等回收利用"，2005 年该法修订后，更进一步明确，"产品的制造者、进口者、销售者、使用者对其产生的固体废物承担污染防治责任"，"生产、销售、进口被列入强制回收目录的产品和包装物的企业，必须按照国家有关规定对该产品和包装物进行回收"，可见我国也强调了生产者的延伸责任。

2003 年底，信息产业部颁发的《电子信息产品污染防治管理办法（征求意见稿）》第十六条规定"生产者应该承担其产品废弃后的回收、处理、再利用的相关责任"。而到 2006 年的正式稿中，则要求生产者（含生产者销售者）生产的产品应符合国家标准，标注环保使用期限、所含的有毒有害物质等，即生产者承担的主要是产品责任、信息责任，而不是全部的责任。

《电子废物污染环境防治管理办法》第十四条规定："电子电器产品、电子电气设备的生产者、进口者和销售者，应当依据国家有关规定建立回收系统，回收废弃产品或者设备，并负责以环境无害化方式贮存、利用或者处置。"生产者还应承担信息责任，披露有毒有害物质的含量和回收处理方法。对拆解者的责任也做了一定的规定，主要是提交环境影响评价、对污染物排放进行监督，并遵守相关技术标准等。对消费者的责任未做规定。

《废弃家用电器与电子产品污染防治技术政策》对于废弃电器与电子产品污染防治，推行电子废物减量化、资源化和无害化，并实行"污染者负责"的原则，由产品生产者、销售者和消费者依法分担废弃产品污染防治的责任。并提出通过公众参与，"采取措施激励生产者、销售者、消费者和再利用者等各相关方参与废弃家用电器与电子产品的回收和再利用的积极性"，强调了各个利益关系人在电子废弃物管理上存在着共同的责任。

相比而言，2009年颁布的《废电器电子产品回收处理管理条例》对于各利益关系方的责任规定比较具体。该条例规定：国家对废弃电器电子产品实行多渠道回收和集中处理制度。对于生产者要求："应当符合国家有关电器电子产品污染控制的规定，采用有利于资源综合利用和无害化处理的设计方案，使用无毒无害或者低毒低害以及便于回收利用的材料"。鼓励而不是强制要求生产者回收废弃电子产品。但是，生产者应当承担信息责任，即提供有关有毒有害物质含量、回收处理提示性说明等信息。此外，电器电子产品生产者、进口电器电子产品的收货人或者其代理人应当按照规定履行废弃电器电子产品处理基金的缴纳义务。即明确规定了经济责任的承担。至于如何缴纳和补贴标准，"应当充分听取电器电子产品生产企业、处理企业、有关行业协会及专家的意见"。电子产品的销售者、维修机构、售后服务机构"应当在其营业场所显著位置标注废弃电器电子产品回收处理提示性信息"。回收商应对消费者产品回收提供便利。对于消费者的责任，未做明确规定。

可见，我国相关立法较早地采纳了"生产者责任延伸制"的原则，但生产者应当为产品生命周期内可能造成的污染完全承担责任的理念，并没有严格贯彻。目前，我国《废弃电器电子产品管理条例》明确提出电器电子产品生产企业主要承担经济责任和信息责任，并予以制度化，但生产者不承担强制回收和处理废弃电子产品的义务。

七、中美废弃电器电子产品的政策差异

（一）中美废弃电器电子产品回收处理管理的法律框架

1. 美国环境保护及电子废弃物管理法律的主要特征

19世纪末美国就已开始了环境立法，到20世纪六七十年代环境立法的速度加快，并逐步形成了现有的涵盖环境保护所有领域的、比较完善的环境法律体系格局。美国环境法体系是一个由多个立法主体制定的、多个层级的、涵盖面比较全的复杂体系。从法律体系、立法管理机构和执法监管看主要有以下特征：

（1）随着环保意识的增强，环境立法加快，法律体系趋于完善

20世纪七八十年代是美国环境立法最密集的时期，其整个环境立法框架就是在

这段时间确立的。美国环境立法的发展与完善在很大程度上是自下而上推动的，民间呼吁和环保组织的压力以及一些研究机构提出的新的政策构想都成为立法的动力。

美国先后出台的法律主要有：《固体废弃物处置法案》；《清洁空气法》；《资源保护与再利用法》；《杀虫剂、真菌剂和灭鼠剂法》；《有毒物控制法》；《综合环境响应、补偿和责任法》（也被称为《超级基金修正及再授权法案》）；但是目前，美国没有签订废弃物管理的国际条约——《控制危险废物越境转移及其处置的巴塞尔公约》。《固体废物处置法案》和《清洁空气法》是废弃电子产品管理立法的基本法律依据。美国在 1965 年出台了《固体废弃物处置法案》，20 世纪 70 年代末的腊夫运河事件使得美国政府和公众开始重视固体废弃物的危险性。美国也由此开始了固体废弃物的公共政策及法案的大量制定。1976 年美国的《资源保护与再利用法》制定了一个主要用于危险固体废弃物管理的联邦法案。此法案定义的固体包括液体和其他非固体物质。1984 年美国国会通过了《危险和固体废弃物修正案》，将固体废弃物的研究扩大并突出了危险固体废弃物。

目前，美国建立的有关危险废弃物处理的主要体系包括：①危险废弃物跟踪系统。美国对于有害废物管理提出了有害废物"从摇篮到坟墓"的概念。有害废物的生成或制造是"摇篮"，而废物处理、储存和处置工厂（Treatment，Storage and Disposal，TSD）则是"坟墓"。TSD 设施包括焚烧、脱水和废物固体物的处理设施，还包括填埋、表面蓄水、地下注水井等处理设施。接受固体危险废物的 TSD 设施必须获得一个 TSD 设施危险废弃物许可。②陆地禁令。在 1984 年 RCRA 的修正案中，美国国会对于陆上危险性物质的处置增加了新的要求。这些要求导致了一系列复杂的附加规则：陆地处置约束。它促使 EPA 规定了关于危险性物质可以被安全放置在填埋场、表面蓄水坝、注水井等地之前所需处理的要求。

美国从 1955 年的《空气污染控制法》到 1963 年的《清洁空气法》，1967 年的《空气质量控制法》，再到 1970 年的《清洁空气法》以及后来的 1977 年修正案、1990 年修正案等多次修正而逐步完善，建立起来了一个完整的法律规范体系。依据该法律目前主要涉及六种污染物质，分别为二氧化硫、空气污染微粒、氮氧化物、一氧化碳、臭氧、铅。对于以上六种空气污染物质，经授权的联邦环境保护总署依据《清洁空气法》的规定，对污染标准进行更加细致的分类，制定保护公众健康的严格的"首要国家空气质量标准"和保护公共福利的"次要国家空气质量标准"。

（2）环境管理权限在联邦与州之间的纵向划分

美国环境管理组织与制度体系非常严密、细致。美国国家环境管理法律确立了环境管理的整体架构，并从纵向上，通过"联邦-州-地方"三级得到确立，形成了"国家法律-USEPA 环保法规-州（地方）法规"——对应的三级环境制度。

美国联邦与州之间的管理权限划分是由宪法规定的。根据宪法，联邦的权力由宪法授予，宪法没有规定的剩余权力由州行使。联邦主义分权中的商务条款（commerce clause）是联邦商业立法的依据，也是大多数环境立法的授权依据。根据该条款，环境保护属于联邦和州共同管辖的领域。诸如环境保护这类共同管理的领域，州立法应该以不抵触联邦法为限，即联邦法是州法的上位法。但是，州可以为达到更好的环境目标，制定比联邦法更为严格的规定。

1970 年前美国的环境法规主要由地方制定，虽然也有联邦环境法律法规，但执行这些法律法规的职权分散于联邦政府的不同部门。从 1970 年美国环境保护局（EPA）正式成立以来，这种现象发生了变化，EPA 的任务是保护人类和环境健康。EPA 与美国 50 个州政府共同承担环境法规责任，地方政府也承担少量法规责任。EPA 成立以来，其和州环境机构之间的关系逐渐发生了变化。目前，州环境机构处于环境规范的前沿，执行联邦授权的 700 多个联邦环境项目，90% 以上的环境执行行动由州启动。

（3）环境执法与经济处罚较为严格

USEPA 注重执法服务职能，通过守法援助减轻执法压力。USEPA 通过细化法律、法规和制定行业守法方案，在减轻了企业守法成本的同时，也便利了企业更有效地履行法律、法规的要求。

美国的环境法律规定了 3 类处罚：民事司法执法（civil judicial enforcement）、行政处罚（administrative penalty）和刑事处罚（criminal penalty）。其中，民事司法执法和行政处罚都与环境行政主管机构有关。行政处罚由 USEPA 决定并执行。民事司法执法通常是由 USEPA 联合司法部向美国地区法院提起诉讼，由法院判决；民事司法执法强度要比单纯的行政处罚强度高。刑事责任由法院裁定。

美国的《清洁空气法》SEC. 113.（e）（1）规定，USEPA 可以对违法行为每天处以最高25 000美元的罚款，行政处罚总额最高不超过 20 万美元，处罚时效不超过 12 个月。

目前，美国有 25 个州由电子垃圾回收立法，2012 年前已有 17 个州通过了关于电子垃圾禁止填埋的法律，有 2 个州 2013 年法律刚刚生效。另有一个州只形成了提议，还未通过立法。

2. 中国电子电器废弃物管理的法律框架的主要特征

（1）环境立法相对较晚，但发展较快，目前法律体系相对完善

1989 年出台的《国家环境保护法》，1995 年颁布的《固定体废物污染环境防治法》，2003 年出台的《中华人民共和国清洁生产法》，2008 年出台的《中华人民共和国循环经济促进法》，为中国废弃电器电子产品的管理立法奠定了坚实的基础。另外，中国已于

1992 年加入巴塞尔公约，禁止电子垃圾进口。

随着我国经济的快速发展和社会消费水平的不断提高，废旧计算机、电视和冰箱等电子类危险废物迅速增加，已成为不可忽视的环境污染源，处理不当，将会酿成严重的环境污染事故。为规范我国废弃电器电子产品的回收处理活动，促进资源的无害化利用，保护环境，保障人体健康，国务院于 2009 年 12 月公布了《废弃电器电子产品回收处理管理条例》（以下简称《条例》），并于 2011 年 1 月 1 日正式实施。《条例》规定以"废弃电器电子产品处理目录"确定条例的适用范围，确立了对废弃电器电子产品施行多渠道回收和集中处理、建立废弃电器电子产品处理专项基金，同时明确了政府监管责任与实施主体。

配合《条例》实施，国家发展和改革委员会同环境保护部、工业和信息化部下发了《废弃电器电子产品目录（第一批)》，其中包括电视机、电冰箱、洗衣机、房间空调器和微型电脑五类产品。环境保护部也制定下发了一系列相关配套政策，包括《关于编制废弃电器电子产品处理发展规划（2011—2015）的通知》、《废弃电器电子产品处理发展规划编制指南》、《废弃电器电子产品处理资格许可管理办法》、《废弃电器电子产品处理企业资格审查和许可指南》、《废弃电器电子产品处理企业建立数据信息管理系统及报送信息指南》、《废弃电器电子产品处理企业补贴审核指南》，财政部、环境保护部、国家发展改革委、工业和信息化部、海关总署、国家税务总局联合公布了《废弃电器电子产品处理基金使用管理办法》，从 2012 年 7 月 1 日起实施。

中国废弃电器电子产品相关立法如下：

①《中华人民共和国环境保护法》；

②《中华人民共和国固体废物污染环境防治法》；

③《中华人民共和国清洁生产促进法》；

④《中华人民共和国循环经济促进法》；

⑤《电子废物污染环境防治管理办法》（国家环保总局令第 40 号）；

⑥《电子信息产品污染控制管理办法》（信息产业部令 39 号）；

⑦《危险废物经营许可证管理办法》；

⑧《废弃电器电子产品回收处理管理条例》（国务院令 551 号）；

⑨《废弃电器电子产品处理资格许可管理办法》（国家环保部令第 13 号）；

⑩《废弃家用电器与电子产品污染防治技术政策》；

⑪《废弃电器电子产品处理发展规划编制指南》（国家环保部公告 2010 第 82 号）；

⑫《废弃电器电子产品处理企业补贴审核指南》（国家环保部公告 2010 第 83 号）；

⑬关于发布《废弃电器电子产品处理企业资格审查和许可指南》的公告（国家环保部公告 2010 第 90 号）。

（2）环保意识虽不断增强，但仍淡薄，法制观念基础整体薄弱

随着经济发展水平的提高和人们对生活质量日益重视，中国公众的环保意识不断增强。但总体上看，中国公众的环保意识目前依然处于较低的水平，环保参与度也还不高。公众个人的环保素质依然是环保活动中的一片"洼地"，并成为制约我国环保水平提高的最大障碍。环境保护真正成为全体公众的自觉行为，依然是一项任重道远的工作。

改革开放以来，特别是十一届三中全会以后，我国提出了依法治国的口号，广大干部群众的法制观念有了普遍提高，但总体上说，我国还处于社会主义初级阶段，人民群众的法制观念整体上不高。造成这种情况的原因除了法律本身不完备外，主要是缺乏长期的系统的法制教育，公民遵守法律的自觉性不够。

另外，我国对违法行为的处罚力度不大，违法成本低。例如，《中华人民共和国大气污染防治法》和《中华人民共和国水污染防治法》对由环境行政主管机构来实施的处罚做了非常细致的规定，但各种处罚情形都没超过最高上限10 000元，而美国的《环境影响评价法》对违反规定的最高处罚上限可达20万美元。

（二）中美政策设计的差异分析

本报告主要从政策覆盖的产品、政策的实现形式及相关方责任的规定、政策实施的工具以及管理机构与职能的设置四个方面进行比较（见图1-9）。

通过政策设计的比较分析，本报告回答的核心问题主要有三个：

一是从电器电子产品回收处理的政策形式出发，中国和美国采取的政策实现形式差异，对相关方责任的规定的差异主要有哪些；

二是行政性工具、经济性工具和指导性工具的使用有怎样的不同；

三是相关管理机构和职能的设置，中国与美国有怎样的不同。

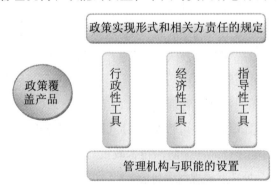

图1-9　中美政策比较的分析框架

1. 美国主要针对含有害物质的电子产品，中国则包括了"四机一脑"

美国政策覆盖产品不包括洗衣机、空调和冰箱等白色家电，主要是含有CRT的

电视机和台式显示器、笔记本电脑及外围设备，而中国的政策覆盖产品包括电视机和电脑，还包括洗衣机、空调和冰箱（见表1-20）。就废弃电子产品的来源看，美国各州的法律有明确的规定：

（1）产品种类

美国政策覆盖的产品范围在各个洲之间有所差异，但基本上包括电视、计算机，打印机以及计算机的外围设备，键盘、鼠标。小型服务器、个人音响、移动电话、录像机/数字化视频光盘、数目录影机、分线盒/分控箱。中国目前的法律框架中则只覆盖了电视机、洗衣机、空调、电冰箱和电脑，并且对处理产品进行补贴时，实际完成拆解处理的废弃电器电子产品是指整机，不包括零部件或散件。

表1-20　中美政策覆盖产品的类别比较

国家		产品类别
美国	最小范围	显示器和笔记本电脑
	最大范围	电视、计算机、打印机、键盘、鼠标、小型服务器、个人音响、移动电话、录像机/数字化视频光盘、数目录影机、分线盒/分控箱
	大部分州	电视、台式机、笔记本电脑、显示器和打印机
中国		电视机、电冰箱、空调、洗衣机 实际完成拆解处理的废弃电器电子产品是指整机，不包括零部件或散件

（2）废弃电子产品的来源

美国各州相关法律对废弃电器电子产品的来源有不同的规定，部分州是只包括家庭废弃物，如明尼苏达州，而部分州则包括了家庭和其他非营利性组织，具体为家庭、慈善组织、学校社区、小企业、华盛顿州的小政府，但不包括经销商和零售商之间的批发交易，如华盛顿州和纽约州，如表1-21所示。中国并没有对此做出明确规定。

表1-21　中美政策覆盖产品的来源比较

主要州	来源	具体来源
明尼苏达州	家庭	
加州	消费者	覆盖电子产品的购买者或者拥有者企业、公司、非营利组织和政府机构，
华盛顿州	消费者	家庭、慈善组织、学校社区、小企业、华盛顿州的小政府
纽约州	消费者	个人、企业、公司非营利组织、政府机构、学校和公共法人团体

2. 政策实现形式和相关方责任的规定

废弃电子产品的回收处理采取的模式主要有消费者预付费制和生产者责任延伸

制。消费者预付处理费制度，是指消费者预先缴纳的费用将覆盖整个的回收及处理流程，用于补贴废弃电器电子产品的回收企业与处理企业。生产者责任延伸制，根据生产者实施的强度和政府的参与程度，可分为直接承担行为义务的模式、责任转嫁的生产者责任组织模式，以及责任转嫁的基金模式。

中美政策实现形式和相关方责任的规定的差异：

（1）美国加州实施消费者预付费的基金制度

加利福尼亚州是唯一的在废弃电器电子产品处理方案中向消费者征收预付回收利用费的州。根据加利福尼亚州法律，回收处理费用在销售者购买产品时以可见的方式由销售者代为征收，实际征收工作由税务机构加利福尼亚州公平委员会（BOE）负责，该费用将被纳入基金由州委员会负责管理，主要用来向特定废弃电器电子产品的授权回收者支付处理费，并为资源回收利用部门（Cal Recycle）和环境保护部门（加州有毒有害物质控制局 DTSC）的行政活动提供经费。

（2）美国实行生产者责任延伸制的州，通常将直接承担行为义务的模式与责任转嫁的生产者组织（或者委托）模式相结合

生产者在实施回收处理责任的过程中，可以采取直接回收处理的形式，也可以委托或者交由政府的标准回收组织（华盛顿州）进行回收处理，回收处理的资金来源由生产者交给回收处理企业。

采用生产者责任的州，主要有以下三种模式：

第一，生产者执行回收项目，但政府对目标和执行方式没有规定。如德克萨斯州、俄克拉荷马州和弗吉尼亚州。生产商在产品被销售出去之前即执行"回收项目"，回收项目要求生产商为个人消费者支付回收费用，但对生产商回收处理服务的级别提出强制要求，生产商不必向相关政府机构缴纳注册费或回收费用。

第二，生产商或通过市场化、契约式的方式组织或者委托回收处理企业进行回收处理。如纽约州和明尼苏达州。在这种模式下，生产企业需负责对回收处理企业的资质把关，即生产商如果选择间接的行为责任，那么生产商必须指导和负责与其签约的收集者和处理者，并提交相应的准确报告，包括收集和处理企业的相关信息情况。

第三，政府负责成立的标准组织进行回收处理的模式。如华盛顿州。在这种模式下，生产者以付费方式加盟，并不直接干预废弃电子电器产品的回收处理再利用。该组织一般是一个由政府指导、以生产者为核心的联合体，是环保部门的执行机构，运输公司、回收公司、处理公司和社区回收站是联合体的合同承包商。对生产者采取事后收费的模式。

第一种模式的政策工具相对简单，因此本报告不做详细分析。在第二种和第三

种模式下，严格地实行生产者责任延伸制度，政府管理机构需确定每家生产商的回收再利用目标。通常以生产者在本州产品销售的市场份额来计算，如纽约州，单个生产者回收计划＝全州年度回收和再利用的电子垃圾的计划总重量×该生产者的市场份额。另外，政策工具也相对较为完善，本报告将进行重点分析。

（3）中国实施生产者责任转嫁的基金模式

中国的废弃电器电子产品回收处理再利用采用基金模式，即由生产者在特定阶段缴纳一定数额的税费，然后把这笔费用纳入由政府管理的专项基金，回收处理者在对废弃电器电子产品进行回收处理后提供证据，申请基金提供支援。如表1-22所示。

表1-22　中美政策实现形式的主要差异

政策实行形式的主要要素	消费者预付费的基金模式	直接承担行为义务与责任转嫁的生产者组织（委托）模式相结合		生产者责任转嫁的基金模式
		市场化方式委托回收处理企业		交由政府负责的标准回收组织
	加利福尼亚	纽约州、明尼苏达	华盛顿州	中国
融资机制				
消费者预付处理费制度	√			
生产者支付		√	√	√
生产者责任				
产品信息表明责任	√	√	√	√
产品有害物质减量化设计要求	√	√	√	√
产品回收和处理的份额要求		√	√	
产品回收处理的行为要求		√	√	
直接承担责任或责任转嫁的要求		√	√	
教育责任	√	√	√	√
消费者责任				
禁止消费者随意丢弃	√	√	√	

注：作者根据相关资料整理。

3. 政策工具的异同比较

（1）目录管理、基金建立、资质许可和制定规划构成主要的政策工具

中国废弃电器电子产品管理的相关制度主要包括：目录管理制度、多渠道回收和集中处理制度、实行处理资格许可制度、处理基金制度和产品成分标识制度。

一是目录管理制度。目录是确定《条例》调整范围的依据，纳入目录的废弃电器电子产品适用《条例》的相关规定，主要有规划、基金、资质许可、多渠道回收和集中处理、生产者标识、资产核销、信息报送、旧货管理等一系列制度。

二是建立基金。《条例》第七条规定，"国家建立废弃电器电子产品处理基金，用于废弃电器电子产品回收处理费用的补贴。电器电子产品生产者、进口电器电子产品的收货人或者其代理人应当按照规定履行废弃电器电子产品处理基金的缴纳义务"。目前，财政部正在会同环境保护部、国家发展改革委等部门积极研究基金管理办法，将在综合考虑各方利益的基础上，制定具体的征收和补贴标准，以及能够有效调动处理企业积极性的补贴方式。

三是资质许可。《条例》第六条规定，"国家对废弃电器电子产品处理实行资格许可制度"。《条例》第二十三条提出了申请废弃电器电子产品处理资格应当具备的四个条件。目前，环境保护部制定《废弃电器电子产品处理企业资格审查和许可指南》，明确处理企业的资质要求，在统一规划、合理布局的基础上，把好准入门槛，对处理企业的技术、设备、人员、资源循环利用及环保、安全、消防等方面做出明确要求，制定相关规范和标准。

四是制定规划。《条例》第二十一条规定，"省级人民政府环境保护主管部门会同同级资源综合利用、商务、工业信息产业主管部门编制本地区废弃电器电子产品处理发展规划"。目前，各省正在着手启动规划编制工作，摸清本地区废弃电器电子产品产生、回收、处理的基本情况，对处理企业进行合理布局，促进企业规模化经营。

除上述主要规定外，《条例》设计的其他制度，包括多渠道回收和集中处理制度、生产者标识制度、资产核销制度、处理企业的日常环境监测和信息报送制度以及旧货管理制度等，均适用于纳入目录的废弃电器电子产品的回收处理及相关活动。

（2）美国以任务目标、认证以及注册费和未完成任务罚款为主要政策工具

①行政性工具

一是任务目标。纽约州规定了递增的全州回收和再次利用目标。从 2011 年到 2014 年，全州人均回收目标从不足 2.5 磅到 4 磅、5 磅。如表 1-23 所示。

表1-23 纽约州全州范围内的回收和再次利用目标

时间	完成时间
2011年4月1日—2011年12月31日	由美国人口普查局公布的本州最新人口数量×3磅/人×3/4
2012年	由美国人口普查局公布的本州最新人口数量×4磅/人
2013年	由美国人口普查局公布的本州最新人口数量×5磅/人

注：纽约州环保局。

二是对回收处理主体的资格的规定。加州、明尼苏达州、华盛顿州和纽约州的政府环保部门对生产者、回收企业和处理企业都采取了较为严格的注册制度，加州和华盛顿州对回收企业和处理企业都采取了认证制度，而明尼苏达州和华盛顿州对零售商也实施了注册制。与中国企业对处理企业的资质许可不同，美国环保部门对相关主体的认证，主要是在收到相关主体的申请后的一定时期内（30天内或者60天内）进行资质认证，而目前中国对处理企业的经营许可主要是审核许可的模式。如表1-24所示。

表1-24 美国对相关主体的管理和资质认证情况

		加州	明尼苏达州	华盛顿州	纽约州	中国
生产商	注册	√		√	√	
	缴纳注册费		√	√	√	
	基金					√
回收企业	注册		√	√	√	
	缴纳注册费				√	
	认证	√		√		
处理企业	注册		√	√		
	缴纳注册费				√	
	认证	√	√	√		
	许可					√
零售商	注册		√	√		

注：作者根据相关资料整理。

②经济性工具

一是加利福尼亚州的基金征收和补贴。加利福尼亚州以一致的费率支付由政府授权的回收者和处理企业运营成本以及宣传、管理成本。在回收处理基金的拨付上，回收者和处理企业只有向Cal Recycle提出申请，成为政府授权机构后，才能申请支付相关费用。其中，回收者由授权的处理企业支付相关回收费用，其额度为 0.20 美元/磅；而授权处理企业的补贴则由 Cal Recycle 按照 0.48 美元/磅的标准支付，如表 1-25 所示。另外，每年 Cal Recycle 同时要支付给零售商 3% 的回收处理基金收入以补偿其收集成本，并使用不超过基金总量 1% 的数额投入到公众信息项目，用于教育公众不当保管和处理特定电子产品的危害和回收的途径。

表 1-25　加利福尼亚州废弃电器电子产品回收处理基金征收标准

显示器屏幕尺寸	基金征收标准（美元）
4 英寸<显示器屏幕<15 英寸	6
15 英寸≤显示器屏幕<35 英寸	8
显示器屏幕≥35 英寸	10

数据来源：加利福尼亚州资源回收利用部门（Cal Recycle）。

二是注册制度构成电子垃圾回收资金体制的重要部分。明尼苏达州、纽约州和华盛顿州的电子垃圾回收体制采纳了注册方式管理，从生产者、零售商到收集人、回收利用人都要进行注册，但是在明尼苏达州和华盛顿州规定只有生产商交纳注册费，而回收企业和处理企业只需要注册不需要交纳注册费，纽约州则要求生产商、回收和处理企业都交纳注册费。

在明尼苏达州，凡是 2007 年 9 月 1 日以后注册的生产者每年都必须向税务专员缴纳注册费，税务专员会将这笔税收存入州财政部或者借贷给环境基金。注册费是由 2 500 美元基础费加上数额不定的回收再利用费。回收再利用费的计算公式如下：$[(A \times B) - (C + D)] \times E$，在这里，A 指的是在本项目年度的前一年生产者向州税务局报告的出售给家庭使用的视频播放器的总重量（磅）；B 设定的是应被回收的电子垃圾在已出售的视频播放器中所占的份额；C 指的是在本项目年度的前一年生产者向州税务局报告的向家庭回收的特定电子设备的总重量（磅）；D 指的是生产者获得的可以用来计算可变的回收费的回收信用数额。E 指的是估算的每磅电子垃圾的回收成本。如表 1-26 所示。

表 1-26　纽约州和明尼苏达州对未完成任务的每磅废弃电子产品罚款的征收标准

序号	生产商回收比例	对未完成任务的每磅废弃电子产品的罚款（美元/磅）
1	回收比例≤50%	0.50
2	50%<回收比例≤90%	0.40
3	90%<回收比例≤100%	0.30

数据来源：明尼苏达州污染控制局（MPCA）。

在华盛顿州，环保部门收取年度注册费和回收项目年审费。为了保障执法活动的开展，DOE 收取年度注册费和回收项目年审费，上述费用的收取是以生产者在本州的年销售量份额确定的，它们将被存入电子产品回收账户。在纽约州，生产者每年交5 000美元的注册费，回收企业和处理企业缴纳的费用标准为2 500美元，而生产者建立的"回收处理方案"（electronic waste acceptance program）缴纳10 000万美元的评审费。

三是超额回收的信用积分。明尼苏达州的现行政策已经有奖励积分，这个积分可以用来在计算对未完成任务部分的罚款时的抵免，奖励积分的使用有效期为 3 年，纽约州也同样建立了超额回收的奖励积分制度，于 2014 年实施，该积分可交易，可储存，使用有效期同样为 3 年。另外，纽约州还规定，当年不能有高于 25% 的回收任务不能使用信用积分。

③指导性工具

加州和其他实施生产者责任延伸制的州，大都规定：使消费者掌握怎样返还、重复利用和处理所涵盖的电子产品，以及收集和返还这些产品的地点，主要通过使用免费的电话号码、网站、设备商标上的信息、包装的信息以及与商品售卖相伴随的一些信息。

4. 中国与美国相关管理机构与职能设置的比较

整体来看，中国相关的管理机构较多，职能设置较为分散。中国废弃电器电子产品回收处理的管理主要涉及国务院资源综合利用主管部门、国务院环境保护主管部门、财政部、国务院商务主管部门、省级人民政府环境保护主管部门和设区的市级人民政府环境保护主管部门等部门，而管理内容主要包括：①制订和调整目录；②负责组织拟订废弃电器电子产品回收处理的政策措施并协调实施；③负责废弃电器电子产品处理的监督管理工作；④废弃电器电子产品的基金管理；⑤负责废弃电器电子产品回收的管理工作；⑥编制本地区废弃电器电子产品处理发展规划；⑦审批废弃电器电子产品处理企业资格等内容。

与中国相比，美国主要州的相关管理机构较少，职能设置也较为集中，以华盛顿州和明尼苏达州为例。华盛顿州的管理机构包括州环保局（Department of Ecology）和华盛顿物质管理和融资局（Washington Materials Management and Financing Authority）。州环保局负责每年对制造商的法定回收份额的认定，另外，州环保局还要对制造商对华盛顿物质管理和融资局的费用征收提出的质疑给予裁定。华盛顿物质管理和融资局，负责该州的回收处理标准项目的具体实施，包括收集、运输和处理废弃品，会员生产者需要向 Authority 支付管理和收集费。该机构采用董事会制度，由 11 名选举产生的参加该项目的生产者代表组成。其中 5 个席位是由 5 家电子垃圾回收份额最大的 10 个品牌的代表占据，剩下的 6 个席位由其他生产者代表组成。

　　明尼苏达州的管理机构主要有州环保局和州税收署两个机构。环保局（Minnesota Pollution Control Agency），负责厂商、回收者和处理者的注册，负责生产商注册费的计算，评估参数值的大小，其中包括生产商需要回收的视频显示器份额、回收处理每磅电子产品的价格、基础注册费，以及每个生产者回收的 11 个大都市以外的家庭废弃的视频显示器的数额。州税收署主要负责数据的收集，包括每个厂家的各种视频显示器的销售量，或者是视频显示器的全部销售量，从家庭回收的处理过的覆盖电子设备总量，以及回收处理信用积分。税收署必须用这些数据审核生产商每年上交的注册费，以确保注册费准确计算。如表 1-27 所示。

表 1-27　中美管理机构和管理职能设置比较

	管理机构	管理职能
中国		
	国务院资源综合利用主管部门	制订和调整目录
	国务院环境保护主管部门	负责组织拟订废弃电器电子产品回收处理的政策措施并协调实施，负责废弃电器电子产品处理的监督管理工作
	财政部	废弃电器电子产品处理基金纳入预算管理，负责其征收、使用、管理
	国务院商务主管部门	负责废弃电器电子产品回收的管理工作
	省级人民政府环境保护主管部门	编制本地区废弃电器电子产品处理发展规划
	设区的市级人民政府环境保护主管部门	审批废弃电器电子产品处理企业资格
美国		
明尼苏达州	环保局	负责厂商、回收者、处理者的注册，负责生产商注册费的计算；
	州税收署	负责数据的收集，包括每个厂家的各种视频显示器的销售量，或者是视频显示器的全部销售量，从家庭回收的处理过的覆盖电子设备总量，以及回收处理信用积分；用这些数据审核生产商每年上交的注册费，以确保注册费准确计算
华盛顿州	州环保局	每年都要对制造商的法定回收份额做出认定，华盛顿州环保局每年都需要将制造商的回收份额和电子垃圾的总回收量进行对比得出某个制造商的均等义务
	华盛顿物质管理和融资机构	制定和执行标准项目。负责每一家参与生产商的应承担的份额废弃品的收集、运输和处理收集、运输和处理废弃品

注：作者根据相关资料整理。

（三）与美国代表性州的具体政策异同点分析

1. 与实施消费者预付回收处理费用机制的异同点

（1）尽管承担责任的主体不同，但都实行基金的模式

根据加利福尼亚州法律，回收处理费用在销售者购买产品时以可见的方式由销售者代为征收，零售商将收取的回收费转交给税务机构加利福尼亚州公平委员会，该机构将该笔资金存入加州统一垃圾管理基金，设立电子垃圾回收账号。除了回收费以外，该账号的资金来源还包括对违反电子垃圾处理强制性规定的制造商、零售商、电子垃圾回收站点经营者、集中回收人、集中处理人和消费者收处征收来的罚款。

中国的废弃电器电子产品回收处理再利用采用基金模式，即由生产者在特定阶段缴纳一定数额的税费，然后把这笔费用纳入由政府管理的专项基金，回收处理者在对废弃电器电子产品进行回收处理后提供证据，申请基金提供支援。

（2）基金征收标准都可适时调整

加州规定收费一旦无法负担全部收集和回收处理费用则必须进行调整。2008年预计在当年9月电子垃圾回收处理项目的支出将会大于收入，基金无法维持收支平衡，为此管理机构在2008年6月调整了消费者预付费的水平，改为8、16和25美元的标准。这一情况导致基金账户出现盈余，于是在2010年6月，收费标准被再次调回6、8、10美元。目前，新近的一次调整是2013年1月1日，收费标准再次下调为3、4、5美元。总之，收费标准以维持偿付能力为限，但是收费标准的调整间隔必须控制在一年以上、两年以下的期间中，同时由CIWMB会同环境保护部门经过听证程序确定。

中国的《废弃电器电子产品处理基金征收使用管理办法》规定，财政部会同环境保护部、国家发展改革委、工业和信息化部根据废弃电器电子产品回收处理补贴资金的实际需要，在听取有关企业和行业协会意见的基础上，适时调整基金征收标准。

（3）收集者和处理者可随时提出资格认定的申请，中国对处理企业的经营许可采取审核制，分批公布享受补贴企业名单

加州对回收企业和处理企业都采取了认证制度，在回收处理基金的拨付上，回收者和处理企业只有向资源回收利用管理部门提出申请，并成为政府授权机构后，才能申请支付相关费用。中国对废弃电器电子产品处理实行资格许可制度。设区的市级人民政府环境保护主管部门审批废弃电器电子产品处理企业资格。

但不同的是，美国环保部门对相关主体的认证，主要是在收到相关主体的申请后的一定时期内（30天内或者60天内）进行资质认证，而目前中国对处理企业的

经营许可主要是审核许可的模式。

（4）加州的基金使用包括收集和处理环节，而中国仅补贴处理环节

加州统一垃圾管理委员会（CIWMB）负责分配资金的用途，按照法定价格0.28美元/磅的处理费和0.20/磅的收集费向回收处理人付款；向实施了收集和回收活动的制造商支付。

中国的《废弃电器电子产品处理基金征收使用管理办法》规定，基金使用范围包括：废弃电器电子产品回收处理费用补贴；废弃电器电子产品回收处理和电器电子产品生产销售信息管理系统建设，以及相关信息采集发布支出；基金征收管理经费支出；经财政部批准与废弃电器电子产品回收处理相关的其他支出。

（5）补贴标准有所差异，中国以分类产品的整机为单位，加州以重量为单位

加利福尼亚州以一致的费率支付由政府授权的回收者和处理企业运营成本以及宣传、管理成本。其中，回收者由授权的处理企业支付相关回收费用，其额度为0.20美元/磅；而授权处理企业的补贴则由 Cal Recycle 按照 0.48 美元/磅的标准支付。

中国对处理企业按照实际完成拆解处理的废弃电器电子产品数量给予定额补贴。基金补贴标准为：电视机85元/台、电冰箱80元/台、洗衣机35元/台、房间空调器35元/台、微型计算机85元/台。实际完成拆解处理的废弃电器电子产品是指整机，不包括零部件或散件。

2. 与实行生产者责任延伸制的州的异同点

（1）中国生产商仅承担经济责任，而美国生产商直接参与或者委托第三方处理

中国的废弃电器电子产品回收处理再利用采用基金模式，即由生产者在特定阶段缴纳一定数额的税费，然后把这笔费用纳入由政府管理的专项基金，回收处理者在对废弃电器电子产品进行回收处理后提供证据，申请基金提供支援。对中国电器电子产品生产者、进口电器电子产品的收货人或者其代理人的征收标准为：电视机13元/台，电冰箱12元/台、洗衣机7元/台、房间空调器7元/台、微型计算机10元/台。

美国废弃电子产品收集、运输和回收的费用由生产商承担，消费者则可获得免费的回收服务。一般生产商支付的费用分为注册费和回收费两种形式，回收费通常依据市场份额或返回率进行分配。①华盛顿州，生产者履行义务的途径有两种：一是要加入由华盛顿州材料管理和融资局设立的标准计划，二是设立独立回收项目，独立项目的设立要经州环保部批准，申请人必须是一个或以上的至少占5%电子垃圾份额的生产者，新成立的生产者和生产无牌产品的生产者没有资格。②纽约州，生产商注册须建立废弃电器电子产品接受方案，包括收集、处理、循环利用和再使

用，作为电子垃圾回收成本的负担者，以此为基础给生产者赋予了注册、标识、报告、收集、回收等多项义务，这些义务中注册、标识是便于管理，而报告、收集、回收则是生产者义务的主要部分。在废弃电器电子产品接受方案中，生产者履行收集回收义务的方式是多样的，既可以自己亲自实施，也可以委托专门的回收人和处理人代为实施，并支付相关费用。

由此可见，中国的生产者只承担一定的经济责任，并没有根据自身销售产品的市场份额来承担回收处理对应份额产品的成本，没有全面参与承担产品整个生命周期阶段的责任。没有承担对应份额的产品回收处理责任，也就不会涉及对超额回收生产者的信用积分奖励，以及对未完成任务的生产者的罚款。因此，相比较而言，如果要实现更好效果的废弃电器电子产品的回收处理，中国的生产者责任延伸制度还需要更加全方位地实行。

（2）生产者责任的延伸至回收处理阶段，而中国行为责任暂还没落实，尤其是在回收环节

美国废弃电子产品收集、运输和回收的费用由生产商承担。在华盛顿州，生产者履行义务的途径有两种：一是要加入由华盛顿州材料管理和融资局设立的标准计划，二是设立独立回收项目。不管是哪种情况，回收环节的责任都得到了落实。纽约州的生产商注册须建立废弃电器电子产品接受方案，包括收集、处理、循环利用和再使用。在废弃电器电子产品接受方案中，生产者履行收集回收义务的方式是多样的，既可以自己亲自实施，也可以委托专门的回收人和处理人代为实施，并支付相关费用，在这样的情况，回收环节在市场化运作下，得到了有效的管理。

中国实施多渠道回收，生产者和相关主体没有强制履行回收责任。《条例》的相关规定包括：①电器电子产品生产者、进口电器电子产品的收货人或者其代理人应当按照规定履行废弃电器电子产品处理基金的缴纳义务；②国家鼓励电器电子产品生产者自行或者委托销售者、维修机构、售后服务机构、废弃电器电子产品回收经营者回收废弃电器电子产品；③电器电子产品销售者、维修机构、售后服务机构应当在其营业场所显著位置标注废弃电器电子产品回收处理提示性信息；④国家鼓励处理企业与相关电器电子产品生产者、销售者以及废弃电器电子产品回收经营者等建立长期合作关系，回收处理废弃电器电子产品。

3. 中国政府管理机构相对分散，而美国州管理机构则相对集中

中国生产者的行为责任没有延伸至整个产品生命周期，造成不同环节有不同的管理机构负责管理，机构设置相对分散。制订和调整目录、废弃电器电子产品处理基金的征收与使用、废弃电器电子产品回收的管理工作、处理企业资格的审批、编制本地区废弃电器电子产品处理发展规划等内容，其管理职能相对分散，主要由国

务院资源综合利用主管部门、国务院环境保护主管部门、财政部、国务院商务主管部门、省级人民政府环境保护主管部门、设区的市级人民政府环境保护主管部门等部门构成。

美国的管理机构相对集中，一是相关主体的注册或者认证、注册费的确定、法定回收处理份额的确定。二是注册费的征收、未完成国内任务部分罚款的征收。如明尼苏达州的环保局，负责厂商、回收者、处理者的注册。负责生产商注册费的计算，评估参数值的大小，其中包括生产商卖给家庭或者住户的需要回收的视频显示器，回收处理每磅电子产品的价格，基础注册费，州税收署主要负责数据的收集，每个厂家的各种视频显示器的销售量，或者是视频显示器的全部销售量，从家庭回收的处理过的覆盖电子设备总量，以及回收处理信用积分。税收署必须用这些数据审核生产商每年上交的注册费，以确保注册费准确计算。

八、美国的经验及借鉴

（一）政府在培育和规范市场方面发挥积极作用

美国市场经济和法制经济的发展较为成熟，为其废弃电子产品的管理奠定了良好的市场基础和法制基础。政府对废弃电子产品进行立法后，生产者依法承担生产者延伸责任，与回收、处理企业通过市场化契约方式实现对废弃电子产品的回收处理，政府通过规范市场和加强监管促进回收处理行业的快速有序发展。

我国废弃电器电子产品回收处理体系尚不健全、产业化较薄弱，当前我国已初步建立了以积极促进废弃电器电子产品回收处理行业健康发展为方向、适应我国市场经济发展水平的废弃电器电子产品处理的相关法律管理体系。电器电子产品废弃量的增加，以及大规模废弃产品种类的扩大，对我国《废弃电器电子产品回收处理条例》提出了更高的要求。为此建议：

（1）加快培育成熟的废弃电器电子产品回收处理市场。目前，我国处理行业还处在幼稚期，政府采取的"对处理企业实施行政许可并建立基金对其进行补贴以保证处理企业的设施投入和处理能力"的模式，在一定程度上促进了回收处理行业的规模化、产业化发展。可适当扩大目录产品范围，进一步发挥政府在培育市场方面的作用。

（2）增强法制建设，实现"有法必依，违法必究"。目前企业经营者普遍缺乏法制观念，相当一部分企业甚至不接受现代市场经济一些公认理念和原则（如诚实经营和履行社会责任），企业违反法律以牟求超额利润的经济惩罚成本，同美国相比明显较低。因此，政府要进一步加强管理，通过行政、法律和经济手段，增强市场主体的法律意识，加大其违法成本。

（二）深化生产者责任延伸制理念，加大对生产者的激励与约束

在全球气候变化、资源枯竭和环境污染带来人类居住环境恶化的背景下，将生产者责任延伸制理念引入废弃电器电子产品整个生命周期的管理，对实现可持续生产和消费都具有重要的意义。《条例》及一系列配套政策的实施，是中国废弃物管理与生产者责任延伸制相结合的一个突破，建立了适合中国国情的废弃电器电子产品管理的政策框架。

美国的大部分州和中国都引入了"生产者责任延伸制"的基本理念，通过对比分析中美废弃电器电子产品回收处理政策，发现两国生产者责任延伸的范围、实现的形式以及管理模式都存在较大的差异。与美国相比，中国的制度模式对生产者的激励和约束不足。

因此，可考虑进一步深化生产者责任延伸制，加大生产者的激励与约束，基于中国的经济发展水平，在已初见成效的基金管理制度的框架内，建议：

（1）考虑将部分电子产品纳入目录但不征收基金，并强制要求生产者履行回收处理行为责任。可研究探讨可行性的产品包括：复印机、打印机、手机等。

（2）鼓励生产者自愿履行生产者责任，对于自愿履行生产者责任的企业，无论自行回收处理或与处理企业建立长期合作关系，可考虑基金减征或给予奖励。

（3）建立和加强生产者信息披露制度建设，需报告其销售的电子产品是否超过了铅、汞、镉、六价铬、多溴联苯和多溴二苯醚等物质的有害物质限制指令（RoHS）规定的最大容许浓度值，审查后如报告不属实，严加惩罚。

（三）落实回收环节的责任承担方，创新回收体系和模式，提高废弃电子产品回收率

理顺和规范回收环节是提高废弃电器电子产品回收利用水平的重要环节。通过分析比较美国不同州的制度设计，实施生产者责任制度的州，生产者有义务自行回收或者安排、委托实施废弃电子产品的回收处理工作，并承担相应的成本。加州实施消费者预付处理费制度，加州资源回收利用部门按照 0.28 美元/磅的处理费和0.20/磅的收集费分别向包括制造商在内的回收者和处理者付款，以保证回收和处理的完成。中国台湾地区与中国大陆现行政策接近，在台湾的政策框架中，向生产者和进口商征收的基金，其支出范围也包括了对回收环节清理费的补贴，这意味着在中国的政策框架设计中，整个产品生命周期阶段的回收责任没有强制性规定由哪一方承担，与美国各州以及与台湾相比，回收环节受到的激励也最弱。

中美政策在回收环节面临的一个巨大差异不容忽视。美国政策的落脚点是解决美国生活垃圾回收处理设施不足的问题。电子垃圾尤其是含有危险的有毒有害物质不能作为一般固体垃圾，以焚烧或者填埋的方式进行处理，需要生产者或者相关责任方承担经济成本并落实行为责任，以对废弃电子产品实施最小污染程度的处理。

而在中国，废弃电器电子产品并不是完全意义上的废弃物，而仍然作为一种资源性的有价值的东西，是通过采用未达到环境安全管理标准的处理方法对其处理后，可获得有较大经济价值的资源。也就是说，中国废弃电器电子产品的回收和处理在出台《条例》之前，靠市场的自发力量进行回收处理是大量存在的，但是带来的环境污染代价也非常大。因此，中国政策的落脚点在于规范回收渠道，促使处理企业的处理技术设备水平达到最低程度的污染，并实现资源的最大化利用。

基于中美政策环境及落脚点的差异以及中国废弃电器电子产品回收状况，建议加大对回收环节的引导和补贴，进一步完善回收渠道的建设。

建议在基金的使用范围中，增加对回收环节的补贴和激励。

（1）扩大补贴支出范围

借鉴美国加州和中国台湾的做法，对回收环节予以补贴。具体可参考台湾的做法，将基金分为"信托基金"和"非营业基金"两部分，除了对企业的回收处理环节进行补贴外，还对偏远地区的回收运输，小区、学校及团体的回收和处理活动进行补助，也对废弃物的再生技术的研发活动进行补助。

（2）进一步增强多渠道的回收体系中销售企业、居民团体和地方政府的作用

多渠道的回收体系是与我国当前经济发展阶段及传统的回收体系相适应的。继续鼓励多渠道的回收体系，建立方便消费者的社区回收和多种收购形式混合的收购模式，建议进一步增强各方的回收责任，具体为：在销售点提供便利的回收设施，并鼓励生产企业与销售商联盟，不定期到社区进行宣传性的回收服务；发挥社区居民的积极作用，加强对宣传教育，实施分类丢弃；地方政府在加大回收设施建设的基础上，建立回收团队，专门组织力量定期对废弃电器电子产品进行回收。

（3）宣传教育与经济补偿相结合

在加大对消费者宣传教育的同时，在消费者处置废弃电器电子产品时，给予一定的经济补偿。不同于美国、中国台湾等地区，回收环节面临的不仅是回收本身的成本，还包括回收产品本身的价值补偿。目前，在消费者环保意识不强、不能普遍接受免费交投的情况下，给予消费者一定的经济补偿则可提高回收率。销售企业给予经济补偿可与消费者的账户积分结合，或者形成新购产品折扣，或者采纳礼品的方式回收废弃产品；市政回收网点也可给予消费者一定的经济补偿。

（四）率先探索对青海、新疆和西藏等边远地区回收者给予补贴

明尼苏达州的 11 个大都市区集中了整个州 70% 以上的人口，但是 11 个大都市区的覆盖面积较小。边远地区的电子垃圾回收，没有建立专门的回收体系，为提高边远地区的回收率，明尼苏达州对在这些地区从事电子垃圾回收的个人或者企业提

供补贴。从资金来源看，明尼苏达州实施生产者、回收企业和处理企业的注册制，注册费的一部分用作支付给特定的 11 个都市以外的从事电子垃圾收集的电子垃圾收集人。另外，对生产者的回收服务也建立了激励机制，如果生产商回收的电子垃圾来自 11 个指定的县市区以外，那么在计算该生产商回收处理总量时，要乘以 1.5 倍，以此鼓励生产商对边远地区的回收。

中国的西部边远地区情况类似，人口稀少，地域面积大，经济发展水平较低且差异大，而且青藏高原在中国的生态环境保护中具有重要的意义。从 2011 年每百户家庭耐用消费品的拥有量来看，这些与全国的平均水平有差距，但差距不大，从理论上来讲，有电器电子产品报废处理的需求。如表 1-28 所示。

表 1-28　西藏和青海主要电器电子产品保有量

地区	每百户家庭拥有量（台）				人均 GDP（美元）	人口（万）	面积（万平方公里）
	洗衣机	电冰箱	彩色电视机	计算机			
全国	97	97	135	82	5 500		
西藏	88	86	128	59	3 073	303	120
青海	97	94	105	53	4 523	568	72

为了进一步促进边远地区的回收，可借鉴美国明尼苏达州的经验，对在我国尚未建立回收网络、居住分散和人口密集度小的新疆、青海和西藏地区的回收进行补贴。

专栏

明尼苏达州的基本情况

面积：21.8 万平方公里，占美国总面积的 2.25%。

人口概述：2010 年明尼苏达州有 530 万居民（全美国的 1.7%），平均家庭收入为 48 000 美元，列美国第八位。各个县的数值差别很大，从 17 369 美元到 42 313 美元不等。一般来说，农村地区（尤其州的西北部）薪水比较低。

地形：明尼苏达州的平均高度为 366 米，最高点是鹰山（701 米），最低点是苏必利尔湖的湖面（183 米）。明尼苏达州的大部分地区是重复的冰川时期被风化的平原。但该州的最东南部是无碛带，在那里没有冰川流过，密西西比河流过一段崎岖不平的高地。州的东北部是铁山和其他低山。

但是同美国的明尼苏达州相比，中国的青海、西藏和新疆又有所不同，这些地区的平均海拔高，地形复杂，以山地为主，地域面积相对较大，运输成本非常高。因此，需要在进一步调研的基础上，提出更为具体可行的措施。

深入政策调研的主要内容包括:第一,废弃电子产品回收处理的需求分布;第二,原有的回收渠道与回收运输成本;第三,新疆的乌鲁木齐、伊宁、喀什和石河子,以及青海的西宁和格尔木,西藏的拉萨等重点城市的回收状况等。

在未充分调研的情况下,初步建议通过中央财政转移支付的方式,加大对这些地方的地方政府参与回收处理体系建设的支持力度。政府或委托第三方集中设立处理企业,并对三省区的回收企业和个人给予补贴。

专栏

青海、新疆和西藏的基本地形情况

青海省地貌以山地为主,兼有平地和丘陵。位于达坂山和拉脊山之间的湟水谷地,海拔在 2 300 米左右,地表为深厚的黄土层,全省地势自西向东倾斜,最高点(昆仑山的布喀达坂峰 6 860 米)和最低点(民和下川口村约 1 650 米)海拔相差 5 210 米。

新疆维吾尔自治区的地形以山地与盆地为主,地形特征为"三山夹两盆"。北部阿尔泰山,南部为昆仑山系;天山横亘于新疆中部,把新疆分为南北两半,南部是塔里木盆地,北部是准噶尔盆地。

西藏自治区平均海拔 4 000 米以上,是青藏高原的主体部分,有着"世界屋脊"之称。这里地形复杂,大体可分为 3 个不同的自然区:北部是藏北高原,占全自治区面积的 2/3;在冈底斯山和喜马拉雅山之间,即雅鲁藏布江及其支流流经的地方,是藏南谷地;藏东是高山峡谷区,为一系列由东西走向逐渐转为南北走向的高山深谷,系著名的横断山脉的一部分。地貌基本上可分为极高山、高山、中山、低山、丘陵和平原等六种类型,还有冰缘地貌、岩溶地貌、风沙地貌、火山地貌等。

(五)探索实施生产企业、回收和处理企业的注册制,可从生产企业试行

注册制是美国废弃电子产品回收处理制度的基本特点,也是整个制度框架的基础。要求注册的主体,包括生产企业、回收企业和处理企业,如有的州要求生产者提供废弃电子产品回收方案,方案也要求注册。

实施注册制度的基本目的是实施对生产者、销售者、回收企业和处理企业的有效管理和监督。对生产企业规定了回收处理目标的州来说,有关州内市场销售的信息是计算该生产者应承担的市场份额的重要依据;回收方案中回收企业或者设施、处理企业或者场所的信息提交,是监督和保证废弃电子产品污染最小化处理的重要环节。

从其内容来看,信息报告和注册费是构成注册制度的两大要素。

（1）注册费的征收

在固定的年度注册费征收方面，一般采取固定的模式，也有个别州采取根据生产商销售量不同的差异化政策，如马里兰州。除了年费之外，在有的州还包括了和回收处理目标挂钩的、对未完成目标任务的级差制罚款。

（2）信息报告制度

年度报告要求提交的信息主要有：①厂家名称、地址和电话号码、法定代表人的信息，生产产品或者代工产品的品牌；②最主要的是销售数据，纽约州要求提供厂商前三年在该州范围内销售的覆盖电子产品的重量，包括销售的各类电子产品的重量以及覆盖电子产品的总重量；③披露其在州内销售的电子产品是否超过了铅、汞、镉、六价铬、多溴联苯和多溴二苯醚等物质的有害物质限制指令规定的最大容许浓度值，另外，纽约州要求提交回收方案的基本内容，包括该州范围内的回收网点的布局。

中国目前对该行业的相关责任主体包括生产或进口企业、销售企业、回收和处理企业，没有统一的管理机构，更没有统一的信息平台。生产者、进口人承担废弃电器电子产品的处理以及相关支出，分别按照销售或者进口的数量定额征收，而对生产企业的相关信息的收集和管理没有重视或者说疏于监督和管理。

中国实行注册制的基本目标在于加强对生产企业的信息管理，有助于了解一个地区生产企业的销售情况和布局的回收网点情况，并为进一步实施生产者责任延伸制奠定基础。

中国的注册制度与美国的注册制度相比有以下几点不同：

（1）中国的注册制在初期可能不同于美国注册制的作用，美国的注册制度之外的主体不允许在该州从事该行业，即等同于该行业的经营许可，中国注册制的作用在于加强对相关责任主体的管理，尤其是生产企业的信息管理。

（2）中国注册制的实施，一定程度上将生产企业、回收和处理企业的管理放入同一个平台，置于一体化的管理体系中，因此，该建议能否实施，在很大程度上取决于目前管理职能能否整合。一体化的注册制度在一定程度上要求改变目前的如处理企业主要由环保部门负责监督管理，而回收企业主要由商务部门主管等职能设置。建议前期可从生产企业的注册制度开始。

（3）注册管理的职能，可分层级设置。全国有统一的信息平台，由省级或者区域层面具体实施注册管理，对应的管理部门不建议新增，可考虑在现有机构设置的基础上对应落实。

（4）中国生产企业的注册费设置，可以简化，将生产企业或进口商按其销售量或者是进口量划分为两个等级，差异化收取注册费，这样可减少小企业的负担。

（5）注册费的使用范围建议为省或者区域级的回收设施的建立和完善。管理部门可根据各地区情况，重点建设和完善回收基础设施，为提高该地区的回收处理水平提供资金支持。

（六）建立对处理企业的认证制度

美国认证制度的发展较为成熟。美国的废弃电器电子产品处理立法从 2003 年加州最先立法以来，已经历了一段时间的发展。目前美国处理企业的标准认证主要有两个，一是国际性的电子产品认证 e-Stewards Initiative，由巴塞尔公约活动网络发起，对劳工标准有要求并且禁止出口、填埋和焚烧；二是美国的第三方机构发起的 2008 年公布的责任回收认证 Responsible Recycling（R2）Practices Standards，2013 年更新，该标准没有对出口、焚烧和填埋实施禁止。就标准本身的内容来看，第一个标准包含了 ISO 14001，R2 还包括了 OHSAS 18001，e-Stewards Initiative 也有在工作场所的健康和安全要求。

从两个认证标准在美国的实际采用情况来看，e-Stewards 和 R2 都是鼓励性的，并不是强制性的。对联邦层面，联邦环保局鼓励所有的处理企业都通过认证，鼓励生产商与有认证的处理企业签订合约，但生产企业也可以与没有通过认证的企业建立合同关系。例如，对联邦政府的电子产品的处理，规定可以通过经过认证的处理商，也可以通过没有经过认证的处理商，区别在于如果采用没有经过认证的企业，则需提供更多的信息。

美国各个州对处理企业的要求，规定的差异是比较大的。明尼苏达州、华盛顿州的生产者责任延伸制度落实得比较好，在其法律规定中，华盛顿州要求处理企业在注册时提交当地政府的许可经营证。明尼苏达州规定，处理企业要被所有相关的政府机构许可，虽然都没有对处理企业实施强制性的达到第三方机构认证的规定，但是经过认证的处理企业，会更多地成为生产企业的选择。

美国认证制度的发展对美国处理企业的市场化和规范化发展发挥了重要的作用。国际电子回收商（Electronic Recyclers International）是美国大型的处理企业之一，在美国有 7 个战略布局网点，为全国 50 个州的电子回收产业提供服务，是全国唯一获得两个认证的废弃电子处理商。国际电子回收商建立分公司的 7 个州是华盛顿州、加利福尼亚州、犹他州、得克萨斯州、纽约州、印第安纳州和北卡罗纳州。

就废弃电器电子产品管理政策框架来看，许可制度或者批准制度，是基金运作模式的一个重要环节，如美国实施消费者预付费的基金模式和中国台湾向生产者征收的基金模式，实施的同样是批准制，加州实施经营许可职能的是美国的有毒有害物质管理委员会，但不同的是处理企业可随时向加州资源回收利用管理部门提出申请。

随着我国废弃电器电子产品回收处理产业的发展，以及生产者责任延伸制度的进一步落实，处理企业的市场化和规范化运作非常重要，培育和促进处理业的第三方认证的发展，成为客观必然要求。目前，台湾正在考虑为废弃电子产品的处理制定相关的标准。随着中国目录产品范围的扩大，处理产品的种类及其要求的技术水平将趋于复杂，处理企业的增加带来产业的蓬勃发展，势必加大环保部的负担，根据需要，可考虑引进市场化运作的第三方认证机构。本报告初步提出以下三点建议：

（1）基于我国当前的经济基础，在政府实行许可的情况下，可引进第三方认证，政府前期发挥积极作用，建立和完善相关的技术标准。

（2）相关标准的制定，要依据我国经济的发展水平。美国的 e-Stewards 标准包含了：ISO 14001、工作场所的健康和安全管理、电子设备的再利用和翻新、数据的安全性、电子危险物和问题元素的管理、下游回收链的可说明性、物质的回收和最终的处置、危险物的出口、厂址封闭平面图、物质平衡会计和中心数据库报告等内容。中国的标准设计可加以借鉴，但要建立在中国现有的许可标准基础上。

（3）建议鼓励性采用，并非强制性要求。前期可在现有环保部门实施行政许可的基础上，鼓励处理企业申请认证，补贴可以选择发放许可的企业和通过认证的企业，也可以给没有通过认证的企业，但要提供更多的处理信息。政府发放处理企业许可也要结合企业获取认证的情况。

（七）借鉴美国的处置法案，加强对销售商、消费者和回收商等相关者的约束

禁止随意丢弃、土地填埋和焚烧废弃电器电子产品的法令，对提高回收利用率起到了非常重要的作用。目前美国通过立法的 25 个州中，有 15 个州包括印第安纳州、纽约州和缅因州等在法案中禁止任何人把含有危险物的电子产品扔到普通的固体废弃物中对其进行处置，而加州在有毒有害物质管理委员会的废弃物管理法案中，明尼苏达州在《关于 CRT 的禁令》中也都有相关规定。美国对任意丢弃或以一般固体废弃物的处置方式的法案，对提高废弃电子产品的回收利用率发挥了积极的作用，正是由于有禁止扔弃规定，上述州回收率通常也比较高。

从美国法案规定的具体内容来看，具有明显的递进特征，通常从时间先后顺序上分别对生产者、销售商和包括家庭在内的个人做出禁止性规定。如纽约州的详细规定为，2011 年 1 月 1 日起，生产企业、销售企业以及废弃电子产品处理企业，不允许将废弃电子产品作为一般的固体废弃物进行填埋或者焚烧处理。2012 年 1 月 1 日起，除了个人和家庭之外的任何人，不得将废弃电子产品放置于固体废弃物以及危险废弃物的收集和处置场所，应交至专门的回收设施。2015 年 1 月 1 日起，纽约州的所有个人包括消费者及组织，禁止将废弃电子产品以与一般固体废弃物相同的方式丢弃或者处置。

我国目前尚无明确的禁止废弃电器电子产品扔弃法案，建议进一步完善对其禁止以一般废弃物方式丢弃或处置废弃电器电子产品的规定。根据当前废弃电器电子产品的主要拥有者，渐进性地实施禁止随意处置令。可率先借鉴台湾禁止销售商随意处置的法令，禁止销售商、回收企业和生产者随意处置，在条件成熟后发布对个人消费者和家庭的随意处置的禁止法案。如表1-29所示。

表1-29　禁扔法案及其他措施建议实施时间

实施时间	措施内容
2014年3月1日—7月	集中对生产者、销售商、回收企业的宣传教育培训
2014年7月1日	颁布生产者、销售商、回收企业随意处置的禁止法案
2015—2016年	开展对消费者的宣传教育
2016年12月1日	颁布个人消费者和家庭的随意处置的禁止法案（建议）

禁止丢弃法案的颁布不仅有利于废弃电器电子产品的回收和集中处理，而且通过法律手段对产品环境危害性进行确认，有利于提高消费者对废弃电器电子产品环境危害性的认识，也有利于降低产品回收价格，提高集中回收处理率。

（八）尝试按废弃产品重量或回收材料量给予回收处理补贴

美国加州对回收处理环节按照重量给予补贴，实行生产者责任延伸制的州，生产者的法定回收处理责任是按照州总的回收重量乘以其产品销售市场份额来确定的，一旦生产者不能完成回收处理份额，所缴纳罚金也是按照未完成重量征收回收处理费。

目前我国目录产品大小差异相对较小，所以采取按照台（套）征收基金和发放补贴的办法。但随着目录产品的扩大，尤其是如果将零部件产品也纳入目录，可以探索和尝试按照废弃产品重量或拆解回收的材料量给予补贴。

从政策效果上，按照拆解回收材料量的补贴效果可能更好。一方面，回收处理企业有动机提升回收处理技术，在给定的废弃家电中提取更多的可循环利用材料，从而提高回收利用率；另一方面，该政策还可以间接促进生产企业优化产品环保设计。按照拆解回收材料重量给予补贴意味着只对产品可回收部分给予补贴，会使处理企业更愿意（出更高价格购买）回收处理可回收利用材料比例较高的产品。这种偏好会传导到消费者和生产者，使生产厂商有动力增加环保和便于回收利用材料的使用比例，促进实现产业绿色升级。

欧盟废弃电子电气产品回收处理政策研究

一、欧盟 WEEE 指令的进展、现状及问题

（一）WEEE 指令主要内容和目的

欧盟是生产者责任延伸制度的首创地，其电子电气类法规也一直在世界上保持领先。自 1973 年以来，欧盟先后发布了 6 个环境行动计划，大多数都是生产者责任延伸类型的法规制度。2003 年 2 月 13 日，欧盟委员会颁布了《关于废弃电子电气设备指令》（简称 WEEE 指令），并要求欧盟各成员国在 18 个月内将该指令转化为本国的法律实施。该指令于 2005 年 8 月 13 日正式生效，规定欧盟市场上的电子电气产品生产商必须自行承担报废产品回收、处理及再循环的费用，投放市场的产品需要加贴相应的标志，是除 RoHS、ErP 等绿色壁垒之外的第三大绿色指令。2006 年 12 月 31 日起，要求各欧盟成员国确保实现电子电气废物的回收率目标，欧盟家庭年人均回收废弃电子电气产品至少达到 4 千克。

WEEE 指令是生产者责任延伸指令，该指令将处理电子废品和循环利用的负担转给了电子电气设备生产商。私人家庭所用设备的生产商负责为投放到收集点的 WEEE 的收集、处理、回收及环境无害化处置承担费用。私人家庭以外的用户所用设备的生产商负责为其设备报废后的收集、处理、回收及无害化处置承担费用。

WEEE 指令的目的在于，第一，提高废旧电子电气产品的回收率和再循环率，提高对自然资源的利用率，减少环境污染。第二，鼓励电子电气设备厂商进行技术开发，提高产品的环保标准，促进产业升级，加快调整产业结构；促进延伸电子产业的产业链并带动整个制造业向环保、健康、可持续增长的方向发展。

（二）欧盟各国老版 WEEE 指令转化情况

老版 WEEE 指令出台后，欧盟各成员国纷纷将其转化为本国法律。最早完成转

化的是希腊，随后是比利时和荷兰，其余欧盟各国均推迟了指令的转化，以争取更多时间与国内工业界进一步商讨，使指令转化成本国法规时具有更强的可操作性。综观各国依据 WEEE 指令制定的法律法规，存在着较大的差异，主要表现在生产者责任的实施日期及方式、合规性体系、保证金、产品税、注册及报告、回收率目标、市场份额的计算及结算中心、针对不符合法规行为的处罚等。

（三）WEEE 指令执行现状

欧盟各国在转化 WEEE 指令以后，执行情况良好，但是近年来在具体执行中暴露出了一系列问题，整体回收再利用情况有停滞甚至下滑的趋势。

以 2008—2012 年波兰、比利时、英国、德国四国大型家电设备回收为例，在各国市场投放量均保持稳定的前提下，波兰和比利时的回收利用量有了大幅度的攀升，尤其波兰从 2008 年的 7.681 吨快速升至 2012 年的 72.919 吨。但是对于德国这样实施生产者责任延伸制度较早的国家，回收利用量从 2008 年起一直未有显著上升，甚至有了下降的趋势。计算回收量与市场投放量的比值，即便是在回收利用方面较为领先的德国，2012 年这一数据也仅为 27.1%，仍然处于相对较低的水平。如表2-1、2-2 所示。

表 2-1　波比英德四国 2008—2012 年大型家电设备市场投放量（单位：吨）

国家	2008	2009	2010	2011	2012
波兰	264.731	219.270	242.596	245.733	242.073
比利时	96.241	103.839	108.938	110.819	105.996
英国	696.116	684.854	699.045	684.074	701.195
德国	673.297	618.031	714.141	745.314	736.394

数据来源：Eurostat。

表 2-2　波比英德四国 2008—2012 年大型家电设备总回收利用量（单位：吨）

国家	2008	2009	2010	2011	2012
波兰	7.681	42.494	47.150	70.256	72.919
比利时	30.444	37.020	38.782	39.762	40.859
英国	194.043	197.557	–	–	–
德国	220.879	244.546	209.060	203.917	199.970

数据来源：Eurostat。

观察欧盟 2005—2012 年电子废弃物人均回收量的变化，更能体现老版 WEEE 指令颁布后，回收处理市场先快速发展后陷入停滞的趋势。从 2005 年至 2009 年，人均回收量一直稳步上升且增幅较大，但是 2010 年以后，这一数字显著下降，且降幅明显高于人均市场投放量，反映了欧盟整体回收量下降的情况（见图 2-1）。回收率的数据也反映了同样的问题，2006 年起，欧盟电子废弃物回收率逐年稳步攀升至 2009 年的 38%，在 2010 年小幅上升至 39% 后，2011 年和 2012 年两年连续降至 37%，虽然较之 2006 年已经有了长足的进步，但是发展趋势并不乐观（见图 2-2）。

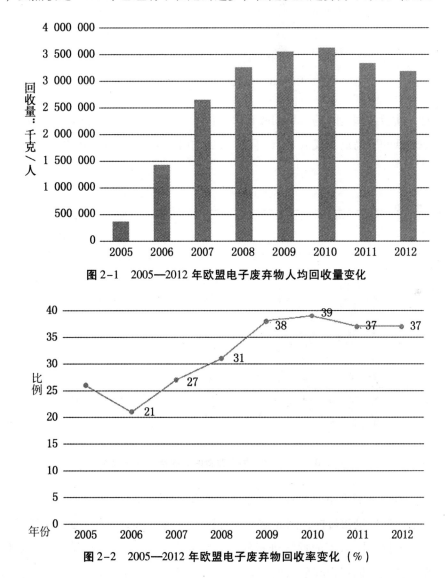

图 2-1　2005—2012 年欧盟电子废弃物人均回收量变化

图 2-2　2005—2012 年欧盟电子废弃物回收率变化（%）

从近年的总统计回收量来看，2012 年欧盟总回收量仅为 3189.376 吨，与 2011 年相比下降了 3.4%，这与 2011 年较之 2010 年的上升 2% 形成鲜明对比（见图 2-3）。

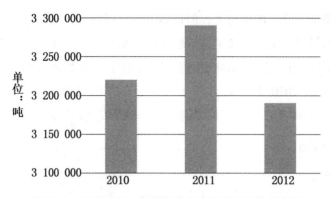

图 2-3 2010—2012 年欧盟电子废弃物总回收量变化

同时，欧盟各国之间的人均回收量差异巨大。回收量最高的挪威为 22.63 千克/人，但是最低的罗马尼亚仅有 0.90 千克/人，前者是后者的 25 倍还多（见图 2-4）。

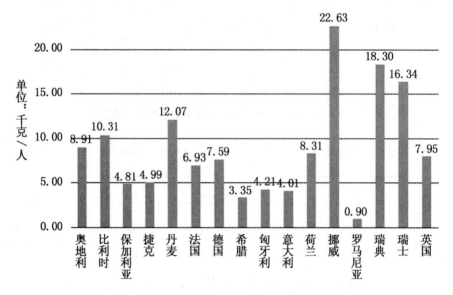

图 2-4 2012 年欧盟各国回收量比较

此外，2012 年只有罗马尼亚、希腊等少数几个国家没有达到老版 WEEE 中提出的 4 千克/人/年的最初目标，因此这一目标已经远远不适合大部分欧盟国家的实际情况，需要依据不同国家的现状进行修改。废弃电子电气设备回收率（总回收量/总市场投放量）也同样存在巨大的国别差异，瑞典回收率高达 77%，而西班牙仅为 24%，相差 53%。

（四）老版 WEEE 存在的问题

由上面的数据可以直观感受到老版 WEEE 存在的三个问题：

（1）2010 年之前欧盟各国回收处理行业整体发展迅速，但是以 2010 年为分界线，出现了疲软的态势。

（2）各国之间回收量、回收处理效率差异巨大，经济发展阶段不同的国家之间存在差异，实施生产者责任延伸制度时间早晚也造成回收效果不同。

（3）现有回收处理目标过低，已经不能适应大部分欧盟国家现状，同时应针对部分回收处理情况不佳的国家降低目标。

此外，2012年欧盟仍有大量电子废弃物未按照法律的要求进行报告和处理，或在欧盟内低于标准的垃圾处理场内填埋，或向非欧盟国家转移电子废弃物，而且后者的非法贸易额不断扩大。同时，在欧盟还发现了大量的不符合有害物质限制的电子废弃物。

综合以上分析和文献研究，老版 WEEE 指令在执行过程中存在一些技术、法律和管理上的困难，主要有：①指令涵盖产品及其类别不明确，不同成员国和利益相关方有不同的解释。②2/3 的电子废弃物未按指令的要求处理和报告，不仅损失了有价值的二手原材料，而且未进行标准处理的电子废弃物可能非法出口到第三方国家。③4 千克/人/年的收集率不能反映成员国的经济状况，对于某些成员国过松，而对于某些成员国又过严。④没有设置整机产品再循环利用的目标。⑤各成员国对于生产商的注册和报告的差异，造成不必要的行政管理负担。⑥没有详细的执行要求，以致各成员国无法更好地执行 WEEE 指令。

二、新 WEEE 指令的主要变化

WEEE 指令的修订可谓一波三折。早在 2008 年 12 月，欧盟委员会就启动了修订提案，随后，欧盟理事会与欧洲议会纷纷提出各自的修改意见。直至 2012 年 1 月 19 日，欧洲议会才通过该指令。2012 年 6 月 7 日，欧盟理事会通过了关于 WEEE 指令的修订，修订内容包括产品监管范围的扩大、回收目标的严格规定等，共有 27 项条款和 12 项附件。新指令于 2012 年 7 月 24 日正式生效，并要求欧盟各成员国在 18 个月内（即 2014 年 2 月 14 日），将该指令转化成本国的法律。

新 WEEE 指令针对旧指令存在的问题进行了改进，变化主要体现在六个方面，即范围，新增定义，对生产者、销售商、处理机构的要求，相关行政机关应采取措施变化等，具体如下：

（一）范围

新 WEEE 指令的适用范围按照两个时间阶段进行分类。第一个阶段是 2012 年 8 月 13 日至 2018 年 8 月 14 日，适用原指令十类电子电气设备；第二个阶段是 2018 年 8 月 15 日以后，适用新指令六类电子电气设备。如表 2-3 所示。

表 2-3　新旧版 WEEE 指令覆盖产品分类差异

旧版 WEEE 指令范围内产品的分类	新版 WEEE 指令范围内产品的分类
1. 大型家用电器 2. 小型家用电器 3. IT 和通信设备 4. 消费设备 5. 照明设备 6. 电气电子工具 7. 玩具、休闲和运动设备 8. 医用设备 9. 监视和控制仪表 10. 自动售货机	1. 温度交换设备（制冷器具和辐射器具） 2. 屏幕和显示器（屏幕面积大于 100 平方厘米的设备） 3. 灯 4. 大型设备（任何外部尺寸超过 50 厘米，不包括 1~3 类别中的设备） 5. 小型设备（不包括 1~3 类别中的设备以及 IT 器具） 6. 小型 IT 和通信设备（外部尺寸不超过 50 厘米）

（二）新增定义

老指令定义了 13 个术语定义，新指令中定义了 15 个术语定义。其中新增定义包括：大型固定装置、非公路机动车、在市场出售、向市场提供、大型固定型工业工具、移除、医疗器械、准备再使用、活性可植入的医疗设备、收集、分类收集和体外医疗检测设备。同时，将危险废物、收集、分类收集、预防、再使用、处理、回收利用、准备再使用、再生利用及处置的术语定义纳入新废物指令。

（三）对生产者要求的变化

（1）新版 WEEE 指令要求在产品设计中包括"生态设计要求"，即 ErP 指令的要求；此外，还特别强调了产品及零部件的再使用，提到"生产者不能由于特殊的设计特点或制造工艺，而阻碍 WEEE 的再使用"。而在老版中仅提到"各成员国应鼓励电子电气设备的设计和生产中考虑并便于废旧电子电气的拆解和回收，特别是 WEEE、元件和材料的再使用和再循环"，更多的只是一种战略上的说明。

（2）新版 WEEE 指令提高了收集率目标。老版中的 4 千克/人/年标准过低，新指令规定：在第一阶段，从新指令生效后 4 年（即 2016 年）起，收集率目标要达到 45%（收集率是指当年收集到的废弃电子电气的重量占前三年投放到该成员国市场上 EEE 平均总重量比率）；在第二阶段，从新指令生效后 7 年（即 2019 年）起，最小收集率应达到前三年投放到该成员国市场上 EEE 平均总重量的 65%，或者达到该成员国境内产生的 WEEE 的 85%。对电子电气产品消费水平较低的 10 个国家，适当降低了收集目标和放宽时限。如表 2-4 所示。

表2-4 新旧版 WEEE 指令收集率目标

WEEE 指令	阶段	收集率目标
老版 WEEE 指令	2006—2015 年 12 月 31 日	WEEE 收集目标为 4 千克/人/年；或此前 3 年内该成员国平均人均收集量达到 4 千克；此后使用以上两个标准中的较高标准
新版 WEEE 指令	2016 年起	3 年内成员国电子电气设备销售总重量的 45%
	2019 年起	3 年内成员国电子电气设备销售总重量的 65%；或当年本国产生的所有报废电子电气设备总重量的 85%（成员国可选择上述两种标准中任意一种）

（3）新指令提高了回收利用率和再生利用率等目标。总的回收利用率和再生利用率的目标均在老指令的基础上增加了 5%。但考虑到各成员国对此变化需要有充足的时间进行准备，因此在新指令中给出了一个过渡期，即老指令中的回收利用率和再生利用率的目标值一直适用到 2015 年 8 月 14 日。从 2015 年 8 月 15 日到 2018 年 8 月 14 日，相应各类设备的回收利用率和再利用率目标值均增加 5%，但设备仍按老指令的分类方法，分为 10 类。从 2018 年 8 月 15 日以后，按新 6 类的分类方法，来设定回收利用率和再利用率目标值（见表2-5）。新版指令虽鼓励废旧电子电气设备的再使用，但在指令修订过程中，由于考虑到各类产品都有其自身特性，再使用率不尽相同，经过多次协商讨论，最终没有单独规定再使用率的目标值，而是包含在回收利用率中。

表2-5 新指令回收利用率目标（单位：%）

序号		至 2015 年 8 月	2015 年 8 月—2018 年 8 月
1	大型家用电器	80	85
2	小型家用电器	70	75
3	IT 及通信设备	75	80
4	消费类设备和光伏太阳能板	75	80
5	照明设备	70	75
5a	气体放电灯	n. a.	n. a.
6	电动工具	70	75
7	玩具、休闲和运动机械	70	75
8	医疗设备	70	75
9	监控仪器	70	75
10	自动售货机	80	85

（4）新指令要求生产者必须第一时间内在每一台欧盟上市的电子电气设备上提供该产品报废后再使用以及处理方法等信息，而原指令的时间限制是一年以内。同时，为了辨别电子电气设备上市日期，成员国需要根据 EN50419 标准确保 2005 年 8 月 13 日后上市的电子电气设备上配有相关上市日期标示，原指令未提供相应法规标准。

（5）新指令增加生产者或通过授权代表在成员国根据要求进行注册，并且保证生产者通过网络将所有在成员国销售的产品进行信息通报。注册信息将通过网络在各成员国之间分享。

（6）新指令规定 2005 年 8 月 13 日前投放市场的电子电气设备所产生非私人家庭 WEEE 的资金筹措由新等效设备生产者在用户购买新产品时提供，或者由使用者部分提供或者全部提供。老指令明确该历史时期的相关处理费用由原生产商提供，或者由使用者部分提供或全部提供。

（7）新指令规定成员国可以要求生产者在消费者购买电子电气设备时提供该产品在报废后收集、处理和对环境友好处置的成本。被告知的成本不能超过实际产生费用的估值。

（四）对销售商要求的变化

增加了经销商在规模 400 平方米以上的电子电气设备零售店提供小型废弃电子电气设备回收业务（如果没有相关法规，分销商没有义务支付回收费用）。

（五）对处理机构要求的变化

（1）禁止处置未经处理的分散回收的废弃电子电气设备，需确保分散回收废弃电子电气设备的运输方式不会影响其再使用和再生利用的状态。

（2）对分散回收的废弃电子电气设备要达到最大限度的回收再利用，尽量减少 WEEE 在城市垃圾中的比重，特别指出优先加大对于大气气温影响产品、含汞的荧光灯灯泡、光伏太阳能板、小型设备和小 IT 通信设备的回收率。

（六）相关行政机关应采取措施变化

（1）在新 WEEE 指令中，特别强调了对废弃电子电气设备的再使用。在新版第 6 条中，要求成员国要确保第三方机构能方便地接触到收集回来的废弃电子电气设备，以便从中选出适当的产品，进行再使用；同时，为了使废弃电子电气设备的再使用最大化，成员国应要求废弃电子电气设备收集体系或收集厂，在 WEEE 的收集点允许废弃产品再使用中心的人员先将可用于再使用的 WEEE 从其他的废弃电子电气设备中分离出来。

（2）新指令规定，在新 WEEE 指令生效后的 18 个月内各成员国需向委员会上报具体惩罚条例，原指令没有规定具体时间。

（3）新 WEEE 指令在成员国实施监视监督过程中提供具体规范，包括生产者注册信息框架、运输、处理点操作等。

（4）各成员国确保执行 WEEE 指令的相关行政机构相互协作，共享相关信息，以此确保生产商在各成员国正确履行 WEEE 指令职责，也为欧盟委员会提供相关信息保障 WEEE 指令的正确实施。

三、新指令转换情况、回收管理体系和具体政策调整

（一）主要成员国新指令转换概况

欧盟要求各成员国在 2014 年 2 月 14 日前将 WEEE 转换为国内法律。到目前为止，保加利亚、克罗地亚、丹麦、希腊、爱尔兰、意大利、卢森堡、荷兰、葡萄牙和英国等 10 国已经完成转换。同时，15 个欧洲经济区成员国已经公布了新 WEEE 法规草案。

（二）英国

1. 修订前 WEEE 转化过程

2006 年 12 月，英国贸易和工业部将为实施 WEEE 指令而制定的法规提交国会，法规于 2007 年 1 月 2 日生效。该法规的使用产品范围及回收目标与 WEEE 指令一致。

2. 收集循环体系

英国的 EEE 生产商在将电子电气产品投放市场之前，必须进行注册。生产商注册由国家数据交换中心（NCH）代表英国贸易和工业部进行。该中心是为了实施 WEEE 指令专门成立的一个机构。通过远程销售的生产商、经销商或零售商也必须进行注册，并且注册时须明确写明是通过远程方式向英国市场销售电子电气产品。生产商必须向 NCH 提供年度数据。NCH 将准备一份标准的数据填报表格，数据包括在英国市场上销售的各类电子电气产品的数量和重量，根据这些数据，NCH 将计算出各生产商当年销售各类电子电气产品的市场份额，并据此分配废物的处理责任。生产商必须提供家用废旧电子电气产品的收集、回收、处理费用，集体回收组织可以代表其会员单位建立回收费用机制。英国 WEEE 法规没有对家用"历史废物"和"新废物"做严格区分。所有的废物将由 NCH 统一根据当年生产商的各类产品的市场份额统一分配责任。

生产商必须提供证据证明为 NCH 分配的家用废旧产品提供了回收处理费用，并向 NCH 汇报是独立承担回收责任，还是加入一个集体回收组织。生产商还必须证明收集到的废旧电子电气产品在授权指定的回收厂根据处理技术标准进行了处理，使

用的回收设施需要得到相关部门的认可。此外，生产商还必须向 NCH 提供证据并报告完成了法规规定的回收、再循环/再利用的目标。NCH 则负责向相关机构进行报告。为了达到 NCH 分配的回收、再循环和再利用的目标，生产商可以到其他欧盟成员国进行回收、再循环和再利用活动，但是必须向 NCH 提供证据证明根据等同于欧盟 WEEE 指令要求的标准对这些废旧电子电气产品进行了处理，并记入回收、再利用和再回收目标。

经销商必须在销售类似用途的新产品时"以一换一"回收消费者送交的废旧产品。如果存储等条件允许，经销商/零售商也提供废旧电子电气产品的收集服务。经销商必须通过店内海报、在市政回收点以及其他回收点招贴通知等宣传方式告知消费者可以使用的收集系统。经销商也可以参加一个经销商组织，委托该组织履行其责任。目前，英国政府正在和零售协会谈判，试图建立一个经销商集体收集组织，主要的目的是通过零售网络建立一个全国性的废旧收集网络，作为现有的社区收集点的补充，完善英国全国废旧电子电气产品的收集体系。该组织将代表其会员单位履行 WEEE 法规规定的责任；建立足够多的店内收集点；代表其会员向英国环保署进行汇报。该组织也可以使用已有的社区收集体系，但是必须改善社区收集体系的设施。

NCH 负责组织协调电子电气回收处理的整个流程。建立 NCH 的建议最初来自生产商，英国 WEEE 法规仅给 NCH 的设立做了框架性的规定，并规定贸易和工业部（以及其他相关部门）可以将一些管理职能委托给一个组织，即一个 NCH 经营者。政府将通过招标的方式选出该经营者，并与该 NCH 经营者签订合同，将相关职能委托给该组织。政府不会对 NCH 的日常工作进行干预，但是将成立一个顾问团（由英国贸易和工业部、英国环境、食品和农村事务部、环保署、生产商、零售商以及其他相关机构和团体联合组成）对 NCH 进行监督。

3. 资金体系

生产商必须在新的家用电子电气产品投放市场之前提供回收费用保证。费用保证可以通过冻结银行账户或者参加一个费用管理组织等方式提供。提供费用保证主要是为了解决无主（或孤儿）废物（其生产商已经不存在）的处理问题。

政府允许在 2011 年 2 月 13 日之前（对于白色大家电到 2013 年 2 月 13 日之前）使用"可见费用"，将 2005 年 8 月 13 日前上市产品的处理费用在销售环节告诉消费者。但是对于 2015 年 8 月 13 日之后销售的新产品产生的"新废物"的处理费用，不得使用"可见费用"。

4. 新法修订后的政策调整

2013 年 12 月 7 日，英国通过新 WEEE 指令法规，成为欧盟成员国第一个正式批准本土立法的国家。新法规于 2014 年 1 月生效。新法规的变化主要体现在以下六个方面：

（1）在目录方面，新法规为光伏太阳能板单设一个分类（此前，消费类设备和光伏太阳能板同属第 4 类）；顺应发生在照明市场的变化，将气体放电灯和 LED 光源放置在同一类别，此举可以确保荧光灯被纳入处理范围。

（2）新法规对分销商的定义重新做了阐释。与 2006 年法规不同，此次分销商定义包括供应链中所有的分销商。但是，法规同时规定只有面向家庭消费终端的分销商有处理 WEEE 的义务，因此，事实上，分销商处境不变。将 EEE 投放英国市场（包括制造、重新包装或者专门从事进口）的 EEE 分销商也被认为是 EEE 生产商，根据法规将承担额外的责任。

（3）新法规减轻了生产商和处理企业在废弃电子电气设备回收处理中的监管负担。根据新法规第 15~17 条，过去一年中在英国电子电气设备销量低于 5 吨的小生产商将无须在下一年加入生产者合规计划（PCS），符合要求的小生产商在当年的 1 月 31 日前或在首次进入英国市场 28 天以内到有关环保机构登记即可。小生产商仍然需要在当年 1 月 31 日前按照规定第 17 条提交数据。此外，新法规不再要求对处理企业进行独立审计核算。

（4）新法规的调整主要针对家庭回收系统，而 B2B 回收体系基本保持不变。根据法规第 11 条，向家庭提供 EEE 的生产者责任发生了变化。生产者合规计划（PCS）的成员需要支付总体生产者 WEEE 收集目标的一部分费用，这部分费用按照生产者上一年的市场份额计算。

（5）新法规继续探索鼓励生产者独立承担回收责任的机制，同时，生产者可以针对家用 WEEE 加入一个 PCS，针对非家用 WEEE 加入另一个 PCS。生产商也可以加入英国境内任意的 PCS。

（6）新法规向生产商及其 PCS 强调，在条件允许的情况下，应将设备的再使用放在首位。再使用产品可以由相关组织代表 PCS 和授权处理机构（ATF）直接处置，但是需要留下合理记录。相关环保机构可以监督这一过程。

（三）荷兰

1. 修订前 WEEE 转化过程

早在 1998 年 4 月，荷兰就颁布实施了《白色家电和棕色家电法令》，要求与 WEEE 指令规定类似。1999 年 1 月将大宗家电和信息产品包括在内，2002 年 1 月将所有电子电气产品都纳入法律管理范围。在老版 WEEE 指令颁布后，荷兰将 WEEE 及 RoHS 指令转化为《电气及电子设备废料规定》，该法规于 2004 年 8 月 13 日生效。

2. 回收循环体系

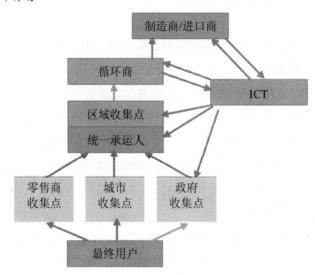

图 2-5　荷兰回收循环体系结构图

荷兰采用的是集体制造商责任延伸的合作模式。1999 年 12 月创建两个生产商
责任组织 ICT Environment 和 NVMP，这两个非政府组织成为荷兰回收体系的主要结
构构成。ICT Environment 主要收集 IT 设备（包括台式电脑、监控器和笔记本电脑）、
办公设施和电信设备，根据返回份额来分配成员成本。NVMP 以收集家用电器为主。
ICT Environment 采取两级回收系统，由 540 个城市回收点和 65 个区域回收点和分类
点组成。消费者可以通过参加以旧换新活动，在购买新产品时直接将废弃的 ICT 返
回至销售商，销售商免费回收 ICT。除了以旧换新之外，消费者还可以选择将废弃
的 ICT 直接送到市政回收点。废旧的 ICT 由全国统一的运输商收取，ICT
Environment 与运输商签订长期合作合同，并选择其回收 ICT 进行处理的循环厂 CRS
和 MIRES，这两个循环厂会彼此合作来回收处理废旧 ICT 产品，同时向 ICT
Environment 提供关于回收 ICT 的品牌信息。NVMP 除进行制度建设的总协会以外，
还下设 5 个独立的基金会，分别负责 5 类产品。NVMP 实施可见收费，生产商根据
产品种类和销售数量每两个月向 NVMP 基金会缴纳一次处理费用。NVMP 还负责协
调荷兰境内废弃电子电气设备的收集和运输，向市政回收点、地区分类中心、零售
商和小学提供废弃电子电气设备回收服务，并通过招标方式选择合作的运输公司。
处理公司也是通过招标方式进行选择。此外，还有 Stichting Lightrec 专门负责照明设
备的回收。

3. 资金体系

在荷兰，由 ICT Environment 机构根据每个品牌的产品回收总重量，进行对于产
品回收总重量的成本配给。生产商除了要提前支付一笔固定年费之外，还要再支付

另外一笔根据品牌产品重量进行分配的费用。全国统一的运输商运输废弃 ICT 产品到达 ICT Environment 机构指定的循环商，进行总体全面的品牌统计，并将此信息传递给 ICT Environment 机构。每个生产商配给的费用成本，要根据回收产品的数量进行加权平均核算。NVMP 同样实行可见收费，并设有专项基金用于历史废弃物的回收处理。

4. 新法修订后的政策调整

荷兰的新 WEEE 管理条例于 2014 年 2 月 3 日公布，并于 2 月 14 日生效。管理条例要求，电子电气设备生产商和废弃电子电气设备处理商须在新的国家（废弃）电子电气设备登记处登记。政府还要求生产商在登记时，提供证据证明自己有能力进行合理的回收和再利用。

（四）德国

1. 修订前 WEEE 转化过程

德国是对电子废弃物进行综合回收处理最早的国家，早在 1972 年就颁布了《德国废弃物法案》；经 1986 年的第四次修订后，命名为《关于避免和回收利用废弃物法案》。1994 年德国又制定了《循环经济和避免废弃物法案》，率先走向循环型经济社会。20 世纪 90 年代早期，德国联邦政府颁布了《废物处理法》。该法着眼于自然资源保护以及废弃物的环境友好处理与处置，标志着德国废物的管理理念从线型物质流转变为循环型物质流。2005 年 1 月，德国议会审议完成 WEEE 指令的德国法律转换文本《关于电子电气设备使用、回收、有利环保处理联邦法》，2006 年 3 月正式实施，其规定的范围和定义与 WEEE 指令完全一致。该法全面贯彻了延伸生产者责任与物质循环的原则，将原本由公共废物管理机构独立承担的电子废弃物管理责任，重新分配为由生产者与公共废物管理机构分担，且规定了生产者必须达到的回收利用和再循环目标。在转化过程中，德国吸取了同样基于延伸生产者责任的双元系统的经验。双元系统是垄断组织，德国工业界对其高昂的价格怨声载道。而《电子废弃物法》则体现了如下理念：电子废弃物管理体系应避免出现垄断，应允许生产者在选择承担延伸生产者责任的方式上，有最大限度的自由；管理体系应预防生产者的搭便车行为，确保每个生产者均对电子废弃物回收处理有贡献，且贡献程度与其市场份额成正比；管理体系应避免回收责任在生产者间分配时的不公平，即部分生产者集中在规模较大的城市回收电子废弃物，而其他生产者必须前往偏远的乡村区域回收、承担高额的运输成本。

2. 回收循环体系

德国电子废弃物回收处理体系的参与者可分为七类：① 政府机关，联邦级行政机关负责政策制定，有权管理生产者注册，协调与监督回收处理过程；联邦州政府负责颁布地方法规并指定公共废物管理机构。②家庭消费者，必须将家庭产生的废物分类，将电子废弃物分离出来，放入专门的收集容器。禁止家庭与第三方就废物的回收、处置签订协议。使用上门收取系统时，家庭需要向市政支付该服务的全部或部分费用。③分销者，根据《电子废弃物法》，分销者指"通过交易向使用者提供新电子电气设备的任何人或法人"。其中，"明知新电子电气设备的生产者未注册但仍继续销售的分销者，视为该设备的生产者"，需承担相应的生产者责任。分销者可以自愿决定是否参与回收电子废弃物。一旦参与，分销者有义务将电子废弃物从其他类别的废物中分离出来，但可自由选择处置途径，例如卖给中间商等。实践中，德国的分销者经常以购物折价的方式来提供回收服务，即消费者购买新产品时，可以交回一个同类型的旧设备。④公共废物管理机构，负责自家庭收集电子废弃物、管理并运营收集场所，并将电子废弃物免费移交给生产者或其代理人。《电子废弃物法》要求公共废物管理机构必须在辖区内设立送达系统，保证家庭消费者可以免费将电子废弃物送交至收集场所。是否设立收取系统，公共废物管理机构可自行决策。⑤生产者，对本企业生产的电子电气设备废弃后的生命终期管理负责，重点是通过独立或联合守法机制来承担电子废弃物的转运、运输、处理与处置的责任。实践中，德国的电子电气设备生产者延伸责任体现为：贴加单独收集的提示标签；注册；电子废弃物的转运、运输、处理与处置；报告义务，即每月，每个注册生产者需向德国家电设备注册处（Elektro-Altgerate-Register，EAR）报告其投放德国市场的电子电气设备的种类与数量。每年，每个生产者则需向德国家电设备注册处报告下列事项：自公共废物管理机构收取的电子废弃物量（按收集组分类）；单独或经由生产者责任组织回收的电子废弃物的类别与数量；处理设施接收、再使用、再循环、回收利用与出口的电子废弃物量（按电子电气设备类别分类）。⑥结算机构，根据实施延伸生产者责任的需要，《电子废弃物法》设立了结算机构（clearing house），负责协调与监控电子废弃物的流向，确定生产者的责任份额并分配之，监控生产者的责任完成情况并提供证明。实践中，联邦环境署指定德国家电设备注册处为法定结算机构。⑦处理者，应确保电子废弃物的处理达到法定再循环率与回收利用率。

德国采取的是集体制造商的竞争模式。在德国，公共环境总局将最终回收系统设计决策留给电子电气行业，并在电子电气行业中设置管理机构德国家电设备注册处EAR。政府与生产商共同承担废旧电子电气产品管理的责任，市政府集中回收废旧电子电气产品，生产商将废旧电子电气产品运输和回收处置。政府会在城市中构建回收收集点，这些收集点都配备有生产商的回收箱，当收集点的回收箱装满，收集点会提醒EAR来回收，接收到信息提醒后，EAR会从数据库里搜寻生产商履行义务的情况，根据生产商的销售额选择某个生产商接管处理该废旧电子电气产品。销售商也可以直接回收废旧电子电气产品，并进行运输和循环处理。此外，有专门的回收服务提供商为消费者提供便捷的回收网络。在此回收系统中，存在多个回收服务提供商，通过市场竞争来获取生产商的回收服务授权，此竞争机制可以保证在德国能够实现比较低的循环服务报价（见图2-6）。从事废旧电子产品回收的企业属于特殊垃圾处理企业，每年需要根据规定制定废旧电子产品回收处理平衡表，报主管部门审查。不能满足要求，要取消其运营资格。

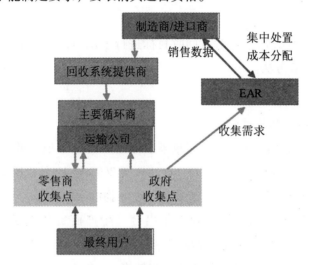

图2-6　德国回收循环体系结构图

此外，德国允许生产者采取尽可能多的个别回收方案，建立个别的或行业的回收计划，确保电子废弃物回收处理领域的竞争性。而且，德国反垄断管理机构不允许任何行业在任一类别电子废弃物市场上的回收计划占有超过25%的市场份额。

3. 资金体系

在德国，家电设备注册处 EAR 根据生产商的市场份额总额，对废旧电子电气产品集中处置的总成本进行分配。其中，EAR 机构有义务为生产商提供关于销售数据等的信息，并专门研发了一个随机算法，来为各种产品计算其总的市场占有份额。销售商则根据其履行回收收集义务的状况，从生产商预缴纳的账户中索取一定量的资金。对回收的义务责任进行的分配，则是在 EAR 机构的监督之下进行的，每个生产商都会接收到随机性的和不断变化的回收义务责任分配额。

4. 新法修订后的政策调整

在因大选而受到延误之后，德国环境部已经发布了一份法案草案，以"重塑"2005 年的《关于电子电气设备使用、回收、有利环保处理联邦法》（ElektroG），将 WEEE 指令转换成国内法律。

目前，开设有德国银行账户的非德国实体可以在德国注册。该草案建议改变这一状况，要求生产商在德拥有至少一家分支机构或委任授权代表。这项委任必须以德文书面呈现。当前在德注册且无德国实体的生产商须在该法案生效 6 个月之内任命一名授权代表。

草案还新增了零售商的回收责任。根据目前法律法规，零售商在德国没有回收责任，但是，草案引入了新的分销商和零售商回收责任方案，两方责任比为 1∶1；在分销商电子电气设备销售区域超过 400 平方米时，小型电子电气设备将全部由分销商负责回收。

德国也根据新 WEEE 指令对其回收目标进行了调整，但是草案并未涉及 2019 年之后回收率的计算方法。

（五）比利时

1. 修订前 WEEE 转化过程

比利时是一个联邦国家，其环境政策事务基本由三个地区政府管理，分别为 Flanders、Wallonia 和 Brussels Capital。Flanders 于 2003 年 12 月批准了对《废物防止和管理条例》的修订，其中第五章涉及电子废弃物的回收问题，新版已于 2004 年 12 月 1 日生效。Wallonia 地区于 2002 年出台《生产商责任制法令》，涵盖欧盟 WEEE 指令涉及的所有产品种类。2004 年根据欧盟 WEEE 指令对《生产商责任制法令》进行了修订，对有关生产商的条款进行转换，"生产商"的定义被扩展至包括邮购、网上订购等销售方式，以及使用自己品牌销售他人代工产品的企业。Brussels Capital 地区对现有的《生产商责任制法令》的修订基本与 Wallonia 地区法令一致。

2. 回收循环体系

2001 年 7 月，比利时建立了全国统一的电子废物回收系统 Recupel，负责电子废物收集、运输和处理，代表进口商及履行相关责任，进行公共宣传和信息收集等。EEE 产品的进口商和生产商作为 Recupel 的会员，每月向其报告销售数量，并据此向 Recupel 缴纳回收费用。Recupel 对会员进行审查，确保数据真实可靠、公平公正，对逃避责任的生产商进行惩罚。Recupel 建立了严格的财务管理制度，每年请独立的审计机构对其财务进行审计，编写年度报告，向其会员单位进行工作和财务汇报。Recupel 对回收商的选择非常严格，必须达到相应的环境和效率标准；Recupel 还与一个专业的运输公司合作，该公司负责将电子废弃物从市政回收点以及零售商建立的回收点运输到指定的处理地点。

为了提高公民回收利用废弃电子电气产品的意识，Recupel 利用电视、广播等各种媒体进行宣传，投入约占其收入的 5%，宣传费用包括网站建设、店内宣传材料的制作、大众媒体宣传、展会、针对少年儿童特别展开的教育活动等。

在电子废物的运输上，Recupel 分成两步走：第一步是小宗运输，小型收集站汇总从零售商和小型市政回收点收集来的电子废物，然后由 Recupel 负责将电子废弃物从这些收集站运往中心仓库并整理成四大类电子废物；第二步是大宗运输，将电子废弃物从大型市政回收点、地区中转站和中心仓库直接运往指定的处理厂。

3. 资金体系

比利时政府规定，电子废弃物的回收实行消费者在购买新产品时付费的做法，回收费用在产品的售价之外单独标注。也就是说，消费者必须根据产品种类交纳一定的回收处理费用，该费用由零售商单独记账，单独开具发票。费用的标准是根据 Recupel 每年预期的回收数量以及收集、处理和再循环使用的费用得出的估算值。预交费用由零售商负责征收，然后交给供应商，再交给生产商或进口商，最后由生产商和进口商交给 Recupel。回收处理费用从 0.1 欧元到 20 欧元不等。

（六）其他欧盟国家政策调整动态

1. 法国

2013 年 12 月 6 日，法国发布 WEEE 指令的主要修正草案；另有 5 项二级法令于 2014 年 4 月 17 日至 5 月 9 日咨询公众意见，并在 2014 年予以公布。

其中一项法令草案修订 WEEE 2006-829 的范围，不再以销售渠道来区分 B2C 和 B2B 电子电气设备。

有关授权代表的法令草案允许另一个成员国的生产商委任授权代表。除新 WEEE 指令的要求以外，法令规定：生产商和授权代表签订的合同必须覆盖所有该生产商在法国市场上出售的产品；必须同时向 ADEME 和环保部提交上述合同，授权代表必须证明自己有承担责任的能力；除非生产商已提前告知生意伙伴相关信息，授权代表必须告知所代表生产商在法国的所有生意伙伴自己的存在、责任和合约期。

此外，根据二级法令草案，B2B 分销商需要建立跟踪制度，以确保终端用户承担责任，将 B2B 废弃电子电气设备按合同要求送交授权组织处理。

2. 匈牙利

2014 年 2 月 13 日，匈牙利发布了根据新 WEEE 指令修订的草案。一旦草案通过，之前的 WEEE 法令 443/2012 将被废止。

草案建议从 2015 年 1 月 1 日起，生产者应发放在零售店使用的礼券，奖励送交已使用 EEE 和 WEEE 的消费者。第五类（灯）和第八类（以 B2B 和医疗设备为主）以外 EEE 类别的生产者可以通过支付产品费用来承担回收责任（包括发放礼券）。因此，该项礼券发放责任适用于：直接进口 EEE 的零售商；经批准的合规性组织；个别回收的生产商。礼券有效期至少一年。草案中还给出了针对 300 种不同 EEE 的最低礼券价值。如每送交一件废弃灯具可获得价值 HUF 50（约合 0.16 欧元）的礼券；每送交一台废弃电扇、吸尘器、熨斗或钟可获得价值 HUF 1 000（约合 3.25 欧元）的礼券；每送交一台台式电脑（包括显示器）、电视机、笔记本电脑可获得价值 HUF 5 000（约合 16.2 欧元）的礼券。

生产者只能向自然人发放礼券，且礼券仅用于：生产者自己投放市场的已使用 EEE 或 WEEE；与其他生产商产品具有相同性质和功能的已使用 EEE；任何生产商生产的历史 B2C WEEE。

如果送交的已使用 EEE 或 WEEE 仅包括组件或失去其本质特征，则无须发放礼券。如果送交的设备无须处理就可重复使用，生产商必须在 30 天内将其发往 EEE 再使用中心。

3. 挪威

挪威日前发布了一份转换 WEEE 指令的草案。该草案比 WEEE 指令覆盖范围更广。例如，挪威计划把大型工业设备和白炽灯泡继续包括在法规覆盖范围内。

草案还定义了"专业用途的 EEE"。草案对于远程销售和在线卖家都提出了新的要求，包括免费接受同类产品退换，并要求在产品投放市场的 EEA 国家任命代表。草案附件还具体说明了如何计算生产者的收集义务。

四、欧盟 WEEE 指令的主要特点和发展趋势

（一）以资源效益为导向，重视提高资源的利用率

欧盟在 WEEE 指令的修订中，不但重视对废弃电子电气产品中有害物质的控制，还强调资源回收效率的提高，尤其是废弃电子产品的再利用。2012 年 WEEE 指令新增定义中，再使用相关定义有 3 条，并在第 6 条中，明确要求成员国确保第三方机构能方便地接触到收集回来的废弃电子电气设备，以便能从中选出适当的产品进行再使用；同时，为了使废弃电子电气设备的再使用最大化，成员国应要求废弃电子电气设备收集体系或收集厂，在 WEEE 的收集点允许废弃产品再使用中心的人员先将可用于再使用的 WEEE 从其他的废弃电子电气设备中分离出来。此外，新 WEEE 指令还提高目标收集率，强调再使用和再生利用指标，加强对废旧电子电气设备跨境转移的管理，旨在切实提高资源循环利用程度，在扩大环保效益的同时扩大经济效益。英国也在于 2014 年 1 月生效的新法规中，向生产商和其 PCS 强调，在条件允许的情况下，应将设备的再使用放在首位。

（二）以生产者责任延伸制度为核心，鼓励生产者的绿色设计

生产者责任延伸制度是 WEEE 回收处理管理的核心，不仅包括生产者承担产品报废后回收处理的资金责任和行为责任，还包括生产者的绿色制造和产品的生态设计。欧盟新版 WEEE 指令要求在产品设计中包括"生态设计要求"，并通过由生产

者为自身产品的回收利用付出经济代价，迫使生产者在产品研发环节考虑环保成本，促进更多环保型设计的产生。

（三）充分发挥市场作用，以市场机制为主，政府引导为辅

在生产者责任延伸制度的实施过程中，欧盟不同国家回收利用体系也各有不同，但是都在寻求市场与政府管理之间的平衡，并有让市场发挥更大作用的整体趋势。生产者一般可选择加入共同回收体系，或建立独自的回收体系。生产商加入欧盟各国境内的共同回收体系成为其会员，缴纳一定的费用，由共同回收体系完成它的WEEE 回收处理任务。这些共同回收体系大多专业分工明确，每个体系包括 WEEE 分类中的一种或多种。共同回收体系有利于实现规模经济和克服独自的回收体系中个人生产者能力的有限性和重复组建过多设施的无效率问题。然而，实际上共同回收模式下的生产者不循环回收自己的产品，这就很难在上游和下游间组建有效的反馈链，生产者获得改进设计方面的信息比较少，缺乏对生产者的激励效果。同时，共同回收体系可能形成垄断，使得回收处理成本升高，社会支出增大。生产者也可建立自己的回收体系，但是回收作业运作成功与否很大程度上取决于回收量是否达到一定的规模，因此，在没有一定回收量保证的前提下，建立自行的回收体系并不是一个很好的选择。新 WEEE 指令鼓励生产者选择多种方式进行回收处理，例如私人家庭用电气废弃物可由共同回收体系处理，而非家庭用电子废弃物则由生产者单独处理。单独处理时，既可以选择自建回收、处理渠道和设施，也可以交由专门的回收处理公司进行处理。事实上，欧盟的共同回收体系中也存在相当的竞争。大多数欧盟国家都有多个共同回收体系，这样生产者可以根据自己产品的分类以及共同回收的成本自行选择回收体系；共同回收体系在组建回收物流公司和处理企业以外，也可以通过竞价等方式选择已有的物流公司和处理机构，以此获得较低的回收处置报价。另外，针对可能出现的垄断，欧盟各国也有相应的法律法规，例如德国反垄断管理机构不允许任何行业在任一类别电子废弃物市场上的回收计划占有超过 25% 的市场份额。

（四）建立完善的信息管理体系，监督各相关方规范经营

欧盟各国均十分重视对于废弃电子电气产品回收利用过程的监管，对废弃电子电气产品处理企业的成立有严格的审批程序，除资金、技术和设备要求外，还有一定的环保要求。在德国，从事废旧电子产品回收的企业属于特殊垃圾处理企业，每年需要根据规定制定废旧电子产品回收处理平衡表，报主管部门审查；不能满足要求，即取消其运营资格。

德国还引入第三方专家验证机制，报告生产商产品每月销售量、年度正式报告中的电子废弃物分类收集、整机再使用、回收再利用的重量；处理厂年度正式报告

中的电子废弃物分类收集、整机再使用、回收再利用的重量。两份报告的数字必须吻合，否则国家结算中心可向主管部门举报。

比利时电子废物回收系统 Recupel 还建立了严格的财务管理制度，每年请独立的审计机构对其财务进行审计，编写年度报告，向其会员单位进行工作和财务汇报，防止出现经营不规范现象。

除此以外，欧盟各国不断完善信息流，在原有的生产商申报的基础上，新WEEE 指令要求各成员国之间实现信息交流和共享，进一步加强对跨境电子废弃物处理的跟踪。

（五）利益相关方相互配合，消费者和生产者环保意识较强

由于电子电气产品数量巨大、种类繁多，仅依靠生产商进行收集处理比较困难，因此欧盟大多数成员国采用联合机制，即政府、生产商和消费者共同参与。生产商直接负责收集与处理，将回收处理费用计入产品成品；政府允许使用市政垃圾收集储运设施；消费者支付处理费用，并通过退还保证电子废弃物回收处理。在电子废弃物管理法规政策完善方面，参与者的意见交流与反馈机制保障了政策工具的实效性。欧盟各国电子废弃物管理的有关法规、政策、规划、计划的制定及修订过程中，均存在公众参与和政策评估的法律规定，避免了忽视利益相关方意见的情况发生，并根据实施效果调整法规政策的规定。

在提高公众环保意识方面，欧盟各国也进行了大量的尝试。英国规定经销商必须通过店内海报、在市政回收点以及其他回收点招贴通知等宣传方式告知消费者可以使用的收集系统，承担起宣传电子废弃物回收的责任。欧盟各国一直尽量确保收费及标准透明，在消费者中培养信任感和环保意识。匈牙利在其最新的 WEEE 修订草案中，提出生产者应发放在零售店使用的礼券，奖励送交已使用 EEE 和 WEEE 的消费者。草案还给出了礼券价值和送交废弃电子电气产品间的对应建议，以此鼓励消费者送交更多、更高价值的已使用 EEE 和 WEEE。

（六）不断完善电子废弃物管理的法律体系和机构设置

欧盟新 WEEE 指令中增强了与相关指令、法规的联系，如 ErP 指令、RoHS 指令、REACH 指令等，使欧盟 EEE 的管理形成完善的体系，从而加强了对 WEEE 回收处理的管理。欧盟各成员国都以法律形式明确了电子废弃物各环节的责任主体，以德国为例，在电子废弃物管理的法律体系方面，专项法《电子废弃物法》、《废物处理法》以及相关污染控制法中详尽的法律条文为电子废弃物的回收、处理与处置的管理提供了强大的法律保障。在电子废弃物管理的责任界定方面，德国贯彻了延伸生产者责任原则，按照"生产者负责、政府分担"，对电子废弃物回收、处理与处置各环节的责任主体及其内容进行了清晰的界定。责任规定的标准定量、份额清

楚、衔接严谨，确保了电子废弃物的流动符合物质循环理念。

（七）根据实际情况不断调整回收目标，并确保生产者责任延伸制度的公平性

由于大部分欧盟成员国回收量已超过 4 千克/人/年的原定目标，新 WEEE 指令上调了目标收集率，同时对一些目标完成情况不佳的国家降低要求、放宽时限，体现了因地制宜的原则。同时，各成员国都比较重视回收责任在生产者间的公平分配，确保每个生产者均对电子废弃物回收处理有贡献，且贡献程度与其市场份额成正比。德国 EAR 监督回收责任的分配，每个生产商都会接收到随机性的和不断变化的回收义务责任分配额，并统筹安排，避免出现不公平现象，即部分生产者集中在规模较大的城市回收电子废弃物，而其他生产者必须前往偏远的乡村区域回收、承担高额的运输成本。

五、对完善我国废弃电器电子产品回收处理政策的启示

欧盟在废弃电子电气设备的回收处理上一直处于世界领先水平，尽管欧盟与我国在废弃电子产品的处理水平等方面存在较大差异，但其在政策理念、法律框架、政策执行、机制建设上仍有许多值得我国学习借鉴之处，结合新 WEEE 指令和欧盟各国法律修订的特点和趋势，欧盟对完善我国废弃电器电子产品回收处理政策主要有以下启示：

（一）充分利用"城市矿产"，强调废弃电子产品的回收再利用

我国正处于工业化和城镇化的快速推进期，对资源的需求量大。且我国每年产生废弃电器电子设备总量大，再加上境外转移至我国的废弃电器电子产品，如能有效拆解利用，可以取得可观的经济效益。因此，在不断完善废弃电器电子产品的回收渠道的同时，也应当注重电子废弃物的拆解效率，优先考虑产品的再使用。对于再使用率较高的产品，如打印机、复印机等，应当鼓励生产者等相关方建立起专门的回收利用渠道，同时加强对再使用和再生利用指标的考核。

（二）深化生产者责任延伸制度，引导产品创新，发挥品牌效应

目前我国生产者责任延伸制度刚刚起步，还落在一个较低的层面，以由生产者承担资金责任为主，尚未落实到生产者的行为和设计方面。未来可借鉴欧盟经验进行试点，在选择生产者责任延伸的方式上，让生产者承担更大的责任。同时，通过政策倾斜等手段，引导国内生产者开发环保型产品，一方面可以保护环境，促进资源的可持续利用，另一方面可以逐步树立起国内企业的环保形象，进一步增强国内企业的国际竞争力。

（三）完善市场机制，减少强制性行政手段带来的效率损失

目前，我国企业的环保意识还不够强，需要政府强制力保证废弃电器电子产品

的有效回收利用，但是政府强制性手段缺乏灵活性，并且实施管理成本较高，应逐渐让市场发挥更大的作用，允许生产者在选择落实生产者责任的方式上有更大限度的自由。对于部分回收利用率较高、经验比较丰富的企业，可考虑由其自行回收利用。此外，可借鉴德国集体竞争的回收模式，进一步扩大纳入废弃电器电子产品处理基金补贴范围处理企业的数量，从而实现回收处理市场的充分竞争。未来条件成熟时，还可建立多个共同回收体系，通过回收体系间的竞争降低回收处理总成本，并实现回收体系的不断发展与创新。

（四）事后监督与事前考核并举，确保企业回收处理效率和规范化运作

我国应在加快相关考核指标体系建立，对于回收处理机构加强考核、严格把关的同时，加强事后监督工作，完善相关指标，定期对取得资质的回收处理机构的处理量、处理效率进行考核，对于不达标的企业提出整改要求，甚至取消其处理资格。我国目前的信息管理体系也有待建设，应基于现代信息技术建设电子废弃物数量与流向的监测与评估体系，跟踪电子产品从生产到回收处理的整个流程，明确各个环节的责任方，保证废弃电器电子产品的有效回收利用。或可考虑借鉴德国经验，引入第三方专家验证机制，而由政府发挥引导监督作用。

（五）政府、生产者、销售商等加强协作，营造全社会共同参与的氛围

我国废弃电器电子产品管理机构较多，体系复杂；生产者的社会责任意识不够强；消费者的环保意识也有待提高。因此，政府应该加大宣传力度，提高全社会的环保意识和参与度，引导消费者选择绿色产品，并支持生产者向消费者提供关于产品环境性能的信息，对环保型企业进行表彰、宣传，充分发挥其示范作用。除宣传以外，在现阶段对消费者的环保行为进行奖励也很有必要（可参考匈牙利最新做法，由生产者向零售店提供礼券，奖励送交已使用 EEE 和 WEEE 的消费者）；提升生产者的环境责任意识，引导生产者支持和参与到再生资源回收再利用中来，在适当时候鼓励建立基于个人生产者责任延伸制度的回收体系；在法律法规制定和修订中，充分听取不同利益群体的意见，兼顾各方利益，使政策措施更具可操作性。

在回收体系的建立中，也应考虑我国现状，优先建立方便消费者的社区回收体系，引导社区居民团体在回收体系中发挥更大的作用。

（六）健全电子废弃物管理的法律体系，明确责任主体

我国应加快电子废弃物相关法律体系的建立，加强与其他环保相关法律法规的链接，清晰界定电子废弃物管理责任的主体与内容，开发研究切实可行的责任分配方法。明确落实生产者责任延伸制，实现电子废弃物管理的责任主体与执行主体的分离，并在此基础上实现回收责任化与处理市场化的有机结合。

此外，我国政府相关部门管理职能分散，造成政策实施和管理上的不便，可考

虑设置专门机构负责电子废弃物的监管工作。

（七）定期调整回收目标，力求生产者责任延伸制度实施的公平性

我国由于不同的地区文化、经济水平和地方政策，废弃电器电子产品回收处置情况在各地区和省份之间有明显的差别。东部沿海地区和中部地区企业废弃电子产品处理量较大，处理能力较强；西部地区相对较弱。在对废弃电器电子产品进行回收处理时应充分考虑地理分布的影响，为不同地区制定多元化的政策。同时综合考虑国情，根据产品的环境污染状况和所属行业的竞争密度设定不同的回收目标。在提高公平性方面，可参考德国的成本分配随机算法。

日本废弃电器电子产品回收处理政策研究

日本自 20 世纪 90 年代以来就开始进行循环经济体系建设，成果显著。本部分首先分析日本循环经济法律体系，然后具体分析电子废弃物处理的相关法律法规，并对日本电子产品回收处理行业运行情况进行跟踪分析，在深入剖析日本政策执行中存在问题的基础上，提出对我国的借鉴意义及政策建议。

一、日本循环经济法律体系

（一）日本发展循环经济背景

第二次世界大战后，日本经济高速增长，成为亚洲第一个发达国家，到 20 世纪 60 年代末日本超过德国成为第二大经济体，但由此而产生了经济发展与环境资源间的矛盾，使得日本为此付出了沉重的代价，如足尾矿毒事件、四日市大型石化工厂污染事件、"痛痛病"事件等。严重的环境问题使日本政府逐渐意识到环境和资源的重要性，努力改变原有的对环境产生破坏的发展方式，提高对资源的使用效率，减少资源浪费。

此外，日本国土面积狭小，自然资源稀少，大部分资源和许多工业原料都依赖进口。随着经济发展和人口增加，日本面临资源方面的压力越来越大。为解决人口、资源和环境的矛盾，保持可持续发展，建设"资源——产品——再生资源"的循环经济社会成为日本的国策。

20 世纪 80 年代以后，日本开始采取节约能源和保护环境的相关措施。90 年代之后，日本政府先后制定了多层次、多方面的法律体系，对不同行业的废弃物处理和资源再利用等做了具体规定，并大力加以推行。

（二）日本循环经济法律体系框架

日本促进循环经济发展的法律法规体系比较健全，具体可分为三个层次：第一层次是基本法，即《循环型社会形成推进基本法》；第二层次是两部综合性的法律，一是以废弃物适当处理处置为目标的《废弃物处理法》，二是以促进资源利用为目的的《资源有效利用促进法》；第三层次是根据两个综合性法律制定的一系列关于具体废弃物循环利用的法规，包括《容器包装再利用法》、《家电再利用法》、《食品再利用法》、《建筑材料再利用法》、《汽车再利用法》，特别地，日本2012年8月制定了《小型家电再利用法》，并于2013年4月1日开始施行，进一步完善了日本循环经济法律体系。在这三个层次的法律之外，还有政府支持循环经济发展的政策性法规，即《绿色采购法》（2000年5月制定，2001年3月实施），可以将其视为日本循环经济法律的第四个层次。日本循环经济法律体系结构如图3-1所示。

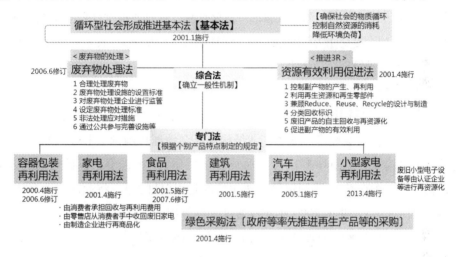

图3-1   日本循环经济法律体系结构

1. 基本法层面

2000年5月，日本制定了《循环型社会形成推进基本法》，该法是有计划推进废弃物再生利用对策的基本法，它从法律制度上明确了日本21世纪经济和社会发展的方向，提出了建成"促进物质的循环，以减轻环境负荷，从而谋求实现经济的健全发展，构筑可持续发展的社会"的循环型社会的基本原则。《循环型社会形成推进基本法》的立法体例分为三章和附则，依次为总则部分、建立循环经济社会的基本计划、建立循环经济社会的基本政策和附则。

根据建设循环型社会的基本原则，政策措施按照以下优先顺序推行：第一，控制废弃物产生；第二，废弃物再利用；第三，废弃物处理后再利用；第四，废弃物趁热回收；第五，废弃物妥当处理。该原则从废弃物产生的源头开始，全方位地促进资源的循环利用和处理，减少对资源环境的不利影响。

基本法还规定了不同主体在循环经济体系中的责任。①国家的责任：制定建设循环型社会的法规、基本计划和综合性的政策措施，并付诸实施。②地方公共团体的责任：

贯彻实施建设循环型社会的法规、政策措施；并根据地方实际自然、社会条件，制定促进地方循环型社会建设的相关计划和政策措施。③企业的责任：排放者责任和扩大生产者责任。所谓排放者责任，是指废弃物等的排放者应该承担妥当处理废弃物的责任，这是废弃物循环利用政策的基本原则之一。所谓扩大生产者责任，就是规定生产者要在设计上下功夫，努力提高产品的耐用性，在产品上标明材质和成分，并且对一部分产品承担回收、交还和循环利用的责任。④国民的责任：厉行节约，长期地使用物品；主动使用再生制品；协助废弃物的回收。

根据该基本法，日本政府从 2003 年开始制订《循环型社会形成推进基本计划》，并且根据计划实施的实际情况，每 5 年修改一次该计划。政府要根据计划的实施情况和改进措施，每年向国会提交作为年度报告的《循环型社会白皮书》。日本政府按照该计划，综合且有计划地推进循环型社会的形成。

2. 综合法层面

（1）《资源有效利用促进法》

1999 年 7 月，日本经济产业省产业结构审议会地球环境部会和废弃物再生利用部会提出了《构筑资源循环型社会（循环经济展望）》报告书，以此建议为基础，经济产业省开始修改 1991 年制定的《再生资源利用促进法》，将此法律改名为《资源有效利用促进法》，并于 2000 年 6 月通过，自 2001 年 4 月实施。该法律要求行业主体在产品的生产至回收处理的全部过程中贯穿 3R 原则，并且指定了产品和行业具体实施 3R 的细则。还分别规定了企业、消费者和政府的义务，明确了本法适用和考核的对象、考核标准等。

（2）《废弃物处理法》

日本 1970 年就制定了《固体废弃物管理和公共清洁法》，并在随后的几十年中几次修订该法律，解决有关废弃物处理的各种问题。该法律主要是针对固体废弃物，其主要内容包括：①废弃物的定义和合理处理废弃物。该法规定废弃物分为一般废弃物和产业废弃物。其中，一般废弃物是指家庭垃圾和人粪尿，由市町村负责处理；产业废弃物是指伴随产业活动所产生的渣滓、污泥、废油、废塑料、矿渣等 20 种法定废弃物，基本上由事业者负责处理。②废弃物处理的责任。规定国家、企业、地方公共团体、国民不同主体所需承担的责任。③废弃物处理设施的设置标准，保证可靠的垃圾处理工作，增加颁发或撤销垃圾处理设施许可证的条件，对外围环境给予更多的关注。④对废弃物处理企业进行监管，强制排放大量工业垃圾的企业制订垃圾减量计划，并公布和报告计划的实施情况。⑤设定废弃物处理标准。⑥非法处理应对措施，加强垃圾不适当处理的对策，强化垃圾管理联单系统，将没有经过充分处理而产生垃圾的企业被列入名单，负责将目前的环境状况恢复到从前的水平。

3. 专门法层面——一系列关于具体废弃物循环利用的法规

根据两个综合性法律，日本循环经济法律体系还包括了一系列关于具体废弃物循环利用的法规，从不同领域对发展循环经济予以进一步的规制。具体表现为：

（1）《容器包装再利用法》（1995 年制定，2000 年 4 月施行），建立容器与包装回收再利用体系。玻璃瓶和塑料瓶等包装容器废弃物占一般废弃物容积的六成和重量的二至三成，为了对这些废弃物进行有效的处理，1995 年制定了《有关促进包装容器分类收集及再商品化等的法律》，其中规定了消费者分类排放、市町村分类收集和企业再生利用的机制。

（2）《家电再利用法》（1998 年 6 月制定，2001 年 4 月实施），对空调、电视机、冰箱和洗衣机 4 种产品进行再生利用，规定了家电回收的各个环节中不同主体承担的法律责任。

（3）《食品再利用法》（2000 年 6 月制定，2001 年 5 月实施），食品制造、流通和消费途中所产生的食品废弃物，占一般废弃物排放量的三成，而用于饲料和肥料等的再生利用率只有二成，对此在食品再生利用方面详细地制定了企业、消费者和政府的责任分担制度。

（4）《建筑材料再利用法》（2000 年 5 月制定，2002 年 5 月实施），旨在降低建筑施工中所废弃的木材及混凝土、转块、沥青块等建筑废弃物的非法抛弃，推进其再生利用。

（5）《汽车再利用法》（2002 年 7 月制定，2005 年 1 月实施），规定以汽车制造业者为主的有关方有义务分别发挥合理的作用，并以此构筑新的汽车再生利用机制。规定了汽车制造商、进口商要对氟利昂、安全气囊等进行妥善的回收处理；经销商要将回收的废旧汽车交给拆解企业和汽车制造商进行拆解回收，拆解企业要妥善处理并进行回收利用。

（6）《小型家电再利用法》（2012 年 8 月制定，2013 年 4 月 1 日实施），将小型家电纳入回收再利用体系，为回收再利用小型家电提供法律支持，完善家电产品的回收利用。

4. 辅助性法律层面——《绿色采购法》

政府支持循环经济发展的政策性法规还包括《绿色采购法》（2000 年 5 月制定，2001 年 3 月实施），该法在采购环节方面规定了循环经济法律体系的第四个层次。

所谓绿色采购，就是充分考虑采购的必要性，在必须采购时，尽量优先采购环境负荷小的产品及服务（环保物品等）。从 2001 年 4 月起，国家机构等公共部门根据该法全面实施绿色采购办法。购买对象包含 266 个品目，对每个制定具体的采购标准。例如办公家具，对于采用塑料材料的产品，规定所使用的再生塑料必须达到

重量的10%以上，或植物塑料占重量的25%以上；关于木制产品，规定需要使用疏
伐材、胶合板和木材加工厂产生的边角料等再生资源，原木必须符合产出国的《森
林法》；关于纸张，要求原料中废纸浆混合比率需达到50%以上；关于制服、工作
服及窗帘等使用的塑料，也调整了判断标准。规定利用源自植物的非生物降解性塑
料制造及加工的合成纤维重量必须达到纤维部分总重量的25%以上。

此外，环境省还整理出以生态标志为主的各种环保标志信息，并建立了相应的
数据库，通过该数据库为全体国民提供相关信息，为普通消费者在进行绿色采购时
提供参考。鼓励每位国民积极参与绿色采购，降低整个社会的环境负荷。

日本完善的社会循环经济发展法律体系全面地覆盖产品流通的各个环节，以上
法律在产品的生产、消费、回收再生、废弃四个不同阶段所发挥的作用如图3-2
所示[1]。

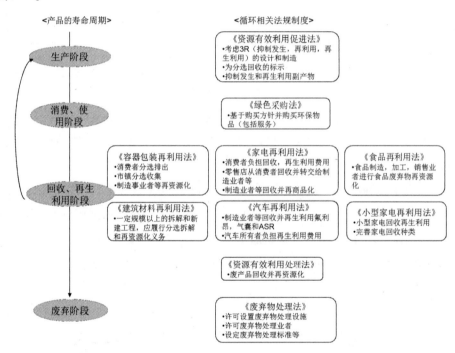

图3-2　日本循环经济法律体系与产品流动关系图

（三）日本循环经济法律特点

日本多层次循环经济立法体系具有以下几个特点：

（1）责任合理分担。在立法中明确生产方、销售方、消费者和政府的各自承担
的责任，各方根据自己应承担的责任，各自履行相应的任务。特别是日本政府强调

---

　[1]　图3-2借鉴《废弃电器电子产品回收处理研究与实践》中第139页图3-1-1。

"生产者责任"，即使产品的生产销售已经完成，生产企业仍然对其所生产出的产品负有回收再利用的责任，因为企业生产者对其所生产的产品最为了解，也最具有处理的资质和能力。例如在《家电再利用法》之中，生产商承担资源处理和再生化的责任，销售商负责废弃家电的回收和运输，而消费者承担资源再生化产生的费用。由于在立法当中就明确了各方所应承担的责任，出现争议和问题时可以找到责任人，争端解决和依法进行责任监督都很方便。

（2）经济手段与法律制度相配合。除了法律上的制度规定以外，为了促进循环经济的发展，日本政府还采取了明确的经济手段，通过经济刺激来促进循环经济的推行，如政府补贴、税收倾斜等。此外，还要求国家优先采购环保类产品，促进了企业进行环保改造。生态环境作为一种公共物品，很少有人愿意为环境成本埋单，因而环境保护资源循环利用很难自发实现。而日本政府采用经济手段，使得企业的利润与承担相应的环境责任相挂钩。

（3）运用激励政策，积极鼓励公众参与循环经济建设。除了强调企业的生产者责任以外，在日本循环经济立法之中还强调每一个国民的参与。例如在《废弃物处理法》的总则部分，就对每个公民在抑制废弃物排放、使用再生产品、垃圾分类处理等方面的责任做了规定。此外，在各个具体法律之中也分别强调了具体的公民责任，在此不再赘述。

（4）从各行业的生产、流通、交换、消费以及处理等各个阶段，全方位地关注循环经济的各个环节。与中国目前关注的重点集中于生产和处理两方面不同，日本的循环经济立法中针对生产开始到流通环节直到最后的回收处理都进行了相关规定。例如《绿色采购法》就主要针对流通领域，要求政府等公共机构在进行产品购入时充分考虑商品的环保和可回收因素，而在《家电再利用法》中则详细规定了社会的各个成员对于产品回收方面的责任。

在立法制定及措施方面：首先，实行基本法制度。基本法统领整个循环经济法各项具体制度的作用，主要对于对事关发展循环经济全局的重大事项进行规定。而两部综合性法律《废弃物处理法》和《资源有效利用处理法》针对废弃物处理和资源回收再利用的问题做了更为详细的规定。在基本法和综合法下的各项专门法都是依据基本法的有关规定而展开的，其内容丰富具体，形成了一个相对完整的法律体系，在产品流通的各个环节都有法律的制约。

其次，在生产建设、流通消费、回收再利用、废弃等产品流通的各个阶段都有专门的法律发挥作用。如在生产建设方面，针对在生产建设环节的资源浪费问题，重点规定生产建设中资源节约与循环利用的一般要求，如绿色设计制造制度、环境标志制度。在产品的回收再利用阶段，又有家电再利用法、食品再利用法、汽车再利用法等。

最后，按照产品立法是日本环境立法的另一个显著特点。不同产品制定不同的再利用法律，能够结合该行业的环境保护发展水平、环境问题出现的严重程度和紧迫程度而有针对性、时效性地优先回收利用某一类产品，提高法律的有效性。此外，针对具体产品立法，可以根据每一种产品的具体特点制定不同的回收政策，避免回收制度与产品本身不协调的问题。这一点在《家电再利用法》和《小型家电再利用法》的不同中有着非常清晰的体现，《家电再利用法》中规定的四种家电由生产厂商回收，这是与该四类家电回收难度大、技术水平要求高等特点相匹配的，而《小型家电再利用法》要求地方政府回收，则与小家电运输、回收成本低有密切的关系。

二、电子废弃物回收及再利用的相关立法

在日本循环经济立法体系中，除了基本法中对于电子废弃物处理进行了比较统括性的规定以外，日本针对废弃电气电子产品回收再利用的具体规定主要有以下三部法律。一是1998年公布、2001年施行的《特定家用电器再利用法》（简称《家电再利用法》），主要用于规范电视机、冰箱、洗衣机和空调等家用电器废弃物的回收再利用；二是2001年施行的《资源有效利用促进法》，其中早就将废弃计算机和小型充电电池作为再生利用指定产品加以管理，从2003年10月起，开始实施了企业对家庭用计算机进行自主回收和再生利用的制度。此外，日本于2013年4月1日开始施行《废旧小型电子产品等再利用化法》（简称《小型家电再利用法》），对废旧小型电子产品中使用的金属等有用资源进行回收利用。

（一）《家电再利用法》

2001年4月1日，日本实行了《家电再利用法》，该法由环境省和经济产业省两个部门共同制定法律的具体实施办法和相关配套政策以及后续的监督管理工作。目的在于推进废弃物的规范处理处置，促进资源的有效利用，减少污染改善环境质量，保证国民经济的健康发展。根据产品的资源价值和回收再利用的难易程度，首批被列入法律管理体系的废弃电器电子产品是电视机、电冰箱、洗衣机和空调等四大家电。后来由于冷冻机和烘干机逐渐普及，这两种产品又与上述家电有着类似的属性，因此后来的修订中，冷冻机和烘干机分别在2003年和2008年成为《家电再利用法》规定的回收对象。

在日本环境省关于《家电再利用法》的 Q&A 中提到，选择电视机、电冰箱、洗衣机和空调四种家电作为首批列入法律管理体系的产品主要有以下四个判断标准：

①在市町村（也就是基层）回收机构无法进行有效的处理；

②包含具有实际利用价值的可回收资源；

③生产者的选材、设计手段对于产品回收难易程度有重要影响；

④由基层经销商进行贩售，同时由基层经销商进行回收最为合适。

可以看出，以上四个标准实际上解释了为什么选择这四种特定家用电器以及为何采用这种回收方式的问题。首先，产品必须具有可以实际利用的资源。这也是进行回收再利用的基础。其次，具有一定回收难度，基层回收机构难以进行有效处理。这部分解释了为什么要让生产企业进行生产回收。再次，产品的生产厂商的选择和设计对于回收有重要影响，这证明企业应当对于这种产品的回收和利用负有责任，同时也从另一个方面激励企业努力研发技术，生产出清洁环保便于回收的产品。最后，由基层经销商进行主要的贩售和回收最合适。这一条强调了商品的流通环节除了对商品销售具有责任以外，还应当对商品的回收负有责任。

此外值得注意的一点在于，电视机、电冰箱、洗衣机、空调只是第一批采用这种回收方式的家用电器，其他家用电器只要符合上述条件也可能被纳入这一体系之中，甚至于一些非家用电器如果符合上述条件，被纳入相关体系的可能性也是存在的，在第三部分中将详细说明这一点。同样的，如果不符合上述四条规定的话，即使是上述所列举的四种家用电器也有可能不采用这种再利用方式。例如大型建筑物的空调系统虽然属于空调类，但是由于其由经销商进行回收具有比较大的难度，因而就不属于这种回收方式。

在此后的实践中，《家电再利用法》也遇到了许多问题，日本政府也就一些问题进行了适当的调整，例如提高回收费用对于消费者的透明度、改善销售者和生产厂商的对接等，这些都将在第三部分具体说明。

《家电再利用法》的具体规定内容方面，针对家电回收再利用的不同主体，该法明确规定各相关方的责任与义务。生产商和进口商负有回收处理责任，在指定的具备再商品化条件的场所回收特定的四种废旧家电；销售商负有回收特定的四种废旧家电，并运输交付给制造商再商品化的责任；消费者按照指定的回收渠道处置废弃，并按照"消费者废弃时付费制度"支付回收利用的费用，包括收集、运输和再商品化的费用。

废家电回收渠道有两个：一个是通过销售商回收；另一个是由市町村（相当于我国的市县村）自治体设立的专门回收点回收，回收后送到指定回收点，从指定回收点运送至废家电回收处理设施由生产商或其委托企业负责；也可以自己再商品化。

消费者废弃时付费制度是指消费者必须在零售店或者回收点废弃特定的四种家电，且同时向零售店或者通过邮局交纳回收再利用费用和相关的运输费用。这些费用主要用于废弃家电回收点和处理工厂的费用补助，以及从回收厂到运输工厂的运输费用补助，总费用的5%用于费用的运营管理。消费者到零售店、零售店到回收点的运输费用由消费者按照零售店自行确定的标准，另行交纳。零售商、制造商必须公布特定商品回收再利用的费用，该费用不得超过有效实施再商品化的成本，不得妨碍消费者交付废弃家电。实施之初，日本每台空调的回收费用为3 500日元，电视为2 700日元，冰箱为4 600日元，洗衣机为2 400日元，对于这些价格的调整将在第三部分进行详细说明。

为了确保回收责任者切实履行回收运输责任，整个回收处理过程采用"管理券制度"，这与我国的转移联单制度相似。日本家电制品协会内成立了一个家电再生利用券管理中心（RKC），负责家电再生利用费用的运营管理，并按照法律要求，发行家电再生利用管理券。管理券记载废弃家电的排出者，家电的生产厂家、规格、零售店，接收运输者、费用等相关信息。管理券在消费者将废弃家电交给回收者（零售店、回收点）时，贴在废弃家电上，管理券相关页联随废弃家电回收、运输、处理等环节，分别交由相关单位和个人，资金最后汇集到RKC。RKC根据管理券信息将资金补助发放到相关回收点和处理厂。此外，消费者还可以通过券上的号码在网上"监督"该产品的处理过程。

（二）《资源有效利用促进法》

在日本，电脑、复印机的回收处理没有纳入2001年颁布实施的《家电再利用法》，而是按照《资源有效利用促进法》的规定，由生产企业负责回收处理。

1999年10月颁布的《资源有效利用促进法》旨在综合推进控制产生废弃物、零件等再使用，报废产品等材料的再生利用；规定了制造业者在产品的设计、制造阶段3R手段［减量化（reducing）、再利用（reusing）和再循环（recycling）］的运用。2000年对该法实施修订，并于2001年4月修订法正式实施，新指定7个行业和42个品种，从原有的3个行业和30个品种扩大到了10个行业和69个品种[1]

---

　　[1]　该法具体行业和产品对象分类情况如下：（1）特定省资源行业：指重点减少副产物和扩大再生利用的行业，应自行设定目标和提高技术以自律。新规定有5个行业：纸浆和造纸；有机、无机化工；钢铁；钢的一次精炼和加工；汽车制造。（2）特定再利用行业：指重点再利用零部件和再生利用的行业。原指定造纸、玻璃容器和建筑业；新增的2个为硬质聚氯乙烯管和复印机制造业。（3）特定省资源化产品：指重点减少废物发生的产品，要求在制造阶段采取从设计和工艺上尽量节约原材料，延长其使用寿命，控制生产过程中的报废率。新规定有14个品种：汽车、摩托车；电视机、电冰箱、洗衣机、空调器、电炊具和衣服干燥机；电脑；老虎机与游戏机；金属家具；煤气、石油燃具。（4）特定促进再利用产品：指重点在设计、制造时为再利用和再生利用创造条件的产品。原指定的20个品种：汽车；家电4大件；使用镍镉电池的机器（只对电池回收，计有电动工具，无代码输入机、电剃刀、家用电疗器等15种）。新规定的有32个品种：电炊具和衣服干燥机；老虎机与游戏机；复印机；金属家具；煤气、石油燃具；浴室装置、厨房系统；使用二次电池的机器12种（电源装置、感应灯、火灾报警装置、电话机、手机、备用照明电源、血压计等）。（5）指定标志产品：为促进再生利用和对报废产品易回收而要求标志的产品。原指定的有4个品种，即钢罐头、铝罐头、PET瓶和密封型镍镉电池。新指定有10个品种：聚氯乙烯制器材5种（硬质管、雨水槽沟、窗框、地板和壁纸）；纸、塑料制包装容器2种；小型二次电池3种（小型密封铝电池、镍氢电池和锂电池）。（6）指定再资源化产品：指对用毕产品实施自主回收和再生利用的产品。新规定的有电脑和使用小型电池的机器整体2种。（7）指定副产物：即对生产中产生的副产物应作为再生资源回收利用的物品。原指定的有5个品种，即火电业的粉煤灰及建筑业的土砂、砖块、沥青砖块和废木材。

（有 3 个品种重复），已涵盖全部生活和生产废物量的 50%。该法规定了制造业者、消费者、政府和地方公共团体的责任，各主体责任与基本法类似，此处不再赘述。接着又通过省令制定考核标准，要求事业者按 3R 原则实施。

其中，电视机、空调、电冰箱、洗衣机、微波炉、干衣机 6 种家电和电脑为"特定省资源化产品"，复印机为"特定促进再利用产品"，电脑和小型充电电池为"指定再资源化产品"。所谓"特定省资源化产品"，是指其应该合理使用原材料，尽量延长其使用寿命，控制生产过程中的报废率。所谓"特定促进再利用产品"，是指那些易于进行再使用或其零部件易于再使用的产品，在设计、制造时为再利用和再生利用创造条件的产品。"指定再资源化产品"是指那些应回收处理和再资源化利用的产品。

具体来讲，电脑由生产企业负责回收处理。一般是办公电脑由排出单位与再生资源化工厂直接联系，双方以报价形式协商确定资源化费用，费用由排出单位直接交给处理企业。家用电脑由制造商负责进行回收和再利用，消费者在废弃时按各厂家设定的回收再资源化费用标准交纳费用。

从 2003 年 10 月 1 日开始，家用电脑回收再资源化费用征收改为销售环节负担方式，也就是说，在家用电脑销售时，由销售商代为征收，并粘贴上 PC 循环利用标志。粘贴有标志的电脑再返还厂家时，厂家必须无偿取货。家用电脑的回收再资源化的实施由日本电子情报技术产业协会（JEITA）电脑 3R 推进中心组织相关企业，并与日本邮政公社合作，设定邮局为制定回收场所，以"邮包"的形式从消费者手中回收废弃电脑。

家用电脑的回收体系和《家电再利用法》中规定的消费者废弃时付费制度并没有本质上的不同，区别在于个人电脑的废弃化处理的费用与销售直接绑定在一起，消费者如果想购买个人电脑就必须支付处理费。这一改变对于解决部分消费者不愿意支付家电回收费用而随意丢弃废弃家用电器的行为有很大的帮助。

直观而言，家用电脑似乎与上面所提到的四种家电相类似，具备了上面所述及的四项特征，而家用电脑并没有纳入《家电再利用法》的相关内容的一大原因在于《家电再利用法》颁布于 2001 年。从时间上来看，当时的个人电脑技术和推广并不成熟，市场上的个人电脑数量也并不大，因此可能没有必要将个人电脑纳入单独立法的体系之中。然而时至今日，个人电脑已经成为和电视、冰箱一样十分普及的家用电器，废弃电脑的回收再利用也亟须一部专门的法律进行规范。

复印机又与个人电脑略有不同，由于目前复印机仍然主要应用于办公领域，家庭和个人在复印机占有上比重不大，复印机的保管处置规范相对健全，因而主要是企业到制造商的模式，由制造商进行回收。

具体来看，复印机和打印机等的回收再利用也基于类似的政策。与电脑以及其他家电一样，制造业者和直系销售公司有义务对废旧的复印机、打印机等进行处理，处理的方式可以是制造业者自行处理，也可以交给指定的废弃物处理企业处理。

复印机大多是以租赁的方式供用户使用，而非直接卖给用户。租赁公司和特约经销商有义务对废旧复印机进行回收，并对废旧复印机进行二次售卖或者交给废弃物处理企业处理。此外，个人也可以直接对废旧家电进行二次售卖或者直接交给废弃物处理厂商。打印机循环再利用方面，企业用户大多是自行委托废弃物处理企业（持有许可证者）处理。部分是利用与复印机相同的体系，制造商从企业用户处进行回收再利用。

（三）《小型家电再利用法》

日本在2001年就已实施了针对电视机、洗衣机、冰箱和空调等四类大型家电的《家电再利用法》，但手机、电脑等小型家电产品只能根据《废弃物处理法》进行处理，该法律要求相关企业在从事回收、运输及再利用等作业时必须得到各地方政府的许可，这导致日本小型家电回收再利用一直处在较低水平。地方政府将大部分废旧小型家电作为普通废弃物，进行简单的掩埋处理。随着废旧小型家电日益增多，这种简单的小型家电处理方式带来的环境污染日益严重。为此，日本开始推行小型家电回收再利用方面的法律。

2012年8月，日本国会正式通过《小型家电再利用法》，并于2013年4月1日开始正式施行。该法实施的目的是对废旧小型电子产品中使用的金属等有用资源进行回收利用。该法规定，由地方政府（市町村）和认定企业回收手机、数码相机、游戏机、电话机及传真机等各种小型家电产品，然后对其中含有的基本金属（铁和铜等）、稀有金属（金、银、锂、铂等）等进行回收利用。

据日本环境省统计，日本每年废弃的小型家电多达65万吨，含有用金属27.9万吨，总价值达844亿日元（约合56亿元人民币）。在这部法律颁布之前，对于小型电子产品的再利用主要是简单回收其中的基本金属，剩下的废料基本都采取了填埋处理。随着废旧小型家电日益增多，国土面积狭小的日本难以新建更多掩埋场所。原始简单的焚烧方式又将大量有毒物质排放到大气中，焚烧后剩下的废渣也污染了土壤和地下水。这种简单的回收方法并不能完全有效地利用其中的金属资源，由于产生的废料较多，填埋、焚烧等原始的废弃物处理方式也对土地资源和生态环境产生了破坏，因此对小家电的回收体系进行调整十分有必要。

在《小型家电再利用法》之中规定，国家为进行小型家电的回收提供必要的资金和制度支持，同时还对小型家电回收相关的情报收集、小型家电回收宣传推广、研究活动推进以及研究成果共享等负有责任。地方的市町村负责直接的回收，同时还承担对于直接回收提供必要的技术支持和政策宣讲方面的责任。消费者承担将小型家电分类化以及将小型家电送至指定的回收点的责任。而地方经销商应当对小型家电的回收进行必要的援助。小型家电的生产厂商负责在产品的设计生产时考虑产品的可回收属性。

小型家电回收的品种在不同地方政府有所不同，但日本环境省和经济产业省在2013年3月提出的《废旧电子产品等的回收指南》中规定，进行回收的是，在消费者家庭日常所使用的家电产品之中，可高效率收集及搬运，并能够抑制回收利用所需成本的产品。对象品种除了《家电再利用法》中指定的电视、空调、冰箱、洗衣机和烘干机之外，几乎涵盖所有家电产品。但太阳能电池板等需要特殊拆除作业的产品，以及荧光管和灯泡等易破损、需要进行特别收集及搬运的产品除外。

在本法中，对于小型家电的定义是当成为废弃物之后可以进行有效的搬运的产品，由于其搬运具有轻便性，因而在回收再利用方面可以更加容易。相比于更加大型的家电例如冰箱和空调，小型家电并不需要专门的运输工具，因此也不必出动经销商进行回收再利用，由政府进行回收是相对而言比较节省人力物力又不需要特别专门性的选择。

小型家电回收的主要任务交给了市町村，回收方式也因地方政府而异，而零售商也要协助回收。回收方式共有以下7种：在公共设施和零售店等设置回收箱的"箱体回收"；与现有分类收集一样进行回收的"站点回收"；地方政府对按照原来普通废弃物分类回收的产品进行筛选的"精选回收"；由已在进行资源物资集体回收的市民团体进行回收的"集体回收和市民参与型回收"；在举办地区活动的会场设置回收箱的"活动回收"；消费者自行搬运废旧商品的"搬运到清扫工厂"；消费者联系地方政府上门回收的"上门回收"。

小型家电的回收再利用交给了政府制定的企业。环境省为了让消费者辨认收购方是否为合格的废旧小型家电的回收场所和企业，制定了表示小型家电回收利用认定企业的"小型家电认定企业"标识，和表示可进行小型家电分类收集的市町村的"小型家电回收市町村"标识，如图3-3所示。

小型家电认定企业标识　　　　　小型家电回收市町村标识

图3-3　日本小型家电回收标识

《小型家电再利用法》与《家电再利用法》实施同样的消费者付费制度，但是该法还规定了有一些特定种类的电子产品消费者无须付费即可进行回收。其中包括手机、PHS 终端、包括显示器在内的个人电脑、平板电脑、电话机、收音机、数码相机、摄像机、胶片相机、影像产品（DVD 摄像机、硬盘录像机、蓝光录像机、蓝光播放器、磁带录像机、调谐器、机顶盒）、音响产品（MD 播放器、便携音乐播放器、CD 播放器、不包括走带装置的磁带录像机、耳机、头戴式耳机、IC 录音机及助听器）、辅助存储装置（硬盘、U 盘、内存卡）、电子书阅读器、电子词典、计算器、电子血压计、电子体温计、理发美容产品（吹风机、熨发器、电动剃须刀、电推子、电动剃须刀清洗器及电动牙刷）、手电筒、钟表等。

与 2001 年施行的《家电再利用法》相比，《小型家电再利用法》要晚了 12 年，这其中比较重要的有如下两个原因：

（1）相比于四种特定家电而言，小家电因其体积较小，回收相对容易，在基层就可以进行初级的回收，早期的回收主要是剥离其中的铝和铁，而将其他废料处理掉。这种方式虽然在回收质量上不彻底，但是至少做到了基本的回收，因而相较于四大家电而言问题不是很突出。所以在早期日本政府仅将大型家电作为处理重点。

（2）小型家电的普及相对较晚，日本在 20 世纪六七十年代就开始普及洗衣机和电视机，而小型家电例如移动电话和数码相机等则普及相对较晚，有些产品只是 21 世纪初才开始普及，因此出现问题也相对较晚，在近期才愈发受到重视。

（四）《绿色采购法》

除了上述提到的与各项电子产品回收相关的具体法律以外，日本政府还从产品的购买领域进行了相关的约束，其中最具代表性的就是 2000 年公布、2001 年正式施行的《绿色采购法》，这部法律强调中央政府、独立行政机构以及地方政府在进行产品购买时除了考虑产品的性能价格等必要考虑的因素以外，还需要考虑这种商品对于环境的负担，特别是在公共设施的建设方面，除了考虑设施的耐久、经费等因素以外，更要考虑建设的环保性和可回收性。此外，法律还规定政府应当采取适当的宣传鼓励个人和企业选择绿色消费。

这部法律对于绿色的电子产品做了十分详细的规定。以空调为例，日本政府将空调分成一般空调、家庭空调和工业用空调，分别有不同的计算标准，政府采购时必须满足这些标准，而这些标准又是十分严格的，对于企业的要求也很高。此外，日本政府还要求空调必须不能含有对臭氧层有危害的物质，以及要在说明中对包含的特定化学物质进行明确的解释，其中包括汞、镉等重金属。

此外，法律中还提供了购入空调时的绿色消费考虑因素，主要有以下几条：（1）产品设计考虑了产品的长期使用以及资源的保护，特别是产品的设计中必须考虑有利于回收的拆解和再利用。（2）产品尽可能采用回收塑料作为原材料。（3）产品的包装需要考虑对于环境的影响，应尽可能地简单。（4）商家是否拥有回收产品和包装的系统。

通过以上的分析来看，《绿色采购法》通过对于国家、独立行政机构和地方政府进行采购时的标准的规定和要求，直接促进了绿色商品的购买，也刺激了企业对于绿色产品的研发和生产，通过宣传，使得普通民众提高了绿色消费的意识，在全社会形成了绿色消费的趋势。

《绿色采购法》与上面提到的各种产品再利用法是相辅相成互相配合的，从购买时就考虑产品的环保和可回收属性，强调购买拥有可回收系统企业的商品等，为产品的回收提供了原料，避免出现许多不可回收或者难以回收的废弃物，为电子产品回收增加负担。同时，这些举措对于拥有回收系统的企业也起到了很好的激励作用。

下面，我们对日本现有废弃电器电子产品回收再利用体系及市场特点进行总结，如表3-1所示，分析对比家电、电脑、复印机、打印机、小型家电5种类别的废弃电器电子产品的市场保有量及废弃量，对环境的污染性和对人体的危害性，回收费用以及处理难度，易回收性以及主要的回收再利用机制几个方面的特点。

表3-1　日本废弃电器电子产品回收市场特点与再利用体系

品类	家电	电脑	复印机	打印机	小型家电
市场保有量及废弃量	大	大	小	较大； 小于家电和PC	大
对环境的污染性及对人体的危害性	旧产品含显像管和氟利昂等	旧产品含显像管	小； 满足RoHS	小； 满足RoHS	较小
回收费用及处理难度	费用较高； 旧产品中的氟利昂难以处理	费用较低	费用较高； 除碳粉外都容易处理	费用较低； 除碳粉外都容易处理	费用较低
易回收性	较弱（法律监管前）； 多为面向普通消费者； 多为购买； 顾客管理差	较弱（法律监管前）； 面向企业和普通消费者； 多为购买； 面向普通消费者的顾客管理差	强； 面向企业； 多为租赁合同； 顾客管理	较弱； 面向企业和普通消费者； 多为购买； 顾客管理差	弱； 多为面向普通消费者； 多为购买； 顾客管理差

续　表

品类	家电	电脑	复印机	打印机	小型家电
主要回收再利用机制	法律规定的社会体系； 回收：经销店/市町村； 再利用：制造商； 费用负担：消费者	法律规定的制造商举措； 回收：制造商； 再利用：制造商； 费用负担：消费者及排放者	制造商的自主措施； 回收：制造商； 再利用：制造商； 费用负担：制造商	面向企业由排放者自行处理； 运输及处理：排放者； 费用负担：排放者； 面向普通消费者由市町村进行处理； 回收：市町村； 再利用：市町村； 费用负担：消费者	法律规定的社会体系； 回收：市町村； 再利用：政府制定的企业； 费用负担：消费者，部分无须付费

三、日本回收处理行业运行情况分析

2013 年，日本的家电回收制度运行平稳，针对家电回收制度，日本环境省还进行了第二次全面调查，以求能够在下一个五年中对家电回收制度进行进一步修正。针对个人电脑和显示器等包含在《资源有效利用促进》法中的电子产品的回收再利用政策并没有发生改变。2013 年，最大的政策改变就是从 4 月 1 日开始实施的《小型家电再利用法》，到目前为止，小型家电回收体系还没有建成。下面这一部分将分别对近年来家电回收制度，涉及电脑等家用电器的资源有效利用促进制度和《小型家电再利用法》的实施情况进行讨论。

（一）家电回收运行情况

《家电再利用法》自 2001 年正式实施以来，已经经历了 13 年。在《家电再利用法》实施前，一般家庭的废弃家电大约八成通过零售业者回收，二成通过市町村被回收，回收后大约一半直接掩埋，剩下的先被粉碎处理，一部分金属被回收处理，剩余部分全部废弃。但是，能够掩埋废弃物的地点不足的情况逐渐深化，并且，一般废弃物的处理责任主体的市町村对废弃家电的适当处理很困难，这些问题在当时都亟须解决。此外，从资源方面来看，废弃家电中的废旧金属再利用对于日本这个资源小国来说是十分重要的。在这样的背景下，空调、电视机、冰箱冰柜、洗衣机这四种家电引入新的回收再利用制度。这种新的制度明确了各方责任，旨在实现更有效率、更高程度的资源回收利用。

日本《家电再利用法》实施后，废弃家电回收再利用已形成产业化。根据制造商责任延伸制度，及《家电再利用法》为避免垄断的全日本国内回收处理体系必须是两个以上的规定，日本家电生产企业自愿组合形成了两组回收处理联盟，分别是由松下、东芝等 21 个制造商组成的 A 组和由索尼、夏普等 22 个制造商组成的 B

组。目前，日本废弃家电回收体系建立了遍布全国的销售商回收网点、380 座指定回收点以及 48 座回收处理设施，从回收、运输到最终的在资源化处理呈"倒三角形"分布，构成日本废弃家电回收处理产业。WEEE 由零售商回收后，将产品按照 A 组或 B 组的品牌构成分为两类，由零售运到制造商联盟进行集中处理。日本 WEEE 制造商责任延伸体系结构见图 3-4。[1]

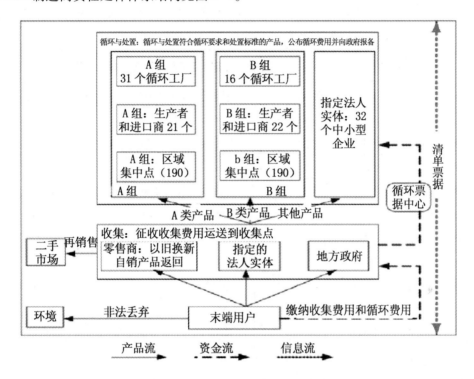

图 3-4　日本 WEEE 制造商责任延伸的体系结构

日本环境省重视《家电再利用法》的实施效果及反馈。在 2006 年日本环境省就按规定对《家电再利用法》的实施情况进行调查，旨在确认实施情况，力图优化家电回收制度，并于 2008 年正式发布了报告书。2008 年的报告书指出了很多的方向，如实施制造业者回收相关费用与业绩的细则定期报告制、制定回收场所 AB 组的公有化、针对孤岛地域的市町村以及对不法遗弃积极对策的市町村的与制造业者在资金方面的协作、为了确保零售业者的回收义务的合理实施而提出的循环（recycle）再利用（reuse）区分的指导方针等。并且，根据 2008 年报告书，家电回收制度的对象增加了液晶电视、等离子电视衣物干燥机，制造业者需要达到的最低法定再资源化率也进行了增加，下文还将具体说明 2008 年以后的变化。

［1］ 朴玉. 日本家电废弃物回收处理状况分析［J］. 现代日本经济，2012（1）：69-79.

基于 2013 年开始的日本环境省对家电回收制度的第二次全面调查[1]，以下部分首先从数据方面对家电回收制度的整体运行状况进行介绍，然后介绍从 2008 年到现在家电回收制度进行的调整。

1. 家电回收情况

（1）特定家电废弃物回收数量情况

从表 3-2 来看，《家电再利用法》实施以来，指定回收场所回收的废弃电器的台数在实施的这些年中发生了很大的变化。

表 3-2　日本 2001—2013 年全国指定回收场所回收台数表（单位：万台）

年份	空调	电视		冰箱冷冻库	洗衣机干燥机	合计
		显像管式	液晶等离子			
2001	133	308	—	219	193	855
2002	164	352	—	257	243	1 015
2003	158	355	—	266	266	1 046
2004	181	378	—	280	281	1 121
2005	199	386	—	282	295	1 162
2006	183	413	—	272	294	1 161
2007	189	461	—	273	288	1 211
2008	197	537	—	275	282	1 290
2009	215	1 032	22	301	309	1 879
2010	314	1 737	65	340	314	2 770
2011	234	787	60	284	315	1 680
2012	236	228	49	292	315	1 120
2013	296	204	70	343	360	1 273

2013 年，全国指定场所回收的四种废旧家电台数比上年增加了 13.7%。除了显像管电视机的回收减少了之外，其他几种电器的回收也比上年同期有所增加。

2001 年特定四种家电总回收台数大约是 885 万台，在此之后逐渐增加，2008 年回收台数约为 1 289.9 万台，年回收数量增加约 50%。2009 年与 2010 年回收台数发生了巨大的上升，分别达到 1 878.6 万台和 2 770 万台，2010 年更是达到法律实施以来回收台数的最高峰。从每一家电类别来看，主要是由于显像管式电视机回收台数的高速增长，2009 年该数据约是 2008 年数据的两倍，2010 年显像管电视机回收

---

[1]　本部分中所有数字均来源于日本环境省，www. en. go. jp。

台数又增加了70%。这主要是因为无线电视停波使得大量显像管式电视机被淘汰。此外，其他几种家电的回收台数增幅虽然没有显像管式电视机的高增长，但相较以往年度，2009年、2010年回收台数的增速都较高，并且都在2010年出现极高点，家电环保积分制度的导入可能是引起各类家电回收台数急速上升的一个原因。到2012年这些影响渐渐消失，回收总台数下降为1 119.6万台，2013年又增加到了1 273万台，与2008年家电回收数量相近。

从每种类别家电的回收数目来看，空调、电冰箱、洗衣机的增长趋势与家电回收总台数变化基本相同。洗衣机和衣物干燥机回收数从2001年的192.9万台稳步增加到了2013年的3 599万台。冰箱冰柜从219.1万台增加到了343.2万台。空调的回收也从2001年的133.4万台增加到了2011年的314.2万台，2011、2012年又下降到230万台回收量，到2013年又较快地增加到296.1万台。

显像管式电视机从2001年的308.3万台增加到了2008年的536.5万台，2009年飞跃到了1 032万台，2010年高达1 736.8万台，2011年回收数量下降到787万台，到2012年减少到228.2万台，2013年回收台数又有所下降，仅为204.2万台。说明随着无线电视停波，显像管式电视机被逐渐淘汰，其市场保有量和废气量逐渐下降。液晶和等离子电视是2008年加入《家电再利用法》的，统计数字从2009年才开始得到。2009年回收台数为21.8万台，2013年则增加到了69.8万台。

（2）特定家电回收比例推算

基于消费者民意测试单，日本环境省对2012年的数据进行了详细的推算。2012年，家庭和企业等的特定种类家电的废弃台数推算后大约是1 702万台，其中，根据《家电再利用法》规定的零售商回收的最多979万台，大约265万台被所谓的废品回收者回收了。此外，除了零售商回收的部分之外，包括家庭以及企业直接带到指定回收场所的部分，总废弃台数的67%，也就是大约1 134万台[1]被制造业者等回收利用了。此外，被制造业者委托的再利用工厂以外的废弃物处理许可业者再利用的大约20万台。在市町村作为一般废弃物处理的大约有5.2万台，为了再利用的国内以及国外售卖量410万台，在这410万台中，大约146万台通过跳蚤市场和其他消费者个体让渡处理，大约5万台进行了网上拍卖处理，国内的再利用商店处置了121万台，对海外出口了138万台；最后，包括国内国外在内的作为废料流通的数量经推算大约是132万台。

---

[1] 这个数字中包括了2011年回收、2012年再利用的台数，因此与（1）中数据并不吻合。

（3）制造业者的回收再利用状况

所谓再资源化率，指的是制造业者回收的特定种类家用电器废弃物的总重量中，该家用电器废弃物中分离出来部分以及材料中再资源化的总重量的比例。

从2001年以来，除了显像管式电视机再资源化率变化趋势不稳定，在一些年中有所下降之外，其余的每种产品的再资源化率都有着上升趋势，并且除了2010年液晶和等离子电视的再资源化率低于法定再资源化率之外，其余各类家电隔年的再资源化率都高于法定再资源化率（法定再资源化率在2009年有所提高）。2013年，空调的再资源化率是91%（法定再资源化率为70%以上），显像管式电视机为79%（法定再资源化率55%以上），液晶电视与等离子电视为89%（法定再资源化率为50%以上），冰箱冰柜为80%（法定再资源化率60%以上）、洗衣机和衣物干燥机为88%（法定65%以上）。

此外，2013年，制造业者等回收再利用的特定家用电器废弃物重量大约是51.1万吨，平均每人约4千克。这正是修正前的欧洲废弃电子机器（WEEE）指令处理重量的目标，而在日本，这四种家电就可以完成这一目标。

（4）制造业者的氟利昂回收状况

《家电再利用法》特别规定了制造业者在回收隔热材料以及制冷剂用的氟利昂时的义务。2013年，制冷剂氟利昂回收量分别为：空调1 726吨（平均每台634克），冰箱冰柜292吨（平均每台91克），洗衣机干燥机68吨。此外，2013年冰箱、冰柜中作为隔热剂使用的氟利昂回收量为423吨。日本政府对氟利昂回收的重视程度，与在《绿色采购法》中要求不购买对大气层有危害的材料的规定在精神上是一致的。

（5）特定家用电器的不法丢弃情况

图3-5显示了政策实施前后这几种家用电器的不法丢弃情况。在《家电再利用法》实施的最初，这几种家用电器的不法丢弃台数有增加的倾向，2003年达到了最大值转而减少，由于无线电视地上波停止运行，导致传统的电视机无法正常收看电视节目，出现大量弃置的电视机，2009年到2011年又有增加的趋势。2012年，这个数字再度减少到了大约116 500台（相比上一年减少了27.8%），与法律实施之前的大约122 200台的程度类似。此外，根据预测，2012年的不法丢弃台数大概占总丢弃台数的0.7%（之前一年大约是0.5%）。

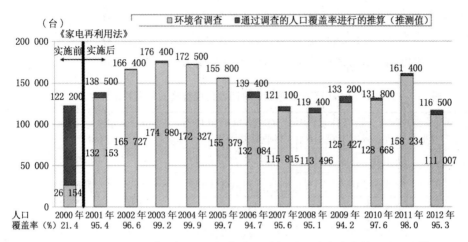

图 3-5　日本《家电再利用法》实施前后特定种类家电的不法丢弃情况

2. 2008 年以来《家电再利用法》的修改完善

从《家电再利用法》实施以来，制度一直进行着各种改善，根据法附则第三条，在实行五年后要对制度进行评价与探讨，这就有了 2008 年的报告书。基于报告书中提到的意见和建议，制度进行了以下提到的各种各样的改善。

（1）推进政策对消费者的透明性和便利性

虽然据 2008 年的报告，可能是出于消费者并不能完全理解企业循环再利用所产生的成本这一原因，制造业者并没有将循环再利用需要的金额及其明细公开，但是为了促进制造业者能够在循环再利用所需要成本的削减上进行竞争，为了能够使得消费者对循环再利用成本以及家电回收制度能够有更好的理解，从而能够适当地遗弃上述四种废弃家电，以及为了能够对企业循环再利用成本的恰当性进行恰当透明的讨论，确保再利用成本透明性就变得十分必要。

对此，从 2007 年以来，国家对制造业者等对其循环再利用的成本及其明细基于《家电再利用法》第 52 条每年提交征收报告。制造业者需要将回收再利用中收到的回收再利用费用以及再商品化过程中发生的成本进行报告。成本要详细报告管理公司委托费用、家电回收券中心费用以及制造业者等的运营成本等。其中，所谓的管理公司委托费包括循环利用工厂的费用、指定回收场所以及二次物流的费用和管理公司运营费用等；制造业者等的运营成本包括回收体系计划及运营相关的费用以及技术处理开发相关联的费用等。基于数据，我们可以探知家电回收再利用行业的一些运行状况。根据表 3-3，通过已经公布的数据，从 2007 年到 2011 年这五年间，制造业者等平均每台收到的处理费在 2 700 到 3 100 日元之间，但是循环再利用产生的成本在 2 700 到 3 300 日元之间，并且每年在这项上制造业者都是净支出的。2007年到 2011 年，平均每台回收再利用中产生的净支出分别为 145 日元、121 日元、87

日元、51 日元和 120 日元。虽然这些金额约合人民币不足 20 元，但是在整体上每年都会对制造业等产生 15 亿日元以上的成本。换句话说，只从回收再利用活动上来说，家电的回收再利用并没有给制造业等回收再利用主体带来收益。

表 3-3　日本 2007—2011 年制造业者等回收处理费收入和再利用成本表

年份	处理费总收入（百万日元）/平均每台收入（日元）	总成本（百万日元）/平均每台成本（日元）	净支出（百万日元）/平均每台支出（日元）
2007	36 100/3 098	37 790/3 243	1 689/145
2008	37 533/3 012	39 038/3 133	1 505/121
2009	50 502/2 773	52 095/2 861	1 593/87
2010	72 647/2 701	74 010/2 751	1 363/51
2011	45 305/2 748	47 281/2 868	1 976/120

数据来源：日本环境省，数字经过近似处理可能不能完全对应。

此外，为了降低消费者负担，与再利用成本透明化一起进行的还有再利用成本的削减以及与此对应的再利用处理费的减少。在法律刚刚实施的时候，空调每台收取的处理费为 3 675 日元，2013 年每台降到了 1 575 日元，2014 年由于消费税率的增加使得这个金额实际上又增加了一点，为 1 620 日元（按照现在汇率大约是 100 元人民币）；电视机的回收费在法律刚刚实施的时候为 2 835 日元，2008 年开始区分大电视机和小电视机，其中 16 型以上电视机保持原价，15 型以下电视机的回收费变为了 1 785 日元，由于消费税改变，2014 年这两个数字分别变为了 2 916 日元和 1 836 日元；对于冰箱和冰柜，与电视机一样，171 升以上的大冰箱冰柜保持了与法律实施初期相同的 4 830 日元，而对于 170 升以下的小冰箱冰柜则收取 3 780 日元的处理费，2014 年这个金额分别变为 4 968 日元及 3 888 日元。对于洗衣机和衣物干燥机的回收价格并没有发生改变，为 2 520 日元，2014 年变为 2 592 日元。

表 3-4　日本大型制造业企业回收处理费变化表（单位：日元）

商品种类	细分	法律实施时	2007 年 4月 1 日	2008 年 4月 1 日	2011 年 4月 1 日	2013 年 4月 1 日	2014 年 4 月 1日起
空调	无	3 675	3 150	2 625	2 100	1 575	1 620
电视机	大/16～	2 835			2 835		2 916
	小/～15				1 785		1 836
冰箱冰柜	大/171L～	4 830			4 830		4 968
	小/～170L				3 780		3 888
洗衣机衣物干燥机	无	2 520					2 592

对消费者遗弃便利性的改善来说，2008 年的报告提出，一部分零售商并没有回收义务的产品亟须责任主体的市町村建立一个新的回收体制。2012 年的调查显示，在 1 742 个市町村中，有 1 022 个对零售商没有回收义务的产品（通称义务外品）构建了回收体制。

（2）确保零售商与制造业者之间的顺利交接与对再利用的促进

为了防止零售商违反引渡义务，必须确认零售商能够将从消费者处回收来的遗弃家电引渡的地址或者再利用的方向，因此就需要强化确认制度，特别是对于那些家电流通量很大的零售商以及将收集和搬运委托给他人的零售商而言更是如此。对此，国家规定在零售商中，向制造业者交接台数最多的 20 家公司需要定期将这几种废弃家电的回收以及交接情况进行报告。根据 2012 年 4 月到 2013 年 3 月的数据，这些零售商回收来的家电除了极少量的被盗之外，基本上都能够依法进行处置。

此外，为了减少环境负担，废弃的旧家电应该被更多的再利用，为此，回收台数最多的 20 家零售商中的 17 家都制订了自己的废弃家电循环利用和再利用区分标准，从而能够对回收来的废旧家电的属性进行适当的判断。

需要注意的一点是，在政策实施之初的几年中，A、B 两组制造业者的指定回收场所是分开配置的，这就使得零售商收集搬运的便利性很低，零售商在收集搬运上的负担较大，如果 A、B 两组制造业者能够共用回收场所的话，零售商的负担可能会大大减小。为此，2009 年 10 月开始，A、B 组制造业者指定回收场所开始共有，这就使得所有零售商都可以将回收来的废旧家电送到对其最便利的一个回收点，对零售商来说便利性增加了，负担也减少了。

此外，对于本土以外的孤岛地域来说存在特殊的海上运输费用，这就让孤岛地域的消费者产生了负担上的不公平感。对于这种情况，制造业者、市町村、市民社区以及零售商必须通过协力合作才能更有效率地进行回收。从 2009 年开始，制造业者对于孤岛地域的收集搬运费用需要补偿最有效率的运输方案产生费用的八成。2013 年，在 14 个孤岛地域的市町村都进行了这种补助政策。

（3）其他改善方面

为了对不法丢弃行为进行更好的监视和处理，从 2009 年开始，制造业者需要辅助市町村对不法丢弃行为的事前防止工作，实际上要对已经不法丢弃的几种家用电器的处理费用进行补助，这项工作截止到 2013 年已经有 40 个市町村实施了。

对于确保废弃物处理恰当性的相关工作。为了保证废弃物能够被恰当地处理，日本政府强化了对违法的废弃物回收业者不适当处理路径的对策。2012 年 3 月 19 日发布了《关于使用后家电制品废弃物该当性判断的通知》，明确了对使用后特定家电废弃物该当性的判断标准，也就是说明确了使用完的家用电器在什么情况下可以被认定为是法定的废弃物，这就促进了市町村积极地取缔违法特定家用电器废弃物处理。此外，为了保证有害的家电废弃物不会以半旧家电名义（实际上并不是二手使用）出口，日本加强了海关、经济产业省、环境省等相关部门的合作，更是在 2013 年 9 月制订了《使用后家电电子产品半旧品的判断标准》，并于 2014 年 4 月开始实施。

此外，正如上文提到的，根据 2008 年的报告，液晶电视机、等离子电视机以及与洗衣机相似的衣物干燥机急速普及，已经满足了开始实施家电回收制度的条件，因此 2009 年《家电再利用法》的对象还追加了液晶电视机、等离子电视机以及衣物干燥机。此外，由于回收家电的大小不同引起了混乱，还在政策中对家电型号的大小进行了区分。

法定最低再资源化率也进行了调整，从 2009 年 4 月开始，空调的法定最低再资源化率从最初的 60% 增加到了现在的 70%，显像管式电视机没有改变还是 55%，这是由于国际上从显像管式电视机到液晶电视以及等离子电视的换代加速化导致显像管水玻璃的需求量减少，并且其用于其他用途在技术上还是一个比较大的课题；冰箱冰柜从 50% 增加到了现在的 60%，洗衣机和衣物干燥机从 50% 增加到了现在的 65%，此外追加的液晶电视和等离子电视的法定再资源化率为 50%。

表 3-5　日本废弃家电法定再资源化率的变化（单位：%）

商品	法律刚实施时	修正后
空调	60	70
显像管电视机	55	55
液晶式等离子式电视机	无	50
冰箱冰柜	50	60
洗衣机 衣物干燥机	50	65

（二）电脑回收运行情况

基于《资源有效利用促进法》，对于企业人电脑的制造以及进口，从 2001 年 4 月 1 日开始附加了自主回收以及再资源化的义务。此外，2003 年 10 月开始，对于家用电脑的制造以及进口也附加了自主回收以及再资源化的义务。对于没有回收厂家的电脑（如自行组装电脑、生产厂家破产或者转产等）的，则有一般社团法人电脑 3R 推进协会负责有偿回收和再资源化。市民可以直接向该协会下属的 51 家公司提出申请，厂家会邮寄环保邮包单，邮局会上门领取废旧电脑。下面的数据主要是基于有自主回收和再资源化义务的各事业者公开发表的数值，从中我们可以对 2013 年以及之前的政策实施状况有一定的了解。

2013 年，台式电脑回收重量为 2 126 吨，回收台数为196 610台，相比 2012 年均有上升；笔记本电脑的回收重量为 753 吨，回收台数为238 382台，相比 2012 年均有上升；显像管显示器回收重量为 737 吨，回收台数为43 750台，相比上一年均有下降；而液晶显示器回收重量为 1 722 吨，台数为190 498台，相比上一年均有上升。见表3-6 所示。

表 3-6　日本 2011—2013 年电脑回收数量

电脑类别	2011 年回收重量（t）	2012 年回收重量（t）	2013 年回收重量（t）	2011 年回收台数（台）	2012 年回收台数（台）	2013 年回收台数（台）
台式电脑	2 097	2 066	2 126	196 118	193 836	196 610
笔记本电脑	560	646	753	174 396	199 186	238 382
显像管式显像装置	1 104	887	737	67 327	53 859	43 750
液晶式显像装置	1 415	1 535	1 722	172 840	175 528	190 498
合计	5 176	5 134	5 338	610 681	622 409	669 240

资料来源：日本环境省网站。

从历史趋势来说（见图3-6），从 2001 年实施此政策以来，几种电脑的回收台数趋势呈先上升后下降最后缓慢上升的状态，2001 年到 2006 年，几种产品的总回收台数从 38.9 万台上升到了 91.9 万台，达到了峰值；此后开始下降，2006 年到 2009 年，回收台数从91.9 万台下降到了 58.6 万台；此后的几年，也就是从 2009 年到 2013 年，回收台数的数字比较平稳，有缓慢的增长，到 2013 年达到了 66.9 万台。其中最重要的原因是显像管式显示器逐渐被淘汰，回收数量也逐渐减少。

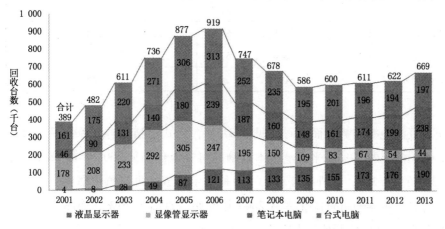

图 3-6　日本 2001—2013 年电脑回收数量

资料来源：日本环境省公开数据。

再资源化方面，如表3-7，2013年几种目标产品的总处理量为4 950吨，处理台数为621 095台，再资源化量为3 628吨，均比2012年有小幅提高。具体到每种目标产品上，台式电脑2013年的处理量约为1 983吨，台数为180 680台，再资源化量为1 555吨，再资源化率为78.4%，高于法定目标的50%；笔记本电脑处理量约为704吨，处理台数为222 725台，再资源化量为417吨，再资源化率为59.3%，高于法定目标的20%；显像管式显示装置的处理量为736吨，处理台数为43 734台，再资源化量为522吨，再资源化率为70.9%，高于法定目标的55%；液晶式显示装置的处理量为1 527吨，处理台数为173 956台，再资源化量为1 134吨，再资源化率为74.3%，高于法定目标的55%。

表3-7　日本2011—2013年有自主回收和再资源化义务的企业再资源化情况

电脑类别	年份	台式电脑	笔记本电脑	显像管式显像装置	液晶式显像装置	合计
处理量（t）	2011	1 929	502	1 103	1 257	4 791
	2012	1 875	580	887	1 348	4 690
	2013	1 983	704	736	1 527	4 950
处理台数（台）	2011	179 907	158 949	67 269	156 331	562 456
	2012	174 889	181 854	53 859	157 459	568 061
	2013	180 680	222 725	43 734	173 956	621 095
再资源化量（t）	2011	1 478	287	821	902	3 488
	2012	1 459	344	635	979	3 417
	2013	1 555	417	522	1 134	3 628
再资源化率（%）	2011	76.6	57.2	74.4	71.8	
	2012	77.8	59.4	71.6	72.6	
	2013	78.4	59.3	70.9	74.3	
法定目标（%）		50	20	55	55	

从历史再资源化率趋势方面来看（见图3-7），台式电脑的再资源化率一直在70%以上，高于法定的50%水平。笔记本电脑的再资源化率从2001年的38.8%发展到了2013年的59.3%，上升幅度较大。两种显示装置的再资源化率也一直高于60%，显像管式显示器的再资源化率从2003年开始一直高于70%，液晶式显示器的再资源化率也从2006年开始一直维持在70%左右。

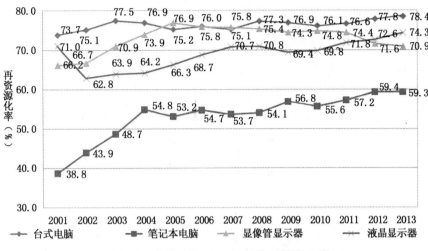

图 3-7　日本 2001—2003 年电脑再资源化率

2013 年家用台式机回收重量和台数分别占总台式机回收重量和台数的 63.5% 和 63.0%；家用笔记本电脑回收重量和台数分别占总笔记本电脑回收重量和台数的 61.1% 与 61.4%；家用显像管式显示器的回收重量和台数占 80.2% 与 79.0%；液晶式显示器的回收数量和台数分别占 76.7% 和 73.5%。总体上，家用目标产品的回收重量占总回收重量的 69.1%，占总回收数量的 66.5%。

需要注意到的是，由于一般社团法人电脑 3R 推进协会还会回收一些不存在回收义务主体的废旧电脑制品，因此其统计的回收数量和回收台数以及再资源化率与上文中提到的数字有一些差别。从其提供的数据来看，我们知道 2013 年其再资源化率也远远超过了法定再资源化率：对于企业用的台式机、笔记本电脑、显像管显示器和液晶式显示器，一般社团法人电脑 3R 推进协会报告的再资源化率分别达到了 84.3%、65.2%、76.7% 和 78.6%，对于家用的几种产品，再资源化率也分别达到了 75.6%、56.3%、69% 和 73.5%，低于企业用电脑的再资源化率。见表 3-8 所示。但两类电脑的再资源化率都高于法定标准，法定再资源化率也有一定的上调空间。

表 3-8　日本 2013 年企业用电脑和家用电脑再资源化率（单位：%）

制品区分	企业用再资源化率	家用再资源化率
台式电脑	84.3	75.6
笔记本电脑	65.2	56.3
显像管显示器	76.7	69
液晶显示器	78.6	73.5

数据来源：日本环境省网站。

（三）复印机和打印机回收运行情况

在日本国内，一般社团法人商务设备与信息系统产业协会（JBMIA）针对复印机/复合机、页式打印机、数码印刷机、投影仪、计算器/PDA、POS、通信板、碎纸机等也提供相关的服务，形成了相对完整的回收再利用体系。

日本的复印机大多以租赁的方式供用户使用，制造商实施自主回收再利用。各制造商主要利用本公司产品配送的回程班次构建回收体系，配合回收后的再利用体系，独自进行回收和再利用。日本复印机市场回收体系和回收再利用方式分别如图3-8、图3-9所示。

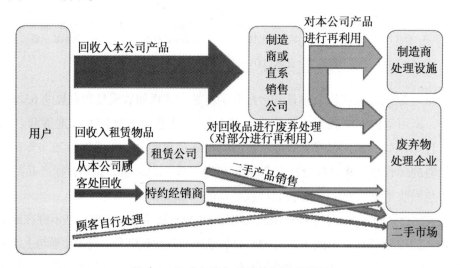

图3-8　日本打印机的回收与再利用图

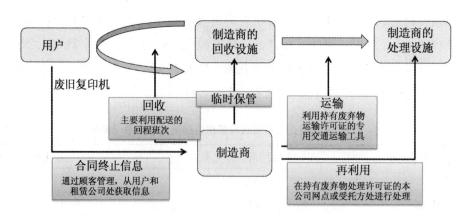

图3-9　日本复印机回收体系

复印机租赁公司和特约经销商有义务对废旧复印机进行回收并对废旧复印机进行二次售卖或者交给废弃物处理企业处理。此外，个人也可以直接对废旧家电进行二次售卖或者直接交给废弃物处理厂商。很有特点的是，为了保证自己生产的复印机能够被自己回收再利用，日本还建立了交换其他公司回收的废旧复印机的体系。当某一公司回收到非本公司生产的产品时，可以送到各县的回收站，自动转交给交换中心，也可以直接转交到交换中心，进而归还给相应的制造商。这一系列业务由日本通运（株式会社）和理光物流（株式会社）负责开展，各类信息由信息基础设施"Jr-Links"统一管理。在该体系下，废旧设备能够迅速集中到制造企业的管理之下，有助于促进复印机的再利用。

日本打印机回收再利用则是通过社会第三方委托体系进行。打印机企业用户大多是自行委托废弃物处理企业（持有许可证者）处理。部分是利用与复印机相同的体系，制造商从企业用户处进行回收再利用。此外，对于作为小家电的个人用打印机，从2013年4月起，市町村将承担从个人手里回收并转交给市町村认证的处理企业再利用。日本打印机回收与再利用如图3-10所示。

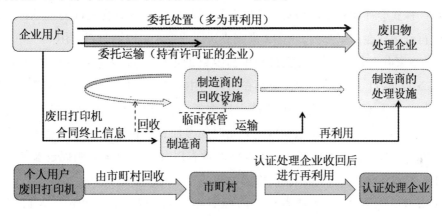

图3-10 日本打印机的回收与再利用

1995年，富士施乐在日本建立了整合资源循环系统，并成为业界首家在日本市场推出采用再生零部件产品的企业。整合资源循环基地从客户处回收的包括复印机、打印机和鼓粉仓在内的使用过的产品和耗材进行拆解，并按照不同原材料分解成铁、非铁、塑料和玻璃等类别。

2000年8月，富士施乐又在日本率先实现了回收来的使用过的产品和耗材的"垃圾零填埋"、"零污染"、"无非法丢弃"的环保目标。"垃圾零填埋"是指资源循环利用率达到99.5%以上；"零污染"是指富士施乐或合作伙伴的资源循环流程对环境和工作安全未造成影响；"无非法丢弃"是指对使用过的产品的处置和资源循环流程进行全程跟踪和确认。

2004年12月，富士施乐向泰国引入了整合资源循环系统，负责对亚太9个国家及地区使用过的产品进行回收和资源循环。2008年1月，富士施乐在中国江苏省也建成了整合资源循环系统并正式投产，负责将中国大陆31个省、市、自治区回收的使用过的产品拆分为铁、铝、铜、透镜、玻璃等70个类别，并通过资源循环系统以及合作伙伴将其转化为原材料并作为新资源进行再利用。2011 年，富士施乐株式会社又在韩国、澳大利亚和新西兰建立整合资源循环系统。

（四）《小型家电再利用法》实施情况

2013 年 4 月 1 日开始实施的小型家电回收制度由于到目前为止还没有形成体系，日本环境省也没有公布实施成果的数据，因此只能对其实施情况进行比较简略的分析，从市町村的反映中探知其实施情况。

《小型家电再利用法》中，回收的主要任务交给了市町村，而零售商也要协助回收。小型家电的回收再利用交给了政府指定的企业。截至目前，一共有 38 个企业完成了认证，每家企业应对小型家电回收的部门也各不相同。值得注意的是，这些企业的活动范围不只局限于一个县，一个县内也不只存在一个认证企业。举例来说，三井物产株式会社在除了茨城县、千叶县、新潟县以及冲绳县之外的地域都可以进行回收再利用。在东京都内，有 12 家完成认证的企业可以回收再利用。

《小型家电再利用法》实施过程中需要借助市町村自治体提供人力物力帮助，然而在 2012 年 11 月的调查中，被调查市町村中只有 33.8%（人口覆盖率为 44%）愿意参加小型家电回收制度，虽然这个比例不高，但是与基于《容器包装再利用法》的塑料瓶等容器分类回收制度一开始时的参加意愿相似（表示有意图的市町村不到 30%）。对此，日本环境省协同经济产业省以及各方力量力图促进参加意愿较低的市町村自治体参加到这项制度中来。

2013 年 5 月的第二次调查中，已经有全部市町村的 74.9%（人口覆盖率89.7%）愿意参与到小型家电回收制度中来。具体情况如表 3-9。在第二次被调查的 1 742 个市町村中，已经实施小型家电回收制度的有 19.6%，正在为实施政策进行准备和调整的有 16.9%，虽然并没有确定但是准备实施这项制度的占 38.5%，没有确定但是不准备实施这项制度的市町村占 19.0%，不准备实施的市町村只占 6.1%。

表 3-9　日本 2013 年 5 月第二次《小型家电再利用法》调查中市町村的反映情况

		实施中	针对实施调整中	没有确定，但准备实施	没有确定，但不准备实施	不实施	未回答	合计
2013 年 5 月调查，有效回答 1 742 份	市区町村数	1 305			437		0	1 742
		341	294	670	331	106		
	回答比例（%）	74.9			25.1		0	100
		19.6	16.9	38.5	19.0	6.1		
	人口分率（%）	89.7			10.3		0	100
		26.1	28.2	35.3	8.1	2.3		

从地区差别来说，截止到2013年5月，北海道地区已经有36.3%的市町村开始实施了小型家电回收制度，为全国各地区中最多的；算上准备实施和有参加意愿的市町村，关东地区对小型家电回收制度的态度最为积极；对这项制度态度最不积极的为近畿地区（大阪、京都等地），有参加意愿的市町村为59.6%，不足60%。

法律为市町村提供了7种候选的回收方法，按照目前的人气（1 305个市町村中的人气，可以复数回答）分别为回收箱回收（28.3%）、拾取回收（27.3%）、带到清扫工场回收（17.5%）、回收站回收（13.6%）、活动回收（9.2%）、集团回收·市民参加性回收（3.0%）、每户访问回收（1.7%）。市町村也可以选择其他的回收方式（3.5%），但是，在目前来看，还是商讨中未定回收方式的市町村最多（38.2%），见表3-10所示。

表3-10　小型家电候选回收方式在市町村中的人气

候选回收方式	人气（%）
回收箱回收	28.3
拾取回收	27.3
带到清扫工场回收	17.5
回收站回收	13.6
活动回收	9.2
集团回收·市民参加性回收	3.0
每户访问回收	1.7
其他的回收方式	3.5
商讨中未定回收方式	38.2

注：N=1 305。

《小型家电再利用法》中的回收项目也并不是强制的，市町村可以根据自身情况选择回收一些种类的小型家电。在上述调查中，有意愿参加小型家电回收制度的市町村（1 305个市町村，可以复数回答）中，大多数并没有最终决定回收的商品种类（55.5%），决定回收制度规定的所有或者基本上所有商品种类的有24.6%，决定回收特定种类的所有商品，除此之外还回收一些其他商品的市町村占4.4%，回收特定种类商品的占5.0%，在特定种类商品中只回收一部分的高成色商品的市町村占6.3%，见表3-11所示。

表 3-11　废弃小型家电的回收种类决定

回收种类	占比（%）
决定回收制度规定的所有或者基本上所有商品种类	24.6
决定回收特定种类的所有商品，除此之外还回收一些其他商品	4.4
决定回收特定种类的所有商品	5.0
在特定种类商品中只回收一部分的高成色商品	6.3
没有最终决定回收的商品种类	55.5
其他	4.3

由于存在对小型家电回收制度泄露隐私的担心，在1 305个市町村中，约有52.3%的市町村还在商讨是否回收含有个人情报的机器（包括手机）；决定回收手机以及决定回收手机和个人电脑的市町村都约占两成（21.3%与17.2%），还有约一成（8.9%）的市町村不准备回收个人电脑以及手机。

此外，已经确定政策的市町村中，大多数决定将回收到的小型家电转交给政府认定的回收业者，如表3-12所示。

表 3-12　回收的小型家电的转交方式

转交方式	占比（%）
政府认定的业者	25.5
政府认定的业者以及其他能够进行适当再资源化者	16.5
其他能够进行适当再资源化者	13.9
现在未定，商讨中	44.1

基于对不愿意参加小型家电回收制度的市町村（437个）的调查，发现出现最多的原因是小型家电废弃物的弃置量过少（41.2%），其次是广范围的事务合作以及与参与制度的市町村调整上的困难（35.5%），也有很大一部分市町村表示在运营预算或者初始成本预算上存在困难，其他的原因还有组织体制上的困难，等等，如表3-13所示。

表3-13　不准备实施小型家电再利用法的市町村表示的原因

不准备实施《小型家电再利用法》的原因	占比（%）
使用后的旧家电的遗弃量少	41.2
广范围的事务合作以及与参与制度的市町村调整上的困难	35.0
预算困难 （运行成本上） （初始成本上）	34.3 （32.3） （24.0）
组织体制上的困难	32.0
因为认定的业者还没有决定	23.3
市町村自身对铁和铝进行再资源化	16.0
回收不能带来收入	13.0
不能得到住民的理解和支持	8.5
准备向市民介绍认定业者下属的零售机构进行回收	3.0
其他	19.7

注：N=437，可多选。

四、政策执行中存在的问题

日本较早地建立了废弃电器电子产品回收再利用体系，不论从立法方面还是政策实践方面都在国际上处于领先地位。但是，在其政策执行中也存在一些有争议的地方和实施困难之处。

（一）政策实施满意度仍有待提高

从消费者角度来说，《家电再利用法》已经实施13年了，但是消费者的认可度和理解度还不能说达到了百分之百，这也从侧面说明了为什么要对回收费用进行消减和提高透明度。日本家电制造商责任延伸模式中，消费者是最终的付费主体，这很可能会导致消费者不愿意将废旧家电交给法律规定的回收渠道。在日本，非法遗弃家电的情况的确客观存在。根据2012年的推算数据，《家电再利用法》规定的四种家电的不法遗弃台数的推测值为116 500台，2011年该数值为161 400台。此外，2012年废弃的电脑不法遗弃合计为4 769台，2011年该数值为4 440台。

这与付费方式有一定关系。日本处理费用的回收方式实行的是消费者后付费的付费制度，也就是说在遗弃的时候消费者进行付费的方法。与之对应的另一种付费方式——前付费，即在购买的时候付费的方式，可以使得消费者在遗弃废旧家电的时候，选择正规遗弃方式比选择非法遗弃带来的成本更少，可能是更有效的收费方法。但是日本政府考虑多种因素，还是在第一次调查后决定维持现有的后付费方式。

由此可见，日本废弃电器电子产品回收政策也并不是一蹴而就，并能够让所有相关群体满意的。日本的政策执行中也存在着很多的阻力，这样更需要发挥政府的作用，不断地优化政策，提高政策实施的满意度。

（二）市町村的回收处理存在效率问题

对于零售商并没有回收义务的废弃家用电器，作为回收责任主体的市町村也需要提高自行制定的回收体制的效率。对于不法遗弃的情况，市町村是有责任回收处理的，但是这就给市町村带来了很大的负担。对于那些孤岛地区的市町村，原本收集搬运经费就很高，不法遗弃就更成了一个大问题。此外，由于小型家电回收的管理纷繁复杂，市町村自治体将会面临更大的管理压力。日本废弃电器电子产品的回收是通过针对产品的立法推行的，而具体选择某种产品，特别是对小型家电而言，观点并不是统一的。在最初的《家电再利用法》中，只包含了空调、电视、电冰箱、洗衣机四类产品，随着产品市场保有量及废弃量的变化，中途又添加了液晶及等离子电视、冷冻柜、干燥机三类产品。小型家电再利用法涉及的产品种类繁多，各产品的回收难易和可行性也存在差异，因此，各市町村实行的回收产品各不相同，这又反映出回收产品选取存在着较大争议。

在日本如此完整、全面的法律体系和发达的技术支持下，仍然不可避免地存在效率低下的问题。我国刚刚处在废弃电器电子产品回收的初始阶段，回收效率较低是不可避免的，但在各国已有经验和发达的现代科技的基础上，我国要有长远的发展规划，在技术等外部影响回收效率的因素之外，尽量制定最有利于我国当前废弃电器电子产品回收再利用的政策，减少环境污染和效率损失。

（三）存在不当处理和不法业者，环境危害不能根本消除

从处理的适当性来说，虽然《家电再利用法》规定了制造业者等在循环利用方面的义务，但是废弃物处理许可者可能违反废弃物处理法的规定，不对废弃物进行恰当的处理，如一些企业不进行有害物质处理和氟利昂回收、不进行适当处理，给环境造成负面影响。例如，有数据表明，空调、冰箱、洗衣机、干燥机内的制冷剂用氟利昂类，冰箱冷冻库的隔热材料含有的氟利昂类存在回收破坏。空调制冷剂的氟利昂类物质大约1 726吨都被回收破坏了。

此外，也存在没有得到废弃物处理法许可的，但是回收包括特定种类家电废弃物的回收业者，如果零售商将废弃家电向这些没有得到《废弃物处理法》许可的废弃物回收业者转交的话，不法遗弃和不适当处理的可能性会增加，对于那些支付了循环处理费的人来说也是不公平的。

从废弃电器电子产品中有害物质的管理来说，推进产品在设计阶段就减少有害物质的使用可能是问题的根本，但日本制造业者的情报公开不足仍是一个问题。

（四）有些产品回收再利用存在困难

日本复印机的回收再利用程度很高，基本达到了完全再资源化。但是打印机回收与再利用则存在一定的困难，主要表现在以下几点：首先，用户没有将废旧产品交付给制造商的习惯。其次，设备的所在地没有像复印机那样得到管理。最后，没有像复印机那样适合回收的物流渠道，制造业者有时还要通过用户委托运输的废弃物处理企业得到本公司生产的打印机。《小型家电再利用法》在执行中也存在一些显著的问题。比如，对于消费者而言，日本消费者不但要面临复杂的垃圾分类，可能还要再加上一笔回收费用（虽然根据规定，很大一部分的小型家电都是应该免费回收的），甚至还有泄露个人信息的危险。

五、日本政策体系的主要特点

日本作为较早开始发展循环经济的国家，其产品的回收和再利用体系相对比较成熟，内容比较完善，日本废弃电器电子的政策特点如下：

（一）注重体现资源化原则

日本政府强调从生产就开始注重产品的再回收，要求产品的生产者在生产产品时考虑该产品将来的再回收是否容易，尽可能设计出适合再回收的产品结构。同时，在产品的消费领域，在《绿色采购法》中规定政府购买产品时尽可能地选择对环境污染少、可回收的产品。特别是要求选择购买家电时考虑该企业是否拥有再回收的系统，从消费者层面给予生产厂家建立回收体系的激励。而在产品的回收环节，政府对于整个的回收流程具体到每个环节都有十分细致的规定。这些都极大地推动了产品再利用的效率。目前，日本各种主要家用电器的再回收率都比较好。

该原则可以从源头上促进生产企业设计、研发更加环保的产品，利于后期的回收再资源化，减少资源浪费。

（二）强调环境风险源头预防

规定经济开发项目的实施人或所有者、新技术的开发者、使用者或所有者应当承担环境风险。主体要为之后产生的废物负责，例如在《家电再利用法》当中要求家电生产商在产品设计时要考虑将来的再利用。这样能够降低企业生产一些高污染、难回收的产品，有效防范未来可能产生的对环境的负面影响。

这一政策特点与资源化原则相辅相成，在对那些利于回收、再资源化的产品进行一定的优惠、扶持政策之外，对高污染、难回收的产品厂商处以一定的惩罚，不注重资源化原则的生产者将面临高额的污染处理成本，因而能更加有效地防范可能产生的环境污染，提高回收效率。

（三）制定完善的法律体系

目前日本在循环经济方面立法比较完善，"基本法-综合法-专门法-购买方面的辅助性法律"的法律体系比较健全，在基本法的框架之下，《废弃物处理法》和《资源有效利用处理法》两部综合性法律中涵盖关于电子产品的废弃物处理和资源有效利用相关的内容，在这两部综合性法律之下还有具体的针对产品的法律，如《家电再利用法》和《小型家电再利用法》，立法体系在法理上是逻辑清晰和完整的。

日本的法律体系是在几十年的发展中，结合环境污染出现的新问题及经济发展状况，不断修改完善的。从《家电再利用法》中涉及的产品种类到《小家电再利用法》的实施，都可以看出日本循环经济法律体系的不断修改完善。我们可以肯定地说，《小家电再利用法》在未来的几年内，也会进一步地调整、补充，正是这种关注政策实施现状的做法使得日本的循环经济法律体系更完善、更有效，可以更加全面地为废弃电器电子产品回收提供法律支持。

（四）加强政策之间的协调

在日本废弃物回收再利用系统的构建过程中，日本政府考虑了多方因素，充分考虑外部性，并与其他政策相结合。鉴于不法遗弃、不法处理等会引起外部性的行为，日本政府从事前、事后等多角度对此进行了预防和处理，比如对不法活动的惩罚、与市町村合作对不法遗弃的事前防治活动等。此外，在整个法律体系中，各项法律相互关联相互配合，例如《绿色购入法》对于采购环节的绿色消费与电子产品回收的各项法律就是密切相关、相互配合的，分别是在产业的不同环节强调资源的再利用。

各种互补政策的协调补充，使得日本废弃电器电子产品回收的上下游各个环节都有相应的政策支持，而非孤立地强调废弃电器电子回收，避免了在回收问题中上下推诿的可能性，各项法律互相配合，整体上最大化政策的效力。

（五）按照产品种类，有针对性地制定产品回收再利用法

日本的废弃电器电子产品回收立法主要是根据不同的产品种类而进行的，《家电再利用法》主要针对冰箱、电视、空调、洗衣机（含干燥机）四种常用家电进行的立法，而《小家电再利用法》针对的是数码相机、手机等小型电子产品。个人电脑和复印机等则被纳入《资源有效利用促进法》之中。这种以产品种类立法的方式，主要的好处在于可以针对每一种电子产品的特点而采取不同的回收方式。而这一点在不同法律中有着非常明显的体现。四大家电由于体积大、回收难度大，所以主要由生产厂家进行回收；小家电体积小易于运输且回收难度相对较小因而主要由

地方政府来回收。同时，由于对不同的电子产品回收政策制定得非常具体，因而普通民众在进行废弃物处理时可以有非常明确的依据。

按照产品种类，有针对性地结合每一产品的特点、回收难易程度制定有针对性的法律，这样的做法增加了政策制定的烦琐程度，但是却能将各种产品回收利用效率最大化，提高政策的有效性。

（六）合理分担回收处理责任

日本的循环经济立法体系之中对于生产企业、销售方、消费者、国家、地方公共团体各主体的职责都有非常明确的划分。例如在四大家电的回收之中，生产方主要负责产品的再循环处理，销售方负责产品的回收运输等，消费者是主要付费的承担者，而政府在建立管理体系和宣传方面起着非常重要的作用。

权责明确的政策设计是提高政策有效性的重要因素。在回收的各个环节中，都有明确的责任主体与之对应，不同主体之间相互制约，减少政策监督成本。

（七）产品生命周期的各个环节都有相应的法律制约

在生产环节，日本政府要求企业在生产时就需要考虑产品回收利用时的难易程度，要求尽可能采用相对容易回收的设计，并通过生产者责任制度确保产品废弃后能够被回收再利用；在流通环节，销售方有责任回收出售的相关产品，并通过管理券制度管理产品的流通；在回收利用环节，建立了比较完整的回收渠道，通过经销商或者市町村进行回收，由产品经销商进行中间的运输，交给生产商进行回收处理，或者由各层地方政府进行处理等；在废弃环节，明确了产品废弃时的相关规定，要求消费者必须要将特定可回收产品交由指定回收者进行处理。

日本废弃电器电子产品回收的相关法律政策覆盖了产品生命周期的各个环节，与各环节明确的责任主体相结合，降低了政策监督的成本，各环节相互制约，能够自发地保证产品循环回收过程的顺利进行，提高回收效率。

（八）结合回收再利用实际情况，不断调整政策和标准

日本环境省重视相关法律的实施效果及反馈，对法律实施情况进行调查，以了解政策实施情况并对法律政策进行一定的优化，又有效地促进了废弃电器电子产品的回收再利用。依据《家电再利用法》第52条规定，每五年进行的系统调查如今已经实施了两次，并且基于第一次调查，政策法规以及具体的实施方法都进行了一定的科学化的调整。日本废弃电器电子产品的相关法律标准的制定是根据回收再利用的实际表现情况，以保证法律能够有效地约束市场行为，提高产品再利用程度。如再资源化率法定标准的确定，市场实际的再资源化率高于现有的标准，故在2009年提高了部分废弃家电产品再资源化率的法定标准，使得法定标准能与行业平均水

平相结合，淘汰某些低水平的回收处理行业。

日本政府密切关注政策执行情况，并针对出现的问题提出有效的改进措施，一方面提高各个主体对政策的满意度，另一方面确保政策能对废弃电器电子回收起到有效的促进作用。这正是日本废弃电器电子产品再资源化率不断提高的重要原因。

六、对完善我国废弃电器电子产品回收处理政策的启示

对于目前中国废弃电器电子产品的回收再利用情况，结合日本相关法律政策实践，建议如下：

（一）加强立法工作，建设更加完善的法律体系

中国立法体系尚不健全，具体涉及废弃物再利用的法律比较缺失。中国要提高废弃电器电子产品回收利用的效率，急需加快立法工作，尤其是可以借鉴日本的法律体系和框架加快相关立法工作，注重有关法规的衔接配套。中国还可以借鉴日本相关政策和法律，从制度层面尽可能地推进废弃电器电子产品的资源化，实现废物的减量化和无害化。

（二）加强宣传教育，提高公民和企业废弃电子产品回收再利用的意识

目前，我国公民和企业对废弃电器电子产品的污染性和资源浪费认识度严重不足，缺乏回收循环意识。这是我国废弃电器电子产品回收率低的一个重要原因。

日本政府对于宣传绿色产品等教育工作负有相关的责任，在中国也应当加强废弃物处理的宣传教育工作，提高公民的法律意识和环保意识，避免出现随意丢弃废弃电子产品的现象，发挥民众对废弃电器电子产品回收的监督作用，提高我国废弃电器电子产品的再资源化率。

（三）优化回收费用征收方式，促进产品回收利用

目前在中国，是对目录产品的生产者收取一定的基金，并补贴给处理企业。征收基金实际增加了产品的成本，最终由消费者在购买时承担，但是事后并不如日本那样有效地促进产品的回收再利用。由此，可以探讨能否更加优化我国当前基金的征收方式，使其在废弃电器电子产品回收处理中发挥更大的作用。

此外，在基金补贴方面，也要进一步地设计更有效的补贴方式，减少补贴发放的监督成本，使基金更多地应用在回收渠道建立、技术研发等方面。

（四）推广政府及企事业单位的绿色购买

可以借鉴日本的《绿色购入法》的相关规定，通过一定的规章制度，推动政府及企事业单位在采购时更多地考虑产品的环保因素，尽可能地购入环保产品。鼓励一般企业和消费者购买绿色产品。

通过这种政策支持，提高生产者对节能、环保产品的研发投入，从源头上减少对环境的污染，提高环保产品的种类和数量。

（五）建立完善的废弃物回收渠道，保证电子废弃物能够流向规范处理企业

日本政府很重视零售商回收的废弃家电能否顺利地交到企业手里，因此建立了完整的回收渠道。而我国由于回收渠道不完善，造成很多废弃电器电子产品不能进入规范的处理厂，废弃电器电子产品回收率较低。

建立起正规、有效的回收渠道将会显著地提高我国废弃电器电子产品回收情况，减少我国目前广泛存在的简单物理拆解的现象，增大再资源化率高的企业的废弃电器电子产品处理规模。

（六）明确各主体的责任，加强协作

目前中国废弃电器电子产品回收在责任的划分上尚不明确，消费者、生产者抑或是政府，究竟应当哪一方承担再回收的责任尚不明确，日本的做法对于当前中国的废弃电子产品管理立法具有一定的借鉴意义。中国废弃电器电子产品回收的相关法律政策也应明确规定政府机关、相关协会、生产企业、零售商和消费者等不同主体的责任，全面管理产品从生产到废弃的各个环节，避免整个产品回收循环链条的断裂，提高废弃电器电子产品的回收再利用水平。

评估篇 Waste
Electronic Product Management in Major
Countries and Relevant Policies in China

· 我国废弃电器电子产品管理政策及评估方法

· 2013 年政策执行情况及效果评价

我国废弃电器电子产品管理政策及评估方法

2009 年 2 月,《废弃电器电子产品回收处理管理条例》的正式颁布,标志着实施生产者延伸责任制成为我国废弃电器电子管理的核心思想。2011 年开始,《废弃电器电子产品处理目录(第一批)》、《废弃电器电子产品处理资格许可管理办法》、《废弃电器电子产品处理基金征收使用管理办法》、《废弃电器电子产品处理企业补贴审核指南》等政策细则陆续出台,初步建立了以基金征收制度和处理企业补贴制度为核心的具体政策实施方案。

我们试图建立一套较为完善的政策指标评估体系,对目录及配套政策的执行环节、产出环节进行多维度、系统性的评估。

一、现有废弃电器电子产品相关政策分析

(一) 废弃电器电子产品相关政策背景

改革开放初期,经济发展水平落后是我国面临的首要问题,因此发展经济成为我国政府当时的首要任务。同时,由于我国居民的环保意识较为薄弱,环保领域的政策法规也不完善,导致部分人和部分地区牺牲环境效益以追求经济效益,造成了严重的污染问题。严重的环境污染与生态环境的破坏使我们付出了巨大的代价,不仅危害人们的身体健康,还对经济发展、社会稳定、人类生存造成一定程度的影响。随着经济发展水平的提高和居民收入的增长,政府和社会对环境保护的重视程度越来越高,我国民众对于良好生态环境的重视程度也有所加强。随着人民生活、消费水平的提高以及科技的不断进步,电器电子产品更新换代的速度不断加快,全球每年所产生的废弃电器电子产品规模不断上升。2013 年,由联合国以及民间组织联合发起的"解决电子垃圾问题倡议"项目最新发布的研究报告称,2012 年全球产生的电子垃圾约为4 890万吨,以全球人口 70 亿计算,平均每人就要产生 7 千克的电子垃圾。其中,我国本土所产生的电子垃圾超过 725 万吨,居世界第二位;若考虑到

欧美发达国家向我国出口大量电子废弃物，我国所处理的废弃电器电子产品已经居全世界第一位。该报告预测，2017 年全球废弃电器电子产品产量将达到6 540万吨，较 2012 年上升33％，其中以我国为代表的发展中国家废弃电器电子产品产量增速将高于发达国家。

电子废弃物含有的大量多氯联苯、铅、汞等有毒、有害成分，在回收及综合利用过程中，处理不当会不同程度地造成环境污染。此外，电子废弃物中也包含可以回收再利用的资源，属于可回收垃圾，做好回收利用，可以变废为宝，实现降低产品综合生产成本的目的。在我国，对废弃电器电子产品予以安全、高效、环保地处理，对我国的生态文明建设和可持续发展具有极为重要的意义。

然而，由于长期以来政策环境、市场机制不成熟，特别是专门针对废弃电器电子产品回收处理行业的政策体系一直没有建立，也缺乏相应的行业标准和规范，大量"游击队"、"小商小贩"、"家庭作坊"成为废弃电器电子产品回收处理的主力军。在这种市场格局下，废弃电器电子处理行业存在着严重的环境污染隐患，废弃电器电子产品中所蕴含的大量资源也并未得到有效利用。

为此，规范我国电子废弃物的回收处理，实现对环境的保护和对资源的回收再利用，成了我国政府刻不容缓的任务。21 世纪以来，政府加紧了这方面的工作，2009 年 2 月，我国《废弃电器电子产品回收处理管理条例》（以下简称《条例》）正式颁布，自 2011 年 1 月 1 日起施行。《条例》及相关政策出台后，针对《条例》中提出的"制订和调整《废弃电器电子产品目录》"、"实行多渠道回收和集中处理制度"、"实行资格许可制度"以及"建立废弃电器电子产品处理基金"等内容，国家相关部委相继制定了多项实施细则和管理规定。

随着各项政策的实施，我国废弃电器电子产品处理行业得到了快速发展，呈现出以个体作坊式为主逐步向规范化、绿色化、规模化和产业化方向发展。然而，由于我国废弃电器电子回收处理领域的相关政策出台时间较短，且在不断改进之中，相关企业决策仍处于一个多阶段的博弈过程，尚未达到最终稳定均衡，因此政策的实施效果尚未完全显现。

（二）《条例》出台前我国废弃电器电子产品管理相关政策发展历程

在《条例》出台前，我国对废弃电器电子产品的管理散见于其他法律法规之中，包括 1989 年出台的《中华人民共和国环境保护法》（以下简称《环境保护法》）、1995 年颁布的《中华人民共和国固体废物污染环境防治法》（以下简称《固体废物污染环境防治法》）和 2003 年出台的《中华人民共和国清洁生产促进法》等宏观层面的法律法规。直到近十几年，才逐渐有了专门的政策法规。

1989 年 12 月 26 日，第七届全国人民代表大会常务委员会第十一次会议通过了修订的《环境保护法》，它是我国环境立法和实践工作的一座里程碑，为环境法律关系的调整设定了一系列制度，也曾经解决了一定的环境法律问题，在保护环境特别是控制污染方面发挥了积极作用，是我国环境保护领域的一项基本法律。《环境保护法》明确了污染者的责任，将污染者的责任纳入了环境保护责任制度，还规定工业企业应当采用资源利用率高、污染物排放量少的设备和工艺，采用经济合理的废弃物综合利用技术和污染物处理技术，这些规定和责任制度在后来的电器电子产品管理政策中得到了体现和进一步发展。

1995 年 10 月 30 日，第八届全国人大常委会第十六次会议通过了《固体废物污染环境防治法》，对固体废物的产生、收集、贮存、运输、利用和处置过程中的各个环节做了一般性的规定。虽然在《固体废物污染环境防治法》中并未对固体废物进行细分，没有专门针对废弃电器电子产品的回收处理做出规定，但是它提出的鼓励、支持综合利用资源，对固体废物实行充分回收和合理利用，并采取有利于固体废物综合利用活动的经济、技术政策和措施，鼓励支持清洁生产等原则和立法精神，已经融入到了后来的废弃电器电子产品管理政策和法规之中。

《固体废物污染环境防治法》中已经包含了鼓励支持清洁生产的理念，但是它并没有对"清洁生产"这一概念做出明确的定义及具体的规定。为了进一步促进清洁生产，提高资源利用效率，减少和避免污染物的产生，保护和改善环境，保障人体健康，促进经济与社会可持续发展，2002 年 6 月 29 日，第九届全国人民代表大会常务委员会第二十八次会议修订通过了《中华人民共和国清洁生产促进法》（以下简称《清洁生产促进法》），自 2003 年 1 月 1 日起施行。该法明确定义了"清洁生产"的概念：不断采取改进设计、试用清洁的能源和材料、采用先进的工艺技术与设备、改善管理、综合利用等措施，从源头削减污染，提高资源利用效率，减少或者避免生产、服务和产品使用过程中污染物的产生和排放，以减轻或者消除对人类健康和环境的危害。《清洁生产促进法》规定我国境内从事生产和服务活动的单位以及从事相关管理活动的部门依法组织实施清洁生产。该法要求企业对生产过程中产生的废物进行综合利用或者循环使用，并规定在产品的设计中，应当考虑其在生命周期中对人类健康和环境的影响，优先选择便于回收利用的方案。这其实贯彻了生产者责任延伸制度，在这点上，后来的废弃电器电子产品管理政策法规与此是一脉相承的。

之前颁布的这些法律法规，从宏观层面对我国的环境保护和废物管理做出了原则性的规定和指导，也奠定了后来的废弃电器电子产品管理政策法规的基本精神和原则。

21 世纪以来，随着我国经济的快速发展和社会消费水平的不断提高，废旧计算机、电视和冰箱等电子废物迅速增加，已成为不可忽视的环境污染源，处理不当，可能酿成严重的环境污染事故。在这样的背景下，仅仅依靠上述的宏观法律来规范废弃电器电子产品的相关行业已经远远不够。由于没有专门的政策法规进行约束和指导，废弃电器电子产品回收处理行业的规模又随着产品废弃量的急剧增长而迅速扩大，行业运行存在着很多混乱现象，而在之前的法律中并没有对一些具体问题做出规定，对这一规模迅速扩大的行业的管理，一度出现了无法可依、无法可引的情况。

为了解决这一问题，国家开始研究制定专门针对废弃电器电子产品管理的法律和政策，在《条例》出台之前的几年中，相继颁布了一系列与电子废弃物管理相关的环境法律、法规、标准、技术指南和规范，包括《废弃家用电器与电子产品污染防治技术政策》、《电子信息产品污染控制管理办法》、《电子废物污染环境防治管理办法》等，为《条例》及配套政策的出台奠定了基础。

2006 年 4 月 27 日，国家环保总局（现环境保护部）、科技部、信息产业部（现工业和信息化部）、商务部联合发布了《废弃家用电器与电子产品污染防治技术政策》。该政策的制定是为了贯彻《固体废物污染环境防治法》和《清洁生产促进法》，从源头控制家用电器与电子产品使用废弃后的废物产生量，提高资源回收利用率，控制其在综合利用和处置过程中的环境污染。该政策提出了废弃电器与电子产品污染防治的指导原则，推行了"三化"原则，即减量化、资源化和无害化，并提出实行"污染者负责"的原则，由电器电子产品的生产者、销售者和消费者依法分担废弃产品污染防治的责任。该政策还提出了废弃家用电器与电子产品污染防治的三大目标，即从源头减少和控制电子产品中有毒有害物质的使用，提高电子产品的回收率和资源化利用率，规范电子废物在资源化利用过程中的环境污染。同时，该政策提出了产品环境友好设计的要求，即减少有毒有害物质的使用、延长产品使用寿命、提高产品的再使用和再利用特性、提高产品零部件的互换性、合理使用包装材料。《废弃家用电器与电子产品污染防治技术政策》属于指导性技术文件，它的发布对中国电子废物的处理处置发挥了重要的指导作用，为电器电子产品环境友好设计标准，废弃产品拆解、再利用和处置的污染控制技术规范的制订提供了重要的指导；同时，为后来的废弃电器电子产品处理提供了可选择的、适用的工艺和技术，使电子废物的处理有规可循。除此之外，该政策还为废弃电器电子产品处理行业污染防治相关技术和设备的研发指明了方向，促进相关产业的发展。

配合指导性的政策文件，更具操作性的部门规章也相继出台。同在 2006 年，为了控制和减少电子信息产品废弃后对环境造成的污染，促进生产和销售低污染电子信息产品，保护环境和人体健康，信息产业部（现工业和信息化部）、国家发展改革委、商务部、海关总署、工商总局、质检总局和国家环保总局（现环境保护部）联合发布了《电子信息产品污染控制管理办法》，自 2007 年 3 月 1 日开始实行。该办法的制定，一是为了减少危害和有毒物质在家电生产中的使用，二是为了减少在生产、回收和处理这些电子信息产品时造成的环境污染。《电子信息产品污染控制管理办法》参考了欧盟 RoHS 指令，即危害物质限制指令，包括对环境设计的要求，限制在电子产品中使用 6 种危害物质（铅、汞、镉、铬、多溴联苯和多溴联苯醚），要求生产者公布产品中的成分信息、有害物质信息、安全使用的期限以及回收使用的潜力。

《电子信息产品污染控制管理办法》主要是从生产和进口环节调整要求产品生态设计，规范了生产厂商的行为。然而，电子信息产品生命周期中的回收处理阶段还缺乏专门的操作性的政策法规进行规范。为了填补这一空白，2007 年 9 月 27 日，国家环保总局（现环境保护部）发布了《电子废物污染环境防治管理办法》，对电子废物的拆解、利用、处置等环节进行规范管理，《电子废物污染环境防治管理办法》自 2008 年 2 月 1 日起开始实行。该办法制定的目的在于阻止在电子废弃物的储存、运输、拆解、循环利用和处理过程中带来的环境污染。该政策制定了电子废弃物处理企业许可框架，适用于一系列想要获得处理执照的处理企业，地方环保当局对企业是否符合处理标准和要求进行确认，然后颁发处理执照。这一政策规定，环保部要对电子废弃物的污染者负有监管责任。

除了上述三部专门的政策法规外，在这段时期，也有与废弃电器电子产品管理相关的宏观法律法规出台，包括 2008 年颁布的《中华人民共和国循环经济促进法》（以下简称《循环经济促进法》）和 2009 年更新的《进口废物管理目录》。

2002 年颁布的《清洁生产促进法》提出了资源、废物和能源循环使用的思想，而清洁生产本身就属于循环经济的一个子系统。循环经济体系是以产品清洁生产、资源循环利用和废物高效回收为特征的生态经济体系。由于它将对环境的破坏降到最低程度，并且最大限度地利用资源，因而大大降低了经济发展的社会成本，有利于经济的可持续发展。对于我国而言，大力发展循环经济是走新型工业化道路的题中应有之义。因而，在《清洁生产促进法》颁布之后，为了填补循环经济系统内其他环节的法律空白，促进循环经济发展，提高资源利用效率，保护和改善环境，实现可持续发展，2008 年，全国人民代表大会常务委员第四次议通过了《循环经济促进法》，2009 年 1 月 1 日开始实行。该法旨在建立循环经济规划制度，建立抑制资源浪费和污染物排放的总量调控制度，强化对高耗能、高耗水企业的监督管理，提出减量化、再利用化和资源化。除此之外，该法建立了一系列激励机制，主要包括：建立循环经济发展专项资金；对循环经济重大科技攻关项目实行财政支持；对促进循环经济发展的产业活动给予税收优惠；对有关循环经济项目实行投资倾斜；实行有利于循环经济发展的价格政策、收费制度和有利于循环经济发展的政府采购政策。

　　随着废弃电器电子产品数量的高速增长，发达国家的"洋电子垃圾"在中国沿海一些省份大量进口，引起了全社会的广泛关注。进口的废弃电器电子产品为境内拆解企业带来利润的同时，极大危害了我国的环境，负的外部性远远大于拆解企业获得的微薄利润。为了杜绝这种乱象，环境保护部、商务部、国家发展改革委、海关总署、质检总局在2009年更新的《进口废物管理目录》中，新增并细化了许多禁止进口的二手电器产品和电子废弃物，以应对非法进口的电子废弃物带来的一系列问题。然而，从近几年的效果来看，尽管制定了这一政策，我国废弃电器电子产品的进口并没有得到有效遏制。目前，中国已经成为世界上最大的电子垃圾进口国，吸纳了全球80%左右的电子垃圾出口，亟须加强海关和环保等监管，保证该政策的有效性。

　　在《废弃电器电子产品回收处理管理条例》出台之前，表4-1中的法律法规指导和规范着我国废弃电器电子产品相关行业的运行。特别是《废弃家用电器与电子产品污染防治技术政策》、《电子信息产品污染控制管理办法》、《电子废物污染环境防治管理办法》这三部政策法规，是我国最早的专门针对废弃电器电子产品相关行业的法规，从生产、进口、销售到贮存、运输、拆解、回收、处理、循环利用的各个环节，对电器电子产品行业做出了规范和指导。这几部法规提出了很多基本原则和立法精神，例如"三化"原则（减量化、资源化和无害化）、"污染者负责"原则以及环保设计理念，并规定了电器电子产品生产者的相关责任等，这些基本原则和立法精神共同为《条例》和目录及其配套政策的出台奠定了基础。

表4-1　　《条例》出台前我国废弃电器电子产品管理相关政策

法律法规	颁布部门	重点内容	实施时间
《中华人民共和国环境保护法》	全国人民代表大会常务委员会	明确了污染者的责任，将污染者的责任纳入了环境保护责任制度	1989年12月26日
《中华人民共和国固体废物污染环境防治法》	全国人民代表大会常务委员会	鼓励、支持综合利用资源，对固体废物实行充分回收和合理利用	1996年4月1日
《中华人民共和国清洁生产促进法》	全国人民代表大会常务委员会	规定企业清洁生产，循环利用材料和能源，在产品的设计中，考虑其在生命周期中对人类健康和环境的影响，优先选择便于回收利用的方案	2003年1月1日
《废弃家用电器与电子产品污染防治技术政策》	国家环保总局（现环境保护部）、科技部、信息产业部（现工业和信息化部）、商务部	提出了废弃电器与电子产品污染防治的指导原则，推行"三化"原则，实行"污染者负责"的原则，制订对电子废弃物环境友好的回收、处理和再利用措施	2006年4月27日

法律法规	颁布部门	重点内容	实施时间
《电子信息产品污染控制管理办法》	信息产业部（现工业和信息化部）、国家发展改革委、商务部、海关总署、工商总局、质检总局和国家环保总局（现环境保护部）	要求产品为环境而设计，限制使用有害物质，要求生产者提供商品信息	2007 年 3 月 1 日
《电子废物污染环境防治管理办法》	国家环保总局（现环境保护部）	呼吁组织对电子废弃物回收、拆解和处理时带来的污染，制定电子废弃物处理企业许可框架	2008 年 2 月 1 日
《进口废物管理目录》	环境保护部、商务部、国家发展改革委、海关总署和质检总局	禁止进口电子废弃物	2009 年 8 月 1 日起调整执行
《中华人民共和国循环经济促进法》	全国人民代表大会常务委员会	建立循环经济规划制度，建立抑制资源浪费和污染物排放的总量调控制度，提出减量化、再利用和资源化	2009 年 1 月 1 日

从政策的具体内容上来看，这三部专门性的政策法规，提出了废弃电器与电子产品污染防治的指导原则，推行"三化"原则，规定由电器电子产品的生产者、销售者和消费者依法分担废弃产品污染防治的责任，还提出了废弃家用电器与电子产品污染防治的三大目标，即从源头减少和控制电子产品中有毒有害物质的使用，提高电子产品的回收率和资源化利用率，规范电子废物在资源化利用过程中的环境污染。同时，还提出了产品环境友好设计的要求，即减少有毒有害物质的使用、延长产品使用寿命、提高产品的再使用和再利用特性、提高产品零部件的互换性、合理使用包装材料，限制在电子产品中使用 6 种危害物质（铅、汞、镉、铬、多溴联苯和多溴联苯醚），要求生产者公布产品中的成分信息、有害物质信息、安全使用的期限以及回收使用的潜力。另外，还制定了电子废弃物处理企业许可框架，适用于一系列想要获得处理执照的处理企业，地方环境当局对企业是否符合处理标准和要求进行确认，然后颁发处理执照，规定环保部要对电子废弃物的污染者负有监管责任。这三部专门性政策的发布对我国电器电子产品行业的管理发挥了重要的指导作用，为电器电子产品环境友好设计标准，为废弃产品拆解、再利用和处置的污染控制技术规范的制订提供了重要的指导；同时，为后来的废弃电器电子产品处理提供了可选择的、适用的工艺和技术，使电子废物的处理有规可循。除此之外，这些政策还为废弃电器电子产品处理行业污染防治相关技术和设备的研发指明了方向，促进了相关产业的发展。

但是，与《条例》相比，这三部政策在系统性和细节层面上都存在着诸多不足。首先，这几部法规规定的适用产品范围相对笼统，只是大体上规定政策适用于家用电器及类似用途产品以及信息技术（IT）和通信产品、办公设备，但没有明确的适用产品的具体名单，而电子产品更新换代速度快，产品的多功能化趋势日益明显，这使得政策在执行过程中存在适用范围界定不清晰的问题。而后来的《条例》则明确规定了以《废弃电器电子产品处理目录》确定条例的适用范围，专门制定并更新"目录"来使政策的执行范围得以明确。

其次，在回收处理环节，对于处理企业的管理，后来的《条例》的思路是通过差异化政策扶植和管理重点处理企业，实现这些企业在规范处理中逐渐占据主导位置，从而实现整个处理行业的规范化，实现环保效益和资源效益。这一思路是通过许可制度来实现的，环保部门对处理企业实施审批，严格控制获得许可的处理企业数量。而在《条例》之前的这三部政策法规中，虽然也规定了处理企业应具备的条件，并且规定实施处理的企业必须获得处理资格证书，但是并没有明确获得资格证书以及对获得资质的企业进行补贴的相关规定，在这样的背景下，规范的处理企业并不能在竞争中占据优势地位，从而也不利于整个行业的规范化。

更加重要的差别在于，这三部政策虽然已经提出了让生产者担负起产品在整个生命周期中的责任，体现了生产者责任延伸的理念，但是并没有建立起一套切实可行的体制来实现这一设想。这三部政策法规中，涉及生产者责任和行为的条文，绝大多数都是鼓励性的，而几乎没有强制规定生产者需要如何履行责任，并且也没有明确政府对生产者监管的责任。因此在《条例》出台以前，生产者责任延伸在相关政策中，更多是体现在理念上，而没有能够通过设计出有效的机制使之落在实处。而后来的《条例》则是明确规定，通过建立废弃电器电子产品处理专项基金，对生产者征收基金，用以补贴回收处理企业，从而实现生产者责任延伸。在这一点上，《条例》的可操作性是之前的这些政策所不能比的。

综上所述，在《条例》出台之前，《废弃家用电器与电子产品污染防治技术政策》、《电子信息产品污染控制管理办法》、《电子废物污染环境防治管理办法》这三部针对废弃电器电子产品回收处理的专门性政策，在理念和立法精神上，为《条例》及配套政策的出台奠定了坚实的基础；然而，这些政策在一些细节上，以及相关规定的可操作性上，由于体系的不完善，还有很大的欠缺。因而，我国废弃电器电子产品的回收处理还是处于一种无序的状态，亟须出台一套全方位的、系统的、操作性强、相关方责任明晰的政策法规来对整个行业进行规范。

（三）《条例》出台后相关政策的进一步完善

在《废弃电器电子产品回收处理管理条例》、目录及其配套政策出台之前，虽然有上述法律法规对废弃电器电子产品的回收处理进行指导和约束，但总的来说，我国废弃电器电子产品的回收处理还是处于一种无序的状态，并没有专门的部门进行具体管理，没有正规的回收渠道，也没有经过认证的无污染专业处理厂。在经济利益的驱动下，大量的处理厂采用烧、烤、酸泡等原始手段处理废弃电器电子产品，造成了严重的环境污染，同时，由于缺乏先进、适用的回收处理技术工艺，废弃电器电子产品中所包含的物料价值也无法得到充分的回收利用，造成了资源的极大浪费。

为了规范废弃电器电子产品的回收处理活动，促进资源综合利用，保护环境，保障人体健康，国务院于 2009 年 2 月公布了《废弃电器电子产品回收处理管理条例》，并于 2011 年 1 月 1 日起正式实施。该条例的施行对中国废弃电器电子产品管理具有划时代的意义。《条例》规定，以"废弃电器电子产品处理目录"确定条例的适用范围，废弃电器电子产品应该通过多种渠道回收，并且由取得处理执照的处理企业进行处理。《条例》还规定了申请废弃电器电子产品处理资格的企业需要具备的条件，禁止无废弃电器电子产品处理资格证书或者不按照废弃电器电子产品处理资格证书的规定执行的企业处理废弃电器电子产品。《条例》还确立了建立废弃电器电子产品处理专项基金，同时明确了政府监管责任与实施主体。

《条例》针对电器电子产品产业链中的各个环节，明确规定了相关方的责任，包括生产者（进口商）、经销商、维修公司、回收企业、处理企业以及购买了电器电子产品的机关、团体、企事业单位。各方的具体责任如表 4-2 所示。

表 4-2　《条例》规定的相关方责任

相关方	责任
生产者（包括进口商）	采用有利于资源综合利用和无害化处理的设计方案，使用无毒无害或者低毒低害且便于回收利用的材料；按照销售到市场上的产品缴纳基金
经销商	在营业场所显著位置标注废弃电器电子产品回收处理提示性信息
维修公司	在营业场所显著位置标注废弃电器电子产品回收处理提示性信息，保证维修产品的质量和安全，对于维修后重新销售的电器电子产品，需在显著位置标识为旧货
消费者（机关、团体、企事业单位）	将废弃电器电子产品交有废弃电器电子产品处理资格的企业处理，依照国家有关规定办理资产核销手续
回收企业	为消费者提供多渠道和途径以方便手机电子废弃物的回收；将收集到的电子废弃物转交给取得执照的处理企业
处理企业	遵守国家电子废弃物处理标准；建立处理设备的环境质量监控系统；未处理的电子废弃物建立信息管理系统，并报告给当地环保局

《条例》提出，在废弃电器电子产品管理上建立"目录制度"、"规划制度"、

"多渠道回收制度"、"集中处理、资质许可制度"、"基金制度",针对这几个方面,相关部委相继出台了一系列配套政策,将这些制度落实得更加具体和细致。

在"目录制度"方面,配合《条例》的实施,2010 年,国家发展改革委、环境保护部、工业和信息化部联合下发了《废弃电器电子产品处理目录(第一批)》和《制订和调整废弃电器电子产品处理目录的若干规定》,二者明确了《废弃电器电子产品处理资格许可管理办法》的约束范围。目录详细规定了第一批参与废弃电器电子产品处理的种类(包括电视机、电冰箱、洗衣机、房间空调器和微型电脑这五类产品),为后续相关政策实践限定了产品范围。随后,国家发展改革委、海关总署、环境保护部、工业和信息化部发布了《废弃电器电子产品处理目录(第一批)适用海关商品编号(2010 年版)》以配合《条例》和目录的施行。

而在"规划制度"、"集中处理、资质许可制度"这两方面,为了落实《条例》的各项规定,2010 年,环境保护部制定下发了一系列相关的配套政策,包括《关于组织编制废弃电器电子产品处理发展规划(2011—2015)的通知》、《废弃电器电子产品处理发展规划编制指南》、《废弃电器电子产品处理资格许可管理办法》、《废弃电器电子产品处理企业资格审查和许可指南》、《废弃电器电子产品处理企业建立数据信息管理系统及报送信息指南》和《废弃电器电子产品处理企业补贴审核指南》。

在环保部 2010 年下发的这些政策中,《关于组织编制废弃电器电子产品处理发展规划(2011—2015)的通知》和《废弃电器电子产品处理发展规划编制指南》是对应《条例》提出的"规划制度"。《关于组织编制废弃电器电子产品处理发展规划(2011—2015)的通知》是为了贯彻落实《条例》,指导各省(区、市)科学合理规划和发展废弃电器电子产品处理产业,规范废弃电器电子产品处理活动,对各省、自治区、直辖市的环保厅(局)、国家发展改革委、工业和信息化主管部门、商务主管部门,提出抓紧开展废弃电器电子产品处理发展规划编制工作的要求,敦促各级主管部门合理确定发展目标,引导处理产业健康发展,发展适宜的处理技术和装备,稳步推进回收网点建设,推动规划的落实。而随后发布的《废弃电器电子产品处理发展规划编制指南》,则是对各地区编制废弃电器电子产品处理发展规划进行指导,旨在提高规划编制的规范性和科学性。

而上面列举的环保部在 2010 年发布的后四项政策文件则是着眼于废弃电器电子产品的回收处理,是对《条例》提出的"集中处理、资质许可制度"的细化。12 月发布的《废弃电器电子产品处理资格许可管理办法》,为废弃电器电子产品处理企业细化了《条例》中的处理资格申请标准和违规处理办法。2010年末,环保部还颁布了 3 个与之配套的指南。《废弃电器电子产品处理企业资格审查和许可指南》进一步细化了处理企业日常运营记录和补贴申请方法,并规定申请企业应当建立数据信息管理系统，跟踪记录废弃电器电子产品在企业内部运转的整个流程，《废弃电器电子产品处理企业建立数据信息管理系统及报送信息指南》规定了企业的信息记录及披露的责任与方法，《废弃电器电子产品处理企业补贴审核指南》则从监管层面明示了补贴的依据、计算方法和操作程序。

"基金制度"方面的配套政策则出台相对较晚。2011年，《条例》、目录及相关配套政策正式实施。在政策实施初期，由于电器电子产品类别庞杂、新产品层出不穷、产品类别界定存在争议，给基金的征收和使用带来了一定的困难。一年以后，为了规范废弃电器电子产品处理基金征收使用管理，财政部、环境保护部、国家发展改革委、工业和信息化部、海关总署、国家税务总局根据《废弃电器电子产品回收处理管理条例》，于2012年5月21日联合发布了《废弃电器电子产品处理基金征收使用管理办法》，自2012年7月1日起执行。该办法细化了《废弃电器电子产品回收处理管理条例》，明确了基金征收和使用的条件，以及征收和补贴的对象。同年，国家税务总局根据《废弃电器电子产品处理基金征收使用管理办法》，发布了《废弃电器电子产品处理基金征收管理规定》，自2012年7月1日起执行。该规定细化了基金的征收范围和征收标准，明确了负责征收基金的单位（国家税务总局），同时明确了基金的征收适用税收征收管理的规定。

针对"多渠道回收制度"的配套政策出台则更加滞后。在回收处理方面，2010年环保部发布的《废弃电器电子产品处理资格许可管理办法》及后续的3个配套指南聚焦于处理环节，而在回收环节，并没有细化的规定。2012年，商务部发布了《废弃电器电子产品回收管理办法（征求意见稿）》，填补了这一空白。该办法旨在规范废弃电器电子产品回收，节约资源，保护环境，建立与我国经济、社会和生态发展相适应的废弃电器电子产品回收体系，明确了由国务院商务主管部门负责对全国范围内废弃电器电子产品的回收活动实施备案制监督管理。

自《条例》、目录及配套政策实施以来，各部门为了应对实际工作中遇到的各种问题，以及审查各项工作的进展情况，又陆续发布了一系列工作意见和通知，包括《关于进一步明确废弃电器电子产品处理基金征收产品范围的通知》、《关于加强电子废物污染防治工作的意见》、《关于组织开展废弃电器电子产品拆解处理情况审核工作的通知》、《关于核查废弃电器电子产品处理企业资质审批情况的通知》、《关于完善废弃电器电子产品处理基金等政策的通知》等。

此外，根据《条例》及配套政策的规定，省级环境保护主管部门按季度组织对本辖区内处理企业上报的废弃电器电子产品拆解处理种类和数量开展审核，并将审核情况上报环保部。几年来，在废弃电器电子产品处理企业资格核查、基金补贴审核和监管过程中，各级环境保护主管部门发现了诸多问题，这些问题主要集中在以下几个方面：不符合补贴标准的废弃电器电子产品未单独管理；关键点位视频监控录像缺失，无法证明拆解处理的规范性；不规范拆解处理；记录管理不规范；设备设施不完善；室外贮存场地不规范；拆解产物贮存不规范；危险废物贮存管理不规范等。基于这些暴露出来的问题，需要对已有的规定要求进行适当调整完善，对亟须明确的要求予以明确。与此同时，各处理企业在生产和管理过程中也发现并提出了若干问题和意见，希望更加明确并统一相关规定的要求。在这样的背景下，为了更好地贯彻落实《废弃电器电子产品回收处理管理条例》、《电子废物污染环境防治管理办法》和《废弃电器电子产品处理基金征收使用管理办法》，提高废弃电器电子产品处理基金补贴企业规范生产作业和环境管理水平，环保部组织编制了《废弃电器电子产品规范拆解作业和管理指南（2014年版）》（征求意见稿），并于2014年8月6日下发。该指南对处理企业运营的每一个要素（生产、物流、仓储、记录、设备、供应链、人员、培训、财务、统计、安保、职业健康安全、应急预案和环境保护等）和处理过程的每一个环节（收集、贮存、拆解、加工、处置和运输等）都提出了相应的规范要求或指导意见。

目前，针对《条例》提出的"目录制度"、"规划制度"、"多渠道回收制度"、"集中处理、资质许可制度"、"基金制度"，配套政策已经基本健全。《条例》与其配套政策之间的关系如图4-1所示。

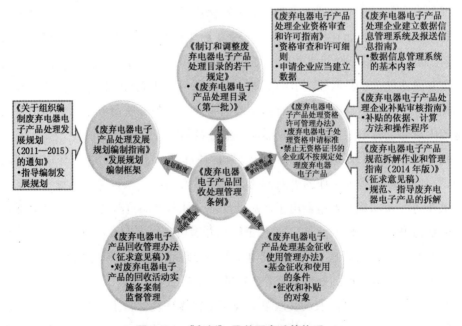

图4-1　《条例》及其配套政策体系

虽然我国废弃电器电子产品管理相关政策制定得较晚，但是从《条例》颁布以来，政策体系构建的速度很快，目前我国的废弃电器电子产品回收处理政策体系已经较为完备。《条例》、目录及其配套政策体系的目标是规范废弃电器电子产品回收处理活动，防止和减少环境污染，促进资源综合利用，发展循环经济，创建节约型社会，保障人体健康。整个政策体系的运行机理是通过差异化政策扶植和管理重点处理企业，实现这些企业在规范处理中逐渐占据主导位置，从而实现整个处理行业的规范化，实现环保效益和资源效益。政策体系运行的流程是：财政部向生产和进口企业征收基金，环保部门对回收处理企业进行资质认定，颁发许可证书，财政部根据各回收处理企业的处理量，将征收到的基金发放给具有处理资格的企业，基金征收标准和数额遵循"以支定收"的原则确定。

在我国目前的政策体系下，政府对废弃电器电子产品的监督管理和相关部门职责主要表现在以下7个方面：

第一，国家鼓励和支持废弃电器电子产品处理的科学研究、技术开发、技术标准的研究以及新技术、工艺、设备的示范、推广和应用。第二，国务院资源综合利用、质量监督、环境保护、工业信息产业等主管部门负责制定废弃电器电子产品处理的相关政策和技术规范。第三，省级人民政府环境保护主管部门会同同级资源综合利用、商务、工业信息产业主管部门编制本地区废弃电器电子产品处理发展规划，报国务院环境保护主管部门备案。第四，地方人民政府应当将废弃电器电子产品回收处理基础设施建设纳入城乡规划。第五，财政部会同环境保护部、国家发展改革委、工业和信息化部根据废弃电器电子产品回收处理补贴资金的实际需要，在听取有关企业和行业协会意见的基础上，适时调整基金征收和补贴标准，而国家税务总局和海关总署负责征收基金。财政部按照环境保护部提交的废弃电器电子产品拆解处理种类、数量和基金补贴标准，核定对每个处理企业补贴金额并支付资金。环境保护部、税务总局、海关总署等有关部门按照中央政府性基金预算编制的要求，编制年度基金支出预算，报财政部审核。第六，市级人民政府环境保护主管部门依照规定，负责废弃电器电子产品处理资格的许可工作。第七，县级以上地方人民政府环境保护主管部门通过书面核查和实地检查等方式，对废弃电器电子产品处理活动的监督检查。

可见，目前我国的废弃电器电子产品管理的政策体系核心是基金制度，基金征收的目的是让产品的实际成本回归真实的社会成本，使市场实现消除了外部性的均衡。在当前政策体系运行的理想状态下，基金发放给规范且技术最好的处理企业，并且基金征收恰好等于电器电子产品的负外部成本，此时企业选

择的产量就恰好是最优产量，在考虑了环境和资源效应的情况下，整个社会的
总福利能够达到最大化。

表 4-3　我国废弃电器电子产品回收处理政策体系

类别	文件名称	颁布部门	施行时间
法律、法规	中华人民共和国固体废物污染环境防治法	全国人民代表大会常务委员会	2005 年 4 月 1 日
	中华人民共和国清洁生产促进法	全国人民代表大会常务委员会	2003 年 1 月 1 日
	废弃家用电器与电子产品污染防治技术政策	国家环保总局（现环境保护部）、科技部、信息产业部（现工业和信息化部）、商务部	2006 年 4 月 27 日
	电子废物污染环境防治管理办法	国家环保总局（现环境保护部）	2008 年 2 月 1 日
	废弃电器电子产品回收处理管理条例	国务院	2011 年 1 月 1 日
处理目录	废弃电器电子产品处理目录（第一批）制订和调整废弃电器电子产品处理目录的若干规定	国家发展改革委、环境保护部、工业和信息化部	2011 年 1 月 1 日
	废弃电器电子产品处理目录（第一批）适用海关商品编号（2010 年版）	国家发展改革委、海关总署、环境保护部、工业和信息化部	2011 年 1 月 1 日
发展规划	废弃电器电子产品处理发展规划编制指南	环境保护部	2010 年 11 月 15 日
	关于组织编制废弃电器电子产品处理发展规划（2011—2015）的通知	环境保护部	2010 年 9 月 27 日
回收和处理	废弃电器电子产品处理资格许可管理办法	环境保护部	2011 年 1 月 1 日
	废弃电器电子产品处理企业资格审查和许可指南	环境保护部	2010 年 12 月 9 日
	废弃电器电子产品回收管理办法（征求意见稿）	商务部	2012 年 12 月 18 日
	关于核查废弃电器电子产品处理企业资质审批情况的通知	环境保护部	2013 年 9 月 2 日
	废弃电器电子产品规范拆解作业和管理指南（2014 年版）（征求意见稿）	环境保护部	2014 年 8 月 6 日下发征求意见

续　表

类别	文件名称	颁布部门	施行时间
基金征收和发放	废弃电器电子产品处理企业补贴审核指南	环境保护部	2010 年 11 月 16 日
	废弃电器电子产品处理基金征收使用管理办法	财政部、环境保护部、国家发展改革委、工业和信息化部、海关总署、国家税务总局	2012 年 7 月 1 日
	关于进一步明确废弃电器电子产品处理基金征收产品范围的通知	财政部、国家税务总局	2012 年 7 月 1 日
	关于组织开展废弃电器电子产品拆解处理情况审核工作的通知	环境保护部、财政部	2012 年 9 月 3 日
	关于完善废弃电器电子产品处理基金等政策的通知	财政部、环境保护部、国家发展改革委、工业和信息化部	2013 年 12 月 2 日

二、政策评价的意义

（一）综合评估政策影响，为后续政策改进提供依据

一套完善的政策评价体系可以帮助我们充分地了解政策带来的利与弊。目录及其配套政策自 2012 年 7 月起正式实行，其对废弃电器电子回收处理行业的影响是多方面的：处理资质许可制度的实施规范了处理行业，而处理补贴政策则激励了处理行业的规模扩张；但行业在发展过程中容易产生垄断、寻租、不公平等一系列问题。我们既要肯定目录及配套政策的积极贡献，也要时刻提防政策的不良影响。针对不能达到预期的政策目标，我们可以追根溯源，明确政策的影响路径，并对政策加以改进。

（二）发现执行环节漏洞，提高政策效率

政策的有效性不仅取决于政策设计本身，还取决于政策执行环节的表现。一个好的政策评价体系少不了对政策执行过程的评估，因为政策执行过程与政策效果密切相关。比如，如果政府在基金征收环节的低效导致大量漏征行为，一方面可能造成不公平，另一方面可能减少可用于补贴的基金总量，这将导致政策对处理行业补贴和促进规范回收处理的影响不显著。在政策执行过程中，如果执行环节存在漏洞，我们必须尽快填补，以免政策效果不理想。

（三）提供可靠结论，促进社会共识

电器电子产品数量巨大、种类繁多，仅依靠生产商进行收集处理比较困难。因此，电器电子废弃物回收处理活动需要政府、生产企业和消费者共同参与。一套真实可信的政策评估可以让市场参与主体认识到政策的价值，便于政府和消费者、经

销商、生产企业和处理企业等各方达成共识，共同承担废弃电器电子产品的回收处理责任。

三、国外政策评价方法

自 20 世纪 80 年代末生产者延伸责任制提出至今，其理念已经得到了一些环保意识较强的发达国家的认可，其衍生出的一系列环境政策已经被美国、欧盟国家等应用到废弃物管理领域。在推行政策的过程中，这些国家意识到政策评估的重要意义，并尝试建立了一些有针对性的环境政策评价方法体系。中国的生产者延伸责任制起步较晚，在政策制定上缺乏足够的经验，这些发达国家曾经暴露出或现在遇到的问题，很有可能就是我们即将遇到的挑战。尽管我国与这些发达国家的政治社会环境以及经济发展水平等不尽相同，我们不能把它们的政策手段生搬硬套，但是，它们评价政策的逻辑和视角，对我们依然很有借鉴意义。

（一）世界银行的项目后评价方法

项目后评价（post project evaluation）是指在项目已经完成并运行一段时间后，对项目的目的、执行过程、效益、作用和影响进行系统、客观的分析和总结的一种技术经济活动。项目后评价方法起源于美国，从 20 世纪 70 年代开始广泛地被世界银行、亚洲银行等双边或多边援助组织用于世界范围的各类发展援助项目结果评价中。从最初的财务评价、经济影响评价，到后来引入项目监管者所关心的环境影响评价和社会影响评价，项目后评价方法逐渐完善。虽然更多地被用于项目管理中，但其核心理念与我们进行 EPR 政策评价的目标相契合，可以为我们提供重要参考。

根据现代项目后评价理论，项目后评价的基本内容包括以下几个方面。

（1）项目目标后评价：该项评价的任务是评定项目立项时各项预期目标的实现程度，并对项目原定决策目标的正确性、合理性和实践性进行分析评价。

（2）项目效益后评价：即财务评价和经济评价。

（3）项目影响后评价：主要有经济影响后评价、环境影响后评价、社会影响后评价。

（4）项目持续性后评价：指在项目的资金投入全部完成之后，项目的既定目标是否还能继续，项目是否可以持续地发展下去，项目业主是否可能依靠自己的力量独立继续去实现既定目标，项目是否具有可重复性，即是否可在将来以同样的方式建设同类项目。

（5）项目管理后评价：以项目目标和效益后评价为基础，结合其他相关资料，对项目整个生命周期中各阶段管理工作进行评价。

项目后评价的综合评价方法是逻辑框架法。逻辑框架法是通过投入、产出、直接目的、宏观影响四个层面对项目进行分析和总结的综合评价方法。而项目后评价的主要分析评价方法则是对比法，即根据后评价调查得到的项目实际情况，对照项目立项时所确定的直接目标和宏观目标，以及其他指标，找出偏差和变化，分析原因，得出结论和经验教训。项目后评价的对比法包括前后对比、有无对比和横向对比。

（二）OECD 的 EPR 政策评估方法

OECD 十分重视成员国的废弃物治理，并于 1994 年专门开展了"生产者延伸责任制"研究项目。2005 年，OECD 专门撰写了 *The Analytical Framework for Evaluating the Costs and Benefits of EPR Programs*，作为 EPR 政策评估的指导性文件，便于各成员国参考其分析框架进行差异化的评估。该文件中的政策评价体系可以概括为三个步骤：

第一步，确定用于比较的基准。在进行政策评价时，和什么做对比取决于评价的目的。如果想了解该政策的推行是否提高了社会福利，那么可以和无作为情况下的预期福利来对比；如果想确定 EPR 政策和其他备选政策哪个能带来更高的社会福利，那么可以和推行备选政策的预期福利做对比；如果想了解 EPR 政策是否实现了既定目标，那么需要和政策目标进行对比。

第二步，找出需要关注的成本和利益因素。在进行这一步骤时，原则上我们需要充分考虑 EPR 政策下和基准场景下成本和利益的差异，并把这些差异全部纳入到政策评估当中。这里 OECD 提供了框架性的需要考虑的因素，包括废弃物处理成本、公共回收运营成本、私人成本（如果政策要求公众参与）、外部性、资源回收收益等。

第三步，量化这些成本和利益因素并汇总得到社会净福利。对于一些可获得完整数据的因素，它们的量化比较直观。比如废弃产品填埋成本，单位重量废弃物填埋成本数据可从生产者责任组织（PRO）或第三方填埋企业获得，总的废弃产品量可从统计局或行业协会获得；再比如公共回收运营成本，可从政府下属回收组织的财务数据获得。而其他一些因素则并不好量化，比如私人成本、一些环境外部性等，这些因素的相关数据需要调查问卷、专业人员估算等更为复杂的手段获取。这里 OECD 提供的建议是，对可量化的因素量化并汇总，然后和不可量化的因素做主观比较，权衡收益与成本。

四、我国废弃电器电子产品管理政策评估基本框架

（一）行业发展评价

1. 基本逻辑

国务院在 2011 年《废弃电器电子产品回收处理管理条例》的总则中指出，政府制定该条例的核心目标是：规范废弃电器电子产品的回收处理活动，促进资源综

合利用和循环经济发展，保护环境，保障人体健康。而随后政府陆续出台的《废弃
电器电子产品处理目录》（以下简称《目录》）及其配套政策，都是在为这个目标服
务。因此，在进行政策效果评价时，尽管政策本身会对包括生产企业、回收处理企
业、政府、公民个体在内的多方市场参与者产生影响，我们还是应当把评价的重心
放在废弃电器电子产品回收处理活动上。至于目标中提到的环境保护和健康保障，
由于其受影响因素比较多且传导过程复杂，不易与目录政策建立直接联系，因此不
会被纳入效果评价的范畴，我们会在后文的社会福利影响分析部分对政策的环境影
响进行单独评价。

在废弃电器电子产品回收处理行业的改革中，《目录》及配套政策带来的影响
是多方面的。而我们最关心的政策效果主要有：

★ 政策是否推动了废弃电器电子回收渠道的建设？

★ 在政策引导下，回收处理行业的处理能力是否足以消化规模庞大的电子废
弃物？

★ 在处理过程中，企业能否实现规范操作避免污染？

★ 回收处理企业回收资源的效率如何？

★ 行业在发展中是否存在扭曲或失衡？

在政策效果评价时，这些问题值得我们一一评估。这里，我们将需要评估的因
素划分为三个维度，即政策对行业规模的影响、政策对行业技术水平的影响，以及
政策对行业格局的影响。

2. 指标评价体系

表4-4详细介绍了行业发展评价体系中的各项指标。

表4-4　行业发展指标评价体系

指标大类	指标名称	指标定义
行业规模	处理行业产值	对于《目录》所定义的废弃电器电子产品，处理企业每年的生产总值
	处理行业产值增长率	处理行业产值的衍生指标，在一定程度上反映了电器电子处理行业规模扩张的速度
	资质企业处理率	对于《目录》中所包含电器电子产品，评价当年获得处理资质的企业的处理量占当年理论废弃量的比重
	资质处理企业产能	对于《目录》中所包含产品，获得处理资质许可的企业的生产能力上限
	资质处理企业产能增长率	资质处理企业产能的衍生指标，反映了《目录》及其配套政策下资质处理企业产能的扩张速度
	资质处理企业产能利用率	对于《目录》中所包含产品，有资质的处理企业的实际处理量占处理能力上限的比重

续　表

指标大类	指标名称	指标定义
行业技术和管理水平	资质处理企业资源化率	对于《目录》所包含产品，评价当年资质处理企业处理所得资源价值占废弃物所含资源价值的比重
	资质处理企业规范处理率	对于《目录》所包含电器电子产品，评价当年资质处理企业符合规范处理标准的处理量占资质处理企业全部处理量的比重
	处理企业研发强度	对于《目录》所包含产品，行业研发投入占销售收入的比重
	稀缺资源回收处理企业占比	对于《目录》所包含产品，能够从废弃物中提取和回收稀缺资源的企业占资质企业的比重
行业结构	行业集中度	对于《目录》所包含产品，行业中前10家处理企业处理规模之和占行业处理总规模之比
	自建处理厂生产企业占比	自建回收渠道对废弃物进行回收处理的电器电子生产企业的规模占行业总规模的比重
	自建回收渠道生产企业占比	针对产品废弃物自建处理企业的电器电子生产企业的规模占行业总规模的比重
	处理品种集中度	对于《目录》中所包含产品，处理总量位居前n（n=1）位的产品占全部产品回收处理量的比重

（1）行业规模指标

随着科技的进步和消费能力的增长，在我国，每年投放到市场的电器电子产品数量十分庞大。仅以已发布的第一批废弃电器电子产品处理目录来看，近几年来"四机一脑"产品的年平均销售量均超过1亿台，而其中电视机和空调的销售量则达到2亿台以上。以历史销售数据为基础进行估算，我们得到2013年"四机一脑"产品的理论报废量为4.4亿台。如此多的报废产品，如果不能进入回收处理渠道，势必会造成资源的浪费和对环境不可逆的负面影响。西方国家十分重视废弃物回收处理规模，欧盟在2003年发布的老版WEEE指令中就明确要求，自2006年起欧盟成员国人均回收废弃电子电器产品至少应当达到4千克；而在新版WEEE中更是提高了回收处理规模的目标，要求从2016年起成员国废弃电子产品收集率目标达到45%，到2019年时达到65%。在这种情况下，我国现行的《目录》及其配套政策的首要目标是：扩大废弃电器电子回收处理规模，让更多的电子废弃物流向有资质的处理企业。废弃电器电子产品的回收处理主要分为两大环节：回收环节和处理环节。回收渠道的建设水平决定了电子废弃物处理规模的上限，而废弃物的回收和处理是整个产业的核心所在。那么政策如何影响到这两个环节呢？可以说，在《目录》及其配套政策执行前后，我国政府对这两个环节的干预方式是完全不同的。在2011年以前，我国政府开展了家电以旧换新政策，该政策以扩大政府支出为代价，稳定了家电回收处理产业链的废弃产品供给。而对于处理行业，政府的扶持力度并不大，主要是通过对国有背景的回收处理企业予以适当补贴，所以处理行业的整体规模受限。在 2012 年《目录》及其配套政策陆续实行后，政府则开始向生产企业征收基金，通过将处理企业的成本转嫁给生产企业的方式，刺激了回收处理企业的规模化发展。

指标 1：处理行业产值。 该指标的定义是，对于《目录》所定义的废弃电器电子产品，处理企业每年的生产总值。需要注意的是，回收处理产业链既包括废弃物的初级处理，也包括所得资源的深加工，在获取处理行业的总产值时，我们应当将处于中间环节的产出物的价值予以剔除，避免重复计算导致的高估。

产值指标从行业最终产出的角度度量了处理行业的总体规模。然而，产值的影响因素有很多，主要有处理企业的产能、处理企业深加工能力、原料价格等。因此，产值指标对行业规模的度量并不全面，需要其他指标配合。

指标 2：处理行业产值增长率。 该指标是处理行业产值的衍生指标，在一定程度上反映了电器电子处理行业规模扩张的速度。

指标 3：资质企业处理率。 该指标的定义是，对于《目录》中所包含电器电子产品，评价当年获得处理资质的企业的处理量占当年理论废弃量的比重。废弃产品规范处理率指标是用来反映回收处理环节的相对规模的一个评价指标。值得注意的是，在衡量处理规模时，我们只考察了符合规范处理流程的处理量，而信息系统统计之外的处理并没有被纳入计算。这么做主要是出于以下考虑：现阶段我国废弃电器电子产品回收市场鱼龙混杂，既包含拥有先进处理工艺和排污控制的优质企业，也包含一些处理能力差、处理后处置随意的小作坊。从目录政策的目标来看，通过废弃物回收处理降低环境污染是政策的初衷，也是底线。对于不符合规范处理流程的小作坊，不但不能实现资源利用的最大化，反而其随意的处理方式容易造成废弃物的二次污染，扩大对环境的负面影响。可以说，这一类型企业的扩张是毫无意义的。因此，在对政策的规模影响进行评价时，我们有必要将其排除在外。

指标 4：资质处理企业产能。 该指标的定义是，对于《目录》中所包含产品，获得处理资质许可的企业的生产能力上限。由于我们的关注重点是废弃电器电子的处理量，所以我们通过企业的处理能力而非产出水平来度量产能。

正如之前提到的，影响行业产值的因素有很多，在产值达不到理想水平时，我们难以判断是处理企业自身发展问题还是市场供需带来的短期影响。而产能指标则侧重描述处理企业自身的资本投入和规模扩张情况。如果处理行业的产能合理但资源产出规模并不理想，则有可能是废弃物回收价格过高或产出资源的市场价格过低抑制了企业的生产，可以通过政策约束或引导的方式来改善。如果处理行业的产能过高，则可能是政策对处理企业的过度激励，这容易导致产能的浪费甚至上下游市场的扭曲。

指标 5：资质处理企业产能增长率。 该指标是资质处理企业产能的衍生指标，反映了《目录》及其配套政策下资质处理企业产能的扩张速度。

指标6：资质处理企业产能利用率。该指标是指，对于《目录》中所包含产品，有资质的处理企业的实际处理量占处理能力上限的比重。产能利用率过低可能是因为处理行业发展过剩，或者受限于成本压力企业没有动力进行回收；产能利用率达到100%则很有可能是因为企业的产能不足，规模有待扩张。

（2）行业技术水平指标

事物发展的一般规律是，先有量的积累，然后有质的飞跃。目前，我国正处于《目录》及其配套政策的推行初期，政策的导向还是通过降低回收处理成本来扩大回收处理规模。比如说，截至2013年末，对回收处理企业补贴审核只有"是否符合规范处理"这一条标准，而没有针对处理技术水平、针对企业对资源和环境的贡献度进行差异化补贴。这在政策推行初期是可以理解的。但是，我们必须清醒地认识到提高行业整体技术水平的重要性，对行业技术水平的发展做到时时评估，并在后续政策中加以引导。

要想评价政策对行业技术水平的影响，我们首先要了解回收处理产业链的流程。我们将产业链的一般流程总结如下：首先，电器电子废弃物通过回收渠道流向处理企业；其次，处理企业对废弃物进行初级的物理拆解并分类；再次，处理企业对不同类别的初级处理产物进行差异化处理，部分部件直接二次利用，其他处理物通过精细化的回收手段获得资源和能源；最后，企业对回收处理过程中可能产生的固体废弃物、废液、废气进行控制，实现环保目标。一般来说，初级处理都属于物理拆解，主要是通过人工的方式操作。我国劳动力充裕且价格低廉，所以企业之间的差距并不大，对环境的污染也相对较小。而在后续的精细化处理过程中，企业需要将零部件转化为原材料，往往需要通过复杂的筛选工艺甚至动用化学方法，这时，技术对企业资源利用水平和污染控制的影响尤为巨大。可以说，先进的行业技术水平可以更加完美地实现EPR政策的初衷。随着政策实施的越来越成熟，行业规模的增长将达到瓶颈——德国的年回收处理量在2008年以后就没有显著增长，而对行业技术水平评估的重要性将会越来越重要。

指标7：资质处理企业资源化率。该指标的定义是，对于《目录》所包含电器电子产品，评价当年资质处理企业处理所得资源价值占废弃物所含资源价值的比重。其中，处理所得资源总价值包括回收所得零件、基础材料、燃料等各类有价资源，可用废弃电器电子处理企业的年产值来近似。而废弃物所含资源总价值随着标准的不同结果也不同，这里，我们可以邀请行业专家为各类废弃电器电子产品进行评估，估算在行业先进处理工艺下单位产品的资源产出价值，然后结合当年的理论废弃量进行估算。考虑到废弃物所含资源价值不容易量化，因此短期内我们可以变通地使用废弃物的重量来衡量价值。

资质处理企业资源化率指标衡量了电子废弃物资质处理企业整体的处理效率，它忽略了回收处理的中间环节，而是直接对最终产出进行评估。这种指标设计的好处在于，可以以最直观的方式评价政策对于废弃资源回收利用的贡献：如果指标数值大幅提高，表明政策能够有效刺激企业提升回收处理技术水平，进而提高资源回收利用效率；反之，则政策在这方面的效果不理想。需要指出的是，一味地追求提高资源化率是不理智的，因为在资源化水平已经较高的情况下，通过提高技术水平来提高资源化率的边际成本是十分高昂的。尤其是目前我国电器电子废弃品回收处理行业刚刚被规范化，正处于发展初期，在进行政策评价时要充分考虑到这一点。

指标 8：资质处理企业规范处理率。该指标的定义是，对于《目录》中所包含电器电子产品，评价当年资质处理企业符合规范处理标准的处理量占资质处理企业全部处理量的比重。所谓规范处理，在环保部 2010 年发布的《废弃电器电子产品处理企业补贴审核指南》中有明确的说明。规范处理量数据可从环境保护部的废弃电器电子产品处理信息系统查询。

废弃产品规范处理率指标度量的是废弃电器电子产品处理的规范化程度，反映的是行业基础技术和管理水平。虽然获得处理资质的企业在设备和工艺上初步通过了审核，然而在操作过程中，由于企业处理技术的制约或企业管理环节的低效，并非所有的产品回收都能够达到政策所要求的规范处理标准。能否规范处理也是衡量企业技术和管理水平的一个门槛，规范处理率越高，说明行业的基础处理技术越好，对污染的控制能力越好；反之，如果规范处理率较低，则有可能是企业处理资质审核环节不够严格，导致一些准入企业的技术水平难以支持规范化的处理，需要监管者予以重视。

指标 9：稀缺资源回收处理企业占比。该指标的定义是，对于《目录》所包含产品，能够从废弃物中提取和回收稀缺资源的企业占资质企业的比重。其中，稀缺资源是指金、银、钯、铌、钽等稀有稀贵和稀土金属。

稀缺资源的回收不仅仅有利于长期的资源循环利用，即使从短期来看，它也具有极高的战略价值。发达国家十分重视这类稀缺资源的回收，且目前在电子废弃物稀有金属提取领域的工艺水平也相对较高，日本松下集团就于 2009 年宣布将从废弃家电中回收用于制造磁铁的稀有金属"钕"并加以回收利用。然而就目前国内回收企业的技术水平来看，只有少数企业能够实现稀有金属的提取。当然，随着循环经济政策的陆续出台，已经有企业开始尝试这种电子废弃物的精细化回收，例如格林美集团等，已经拥有了稀有金属回收的技术和流水线。

该指标的价值在于，它反映了电子废弃物回收行业对稀缺资源的回收效率，相比于"资源化率"更能揭示企业在前沿技术上的实力。在资源化率水平已经达到瓶颈时，如果该指标有了较大幅度的提高，说明政策刺激回收企业提高了技术和工艺水平，实现了更高层次的资源利用。

指标 10：处理企业研发强度。该指标的计算方法是，行业研发投入占销售收入的比重。其中，研发投入包括处理企业自主研发处理技术等的投入和从国外引进相关专利技术的投入。

不同于指标 7~9 从结果来度量行业技术水平，处理企业研发强度指标侧重评价行业对提高技术水平的投入力度。从德国、比利时等发达国家的经验来看，随着处理行业的发展，行业的研发投入也逐年增大。尤其是当处理行业逐渐饱和时，处理企业会大力开展细分行业的技术研发，以差异化竞争保证利润。从国内早期的情况来看，电子废弃物处理主要是以手工拆解为主的简单处理，同质化程度高，研发投入少。然而随着鼓励政策的陆续出台和行业的进一步发展，研发强度指标将越来越重要。

（3）行业格局指标

之前已经提到，在废弃电器电子回收处理行业的发展中，政策的第一目标应当是提高整个产业的规模，在规模达到一定程度后，政策应当对行业的技术创新加以引导，使其提高自身资源产出效率。然而，无论是规模还是效率，这些都是行业的外在表现，是政策的直观目标，它们并不能反映政策对回收处理行业带来的全部影响。一方面，就目前的《目录》配套政策而言，无论是废弃电器电子产品处理资格许可制度还是回收补贴政策，虽然政策的出发点是为了规范和发展回收处理行业，但这些政策不可避免地扭曲了市场经济环境，导致行业的发展失衡。如果不能把这种失衡维持在可控的范围内，那么很可能会给行业未来的发展埋下巨大隐患。另一方面，政策对处理行业可能产生一些积极影响，比如鼓励生产企业自建回收渠道和处理企业等。这些积极影响既非行业规模也非技术水平，而是行业自身结构的优化，有利于行业整体效率的提升。因此，在评价政策效果时，我们加入了"行业格局"这个视角。

指标 11：行业集中度。该指标的定义是，对于《目录》所包含产品，行业中前 10 家回收企业处理规模之和占行业处理总规模之比。参考经济学中关于市场垄断的界定，我们认为当行业集中度指标小于 40% 时行业中的竞争是比较充分的，否则可能存在垄断或寡头现象。事实上，对行业集中度的刻画，有一个更为客观的指标，即赫尔芬达尔-赫希曼指数。该指数基于该行业中企业的总数和规模分布，计算方法为将相关市场上的所有企业的市场份额的平方后再相加的总和。然而，就目前的信息系统建设来看，该指数的获取相对困难，我们可以在未来时机成熟时用它来度量行业集中度。

行业集中度指标的价值在于，它刻画了政策实施过程中可能带来的负作用，即行业形成垄断的可能性。我们应当清醒地意识到：行业资质许可制度虽然可以提高行业整体的规范性，但在政策执行初期对资质的鉴定可能是低效的；出于同样的原因，回收处理补贴在政策初期也可能只流向规模较大的企业。这些都会导致回收处理行业出现垄断。垄断的弊端毋庸置疑，最重要的一点是它会抑制企业的技术创新。发达国家也十分警惕废弃电器电子行业的垄断现象，德国政府就要求，任何企业在任意类别电子废弃物市场上的回收计划不得超过该市场份额的25%。在进行政策评估时，必须时刻警惕行业集中度指标，避免政策带来负的效应。

指标12：处理品种集中度。该指标的定义是，对于《目录》中所包含电器电子产品，回收处理总量位居前 n 位的产品占全部产品回收处理量的比重。其中，考虑到目前第一批《目录》中只包含5种电器，所以 n 取1。随着未来目录所包含品种的增多，可适当调整 n 的值。

该指标在计算方法上类似于行业集中度指标，但反映的是回收处理行业中回收品种处理量的扭曲程度。事实上，不同废弃电器电子产品的处理成本和资源产出情况是不一样的。在对处理环节进行补贴时，如果补贴额度设立不当，很有可能导致行业为追求利润而集中回收处理某几类电器电子产品，造成行业的失衡。尤其是在回收处理行业发展的初级阶段，整个行业规模较小，行业间竞争并不激烈，处理企业更容易受政策的影响而出现选择性回收处理的现象。这显然与政策初衷相违背。因此，通过"回收品种集中度"指标检测这种政策扭曲是很有必要的。

指标13：自建回收渠道生产企业占比。该指标的定义是，自建回收渠道对废弃物进行回收的电器电子生产企业的规模占行业总规模的比重。其中规模可以用电器电子产品的实际产量来衡量。

生产企业自建回收渠道的优点在于，生产企业可以通过其原有的销售渠道，充分利用物流、门店等资源，以较低的成本实现电器电子废弃物的回收。如果政策能够有效地激励生产企业自建回收渠道，那么将有利于实现市政设施、处理企业、专业回收企业、生产企业共同回收的多元化回收渠道建设。

指标14：自建回收渠道生产企业占比。该指标的定义是，针对产品废弃物自建处理企业的电器电子生产企业的规模占行业总规模的比重。

生产企业自建处理厂有两方面的优点：一方面，生产企业对其所生产产品的各个特征较为熟悉，对废弃物进行处理时具有一定优势；另一方面，一些电器电子产品的零部件经过简单处理可以直接再利用，生产企业自建处理厂可以实现生产和回收环节的资源整合，提升处理效率。

（二）政策方案评价

1. 基本逻辑

在上一部分，针对《目录》及其配套政策对废弃电器电子回收处理行业的引导效果，我们设立了一系列评价指标。这些针对结果的评价可以帮助我们更好地了解政策的有效性。然而，只针对结果的评价并不完整，当政策效果不理想时，我们需要对造成这种结果的原因加以追踪。决定政策效果的因素主要包括两个方面：政策方案的设计，以及既定政策方案的执行情况。在这一部分，我们将对前者进行评价。

政策实施方案评价是指，在维持政策指导思想和核心工具不变的情况下，针对政策实施细则的有效性、合理性的评价。《废弃电器电子产品目录》及其配套政策所依据的核心思想是生产者延伸责任制，所使用的核心工具包括对生产企业征收基金、对回收企业发放补贴、对回收行业实行资质许可制度。在此基础上，政策的具体实施细则包括目录品种筛选、基金征收标准选择、基金用途选择以及其他灵活设计。在评价这些具体实施方案时，我们既参考了一些发达国家的成功经验，也结合了目前国内政策执行过程遇到的问题。

需要说明的是，在政策方案评价中，我们所建立的指标并不一定都适用于目前的国内情况：由于我国在电子废弃物管理领域起步较晚，对某些指标急功近利可能会带来巨大的成本，得不偿失。然而，即使短期内不易实现，这些指标仍具有重要的意义，它们可以帮助我们理清政策未来的发展方向。

2. 指标评价体系

表4-5详细介绍了政策方案评价体系中的各项指标。

表4-5　政策方案评价体系的指标

指标名称	指标定义
目录产品数	各批次《废弃电器电子产品处理目录》中所包含的电器电子废弃物的种类，反应目录产品的覆盖范围
基金是否专品专用	这是一个定性指标，度量的标准是：若从某一类电器电子生产企业所征收的基金只用于该类产品的回收补贴或配套设施建设，则为专款专用；如果从不同产品征收的基金统一管理，根据回收补贴审批情况来决定资金的分配，则不是专品专用
是否实施差异化的基金征收政策	该指标是一个定性指标。其中，差异化的含义是：对于同类产品，政策根据特定企业产品废弃污染程度征收不同额度的基金；对于可直接再使用的商品，政策根据生产企业自回收的能力和效果酌情减免基金征收额
是否实行差异化基金补贴	该指标是一个定性指标。其中"差异化"是指根据处理企业的资源回收效率、污染控制等方面的表现差异化地制定对企业的补贴额度

指标1：目录产品数。目录产品数是指各批次《废弃电器电子产品处理目录》中所包含的电器电子废弃物的种类。虽然电器电子产品种类细分程度或者划分方法不同可能影响指标结果，但在进行跨期比较时，我们可以采取统一的标准。

目录产品数指标反映了目录政策在废弃电器电子回收领域的覆盖程度。现阶段，目录政策以试点的形式进行，第一批目录仅覆盖了"四机一脑"等大型家电。然而，要想扩大政策的影响力，实现整个废弃电器电子回收行业的发展，就必须将政策推广到越来越多的产品。在使用该指标时，我们可以参考欧盟等发达国家的废弃电器电子产品处理目录，衡量与这些国家的差距。虽然我国和欧盟在经济发展水平、配套设施建设、回收技术上存在差异，导致欧盟的废弃电器电子产品目录在我国不一定适用，但是跨国横向比较还是可以很客观地揭示出当前目录的局限性。当然，在使用目录产品数指标时，也不能盲目地追求目录产品种类越多越好，否则会使得回收企业过量回收处理某些对于社会福利来说是次优的废弃品，造成资源配置的低效率。

指标 2：基金使用是否专品专用。这是一个定性指标，度量的标准是：若从某一类电器电子生产企业所征收的基金只用于该类产品的回收补贴或配套设施建设，则为匹配程度好；如果从不同产品征收的基金统一管理，根据回收补贴审批情况统筹决定资金的分配，则匹配程度低。

基金使用的专品专用的好处有两点。首先是保证公平。基金使用的错位容易让企业质疑《废弃电器电子产品处理目录》的合理性。其次是防止行业的扭曲。既然《目录》中包含了不同种类的产品，就说明回收活动具有经济价值或者环保价值，如果基金使用错位，则说明没有起到对某类产品回收量和回收技术的刺激。虽然放弃产品对应可以提高政策的灵活性，但是长期来看，从生产者责任延伸制度更好地发挥效用的需要来看，提高产品匹配度仍是大趋势。从目前发达国家的经验来看：虽然这些国家并没有实行基金征收政策，但在其生产者延伸责任制指导思想下，企业有责任回收其产品，企业一般会支付处理费用给处理商或生产者责任组织（PRO），并委托它们代为处理，这相当于处理资金的专品专用。

指标 3：是否实施差异化的基金征收政策。该指标是一个定性指标。其中，差异化的含义是：对于同类产品，政策根据特定企业产品废弃污染程度征收不同额度的基金；对于可直接再使用的商品，政策根据生产企业自回收的能力和效果酌情减免基金征收额。

不考虑额外的管理成本，差异化的基金征收政策可以带来更好的效果。根据废弃产品污染程度征收基金可以鼓励生产企业提高技术，生产更环保的产品。而针对可再使用废弃物的差异化征收政策则可以避免无谓处理，提高资源的利用效率。再使用电子产品以复印机为代表，其核心部件不用通过拆解处理的方式获取资源，而是可以直接被使用到新一代产品中。这样的处置方式最大限度地节约了资源并降低了环境危害。在日本，政府将这类产品列为"特定促进再利用产品"，鼓励其零部件的直接循环使用。在基金征收过程中，如果生产企业自己能够对这类产品进行回收处理，那么以唯一标准来征收基金容易抑制这种高效的资源再利用方式。

指标4：是否实施差异化的基金补贴政策。该指标也是一个定性指标。其中"差异化"是指根据处理企业的资源回收效率、污染控制等方面的表现差异化地制定对企业的补贴额度。事实上，统一标准的基金补贴政策虽然便于管理，且短期内有效，但由于门槛较低且缺乏纵深，容易抑制处理企业对高新处理技术的研发，造成企业盲目追求处理量获取基金补贴的现象，不利于行业的长期发展。

（三）执行过程评价

1. 基本逻辑

政策执行过程评价是指在敲定了政策的框架和实施细则后，对政府在实施政策过程中的表现的评价。一个政策如果想取得好的效果，政策的框架设计、政策的实施方案设计以及对政策执行过程的管理都至关重要。如果政策执行过程没有效率，就无法充分发挥政策本身的作用。

然而，从2012年《目录》及其配套政策正式实行至今，政策的执行环节已经暴露出了一些问题：一方面，由于政策的推行时间尚短，监管者在执行政策时效率较低，基金征收和补贴发放存在滞后现象；另一方面，基金和补贴政策涉及了废弃电器电子产品生产企业和回收企业的利益，而现阶段EPR政策的管理机制和信息系统并不健全，所以政策推行初期出现企业逃避基金、骗取补贴、寻租等现象，来自企业的阻力会拖慢政策执行的效率。

因此，我们需要充分考虑目前政策执行中暴露出的问题，并参考国外在EPR政策领域的成熟经验，建立一套针对政策执行环节的指标评价体系。

2. 指标评价体系

表4-6详细介绍了执行过程评价体系中的各项指标。

表4-6　执行过程评价体系的指标

指标名称	指标定义
基金使用率	对于《目录》中所包含产品，评价当期基金使用额占当年基金征收额之比
基金征收率	目录产品实际基金征收额与理论征收额之比
基金发放是否及时	滞后期是否已经超过条例规定
基金监管费用占基金使用量比重	基金监管费用占基金使用量比重
管理信息系统建设情况打分	从对企业的覆盖度、信息全面性、信息可靠性等角度打分

　　指标1：基金使用率。该指标的定义是，对于《目录》中所包含产品，评价当期基金使用额占当年基金征收额之比。

　　一般来说，由于基金的使用要比征收滞后，所以在电器产品产量逐年递增和基金不用于支付监管费用的假设下，基金使用率应当略低于100%。如果基金使用率长期超过100%，则基金政策收支无法平衡，政策可持续性降低。

　　指标2：基金征收率。该指标是目录产品实际基金征收额与理论征收额之比，反应基金是否存在漏征并造成企业间的不公平的成本负担。基金理论征收额可以通过目录产量和进出口量进行计算。

　　指标3：基金发放是否及时。该指标是一个定性指标，"是否及时"的评判标准是，基金发放是否严格依照基金管理条例中要求的流程进行，做到不延误。

　　在2012年颁布的《废弃电器电子产品处理基金征收使用管理办法》中，虽然没有设定基金发放的具体时间，但是明确了企业、各省环境保护主管部门、环境保护部和财政部等各方在基金发放过程中的责任：处理企业按季对完成拆解处理的废弃电器电子产品种类、数量进行统计，填写《废弃电器电子产品拆解处理情况表》，并在每个季度结束次月的5日前报送各省（区、市）环境保护主管部门；各省（区、市）环境保护主管部门接到处理企业报送的相关资料后组织开展审核工作，并在每个季度结束次月的月底前将审核意见连同处理企业填写的资料，以书面形式上报环境保护部；环境保护部负责对各省（区、市）环境保护主管部门上报情况进行核实，确认每个处理企业完成拆解处理的废弃电器电子产品种类、数量，并汇总提交财政部；财政部按照环境保护部提交的废弃电器电子产品拆解处理种类、数量和基金补贴标准，核定对每个处理企业补贴金额并支付资金。若要及时发放基金，就要求提高各个中间环节的执行效率。

　　事实上，基金发放的延误会影响回收企业资金的流动性，遏制企业的处理规模。尤其是在行业发展初期，处理企业主要依赖基金补贴来维持利润，基金发放的延误可能会极大地减弱政策的效果。

　　指标4：基金监管费用占基金使用量比重。该指标的定义是，基金管理的行政成本占当年基金使用量的比重。其中，基金管理的行政成本包括建立实时监控废弃电器电子产品回收处理和生产销售的信息管理系统的成本等。

　　该指标反映了为充分实施基金政策所需支付的监管成本，是反应政策效率的指标。在政策执行初期，废弃电器电子回收处理的管理信息系统比较薄弱，必然需要较高的投入，此时基金监管费用占基金使用量之比通常较高。然而，如果该比率长期维持在较高水平，则容易增加政府的资金负担，不利于政策的可持续推进，这时需要监管层寻求新的监管方案以降低成本。

　　指标5：管理信息系统建设情况。该指标的评价标准是：如果信息系统能够覆盖绝大多数生产回收企业，并对生产企业的产品类别、产量和回收企业的处理类别、处理量等进行非常可信的监督统计，则为高；如果信息系统覆盖了重点大型企业，生产数据由生产企业和回收企业自行申报，但政府对申报数据进行可信度评估，则为中；如果信息系统的企业覆盖度较低，且生产数据完全依赖企业申报，则为低。

事实上，我国2012年颁布的《废弃电器电子产品处理基金征收使用管理办法》（以下简称《办法》）中已经对管理信息系统的建设有了整体的规划。《办法》中要求：处理企业应当按照规定建立废弃电器电子产品的数据信息管理系统，跟踪记录废弃电器电子产品接收、贮存和处理，拆解产物出入库和销售，最终废弃物出入库和处理等信息，全面反映废弃电器电子产品在处理企业内部运转流程，并如实向环境保护等主管部门报送废弃电器电子产品回收和拆解处理的基本数据及情况；财政部会同环境保护部、国家发展改革委、工业和信息化部建立实时监控废弃电器电子产品回收处理和生产销售的信息管理系统；有关行业协会应当协助环境保护主管部门和财政部门做好废弃电器电子产品拆解处理种类、数量的审核工作。然而，管理信息系统对处理行业的覆盖度、信息的准确性以及信息收集速度都需要逐步提高完善。因此，对政策执行管理进行评价时，对管理信息系统的评价不可或缺。德国就十分重视管理信息系统的建设。在德国，政府引入了第三方专家验证机制，报告生产商产品每月销售量、年度正式报告中的电子废弃物分类收集、整机再使用、回收再利用的重量，并与处理厂年度正式报告中的电子废弃物分类收集量、整机再使用、回收再利用的重量相比对，两份报告的数字如果不吻合将向主管部门申报。

（四）政策对社会福利影响评价

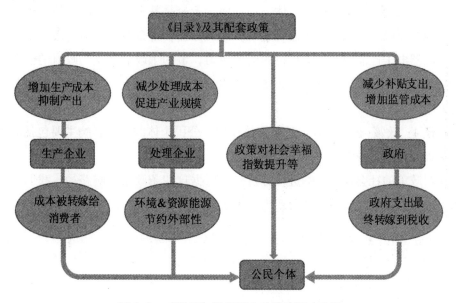

图4-2　《目录》及其配套政策的影响路径

1. 政策对社会福利影响路径分析

《废弃电器电子产品处理目录》及其配套的基金征收政策、资质许可制度、回收补贴政策等，涉及了多个市场参与主体，包括电器电子生产企业、废弃物回收企业、政府以及公民个体。在分析政策对社会福利的影响时，我们应当明确：社会福利是全社会个体福利的加总，衡量政策对社会福利的影响就是在衡量政策对公民个体的影响。因此，我们必须要理顺政策的影响路径。这里，我们将《目录》其及配套政策的影响路径总结如下，如图4-2所示。

路径1：政策-生产企业-公民个体。一方面，基金征收政策增加了电器电子生产企业的成本。结合供给需求理论我们知道，当市场再次出清时，生产企业将增加成本的一定比例转嫁给了消费者，其中比例大小取决于供给和需求曲线的弹性。另一方面，生产企业的利润受到了影响，而这种影响通过股权的方式最终传导到公民个体。不难理解，生产企业损失的利润和转嫁给消费者的成本之和应当近似等于基金征收额。

路径2：政策-处理企业-公民个体。一方面，针对废弃电器电子产品的回收补贴政策刺激了处理行业的发展，促进了资源与能源的节约，为社会创造了价值，这部分价值通过处理企业利润分红的方式流向了公民个体。而考虑到资源和能源的稀缺性，资源与能源的节约还具有很大的战略价值（或正外部性）。另一方面，处理行业资质许可制度和回收补贴政策共同确保了行业的规模、规范程度以及技术水平，从而降低了电子废弃物填埋或不规范处理所带来的环境污染，为公民个体带来正的效用。

路径3：政策-政府-公民个体。一方面，无论是基金征收、回收补贴还是行业许可，都需要政府投入一定的监管成本。另一方面，基金政策的引入缓解了政府在对废弃电器电子产品回收行业扶持的资金压力，节约了政府开支。政府的监管成本由基金和税收两部分资金支撑，而政府节约的行业扶持开支，则主要通过税收来影响公民个体。

路径4：政策-公民个体。政策直接作用于公民个体的福利影响主要包括政策对公民幸福指数的提升等。

在对政策的社会福利影响进行分析时，根据这四条政策影响路径，我们可以明确政策的社会投入与政策的社会产出（见表4-7）：

表 4-7　政策的社会投入与社会产出

社会投入	社会产出
①生产企业利润损失	④回收企业利润增加额
②消费者承担费用	⑤稀缺资源节约外部性
③新增政府开支	⑥环境外部性
	⑦社会舆论效应

其中，有①+②≈基金征收量。

2. 社会投入与社会产出量化分析

（1）生产企业利润损失

理论上，对产品征收基金时基金成本将由生产企业与消费者共同分担，而分担比率取决于供给曲线与需求曲线的斜率。就目前情况来看，由于"四机一脑"市场的竞争比较激烈，各大生产厂商大打价格战，导致这类产品的价格需求弹性相对较高，企业很难通过抬高价格的方式将基金负担转嫁给消费者。

从生产企业调查问卷所反映的结果来看，在接受调查的 66 家回收处理企业中，多数中资企业认为基金征收给其带来的负担较重，只有少数外资企业认为政策对其利润的影响可以忍受，而这可能是因为这些企业在国外也需要履行生产者延伸责任。

综上所述，在现有市场环境下，目录产品生产企业承担了较大比重的基金成本，对其利润影响较大。

（2）消费者承担费用

消费者承担费用即为生产企业转嫁给消费者的部分基金成本。从前面的分析来看，消费者承担的基金成本相对较小。

（3）新增政府开支

《废弃电器电子产品处理目录》及其配套政策对政府开支的影响有两个方面：为保证政策执行准确性和公正性而带来的监管成本，以及政府缩减回收行业补贴所节约的资金。

根据 2012 年出台的《废弃电器电子产品处理基金征收使用管理办法》，所征收基金的使用范围除了核心的回收处理费用补贴外，还包括废弃电器电子产品回收处理和电器电子产品生产销售信息管理系统建设、相关信息采集发布支出以及基金征收管理经费支出。也就是说，由生产者和消费者共同负担的基金，除了支付回收补贴外，还覆盖了一系列监管费用。因此，政府的监管成本不必重复考虑。

而政府缩减回收行业补贴所节约的资金主要为停止以旧换新政策所节约的资金。资金的节约额则可以根据回收数量和以旧换新单品补贴额计算得到。

（4）回收企业利润增加额

回收企业的利润增加额可以通过废弃电器电子产品回收处理行业的年产值和既定的利润率来进行估算。该部分收益可以理解为《目录》及配套政策带来的直接经济利益。

（5）环境改善增益

基金和补贴政策能够带来正的环境外部性的逻辑是，该政策通过对回收行业的补贴，提高了废弃电子产品的商业价值，促进了废弃物回收网络的建设，使得更多电子废弃物得到了企业的回收利用，而不是作为普通垃圾，未经任何处理就被填埋。同时，由于申请补贴企业需要达到一定资质，这就在很大程度上对不合格处理企业（尤其是家庭作坊）有挤出效应，进而提高了电子废弃物的回收效率，减少了污染物排放。

废弃物对环境的负面影响大体上可以分为三级：第一级，未进入回收渠道被当作普通垃圾处理的电子废弃物，其对环境破坏最为严重；第二级，进入回收渠道后没有被规范处理的电子废弃物，其有害物质处理不完全，可能对环境形成二次污染；第三级，进入回收渠道并被规范处理的电子废弃物，其对环境影响最小。因此，环境改善增益可以通过以下方法计算：

环境改善增益≈当年报废量×△废弃物收集率×单位直接填埋废弃物对环境影响值＋当年报废量×（△废弃物收集率-△规范处理率）×单位不规范处理对环境影响值＋当年报废量×△规范处理率×单位规范处理对环境影响值

其中△表示评价当年相当于上一年的增量，单位废弃物对环境影响值和单位不规范处理对环境影响值可参考生命周期评价方法（life cycle assessment）进行量化。

（6）稀缺资源节约外部性

稀缺资源节约外部性是指，通过废弃电器电子产品回收处理行业，社会实现了稀缺资源的回收再利用，这一活动在创造回收的经济价值的同时，从国家战略角度或可持续发展角度来看具有正的外部性。这种外部性的价值不容易定量估计，但我们需要把它放入社会投入产出列表中。

需要说明的是，稀缺资源节约外部性的价值并不包含回收所得资源的实际价值，因为这一部分价值已经包含在"回收企业利润增加额"中。

（7）政策的舆论效应

环境政策的出台通常会对社会舆论产生积极的影响，而好的舆论氛围有助于提高公民对环保活动的参与度和公民的幸福感。所以，我们有必要将基金与补贴政策的舆论效应纳入政策的社会福利影响。不过，政策的舆论效应不太容易量化，我们可以通过网络热度统计、调查问卷等形式获得公众对政策的反馈。

2013 年政策执行情况及效果评价

一、行业发展评价

（一）2013 年主要指标结果

通过计算，我们得到了 2013 年我国废弃电器电子产品回收处理行业发展情况的评价指标。其中，由于统计数据缺乏的原因，某些定量指标我们无法获得其确切值，对于这些指标，我们将在后续的评价环节依照指标设计的初衷进行定性分析（见表 5-1）。

表 5-1　2013 年我国废弃电器电子产品回收处理行业发展情况的评价指标

指标大类	指标名称	指标定义	2012 年	2013 年
行业规模	处理行业产值	对于《目录》所定义的废弃电器电子产品，处理企业年生产总值	22.4 亿元	100.1 亿元
	处理行业产值增长率	该指标是反映处理行业产值的衍生指标，在一定程度上反映了电器电子处理行业规模扩张的速度	/	344%
	资质企业处理率	对于《目录》中所包含电器电子产品，评价当年获得处理资质的企业的处理量占当年理论废弃量的比重	5.48%	9.42%
	资质处理企业产能	对于《目录》中所包含产品，获得处理资质许可的企业的生产能力上限	8 800 万台（截至 2013 年 4 月）	12 150.4 万台（截至 2013 年末）
	资质处理企业产能增长率	该指标是资质企业处理率的衍生指标，反映了《目录》及其配套政策下资质处理企业产能的扩张速度	/	38%
	资质处理企业产能利用率	对于《目录》中所包含产品，有资质的处理企业的实际处理量占处理能力上限的比重	/	35.34%

指标大类	指标名称	指标定义	2012 年	2013 年
行业技术和管理水平	资质处理企业资源化率	对于《目录》所包含产品，评价当年废弃产品处理所得资源价值占废弃物所含资源价值的比重	/	/
	资质处理企业规范处理率	对于《目录》中所包含电器电子产品，评价当年资质处理企业符合规范处理标准的处理量占资质处理企业全部拆解量的比重	85.13%（下半年）	97.44%（上半年）
	处理企业研发强度	对于《目录》所包含产品，行业研发投入占销售收入的比重	/	/
	稀缺资源回收处理企业占比	对于《目录》所包含产品，能够从废弃物中提取和回收稀缺资源的企业占资质企业的比重	/	/
行业结构	行业集中度	对于《目录》所包含产品，行业中前10 家回收企业处理规模之和占行业处理总规模之比	/	38.49%
	自建处理厂生产企业占比	自建回收渠道对废弃物进行回收的电器电子生产企业的规模占行业总规模的比重	0	0
	自建回收渠道生产企业占比	针对产品废弃物自建处理企业的电器电子生产企业的规模占行业总规模的比重	/	/
	处理品种集中度	对于《目录》中所包含产品，处理总量位居前 n（n=1）位的产品占全部产品回收处理量的比重	92.48%	94.40%

（二）指标评价

1. 行业规模评价

（1）处理行业产值指标。从 2012 年的 22.4 亿元产值到 2013 年的 100.1 亿元产值，"四机一脑"产品回收处理规模实现了爆炸式的增长。这主要有两个原因：第一，我国存在大量技术和管理不达标的电器电子产品回收家庭作坊，这些地下的拆解活动通常不被列入废弃电器电子回收处理行业产值，处理资质许可政策的推出使得这些家庭作坊丧失了处理资格，通过渠道回收的废弃产品被动流向有资质的处理企业，进而增加了行业产值；第二，回收补贴政策鼓励了电器电子产品的回收处理活动，为行业引入更多产能，进而增加了行业产值。

（2）资质企业处理率指标。目录产品资质企业处理率从 2012 年的 5.48% 增加至 2013 年的 9.42%，几乎增长了一倍。在产品报废量波动不大的情况下，这一现象说明《目录》及其配套政策在废弃电器电子回收处理行业的规模扩张中发挥了较大作用。然而，在分别考察"四机一脑"产品的资质企业处理率指标时，我们发现：2013 年资质企业废弃电视机处理率达到 34.01%，较 2012 年翻了一倍；而对于洗衣机、冰箱等其他四类商品，则资质企业处理率的变化不大，且一直维持在非常低的水平。这说明在 2013 年，整个回收行业的规模增长基本由电视机产品贡献。造成这种现象的原因可能包括：①基金征收费率的设定不合理，导致回收企业涌向利润最高的电视机回收领域；②电视机回收的技术基础较好且配套设施相对完善，导致企业优先选择回收电视机。行业协会对此现象的解释是，不具备处理资质的家庭作坊能够从空调等产品的简单处理中获得较高利润，导致大量产品流入非法回收产业链。

（3）资质处理企业产能指标。从 2013 年 4 月到 2013 年末，对于"四机一脑"产品，有资质处理企业的产能从 8 800 万台增至 12 150 万台，增长接近 40%。从表面来看，处理行业的产能实现了快速的扩张。但是，必须注意到的是，在此期间，环境保护部公布了第三批处理资质许可名单，有资质企业总数从 64 家增长至 91 家，增幅约为 42%。现阶段处理资质的审批流程较慢，因此，新批准的处理企业的产能并不能被归入行业产能的增长。从这一角度来看，处理行业的实际产能增长并没有 50% 那么夸张。当然，随着既有达标企业都拿到处理资质，产能指标所反映的信息将越来越准确。

（4）资质处理企业产能利用率指标。2013 年，对于《目录》覆盖的"四机一脑"产品，获得资质的处理企业的产能利用率仅为 35%。这说明处理行业存在明显的产能过剩现象。通过对资质处理企业产能指标的分析我们知道，2013 年行业平均来看并没有进行大规模的产能扩张。因此，造成该年产能过剩现象的主要原因是废弃电器电子产品收购困难：资质许可政策对家庭作坊的约束并不彻底，地下回收行为仍大量存在，这导致废弃产品难以流向正规回收渠道；而政府之前开展的"以旧换新"政策已经结束，资质处理企业原有的原料来源也被阻断。处理企业只能通过提高回收价格获取废弃产品，这压榨了企业微薄的利润，使得企业不得不降低一些利润低的电器产品的处理量，比如冰箱。总而言之，2013 年资质处理企业产能利用率较低的重要原因是回收渠道不能支撑产能的迅速扩大。如果这个问题不能得到有效解决，不仅会造成产能的浪费，更有可能导致回收产品结构失衡——某些高成本低利润的电器电子产品将被回收企业放弃，与政策初衷相违背。

2. 行业技术和管理水平评价

（1）资质处理企业资源化率指标。由于目前国内并没有针对废弃电器电子产品最大化资源回收价值的量化统计，我们暂时参考中国标准化研究所对"可回收利用率"的定义，以重量来度量资源回收的价值。在这一前提下，2013 年的资质处理企业资源化率达到92.9%。然而，由于我们使用了重量来近似衡量价值，这可能导致我们无法区分低级处理技术和高附加值的处理技术，造成对行业资源化效率的高估。从处理行业的实际情况来看，处理企业虽然已经能够实现"四机一脑"废弃产品中大部分零部件和材料的回收，但在电视机CRT管回收利用技术等方面仍有很大提升空间。目前，《目录》中包含的"四机一脑"产品处理工艺相对成熟且稀贵资源含量较少，随着未来《目录》的扩大，通信设备等含有较多稀贵资源的产品将被纳入《目录》，这对处理企业的技术提出更高的要求，资源化率不可避免地会下降。届时资源化率指标将更准确地反映处理行业的技术水平。

（2）资质处理企业规范处理率指标。受限于环境保护部审核周期，我们只能获得2012年下半年和2013年上半年的资质处理企业规范处理率，但仍可以反映出其中的变化：相比于2012年下半年85%的规范处理率，2013年上半年规范处理率达到了97%。这说明，通过半年的适应，回收企业提高了自身的处理工艺和管理能力，保证了处理活动能够持续达到政策要求的标准。规范化的回收活动能够有效地控制污染排放，因此，该指标的提升有助于提高回收企业的环境增益。

（3）处理企业研发强度指标。由于数据的缺乏，该指标在现阶段无法量化计算，我们将进行定性分析。从整体来看，2013年企业对于"四机一脑"产品的回收处理的研发投入并不大。这主要是因为："四机一脑"产品所含稀缺资源含量较少，企业继续加大研发投入实现的附加值较少，主要解决的是污染控制问题。由于企业只需达到政策要求的标准即可获取回收补贴，因此企业加大研发投入的动力不足。如果把范围扩大到《目录》外产品，则的确有企业已经开始提前布局一些稀贵资源含量高、回收潜力大的电器电子产品。事实上，政策目标与处理企业的目标并不一致：处理企业只看效益，而政策需要兼顾资源回收效率和环境影响。任由处理企业自发地决定研发投入力度和方向往往会导致资源配置的扭曲，我们需要在恰当的时机以恰当的方式加以引导。

（4）稀缺资源回收处理企业占比。由于目前目录产品中只包含"四机一脑"5类大家电，其所含稀有资源量非常低，企业针对这几类废弃产品从事稀缺资源的回收意义不大，所以目前该指标的值为0。只有目录范围扩大后，该指标才有意义。

3. 行业结构评价

（1）行业集中度指标。2013年，废弃电器电子回收处理行业的行业集中度（CR10）指标为38.49%，行业中并没有形成垄断的征兆。然而，需要注意的是，处理企业可能出于同一实际控制下，或者处理企业间存在共谋，这些特征是无法反映在行业集中度指标中的。对此我们需要保持警惕，因为如果处理行业中形成垄断，将抑制行业技术水平的发展，甚至扭曲上下游市场。

（2）自建处理厂生产企业占比。如果仅从获得了资质的处理企业来看，截至 2013 年末，仅有 3 家公司为"四机一脑"生产企业的子公司：其中 TCL 奥博（天津）环保发展有限公司成立于 2009 年，汕头市 TCL 德庆环保发展有限公司成立于 2012 年 6 月，四川长虹格润再生资源有限责任公司成立于 2010 年 6 月。这表明，在 2013 年，生产企业并没有自建处理厂，或者自行处理却没有获得资质许可。这是因为，现行的《目录》及配套政策并没有鼓励生产企业自行建立处理厂，而自行回收会给企业带来额外的风险，因此，即使生产者自行回收有很大优势，这些企业也宁愿埋头主业。需要说明的是，由于处理资质审核的效率问题，可能存在企业开始自建处理厂却仍在审核过程中的情况，为此我们对"四机一脑"生产企业发放了调查问卷。结果显示，个别大型企业（主要为外资企业）已经开始自建处理厂，而一部分企业已经计划尝试自行处理。事实上，生产企业自行处理可以提升处理效率甚至促进生产企业的绿色生产，实现双赢，目前虽然生产企业有动机有计划，但是如果没有比较强力的催化剂，能否成行还需要政策助推。

（3）处理品种集中度。最需要我们重视的是回收行业的回收产品格局。2013 年，废弃电器电子回收处理行业的产品集中度为 94.4%，即行业所处理的大部分电器产品为电视机。正如之前分析的，造成这种现象的原因可能是基金征收费率的设定不合理，或者电视机回收的技术基础较好且配套设施相对完善。这种回收结构的失衡严重危害了行业的发展，我们必须采取必要的政策手段予以矫正。

（三）主要结论

（1）处理行业迅速发展，产值规模快速增加。2013 年目录产品处理产值规模比上年增长 2 倍多，按照可比口径以三、四季度进行同比，产值规模也实现了成倍增长。

（2）多数产品没有纳入渠道，废弃电器电子产品资质企业处理率过低，没有根本解决非法拆解等问题。

（3）资质企业产能扩张快，同时产能利用率低，个别产品的产能利用率不足 1%，设备资产的闲置客观上造成资源的大量浪费。

（4）处理企业资源化率缺乏科学规范的评价指标和统计，目前使用的核算办法不能反映处理水平。

（5）在加强监管和核查的情况下，资质处理企业规范处理率提高。

（6）资质处理企业研发强度低，处理技术水平整体处于较低水平，以简单物理拆解为主。

（7）资质处理企业行业集中度不高，但存在同一控制人和合谋风险。

（8）政策促进了生产企业建设自建处理厂和自建回收网络。

（9）在政策覆盖品种有限的情况下，处理品种集中度过高。

二、政策方案评价

（一）2013 年主要指标结果

通过计算，我们得到了 2013 年《目录》及其配套政策方案的评价指标。

表 5-2　2013 年我国《目录》及其配套政策方案的评价指标

指标名称	指标定义	2013 年
目录产品数	各批次《废弃电器电子产品处理目录》中所包含的电器电子废弃物的大类	5
基金是否专品专用	这是一个定性指标，度量的标准是：若从某一类电器电子生产企业所征收的基金只用于该类产品的回收补贴或配套设施建设，则为专款专用；如果从不同产品征收的基金统一管理，根据回收补贴审批情况来决定资金的分配，则不是专品专用	否
是否实施差异化的基金征收政策	这是一个定性指标。其中，差异化的含义是：对于同类产品，政策根据特定企业产品废弃污染程度征收不同额度的基金；对于可直接再使用的商品，政策根据生产企业自回收的能力和效果酌情减免基金征收额	否
是否实行差异化基金补贴	这是一个定性指标。其中"差异化"是指根据处理企业的资源回收效率、污染控制等方面的表现差异化地制定对企业的补贴额度	否

（二）指标评价

（1）目录产品数指标。截至 2013 年底，《废弃电器电子产品处理目录》中仅包含"四机一脑"五类电器产品。这 5 种产品在 2013 年的总废弃量占全部电器电子产品废弃量的比重仅为 11.17%（估计），这意味着，即使实现了《目录》中产品的全部回收处理，仍会有近 90% 的电子垃圾回收得不到政策的有效支持，产品覆盖范围和政策作用有限。而在《目录》之外，包括通信设备、办公设备等诸多种类的电器电子产品具有很高的回收价值，并且如果不能规范处理，它们将对环境将造成极大危害。因此，加快废弃产品回收目录的更新具有重要意义。2013 年 12 月，国家发展改革委面向全社会公开征求《废弃电器电子产品处理目录调整重点（征求意见稿）》意见，办公类电子产品、小家电、网络设备以及通信设备等都在重点调整的范畴。相信在第二批目录颁布后，目录覆盖范围小的现象将有很大改观。

（2）基金是否专品专用指标。现阶段，我国的回收补贴政策并没有实现基金专品专用，而是将不同电器产品所缴的基金依照补贴审核的结果统一发放。然而，基金使用的错位容易让企业质疑《废弃电器电子产品处理目录》的合理性；另外，既然《目录》中包含了不同种类的产品，就说明回收活动具有经济价值或者环保价值，如果基金使用错位，则说明没有起到对某类产品回收量和回收技术的刺激，容易造成产品格局扭曲。虽然放弃产品对应可以提高政策的灵活性，但是为了更好地发挥生产者责任延伸制度的效果，提高基金使用匹配度仍是大趋势。从目前发达国家的经验来看：虽然这些国家并没有实行基金征收政策，但在其生产者延伸责任制指导思想下，企业有责任回收其产品，企业一般会支付处理费用给处理商或生产者责任组织（PRO），并委托它们代为处理，这相当于处理资金的专品专用。

（3）是否实施差异化的基金征收政策指标。截至 2013 年末，《废弃电器电子产品处理基金征收使用管理办法》并没有根据生产企业的产品特征和资源再使用能力差异化制定基金额度，而是对于所有大类产品一视同仁。这就相当于放弃了通过基金政策影响生产企业行为的机会。实际上，不考虑额外的管理成本，差异化的基金征收政策可以带来更好的效果：根据废弃产品污染程度征收基金可以鼓励生产企业提高技术，生产更环保的产品；而针对可再使用废弃物的差异化征收政策则可以避免无谓处理，提高资源的利用效率。生产企业行为在废弃物管理中的影响很大，欧盟在其 2002 年颁布的 WEEE 指令中明确了生产者进行环保设计的责任，而在其 RoHS 指令中则限制生产企业使用铅、汞等有毒物质。因此，如果政策监管成本在可接受范围内，我们应当认真考虑实现差异化基金征收的可能性。

（4）是否实行差异化基金补贴指标。2013 年，我国并没有根据处理企业的回收效率和污染控制能力等实施差异化的基金补贴政策，而是对同一类电器产品统一审核等量发放基金。事实上，针对不同质的目标征收相同的基金通常会造成扭曲。一个有利的证据是：由于对于各个型号的电视机采用统一的补贴标准，在 2013 年上半年时处理企业大量处理回收和运输成本低的小型电视机，通过回收补贴获取利润；而进入下半年，待处理的小型电视机被处理企业瓜分殆尽，处理企业只能处理大型电视机，导致处理量和利润骤降。而对于拥有不同资源化效率和污染控制能力的处理企业，其处理行为其实是不同质的，采取统一的补贴发放标准会抑制企业提高自身技术水平。当然，短期来看，要想实现差异化补贴所需付出的监管成本极高，且容易存在企业欺诈行为，因此在制定政策方案时要权衡利弊。

（三）主要结论

（1）目录产品仅 5 种，产品覆盖范围窄。

（2）基金没有实现专品专用，由于主要处理品种为电视机，造成行业间责任和利益的不合理分配产生行业间的不公平问题。

（3）由于没有实现差异化的基金征收和补贴，对生产企业和处理企业均未形成正向激励，没有正向激励的政策就是负向激励，必然产生劣币驱逐良币问题。

三、执行过程评价

（一）2013 年主要指标结果

通过计算，我们得到了 2013 年我国《目录》及其配套政策执行过程的评价指标。其中，由于统计数据缺乏的原因，我们无法获得某些定量指标的确切值。对于这些指标，我们将在后续的评价环节依照指标设计的初衷进行定性分析。

表 5-3　2013 年我国《目录》及其配套政策执行过程的评价指标

指标名称	指标定义	2013 年
基金使用率	对于《目录》中所包含产品，评价当期基金使用额占当年基金征收额之比	110.17%
基金征收率	对于目录产品，评价基金是否存在漏征	92.3%
基金发放是否及时	滞后期是否已经超过条例规定	否
基金监管费用占基金使用量比率	基金监管费用占基金使用量比率	高
管理信息系统建设情况打分	从对企业的覆盖度、信息全面性、信息可靠性等角度打分	中

（二）指标评价

（1）基金使用率指标。2013 年废弃电器电子产品处理基金的使用率达到了110.17%。由于基金的使用要比征收滞后，所以在电器产品产量逐年递增和基金不用于支付监管费用的假设下，基金使用率应当略低于100%。2013 年，基金仅用于支付了回收补贴，而基金使用率却高于100%，这是因为：政策刚开始执行，市场上有一定的存量废弃电器，补贴政策激励使得这些存量废弃电器连同当年报废的产品一起被处理并申请补贴，导致合规的处理量大于当年产量。随着市场上存量废弃产品的消耗，该指标应当降至100%以下，否则不利于基金政策的可持续推行。

（2）基金征收率指标。2013 年基金征收率达到92.3%，存在一定程度漏征，但漏征问题并不突出。考虑到数据的误差，该指标值可能存在一定的误差和低估。征收的普遍性是保证政策公平的前提，偷逃基金与偷逃税收性质相似，应该加强基金征收管理，防止漏征现象。

（3）基金发放是否及时指标。2012 年三、四季度基金补贴于 2013 年 10 月末正式下发，滞后期约为一年。虽然从基金审核和发放的流程来看，并没有与基金管理办法相违背，但是现阶段处理企业的资金流动性通常较差，基金滞后 1 年发放对一些企业的财务影响较大。因此，应在保证审批准确性的情况下，尽可能缩短审批的中间环节的时间，进而提升基金发放的效率。

（4）基金监管费用占基金使用量比率指标。2013 年的基金管理成本是高昂的：根据《废弃电器电子产品回收处理条例》及《废弃电器电子产品处理基金征收使用管理办法》等的要求，政府需要投入资金完成信息管理系统的建设，并且耗费人力完成监督和审批工作。由于目前正处于政策执行初期，信息管理系统建设作为初始化的投入通常较高，随着政策的进行将减少；而在监督审查环节所付出的高额人力成本，则是管理效率低的表现。当然，政策执行初期欠缺管理经验，相信在后续政策执行过程中能够得到较大改善。

（5）管理信息系统打分指标。一套健全的废弃产品回收处理管理信息系统是《目录》及其配套政策能够准确实施的基本保障。目前，我国的管理信息系统建设刚刚起步，主要依靠企业向环境保护部废弃电器电子产品处理信息系统申报生产情况，并下派专员完成对企业的监督工作。这种信息管理方式的效率比较低，且可能存在寻租腐败现象。

（三）主要结论

（1）基金使用率超过 100%，在基金主要补贴了一个品种的情况下，基金征收额仍捉襟见肘，一方面间接说明基金征收标准低，不能满足处理资金需求；另一方面，也说明该回收处理体系存在成本过高和效率低的问题。

（2）基金存在一定的漏征，但漏征问题不严重。

（3）基金发放不及时，滞后期已经超过条例规定，影响了法规条例的严肃性，也反映出该补贴模式存在的监管成本和效率问题。

（4）基金监管费用占基金使用量比率较高，如果把企业自身为配合监管所投资的信息系统计算在内，成本更高。

（5）管理信息系统建设情况良好，但信息全面性、可靠性有待增强。

四、政策的社会福利影响评价

（一）政策投入

政策的主要投入包括：废弃电器电子产品补贴支出、政策监管费用支出以及和回收处理相关的基础设施建设支出。从 2013 年的资金负担情况来看：补贴支出完全由废弃电器电子产品处理基金支持，2013 年全年总支出为 33.05 亿元；政策监管费用虽然原则上可以由基金承担，但由于资金短缺，政府选择通过其他财政拨款的方式予以支持，从管理信息系统建设到各环节的审核，政策监管的成本很高；相较于 2012 年，政府在 2013 年并没有大幅增加基础设施投入。

总体上说，在政策评价期内，《目录》及配套政策的政策成本还是比较高昂的。

2013 年，"四机一脑"全年理论废弃量为 4.4 亿台，当年规范处理量约为 4 000 万台，相较于 2012 年增加了 2 000 万台，"四机一脑"回收处理行业的产值增加了约 78 亿元。相较于 33 亿元的补贴支出和额外的政策监管成本与基建支出，政策的影响范围较小，对行业产值的刺激也不够理想。虽然政策的贡献不止于行业产值，但如果政策不能提高影响力来撬动更大的废弃品回收市场，政策在环境和资源外部性方面的贡献也会被限制。

从政策的成本结构来看，2013 年政府在回收处理补贴和监管成本方面的投入较高，而在回收处理基础设施上的投入并没有大幅增长。事实上，政府在资金投入的选择上是比较被动的。在结束"以旧换新"政策后，我国废弃物回收基础设施建设水平较低，并没有形成有效的废弃电器电子回收网络，这导致处理企业从市场上收购废弃产品的成本较高，企业利润被压榨。为鼓励处理行业的发展，政府不得不提高各类产品的补贴额度，补贴支出被动增加。在这一过程中，回收补贴资金的很大一部分被废弃产品渠道商蚕食，导致高额的补贴支出无法带来预期的政策效力。对于政府来说，为了避免政策陷入这样的怪圈，优化政策成本结构、加大基础设施建设投入力度具有重大的意义。

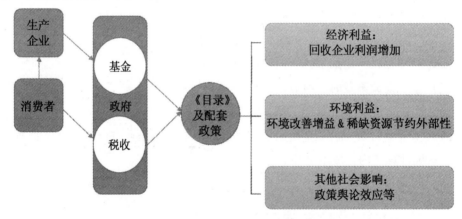

图 5-1　2013 年我国政策的社会福利影响评价

（二）政策带来的社会福利

《目录》及其配套政策所带来的社会福利包括：处理行业利润、规范化处理带来的环境增益、先进处理工艺下的稀缺资源外部性等。

2013 年，废弃电器电子产品处理行业的总体利润水平很低。这是因为，"四机一脑"产品回收处理的附加值相对较低，而市场上废弃品的收购成本却很高，导致企业利润率低。正如之前提到的，高额的补贴支出却没有为处理行业创造利润，其中深层的原因是废弃产品渠道商瓜分了政府补贴。

从行业整体的污染控制能力来看：得益于《目录》及其配套政策，污染控制能力弱的小作坊得到了一定程度的抑制，而资质处理企业在处理过程中的规范度也越来越高，行业整体的污染控制能力有了较大提高。由于废弃电器电子产品的不恰当回收处理会对环境造成严重污染，并且治理成本极为高昂，所以政策带来的环境增益非常客观。然而，通过对政策的环境影响进行分解，我们发现政策的环境贡献并非完美。2013 年，废弃电器电子产品资质处理企业的回收品种集中度为 94.4%，行业所处理的大部分电器产品为电视机，这是处理企业出于利益最大化目标而进行的选择。但是从污染控制角度来看，《目录》中其他 4 种产品的回收处理重要性并不比电视机低。如果不能有效协调企业目标和政策目标之间的矛盾，处理行业的发展将出现扭曲，与政策初衷相违背。

再考虑政策的稀缺资源外部性。2013 年，得益于目录政策，处理行业整体处理规范度和处理工艺水平有较大提升，企业对废弃产品零部件和可回收材料的利用率越来越高，有价拆解物总重量占废弃品总重量的比重达到了 92.9%。这在一定程度上节约了资源和能源。然而，当前《目录》中所包含"四机一脑"产品的稀缺资源含量较低，企业针对这些产品优化处理技术和生产工艺的动力不足。因此，目录政策对稀缺资源外部性贡献的潜力较大，有待挖掘。对于手机等诸多目录外产品，企业的回收处理技术仍比较薄弱甚至处于空白，如果能够通过政策手段鼓励企业对相关产品中稀缺资源的回收，那么政策在稀缺资源外部性方面对社会的贡献将非常巨大。

（三）主要结论

（1）该政策的投入和成本较高，生产企业承担了回收处理成本，消费者因此也承担了部分转嫁成本。

（2）从全社会来看，稀缺资源外部性贡献、资源利用效率提高以及环境危害降低等福利收益都相对有限。

（3）绝大部分废弃的目录产品没有进入规范的回收处理体系，对于已经支付的回收处理基金的行业和企业来说，产生无效的投入。

（4）由于基金管理和使用监管的成本较高，给企业带来了回收处理责任外的更高的成本负担，属于效率的漏损。

（5）处理企业产能利用率不高导致资产闲置和浪费。

（6）从整体看，处理企业收益的增加要远远小于生产企业成本的增加，基金（类税收）的超额负担[1]较高，政策效率低。

---

[1] 税收超额负担是指政府通过征税将社会资源从纳税人转向政府部门的转移过程中，给纳税人造成了相当于纳税税款以外的负担。国家课税后，会直接减少纳税人收入，不可避免地对纳税人的行为选择产生一定影响。如果国家征税后增加的社会效益，小于将相应税款留给纳税人而增加的效益，则税制就没有效率。

影响篇 Waste
Electronic Product Management in Major Countries and Relevant Policies in China

· 政策对生产行业和回收处理行业影响的机理

· 政策对相关生产企业影响的实证分析

· 对相关处理行业和回收渠道影响的实证分析

· 基于目前实证结果的经济学分析

· 基金政策对产业和经济发展的总体影响

政策对生产行业和回收处理行业影响的机理

一、基金征收的理论依据

基金征收包括两方面的政策内容，一是向谁征收，即征收对象；二是征收多少，即征收标准。向谁征收涉及环境责任主体的认定问题，征收多少则取决于外部成本的高低。

（一）通过让生产者承担延伸责任明确环境责任主体

让生产者承担延伸责任就是要将废弃电器电子产品对环境污染的责任追加到电器电子产品的生产厂商，使废弃产品的生产者承担废弃产品对环境污染的责任，实现外部成本"内部化"。

从整个产品的生命周期来看，可能造成污染的不仅仅是生产者，还包括销售者、消费者、废弃产品回收和处理者等，因此，理论上从产品中获益的主体都应当承担产品的环境成本。换句话说，产品的外部性成本应该由整个产业链负担。但从实际操作层面，准确划分产品生命周期中各环节的环境责任非常困难，而让生产者承担延伸责任更有利于取得比较好的环境效益。一方面，由于生产者是产品的设计制造者，对产品性质尤其是产品环境属性最具控制力，能够影响产品从"摇篮到坟墓"的过程；另一方面，生产者也是再生材料最主要的用户，最有能力挖掘废弃产品的利用价值，可以影响产品从"摇篮到摇篮"的过程。

（二）基金征收的目的是使产品成本反映其真实的社会成本

废弃电器电子产品对环境的污染，会危害人体健康，但如果生产和使用电器电子产品的生产者不承担这种危害的成本，他们就没有动机对这种环境危害进行消除。以电脑为例，一台电脑的制作材料中所含金属、有机物和玻璃超过几十种，其中包括铅、钡、镉、汞、炭粉、阻燃剂等高度危害人身健康的物质，如果回收处理过程不当，上述重金属及难以降解的高分子类物质将对河流、地下水、土壤、空气产生恶劣的影响，对环境带来危害。其他如报废电视机的显像管、报废电冰箱的冷冻压缩机以及它们的外壳等，也都会对土壤、空气等产生危害影响。在《废弃电器电子产品回收处理管理条例》颁布之前，尽管废弃电器电子产品事实上给社会带来了严重的环境危害即产生负外部性，但生产厂商作为污染者并没有为此付费，几乎不必为废弃电器电子产品承担任何环境成本。同时，由于生产厂商给社会造成了额外的环境成本导致私人成本低于社会成本，厂商就会过度生产，从而使社会环境受到更大的危害。

负外部性会造成市场失灵，征收基金（类庇古税）成为解决负外部性问题的政策工具。征收基金直接提升了"污染者"的私人成本，使其与社会成本相一致，从而抑制了过量生产，解决负外部性的问题。图6-1描述的情形就是通过庇古税提高厂商的成本，使之与社会总成本一致。

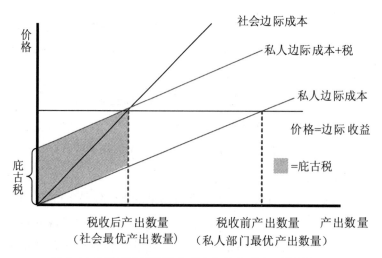

图6-1　征收庇古税使私人成本与社会成本一致[1]

图6-1中的灰色区域即为庇古税。从整个社会的角度来看，考虑了废弃电器电子产品的负外部性以后，社会边际成本很高，所以全社会范围内的最优产量应该比较小（落在"社会最优产出数量"）。但是由于生产商没有承担废弃产品污染的成本，在社会最优产出数量下，私人部门的边际成本显著低于边际收益（也是社会边际成本），因此厂商会有动力继续扩大产量，使得市场均衡产量（私人部门最优产出数量）高于社会最优产量，导致过量生产。

在征收庇古税以后，私人的边际成本线上移，征收的数额恰好可以使得私人部门的真实成本与社会成本相一致，也使得新的均衡产量与社会最优产量相一致。

[1] Wikipedia: Pigovian tax. http://en.wikipedia.org/wiki/Pigovian_tax.

不难看出，基金征收的目的是为了让产品的实际成本回归真实的社会成本，使市场实现新的均衡。显然，如果基金征收正好等于负外部成本，就会得到最优的均衡产量；如果基金征收过高，会导致均衡产出下降，反之，如果过低会导致过量生产和环境恶化。

二、基金征收对目录产品行业的影响机理

基金征收对目录行业的影响主要有以下传导机制：

（一）价格传导机制

该机制的传导路径是：征收基金→私人成本回归真实社会成本导致行业成本上升→均衡价格提升，产出下降。

通过对基金征收的理论依据的分析，不难看出，对目录产品征收基金的目的是提高产品的生产成本使其反映其真实的社会成本。毫无疑问，理论上基金征收会对目录行业产生最直接的影响是提高行业的生产成本。其实，无论是对生产者征收还是对消费者征收，基金成本作为"内部化"的外部成本都会由整个产业承担，提高产业成本，至于是否最终提高了商品的价格，以及最终消费者和生产者谁承担的更多，则取决于该产品市场的供求关系。

（二）创新动力传导机制

该机制的传导路径是：根据产品的环境成本差异化征收基金→企业为降低成本而进行创新活动→产品生态设计和环境成本下降。

通过对生产者延伸责任制的分析，可以看出让生产者承担处理成本或者对生态设计产品进行基金减免，可以鼓励生产者为降低这一成本而进行生态设计。然而，目前我国没有履行严格的生产者责任延伸制度，只是无差异地对所有生产者生产的产品征收基金，所以这一传导机制目前不能发挥作用。

（三）行业整合传导机制

该机制的传导路径是：按照台套征收基金→附加值高的产品负担率低；附加值低的产品负担率高→行业内的优胜劣汰。

根据对电器电子行业市场结构的分析，我们认为，目前"四机一脑"整体行业供给弹性大，处于行业整合和优胜劣汰的竞争阶段，对于附加值低和缺乏竞争力的企业，成本转嫁能力弱，征收基金意味着更大的经营亏损，甚至退出市场；而对于创新能力强、产品附加价值比较高和竞争力比较强的企业，成本转嫁能力强，可把大部分基金征收成本转移给下游的买方。这本身也会促进行业结构的优化调整。

三、分析方法及模拟结果

基金政策可以理解为增加企业的生产成本。显然，补贴政策也可以理解为对回收企业降低产品税，也就会降低回收企业的生产成本。显然，在现有政策机制的影响下，电器电子产品和回收资源的价格均会发生变化。

根据微观经济学的局部均衡理论，厂商严格按照利润最大化的偏好进行决策，消费者则按照效用最大化的偏好进行决策。当厂商产量和消费者需求量相等时，则实现了市场均衡状态，决定了此时的价格和产量。而厂商生产成本的变动必然会影响厂商和消费者的决策，因此导致最终产品价格和产量发生变化。价格和产量将会影响厂商的销售收入和利润，从而影响相关行业的发展状况。

然而，局部均衡理论也存在明显的缺陷，其中的完全市场竞争假设等因素在现实经济中并不存在。此外，局部均衡理论假设企业只能通过对价格和产量的调整应对税收、成本的变化，这和实际情况并不吻合。而且，在成本变化不大的情况下，消费者对电器电子产品的需求量受价格的影响也可能不显著。

考虑到相关理论模型的缺陷，本课题按照以下思路展开研究：

（一）基于局部均衡模型对基金政策对相关电器电子生产企业的影响进行模拟

如前文所述，现有的基金征收政策相当于对这五类电子产品的生产企业征收产品税，其税率分别为电视机（13元/台）、电冰箱（12元/台）、洗衣机（7元/台）、空调（7元/台）和微型计算机（10元/台）。

从经济学理论上看，一般用局部均衡模型分析在一个均衡市场中税收、生产成本等外部政策变化对经济的影响。相关分析表明，在假设厂商供给量是价格的线性递增函数、需求量是价格的线性递减函数的情况下，税负水平的增加会导致市场均衡价格提高，消费者消费量下降，但企业的生产者价格却下降，利润率降低，总产出减少。

本文用一个简单的模型进行分析。在该模型中，目录生产企业的产出为电器电子产品（"四机一脑"），供给量用 Q_1^s 表示，消费者对电器电子产品的需求量用 Q_1^d 表示，价格用 P_1 表示。假设消费者对电器电子产品的需求函数可以表示为：

$$lnQ_1^d = a_1 + \varepsilon_1^d lnP_1$$

其中 ε_1^d 为需求弹性，小于零。

假设生产商制造企业的供给函数可以表示为：

$$lnQ_1^s = b_1 + \varepsilon^s 1 lnP_1$$

其中 ε_1^s 为供给弹性，大于零。

当价格调整使得需求与供给相等时，市场达到均衡：

$$Q_1^d = Q_1^s$$

由此，我们可以求出均衡价格的表达式：

$$lnP_1 = \frac{a_1 - b_1}{\varepsilon_1^s - \varepsilon_1^d}$$

同样可以求出均衡产量的表达式：

$$lnQ_1 = \frac{a_1\varepsilon_1^s - b_1\varepsilon_1^d}{\varepsilon_1^s - \varepsilon_1^d}$$

而在对目录产品制造企业征税，税率为 τ_1 之后，需求函数不变，供给函数变为：

$$lnQ_1^s = a_1 + \varepsilon_1^s ln\left[\left(1-\tau_1\right)P_1\right]$$

由此，征税后均衡价格的表达式为：

$$lnP_1 = \frac{a_1 - b_1 - \varepsilon_1^s ln\left(1-\tau_1\right)}{\varepsilon_1^s - \varepsilon_1^d}$$

同样可以求出均衡产量的表达式：

$$lnQ'_1 = \frac{a_1\varepsilon_1^s - b_1\varepsilon_1^d - \varepsilon_1^d\varepsilon_1^s ln\left(1-\tau_1\right)}{\varepsilon_1^s - \varepsilon_1^d}$$

经过计算可以得出，征税后，均衡价格变化为：

$$ln\frac{P'_1}{P_1} = \frac{-\varepsilon_1^s ln\left(1-\tau_1\right)}{\varepsilon_1^s - \varepsilon_1^d}$$

由于税率小于 1，所以 $P'_1 > P_1$，但考虑到税收因素，生产者价格 P'_2 实际为 P'_1 $(1-\tau_1)$，即：

$$ln\frac{P'_2}{P_1} = \frac{\varepsilon_1^d ln\left(1-\tau_1\right)}{\varepsilon_1^s - \varepsilon_1^d}$$

均衡产量降低：

$$ln\frac{Q'_1}{Q_1} = \frac{-\varepsilon_1^s\varepsilon_1^d ln\left(1-\tau_1\right)}{\varepsilon_1^s - \varepsilon_1^d}$$

根据模型可以得出如下结论：

在假设厂商只能通过调整产量和价格进行决策的静态均衡模型下，征收税收会导致消费者价格上升，生产者价格降低，产量下降。其中，产量降幅、消费者价格升幅、生产者价格降幅和税收水平、供给弹性成正比，和需求弹性的绝对值成反比。

（二）基于局部均衡分析对回收处理行业的整体影响进行分析

本部分主要基于局部均衡理论分析补贴政策对整体回收处理行业的影响。从经济学理论上看，对处理企业给予补贴，则会降低处理企业的生产成本，使得回收企业一方面提高收购价格，以扩大收购量，另一方面降低回收资源价格，以扩大市场。

模型假设如下：

回收处理企业向家庭购买废弃电器电子产品，需求量用 Q_2^d 表示，家庭供给废弃电器电子产品，供给量用 Q_2^s 表示，价格用 P_2 表示。回收处理企业对电器电子产品的需求函数可以表示为：

$$lnQ_2^d = a_2 + \varepsilon_2^d lnP_2$$

家庭供给函数可以表示为：

$$lnQ_2^s = b_2 + \varepsilon_2^s lnP_2$$

当价格调整使得需求与供给相等时，市场达到均衡：

$$Q_2^d = Q_2^s$$

由此，我们可以求出均衡价格的表达式：

$$lnP_2 = \frac{a_2 - b_2}{\varepsilon_2^s - \varepsilon_2^d}$$

同样可以求出均衡产量的表达式：

$$lnQ_2 = \frac{a_2 \varepsilon_2^s - b_2 \varepsilon_2^d}{\varepsilon_2^s - \varepsilon_2^d}$$

而在对回收处理企业进行补贴，补贴率（补贴与销售收入之比）为 τ_2，供给函数不变，需求函数变为：

$$lnQ_2^d = a_2 + \varepsilon_2^d ln（1-\tau_2）P_1$$

由此，征税后均衡价格的表达式为：

$$lnP'_2 = \frac{a_2 - b_2 + \varepsilon_1^d ln（1-\tau_2）}{\varepsilon_2^s - \varepsilon_2^d}$$

同样可以求出均衡产量的表达式：

$$lnQ'_2 = \frac{a_2 \varepsilon_2^s - b_2 \varepsilon_2^d + \varepsilon_2^d \varepsilon_2^s ln（1-\tau_2）}{\varepsilon_2^s - \varepsilon_2^d}$$

给予补贴后，企业向居民回收的均衡价格提高：

$$ln\frac{P'_2}{P_2} = \frac{\varepsilon_1^d ln（1-\tau_2）}{\varepsilon_2^s - \varepsilon_2^d}$$

具体的回收量变化情况：

$$ln\frac{Q'_2}{Q_2} = \frac{\varepsilon_2^d \varepsilon_2^s ln（1-\tau_2）}{\varepsilon_2^s - \varepsilon_2^d}$$

目前为止，对于这五类产品所回收的大多数产品，回收资源在国内市场中的比重并不高。因此，我们假设回收企业对国内市场价格的影响为零。基于上述分析，可以计算出回收处理企业的利润率、需求量变化情况。

如果能够确定居民对废弃电子产品的供给弹性、企业对废弃电子产品的需求弹性以及回收企业的补贴率，就可以计算出企业回收均衡价格和回收量的变化情况。由于缺乏相关的统计资料，因此只能通过调研得到的信息予以估计。根据调研，居民对价格较为敏感，因此供给弹性应该比较大；相对而言，企业的需求弹性相对较小。我们假设这五种产品的供给弹性均为5，需求弹性均为-0.5。考虑到这五种产品所能产生的资源量不同，因此不同产品的补贴率均不同，但缺乏相关资料予以计算。因此，本研究课题通过调研中所得到的部分产品市场收购价格代替产生的资源价格，最终得到这五类产品的补贴率。相关参数如表6-1所示。

表6-1　五类废弃电器电子产品的输出参数

	居民的供给弹性	企业的需求弹性	补贴率（％）
空调	5	-0.5	17.50
冰箱	5	-0.5	40
洗衣机	5	-0.5	35
电视机	5	-0.5	50
微型计算机	5	-0.5	30

根据模型的测算结果如表6-2所示。

表6-2　五类电器电子产品模拟测算结果（单位：％）

	购买废弃电器价格上升幅度	回收量上升幅度	利润率变化幅度
空调	1.76	8.74	15.74
冰箱	4.75	23.22	35.25
洗衣机	3.99	19.58	31.01
电视机	6.50	31.51	43.50
微型计算机	3.30	16.21	26.70

因此，可以看出，由于空调的补贴率最低，因此补贴对空调回收企业的积极作用是最小的；而电视的补贴率最高，因此补贴对电视机的回收量提升作用是最大的。

（三）建立许可制度下对回收处理行业市场结构影响的分析模型

前文的分析有一个隐含的假设：补贴政策是对整个回收处理行业"一视同仁"的，但这一假设不完全符合现实情况。

目前的补贴政策不是普遍性的，由于存在许可制度，补贴政策具有排他性。政府针对部分符合政府制定标准的回收处理企业按处理的台数给予补贴，大量的中型微型企业，特别是"手工作坊"式企业则不能享受补贴。因此，这将对行业内部不同企业的市场份额产生较大影响。

理论上，许可企业在接受补贴之后，则可以提高资源收购价格，从而扩大市场份额；而非许可企业的市场份额将会明显下降。

本文建立如下的模型对此进行分析。将回收处理企业按照有无许可划分为许可企业和非许可企业。基于目前的实际情况，我们认为，两者的主要区别在于，许可企业技术设备更先进，因而处理后产生的污染物比例更小。但不同产品、不同处理环节两类企业的污染物产量差距是不同的。

许可企业具有固定资产数量 K_1，当设备使用时，每期会产生折旧，折旧率为 δ。许可企业通过回收废弃电器电子产品，对其进行物理拆解和深加工处理，生产回收资源。假设回收资源价格由回收资源市场外生给定，这里将其标准化为 1。回收得到的废弃电器电子产品，每单位获得补贴 s。许可企业通过选择最优的回收量 Q_1，实现利润最大化。

$$\max_{Q_1}\pi_1 = K_1^a\ (rQ_1)\ -\delta K_1-P\ (Q_1+Q_2)\ Q_1+sQ_1$$

其中，r 表示废弃电器电子产品中含有的可回收资源的比例，r 越大，处理后得到的可回收资源比例越高。α 表示处理过程中设备和技术的重要程度，越不容易进行回收处理、处理工艺越复杂的产品，α 越大。对不同类型的废弃电器电子产品来讲，r 和 α 不同。

处理后每单位废弃电器电子产品造成污染为 $L_1 = 1-rK_1^\alpha$。

非许可企业由于设备和技术差距，在处理过程中产生的污染物较高，并没有起到减少污染的作用，无法取得补贴。我们将非许可企业固定资产数量表示为 K_2，显然 $k_1>k_2$。从事回收处理同样会产生折旧，我们假设折旧率与许可企业相同。同理，非许可企业通过选择最优的回收量 Q_2，实现利润最大化。

$$\max_{Q_2}\pi_2 = K_2^a\ (rQ_2)\ -\delta K_2-P\ (Q_1+Q_2)\ Q_2$$

这里，我们认为回收处理企业具有一定的市场势力，其所选择的回收数量会影响均衡的回收价格，即回收价格 P 与 Q_1、Q_2 有关。

处理后每单位废弃电器电子产品造成污染为 $L_2 = 1-rK_2^\alpha>L_1$，许可企业产生的废弃物污染更小。

家庭根据回收价格决定是否出售废弃电器电子产品，价格越高，越愿意出售。因此，我们可以将废弃电器电子产品供给方程表示为：

$$Q^s = a+bP\ (Q_1+Q_2),\ b>0$$

供求相等时，市场达到均衡：

$$Q^s = Q1+Q_2$$

从而得到价格函数的表达式为：

$$P(Q_1+Q_2)=\frac{1}{b}(Q_1+Q_2-a)$$

许可企业和非许可企业均会选择最优回收量，从而实现利润最大化：

$$\frac{\partial \pi_1}{\partial Q_1}=rK_1^a-\frac{\partial P}{\partial Q_1}Q_1-p+s=0$$

$$\frac{\partial \pi_2}{\partial Q_2}=rK_2^a-\frac{\partial P}{\partial Q_2}Q_2-p=0$$

即：

$$\frac{\partial \pi_1}{\partial Q_1}=rK_1^a-\frac{1}{b}(2Q_1+Q_2-a)+s=0$$

$$\frac{\partial \pi_2}{\partial Q_2}=rK_2^a-\frac{1}{b}(2Q_2+Q_1-a)=0$$

解得：

$$Q_2=\frac{1}{3}[b(2rk_1^a-rk_2^a+2s)+a]$$

$$Q_2=\frac{1}{3}[b(2rk_1^a-rk_1^a-s)+a]$$

这时，价格为：

$$P=\frac{1}{3}(rK_2^a+rK_2^a+s)-\frac{a}{3b}$$

模型计算结果表明，可能出现如下几种情况：

【情况1】

$$\pi_1(Q_1)=(K_2^ar-P+s)Q_1-\delta K_1=\frac{1}{9b}[b(2rK_1^a-rK_2^a+2s)+a]^2-\delta K_1 \geq 0，并且 \pi_1$$

$$(Q_1)=(K_2^ar-P)Q_2-\delta K_2=\frac{1}{9b}[b(2rK_2^a-rK_1^a-s)+a]^2-\delta K_1 \geq 0，则有如下均衡价格$$

和均衡产量：

$$Q_1^{ss}=\frac{1}{3}[b(2rK_1^a-rK_2^a+2s)+a]$$

$$Q_2^{ss}=\frac{1}{3}[b(2rK_2^a-rK_1^a-s)+a]$$

$$p^{ss}=\frac{1}{3}(rK_1^a+rK_2^a+s)-\frac{a}{3b}$$

可以看出，$Q_1^{ss}>Q_2^{ss}$，许可企业与非许可企业相比，拥有更大的市场规模。

【情况2】

如果 $\pi_1(Q_1^*) \geq 0$，并且 $\pi_2(Q_2^*)<0$，非许可企业选择不进行回收，取得零

利润，即，$Q_2^{ss}=0$。这时，许可企业的均衡产量由下式决定：

$$\frac{\partial \pi_1}{\partial Q_1} l Q_2^{ss} = 0 = rK_1^a - \frac{1}{b}（2Q_1+Q_2-a）+s = 0$$

这时，

$$Q_1^{ss} = \frac{1}{2}\left[b（rK_2^a+s）+a \right]$$

均衡价格为：

$$p^{ss} = \frac{1}{b}（Q_1^{ss}-a）= \frac{1}{2}\left[（rK_1^a+s）-\frac{a}{b}\right]$$

【情况3】

如果 $\pi_2（Q_2^*）\geqslant 0$，并且 $\pi_1（Q_1^*）\geqslant 0$，许可企业选择不进行回收，取得零利润，即，$Q_1^{ss}=0$。这时，非许可企业的均衡产量由下式决定：

$$\frac{\partial \pi_2}{\partial Q_2} \mid Q_1^{ss} = 0 = rK_2^a - \frac{1}{b}（2Q_2+Q_1-a）= 0$$

这时，

$$Q_2^{ss} = \frac{1}{2}（brK_2^a+a）$$

均衡价格为：

$$p^{ss} = \frac{1}{2}（rk_2^a - \frac{a}{b}）$$

【情况4】

$Q_1^{ss} = Q_2^{ss} = 0$，即两类回收处理企业均无利可图，市场回收量为零。

显然，给予补贴的目的是为了第三种情况不要出现，最好出现第二种情况。但由于不同产品的 K_1、K_2 等参数均差异很大，因此不同产品在给予补贴之后的市场结构变化程度是不一样的。

简单的数学推导可以得知，若 K_1 和 K_2 的差距越小，K_1^a 和 K_2^a 的差值越大，补贴 S 越高，第二种情况就越容易出现。即：

理论上，一定有一个补贴额度可以使得许可企业扩大市场份额，非许可企业缩小市场份额。若许可企业所产生的资源量价值与非许可企业差距越大，所消耗的资本投入和非许可企业的差距越小，将非许可企业挤出市场的补贴额度就越小；反之，若许可企业所产生的资源量加之和非许可企业相差无几，反而需要大量的资本投入，就需要较高的补贴额度才能将非许可企业挤出市场。

而从调研中发现，在实施补贴之后，不同产品的市场份额变化情况是不一样的。几乎所有许可企业均反映，电视机基本上是处理的最主要产品，冰箱和洗衣机次之，空调和电脑主机基本没有。

　　该理论模型可以很好地对这一结论进行解释。如前所述，空调、电脑主机是物理拆解技术门槛较低的产品，对于空调和电脑主机的初步拆解环节而言，许可企业（主要具有较好的拆解设备）在拆解效率上相比非许可企业提高的并不大，反而生产成本会大幅度增加，因此，所需要给予的补贴额度也会明显上升才能发挥市场机制作用，从而解决这一问题。而事实上，对这两类产品的补贴额度是相对偏低的，因此很可能没有达到这一阀值。

　　而电视机则属于另外一类情况。电视机手工拆解的过程中涉及荧光粉处理的问题，技术门槛相对偏高，许可企业运用设备进行拆解的效率也要高于非许可企业。同时，电视机的补贴额度明显偏高，可能已经超过了这一阀值，因此补贴对电视机的作用较为明显。

　　此外，对补贴效果的衡量，不能仅仅用对市场结构的影响来衡量，必须考虑污染物排放量的问题。不同类型的产品许可企业和非许可企业的污染差异小，有的产品则很大。目前来看，在物理拆解环节，电视机采用环保手段和非环保手段拆解所产生的污染差异最大（荧光粉的污染较为严重），冰箱、空调和洗衣机次之。

　　经过上述分析，得出以下主要结论：

　　（1）在空调领域，目前的补贴水平不足以使市场从第三种均衡跳到第一或第二种均衡，即无法改变非许可企业占据市场主导地位的格局。

　　（2）在洗衣机和冰箱领域，目前的补贴水平收到了一定的效果，市场基本处于第一种均衡状态。

　　（3）在电视机领域，补贴的效果最为明显。

　　（4）若许可企业的环保标准远高于非许可企业这一现实成立，目前在电视机领域补贴收到了较好的外部性效果，洗衣机和冰箱次之，空调和电脑主机几乎没有效果。

　　（5）若大幅度提高空调等产品的补贴额度，可以有效地提高许可企业的市场占有率；但考虑到这些产品两类企业物理拆解的污染量差别不大，这种政策的有效性仍值得商榷。

（四）运用可计算一般均衡模型对宏观经济影响的实证分析

　　上文的分析是将回收处理产业和电器电子产业作为一个孤立的部分进行实证研究。然而，现实经济是一个复杂的系统，回收处理产业和电器电子产业的发展状况会影响到各个上下游行业的生产和产品价格，进而影响全社会的物价水平、就业状况和总产出。对此，必须用一般均衡模型进行测算。

　　可计算一般均衡模型（CGE）是构建一组方程式来描述各个行业的生产者、消费者以及各个市场之间的关系，各经济决策行为基于一系列最优化条件，在市场机制的作用下达到各市场的均衡。该模型中，一般将政府行为作为外生变量予以考虑。

如前所述，可以将基金和补贴的相关政策作为相关行业产品税率的变化这一外生冲击放入模型，从而观察这一"冲击情形"相对"基准情形"的变化。

运用 CGE 模型的一个典型困难在于 CGE 模型只涉及国民经济行业分类下的 42 个行业，而基金和补贴所征收的对象分别仅仅限于这五类电器电子产品和电器电子回收企业，这一范围远小于 CGE 模型中的行业分类，因此很难准确判断目前所征收的基金水平所导致相关行业的税率变动。

从产品分类上看，目前所征收的五种家电中的电冰箱、空调和洗衣机属于电气机械和器材制造业，而电视机和电脑主机属于通信设备、计算机及其他电子设备制造业。因此，我们按照这两大类产品 2011 年的销售额和相关行业销售额比重，将基金征收额度折算成两个行业所负担的税率。

对于回收处理业，由于缺乏这五种电器电子产品回收处理业的产值数据，因此假设这五类产品产值是废弃资源和废旧材料回收加工业总产值的一半，并以此折算成废弃资源和废旧材料回收加工业税率的减轻幅度。

基于这种假设，可以计算出由基金折算的电气机械和器材制造业、通信设备计算机及其他电子设备制造业的税率均为 0.3%，由补贴折算的废弃资源和废旧材料回收加工业税率负担约为 2.25%。基于 2007 年国民经济核算体系（SNA）对我国经济 2013—2022 年的 CGE 模型模拟结果可以得出如下结论：

1. 现有政策对国民经济整体上有负面冲击，但可以忽略

模型运行的情况表明，由于电气机械和器材制造业、通信设备计算机及其他电子设备制造业两大行业的税率提高，这两大行业的产出均有轻微下降，并导致金属制品、化工等上游行业产出下降。虽然回收处理业由于补贴原因，产出较基准情形有所上升，但由于回收处理业产值明显低于上述两大行业，且对其他行业的拉动作用也要弱于这两大行业，因此，整体冲击为负。但相对国民经济总量而言，基金和补贴涉及的范围非常小，因此这种影响基本可以忽略。整体来看，即便是影响最为明显的 2013 年，也只会导致实际国内生产总值（GDP）增速下降 0.006%，而从长期来看，随着市场逐渐适应了这种冲击，2014 年之后 GDP 增速的变化将会明显低于 2013 年的冲击，这种影响整体上将呈不断减弱的趋势。

2. 进口总额降幅高于出口总额降幅

由于对进口电器电子产品征收基金，这在一定程度上也会影响对五类电子产品的进口；由于对两大行业征收税收，导致所有行业均受到一定程度的负面影响，也会影响全行业进口。对回收处理行业增加补贴也有利于回收处理行业的进口，但回收处理行业基本上进口额非常少，拉动作用极为有限。此外，各个行业产出的负面

影响也会影响各行业的出口额。整体来看，对进口的负面影响要大于对出口的负面影响，但同样可基本忽略。模型结果表明，2013 年，进口额仅仅下降了 0.037%，出口额也仅仅下降了 0.02%。

3. 对消费的负面影响大于对投资的负面影响

五种电器产品属于消费品，因此对相关产品提高税率对整体消费的负面影响较大；但如前所述，由于行业间的关联效应，对五种电器产品生产行业的投资乃至其他行业的投资也会有一定的负面冲击。而补贴对回收处理及相关行业的投资的正面影响不能完全抵消这一负面影响。但由于基金和补贴的范围和金额均不大，因此影响也基本可以忽略。模型结果表明，居民消费仅仅下降了 0.009%，总投资则下降了 0.004%。

4. 会导致物价整体回落，但这一影响非常微弱

一方面，五种电器电子产品是居民消费的重要部分，对相关产品征收税收会直接提高产品价格，从而导致物价水平上升；另一方面，整体经济受到冲击后，随着总产出的下降，物价水平也会有下行趋势，这两方面的影响是反向的。模型测算表明，整体上看，物价水平仍然呈现下行趋势，但 2013 年也仅降低了 0.001%，完全可以忽略不计。

5. 对就业的影响非常微弱

基金补贴政策调整对就业的影响也存在两方面：电器电子行业及上下游行业产出降低所导致的劳动力需求减少以及回收处理行业及上下游行业产出降低所导致的劳动力需求增加，这两者的影响也是反向的。回收处理行业偏于劳动密集型行业，但其规模较小；而电器电子行业属于资本密集型行业，但其规模较大。因此，很难判断对整体就业的影响情况。模型测算表明，在目前的基金和补贴水平下，两者基本抵消，对就业的影响可以忽略不计。

6. 主要结论

然而，需要指出的是，CGE 模型测算的局限性：只是按照国民经济核算的方法机械地对相关政策对经济的影响进行定量分析。而废弃电器电子基金的影响很大程度上并不是针对经济发展状况的，而是针对环境外部性、企业的环境保护意识以及资源的集约利用等方面的。特别是部分资源矿产开采困难（如镍和钴），且为重要的战略性资源，从废弃电器电子中获得资源的意义远非简单的经济影响所能衡量。

政策对相关生产企业影响的实证分析

一、对相关电器电子生产企业的影响

（一）基于局部均衡理论，基金征收对生产企业产量和利润额有一定的负面影响

根据以上局部均衡模型，模型在假设厂商严格按照利润最大化的偏好、消费者严格按照效用最大化的偏好进行决策以及市场完全出清的基础上，对征收基金前和征收基金后两种市场均衡状态的各项参数进行了测算，模型如下：

$$ln\frac{P_1^{'}}{P_1}=\frac{-\varepsilon_1^s ln\ (1-\tau_1)}{\varepsilon_1^s-\varepsilon_1^d}$$

$$ln\frac{P_2^{'}}{P_1}=\frac{(\varepsilon_1^d-2\varepsilon_1^s)\ ln\ (1-\tau_1)}{\varepsilon_1^s-\varepsilon_1^d}$$

$$ln\frac{Q_1^{'}}{Q_1}=\frac{-\varepsilon_1^s\varepsilon_1^d ln\ (1-\tau_1)}{\varepsilon_1^s-\varepsilon_1^d}$$

其中，$P_1^{'}$ 是基金征收后消费者价格，$P_2^{'}$ 是基金征收后生产者价格，$Q_1^{'}$ 是基金征收后产量和消费量；P_1 为基金征收前的均衡价格，Q_1 是基金征收前的产量和消费量。ε_1^s、ε_1^d 分别为相关产品的供给弹性和需求弹性，τ_1 是折算为税率的基金征收水平。

可以看出，在局部均衡分析的框架内，基金的征收会导致生产者出厂价格下降，消费者价格上升，两者之差是基金的征收水平。同时，生产者由于出厂价格下降，会导致产量下降，消费者由于消费价格上升，会导致消费需求下降，市场达到新的均衡。

（二）在现实经济中，企业可以采取多种措施应对基金征收所导致的成本上升

局部均衡分析和现实经济的一个巨大差异在于，该框架下企业仅仅能够控制产品的价格和产量，诸如市场策略、技术改进等应对措施均无法纳入模型。在现实中，"四机一脑"的生产企业在面对基金征收导致生产成本上升时，企业除了采用改变价格和产量的做法外，更可能采取以下措施进行应对。

1. 通过内部挖潜消化基金成本

传统的微观经济学理论一般将企业作为一个微观的单元进行决策，但随着博弈论、信息经济学等分析方法的出现，企业内部管理者和工人、委托人和代理人之间的博弈模型已经成为一种重要的分析工具。由于管理者和工人、委托人和代理人之间必然存在一定程度的信息不对称问题，因此现实中企业永远不可能达到理论上的生产可能性曲线。但这同时也为企业通过改善管理方式、强化原材料节约、进行简单技术改进等方式降低生产成本提供了空间。在现实经济中，这也是企业面临成本上升时最通行的做法。

2. 加快产品研发，生产技术含量和利润率更高的产品

基金目前仅在"四机一脑"的范围内征收，且采取了从量而非从价的征收方式。显然，企业若能生产不归入"四机一脑"范围之内，且技术含量更高、能够带来更多利润的产品，则可以规避基金所导致的成本上升。若生产企业生产技术含量和利润率更高的"四机一脑"产品，由于基金只按照产品数量进行征收，也能够有效降低基金对利润的负面影响。

3. 转向出口

由于基金只针对在国内销售的产品征收，企业面向国际市场可以免征基金，因此从理论上探讨，基金可能有助于企业更多地针对国际市场进行销售。

4. 将更多的成本转嫁给消费者和销售企业

在局部均衡理论中，基金成本已经由生产商和消费者共同承担。现实中的情况更为复杂。"四机一脑"的市场并不能看成是一个完全竞争的市场，而更近似于垄断竞争和寡头垄断之间的一种市场状态。"四机一脑"的制造技术已经基本成熟，产业进入门槛相较新兴产业明显较低，因此存在着大量生产有差别且能互相替代的同类产品的企业，这符合垄断竞争市场的特征；同时，部分大型企业凭借在关键技术、营销网络等方面的优势，占据了市场的大部分份额，这就近似于寡头垄断的市场状态，如表7-1所示。然而，目前生产企业直接面向消费者的渠道并不多，销售渠道基本保持在京东、苏宁以及大型百货商场等销售企业手中。由于销售企业同样处于寡头垄断和垄断竞争之间的状态，因此生产企业能否将更多成本转嫁到消费者和销售企业，实际上取决于生产企业和销售企业的博弈能力，而不是局部均衡理论中市场自发演化的结果。

表 7-1 "四机一脑"国内市场结构情况（单位：%）

电视机		电冰箱		洗衣机		家用空调		个人电脑[1]	
创维	16.70	海尔	27.00	海尔	37.60	格力	27.30	联想	16.70
海信	15	海信科龙	13.00	西门子	15.20	美的	20.90	惠普	16.30
TCL	14.30	西门子	13.00	小天鹅	9.40	海尔	12.90	戴尔	11.80
长虹	13.90	美菱	8	松下	8.80	海信科龙	8.30	宏基	8.30
康佳	12.10	三星	8	三洋	7.50	志高	5.00	华硕	6
合计	72.00	合计	69.00	合计	78.50	合计	74.40	合计	59.10

资料来源：奥维咨询、中商情报网等。

（三）有利于提升企业自建回收处理环节的积极性

对于生产企业而言，是否建设回收处理环节取决于不建设回收处理环节和建设回收处理环节的成本收益对比。在目前相关政策尚未强制生产企业建设回收处理环节的情况下，不建设回收处理环节的成本收益显然都是零。而对于建设回收处理环节而言，则取决于回收处理环节的收益和成本之差。基金的征收和发放将会使得生产企业自建回收处理环节能够获取基金补贴，从而提高了生产企业自建回收处理环节的利润水平，有利于提升生产企业自建回收处理环节的积极性。

二、对"四机一脑"相关行业的影响

对微观企业主体的影响最终必然反映到行业层面。根据以上分析，基金的征收可能对相关行业有如下影响：

（一）可能将推动整个行业技术密集度和劳动生产率的上升

目前的基金征收采取的是一种"无差别"方式，对所有企业、所有同类产品均按照台数征收同等金额的基金。因此，基金的征收客观上要求每个企业均进行内部挖潜，加强研发投入，推出新产品，从而通过行业内部的市场竞争机制最终带动了整个行业技术密集度和劳动生产率的提高。

（二）有利于提升整个行业的集中度

产业组织理论表明，在成熟的市场体系下，外部压力的出现往往是产业内部进行"洗牌"和"整合"的时机。竞争力强、技术先进的企业能够承担较强的外部压

---

[1] 个人电脑情况较为特殊，品牌机、一体机、笔记本电脑的市场结构均不相同。本文运用的是全球性的市场占有率数据，和国内市场占有率的具体数字有些差别，但大体结构基本一致。

力，能够趁机占领较多的市场份额；而技术水平低、理念落后的企业将可能被淘汰，从而导致行业集中度的提高。

（三）有利于加快一些新型的"混合式"家电的发展

随着技术的进步，电视机、电冰箱等传统的家电类型已经逐渐被一些新型的家电类型所取代。如网络冰箱、烘干式洗衣机，等等。由于这些产品功能多样化，有可能并未列入征收基金的产品目录范围。企业有可能会转向生产相关产品以规避基金征收，从而导致这些新领域成为行业发展的一个新方向。

三、对相关电器电子生产企业和行业影响的实证分析

以上主要从理论上对基金对电器电子生产企业和行业可能产生的影响进行了分析。然而，在现实经济中，上述理论推导的结论并不一定成立，或并不一定全部成立。首先，电器电子产品生产企业进行决策时，要综合考虑未来发展战略、生产成本、宏观经济状况、融资状况等多个因素，基本不可能单独基于基金进行决策；其次，即便在生产成本中，基金所占的比重也是非常低的。目前，基金的征收水平为 7 ~ 13 元/台（视不同种类有别），占产品最终销售额的比重很小，而劳动力成本、土地成本、各种原材料成本的变化幅度均可能大于这一征收水平。如以空调为例，每年由于铜、铝等产品价格变化导致的成本变化可能达到 60 ~ 70 元/台，明显高于基金征收水平；而融资利率更是受货币政策、资金流动性等因素的影响，甚至可能出现一年 3% ~ 5% 的大幅波动。由于在任何一个时点企业的决策都是多个因素叠加的结果，因此，基金的影响可能被其他因素的影响所对冲或掩盖。

因此，必须通过定量分析的方法，对基金对电器电子生产企业和行业的影响进行实证分析。在实证分析中，考虑到基金征收年份较短，且企业经营面临诸多外部因素影响的客观情况，本文采用了如下方法进行研究：

第一步，运用局部均衡模型对基金对价格和产量的影响进行模拟测算。由于在该模型中，企业除了降低价格和产量之外，没有其他办法来应对基金的征收，因此可以将测算结果当作基金对价格和产量所可能产生的影响的最高值。

第二步，运用 2013 年相关行业数据和 2012 年进行对比，并结合调查问卷所获得的调查结果，对基金的真实影响做出较为准确的判断。现实中，行业数据和企业数据的变化是基金和其他因素共同作用的结果，不能准确反映基金的影响。因此，必须结合调查问卷中所获得的企业微观数据，才能较为准确地描述基金对企业和行业的影响。

（一）基金对电器电子生产企业影响的局部均衡分析

根据局部均衡模型，在输入基金征收水平、产品供给弹性、产品需求弹性等参数后，即可以得到对市场价格、生产者价格、产量、净利润率的影响。

目前官方只公布了 2013 年基金征收的总额——约 30 亿元人民币，并未公布"四机一脑"各类产品分别征收了多少基金。因此，本文运用 Wind 数据库和海关所提供的产量、出口、进口和库存数据，模拟测算"四机一脑"2013 年应征收基金的台数（假设年初库存全部在本年内销售完毕），并计算出应征收的基金规模。其中，由于个人电脑的库存数据缺乏，且产量数据和出口数据基本相等，因此个人电脑如果采用这种方法计算有一定误差，故改用权威机构对 2013 年个人电脑国内销售量的估算值（约 6 800 万台）测算应征基金规模。测算结果如表 7-2 所示。可以看出，测算结果 32.84 亿元和实际征收的约 30 亿元基本一致。

表 7-2　"四机一脑"2013 年应征基金额度一览表

	产量 （万台）	出口量 （万台）	进口量 （万台）	年初库存 （万台）	应征台数 （万台）	应征金额 （亿元）
电视机	14 026.95	5 962.00	0	623.85	7 441.10	9.67
电冰箱	9 340.54	3 545.00	44.74	590.61	5 249.67	6.30
空调	14 333.00	4 456.00	50.35	313.51	9 613.84	6.73
洗衣机	7 202.02	2 127.02	4.00	320.90	4 758.10	3.33
个人电脑					6 813.9	6.81
合计						32.84

资料来源：根据 wind 数据库、海关统计数据测算。

基于各产品的应征金额和各行业机构公布的相关产品 2013 年零售额，可以计算出"四机一脑"的理论税率。除运用理论算法外，本文还以基金征收水平和销售量较大的某种市场价最低和最高的产品的零售价的比值，作为市场中不同类型企业税负水平的上限和下限[1]。

基于这一方法所得到的"四机一脑"相关税负水平如表 7-3 所示，其他参数如表 7-4 所示。

---

[1]　由于这一假设企业产品不用于出口，因此前文的理论税率可能并不在上下限之间。

表7-3　局部均衡模型所用的参数表

	2013 年 零售额[1] （亿元）	2013 年 理论税率 （%）	企业税负 上限（%）	企业税负 下限（%）	供给弹性	需求弹性
电视机	1 891.8	0.51	1.63	0.20	1.8	−0.63
电冰箱	863.7	0.73	2.10	0.19	2.5	−0.55
空调	1 389.9	0.48	0.50	0.13	2.7	−0.55
洗衣机	580.8	0.57	2.33	0.17	2	−0.58
个人电脑	13 880	0.05	0.50	0.12	2.2	−0.54

资料来源：作者测算。

表7-4　局部均衡模型的模拟测算结果（单位：%）

	产品名称	市场价格变化	生产者价格变化	产量变化	利润率变化	利润额变化
理论征收量	电视机	0.16	−0.35	−0.10	−0.35	−0.45
	电冰箱	0.26	−0.47	−0.14	−0.47	−0.61
	空调	0.18	−0.31	−0.10	−0.31	−0.41
	洗衣机	0.19	−0.38	−0.11	−0.38	−0.49
	个人电脑	0.02	−0.03	−0.01	−0.03	−0.04
税负上限	电视机	0.53	−1.11	−0.33	−1.11	−1.44
	电冰箱	0.76	−1.36	−0.42	−1.36	−1.77
	空调	0.18	−0.32	−0.10	−0.32	−0.42
	洗衣机	0.80	−1.55	−0.46	−1.55	−2.00
	个人电脑	0.17	−0.33	−0.09	−0.33	−0.42
税负下限	电视机	0.06	−0.14	−0.04	−0.14	−0.18
	电冰箱	0.07	−0.12	−0.04	−0.12	−0.16
	空调	0.05	−0.08	−0.03	−0.08	−0.11
	洗衣机	0.06	−0.11	−0.03	−0.11	−0.15
	个人电脑	0.04	−0.08	−0.02	−0.08	−0.10

资料来源：作者测算。

从局部均衡模型的结果可以看出：

（1）即便是实现了每台生产和进口的"四机一脑"都征收了基金，对利润率的冲击也是很小的，最大的电冰箱也仅导致利润率下降了0.47%。

---

[1]　"四机"的零售额基于各产品的年度行业报告。个人电脑的零售额来自 Wind 数据库。

（2）从对比分析上看，如仅基于局部均衡模型的分析，对于生产低端产品的企业（税负上限）的利润率的影响还是比较大的，其中对洗衣机的影响最大，将可能导致利润率下降1.55%，而对个人电脑的影响最小。

（3）若是对于生产高端产品的企业（税负下限），对利润率的影响则非常小，最大的电视机也仅会导致利润率下降0.14%。

（二）从现实数据看，2012年基金征收以来，只有电视机产量和利润率下降较为明显，其他"三机一脑"变化不大

2012年基金征收以来，"四机一脑"产品产量走势变化各异。根据Wind数据库及工业和信息化部提供的数据，本文计算了2009年1季度以来的"四机"产量增长率走势，如图7-1和表7-5所示。可以明显看出，电视机产量增速自2012年1季度以来持续回落，2013年3季度后才开始回升；空调产量则早在2011年4季度就进入低位，2013年2季度后出现明显回升趋势；洗衣机产量则基本保持稳定；电冰箱产量则从2012年2季度后开始显著增长，在2013年3季度后又明显回落。个人电脑缺乏季度数据，工业和信息化部公布的年度数据表明，2013年我国共生产微型计算机3.37亿台，同比下降4.9%，其中笔记本2.73亿台，同比增长7.9%，因此可以认为个人电脑2013年呈现下滑趋势。

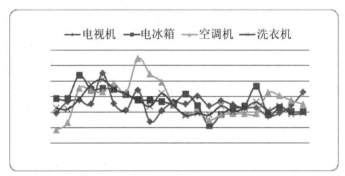

图7-1　"四机"产量增长率走势图

表7-5　2009年1季度—2014年2季度"四机"产量同比增长率（单位：%）

	电视机	电冰箱	空调	洗衣机
2009年1季度	-1.11	17.25	-22.99	5.20
2009年2季度	13.33	17.61	-13.40	3.84
2009年3季度	15.35	47.58	30.60	16.90
2009年4季度	10.52	29.35	27.47	35.35
2010年1季度	49.69	30.68	26.11	41.85
2010年2季度	10.78	28.94	36.53	29.69
2010年3季度	2.22	22.51	25.22	23.02

续　表

	电视机	电冰箱	空调	洗衣机
2010 年 4 季度	27.92	15.20	68.89	15.75
2011 年 1 季度	-12.43	15.48	48.84	7.20
2011 年 2 季度	1.93	13.45	38.09	23.92
2011 年 3 季度	12.92	11.56	8.70	8.65
2011 年 4 季度	10.45	23.04	-2.48	-4.28
2012 年 1 季度	20.36	8.21	0.71	-1.41
2012 年 2 季度	7.89	-17.54	-10.34	-3.56
2012 年 3 季度	14.24	-2.79	-3.37	7.81
2012 年 4 季度	9.18	5.35	-1.78	0.91
2013 年 1 季度	5.22	7.92	-2.00	5.30
2013 年 2 季度	5.42	33.25	-1.80	12.61
2013 年 3 季度	-5.11	-3.21	24.83	2.02
2013 年 4 季度	-1.07	5.82	21.02	8.01
2014 年 1 季度	8.80	0.53	14.87	-2.40
2014 年 2 季度	25.51	0.77	9.88	-0.94

资料来源：根据 wind 数据库提供数据测算。

　　基金征收以来，不同产品利润率变化同样呈现出明显的差异。表7-6 和图7-2 给出了"四机一脑"相关制造业的 2012 年 1 季度—2015 年 3 季度主营业务利润率[1]。从中可以看出，电视机制造业 2014 年主营业务利润率相较 2013 年基本呈现上升趋势，而 2015 年以来则大幅下降；家用空调制造业 2014 年主营业务利润率较 2013 年同样明显上升，2015 年以来基本保持稳定，降幅并不明显；清洁卫生机器制造业和制冷设备制造业的情况和电视机制造业基本相似；只有计算机制造业 2014 年的主营业务利润率较 2013 年明显下降，2015 年继续维持了下降趋势。但从主营业务收入和利润总额的走势看，2014 年以来，五大行业主营业务收入的增速均出现了明显的下行趋势。

---

　　[1]　目前国内并未专门对只生产"四机一脑"的行业进行财务统计。此处基于《国家统计局行业分类标准》选取的五个行业，电视机制造业、家用空调制造业、计算机制造业所生产的产品基本仅为电视机、空调、计算机；清洁卫生机器制造、制冷设备制造所生产的产品主要为洗衣机和空调。主营业务利润率的计算方法为利润总额/主营业务收入。

表 7-6　"四机一脑"所属行业 2012 年 1 季度—2015 年 3 季度主营业务利润率（单位：%）

时间	家用空调制造业	电视机制造业	清洁卫生机器制造业	制冷设备制造业	计算机制造业
2012 年 1 季度	5.28	1.80	5.96	3.11	1.75
2012 年 2 季度	5.04	2.11	4.05	4.76	2.21
2012 年 3 季度	5.74	2.16	5.11	4.46	2.04
2012 年 4 季度	5.69	5.31	7.93	7.36	6.87
2013 年 1 季度	4.58	2.71	5.53	3.54	1.76
2013 年 2 季度	6.83	1.92	4.94	4.61	2.33
2013 年 3 季度	9.92	1.76	6.24	5.67	1.79
2013 年 4 季度	9.23	4.80	6.67	7.85	6.18
2014 年 1 季度	6.67	2.38	5.62	3.90	1.21
2014 年 2 季度	7.96	2.03	5.89	5.19	2.81
2014 年 3 季度	9.38	2.73	5.94	5.08	1.63
2014 年 4 季度	10.37	5.87	7.60	9.15	5.48
2015 年 1 季度	6.94	1.67	5.97	4.50	1.62
2015 年 2 季度	7.75	1.76	6.13	5.68	2.59
2015 年 3 季度	11.32	1.65	7.10	5.40	1.16

资料来源：wind 数据库。

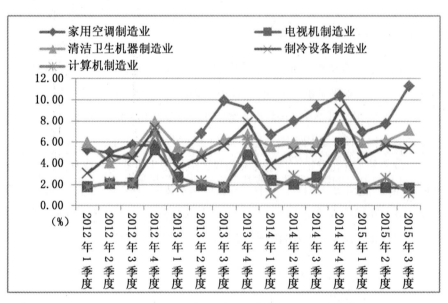

图 7-2　"四机一脑"相关产业主营业务利润率变化情况

资料来源：wind 数据库。

　　对典型企业的数据分析同样可以说明这一问题。本文选择了在我国"四机一脑"相关产业的六大典型企业，基于其上市公司年报数据计算了 2011—2014 年的主营业务利润率（以利润总额和主营业务收入的比值计算），结果如表 7-7 所示。可以看出，六家企业除海信科龙 2014 年主营业务利润率出现明显下降外，其他五家企业主营业务利润率均保持稳定或者上升态势。

表 7-7　六家典型上市公司的主营业务利润率对比（单位：%）

	创维数字	海信科龙	青岛海尔	TCL 集团	格力集团	联想集团
2011	6.24	1.33	5.99	3.36	7.61	12.30
2012	1.96	3.92	6.80	2.36	8.82	12.04
2013	2.21	5.43	7.76	4.25	10.87	13.23
2014	12.36	2.91	9.06	5.01	12.16	13.44

资料来源：根据上市公司年报数据计算。

（三）文本挖掘和调查问卷的研究结论显示，绝大多数企业均未将基金征收作为影响利润率和产量的主要原因

如前所述，企业产量和利润率受诸多因素影响。因此，无论是利润率降幅较为明显的电视机行业，还是利润率稳定甚至稍有增长的空调等行业，均不能由相关财务数据的变化简单地判断基金征收是否是其重要因素。

为此，本文综合采用两种方法对基金征收和利润率、产量变化之间的关系进行判断。

（1）运用邹检验等计量经济学方法，对征收基金前后相关产品产量走势是否发生变化进行检验。

（2）采用简单的文本挖掘方法，基于各咨询机构和政府有关部门关于相关行业年度发展状况的分析报告，基于其中对"废弃电器电子产品处理基金"这一文本的提及程度来判断基金征收对利润率、产量的影响状况。

（3）对调查问卷获得的信息进行统计。

首先，本文运用邹检验的方法对产量变化是否与基金影响相关进行检验。其原理在于，若产量变化是基金的影响所致（或基金影响处于主导地位），则 2012 年 2 季度应该成为一个断点，前后两个断点的时间序列结构不同。但邹检验的结果表明，2012 年 2 季度均不是"四机"时间序列的断点，因此不能支持基金是产量影响主要原因的结论。

其次，本文选取了工业和信息化部、奥维咨询、中国家电协会等单位关于 2013 年"四机一脑"产业走势的 10 份分析报告进行文本挖掘分析。上述报告中均称，市场需求是决定各类产品产量的主要因素。而近年来相关产品市场需求的变化所受因素各有差异，具体如表 7-8 所示，但报告中均未提及废弃电器电子产品基金的征收。因此，主要行业咨询机构和相关政府管理者均未将废弃电器电子基金的征收作为重要的影响因素之一。

表7-8　各产品行业年度报告中提及的影响各类产品产量、销量和利润率的因素一览

	影响产品产量和利润率的因素
综合	国内市场趋于饱和
	房地产市场形势
	整体经济形势疲软
	政策透支消费导致消费需求疲软
电视机	互联网技术的普遍应用冲击传统电视
电冰箱	居民日益重视健康冰箱、智能冰箱等新兴需求
洗衣机	居民对高端洗衣机的需求日趋上升
空调	2013年夏季高温天气助力空调消费
个人电脑	智能手机对个人电脑消费量的冲击较大

资料来源：作者整理。

　　调查问卷的结论可以为这一观点提供进一步的支撑。在参与调查的22家电视机企业中，2013年有16家企业产量增长率在5%以上。同时，虽然22家企业中有12家企业的毛利润率降幅均超过1个百分点，但在对毛利润率下降的原因运用统计方法进行排序时，"废弃电器电子基金的征收"项仅为2.44分，在7个选项中与"融资成本提高"并列倒数第二位，远低于"原材料成本的上升"、"消费市场饱和"、"销售商压价"等因素，如图7-3所示。由于这22家电视企业既涵盖了产量排名前六位的五家企业，也涵盖了小米等新兴进入者和熊猫等该领域的"夕阳企业"，因此结论具有较高可信性。因此，调查问卷结论表明，基金的征收并未导致电视机产量的下降，也不是电视机生产企业利润率下降的主要原因。

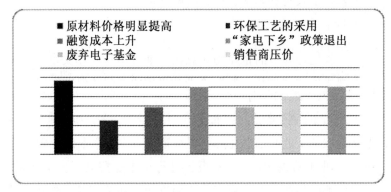

图7-3　各项因素对电视机生产企业利润率的影响对比评分图

资料来源：作者基于调查问卷结果测算。

　　而对于参与调查的其他"三机一脑"企业而言，所得到的结论与电视机不同。空调和个人电脑的合计生产企业为9家，其中空调7家，涵盖了格力、美的等知名

品牌，结论可靠性相对较强，但个人电脑企业只有 2 家，其结论可靠性存疑。这 9 份问卷中，有 6 份问卷认为基金对"三机一脑"企业的利润率负面影响很小，甚至可以忽略，而另外 3 份问卷对基金的打分也非常低。因此，从调查问卷结果可以判断，2013 年基金对生产企业利润率的影响很小。

对于洗衣机和电冰箱生产企业而言，参与调查的累计只有 5 家企业，数量较少。从目前结论看，有 3 份问卷给基金打出了 6 分，另外 2 份问卷给基金打出了 0 分，因此平均分为 3.6 分，高于电视机，说明参与调查的企业认为基金对洗衣机、电冰箱生产企业利润的负面影响较大。

（四）基金征收有效地倒逼部分生产企业建设回收处理环节和加强管理、改进生产工艺

根据问卷调查，在关于生产企业应对基金所带来的生产成本上升的 32 份有效问卷中，所有企业均采取了改进生产工艺和加强管理的做法，还有 14 家企业采取了加强研发、生产高配置产品的做法。大部分企业均认为，改进生产工艺和加强管理能够有效地消化基金成本。

在关于企业回收处理环节建设的调查问卷则针对不同产品得到了不同的结论，20 份针对电视机的有效问卷中，只有 7 家企业已经在基金颁布的 2012 年前建立了相关回收处理部门，包含了康佳、TCL、海尔、长虹等国内消费量排名前列的厂商。而其余 13 家企业 2012 年之前均未设立回收处理部门。但在基金政策实施之后，这 13 家企业中，有 8 家企业已经开始建立或计划建立回收处理部门，说明基金政策对电视企业自建回收处理部门的积极作用较为显著。

但对于其他"三机一脑"的调研结果则和电视机显著不同。在参与调查的 7 家空调企业中，在 2012 年之前未建回收部门的有 4 家，2 家个人电脑企业中则有 1 家，4 家洗衣机企业中有 3 家，5 家电冰箱企业中有 3 家。在 2013 年基金政策实施之后，这些未建回收处理环节的企业均无意在近期开始建设相关部门，说明基金政策的实施对除电视机外的"四机一脑"企业建设回收部门的促进作用不强。

（五）基金并未明显推动国内企业更多占领海外市场

表 7-9 给出了"四机"2011—2013 年的出口量。从中可以看出，电视机、空调和洗衣机出口量规模和占产量的比重均呈现明显下降趋势，只有冰箱出口量占产量的比重呈现上升趋势。因此，从最终结果来看，国内大多数企业更偏重于国内市场而非海外市场。对于个人电脑而言，由于其公布的出口量和产量差距非常小，其中存在相当程度的"海外一日游"现象，因此相关数据的参考作用较小。

表 7-9　"四机" 2011—2013 年出口量及占产量比重

	出口量（万台）			出口量占产量的比重（%）		
	2011	2012	2013	2011	2012	2013
电视机	6 570	6 148	5 962	52.83	44.01	42.50
空调	4 474	4 366	3 545	32.16	32.87	24.73
冰箱	3 271	3 324	4 456	37.60	39.44	47.71
洗衣机	2 110	2 282	2 127.02	31.63	33.85	29.53

资料来源：中国海关、wind 数据库。

调查问卷的结果也从侧面验证了这一结论。在 32 份有效问卷中，只有 9 份问卷将"更多转向海外市场"作为应对基金的一个策略，且没有 1 家企业认为该策略的效果较为明显。因此，综合来看，基金对国内企业占领海外市场的推动力并不强。

（六）绝大部分企业并未将成本向消费者和营销环节转移

从局部均衡理论上分析，税收成本最终会在生产者和消费者之间进行分摊。但在现实中，由于电器电子产品中的绝大部分产品均需要通过苏宁、国美、京东等专业营销企业才能够进入消费者手中，并不满足局部均衡理论的条件。若专业营销企业在和生产者的博弈中处于绝对优势，则可以让生产成本的上升完全由生产企业承担，否则可能由消费者和营销企业承担大部分。

针对这一问题的调查问卷分析结果表明，21 家电视机企业中，有 12 家企业认为基金所增加的成本完全依靠自身消化，有 7 家企业认为小部分可以转嫁到消费者和销售企业，有 2 家企业认为大部分都可以转嫁到消费者和销售企业。同时，在完全自身消化的 12 家企业中，包含了除冠捷以外的所有知名度较高的国内品牌。而可以转嫁的 9 家企业，除冠捷外均为中小型品牌。而 18 家参与调查的空调、洗衣机、电冰箱和个人电脑企业，则均称相关企业完全承担基金成本，不存在向销售环节转嫁的情况。因此可以认定，大多数企业都没有将成本转嫁给消费者和营销环节。

但需要说明的是，生产企业承担大部分的生产成本并不仅仅是博弈能力较弱的原因。从分析中可以看出，9 家市场占有率不高、谈判能力较弱的中小企业能够实现让销售企业和消费者分担一部分，而创维、海尔等大型企业反而没有让销售企业和消费者分担。这并不仅仅是因为这些大型企业缺乏谈判能力，也是由于这些大型企业考虑到市场占有率、市场口碑等因素，不愿意将成本向下游转嫁，同时自身也具备通过内部挖潜消化成本的能力。

（七）基金并未对相关生产行业的行业集中度产生明显影响

在"四机一脑"中，只有电视机行业能够查询到 2011 年、2013 年由同一咨询机构（中怡康）发布的主要品牌产品市场占有率数据（见表 7-10）。数据显示，2013 年和 2011 年排名前五的品牌并未发生变化，期间这五家品牌合计市场占有率上升了 4.73 个百分点。而其他"三机一脑"虽然并未查到同一机构公布的 2011—2013 年市场占有率数据，但咨询公司的行业分析报告均称，相关行业在过去几年中并未出现明显的市场洗牌现象，几大知名国产品牌商的主导地位进一步巩固，整体市场结构和电视机基本类似。因此可以认为，2011—2013 年我国"四机一脑"企业整体市场集中度处于稳中小幅上升的格局。

表 7-10 电视机主要品牌市场占有率情况（单位：%）

	2011 年	2013 年
海信	14.77	15.34
创维	12.18	13.76
长虹	11.76	11.41
TCL	11.10	12.79
康佳	10.12	11.36

资料来源：中怡康。

和前文的分析相似，本文同样参考相关政府部门和咨询机构的分析报告来分析基金征收是否对行业集中度产生明显影响。同样，各有关分析报告均称，消费结构升级、整体需求不足、互联网企业进入市场以及线上销售等新型销售方式方兴未艾等因素是引导相关行业内部"洗牌"的主要原因，并未将废弃电器电子基金征收作为行业的主要因素。

客观上看，废弃电器电子基金的征收属于对各类"四机一脑"企业"一视同仁"的外部冲击，而互联网企业进入、线上销售、消费结构升级等因素则直接影响行业内部从事不同业务的企业，其影响要远较基金的征收更为直接。因此，在诸多其他因素的干扰下，基金征收对产业市场结构的影响是不明显的。

第八章

对相关处理行业和回收渠道影响的实证分析

一、对相关回收处理企业和行业的可能影响

（一）有利于整个回收行业提高收购价格和扩大回收资源量

根据上文局部均衡模型，当给予补贴之后，新的收购均衡价格和新的收购量将为：

$$ln\frac{P_2^{'}}{P_2}=\frac{\varepsilon_2^{d}ln\ (1-\tau_2)}{\varepsilon_2^{s}-\varepsilon_2^{d}}$$

$$ln\frac{Q_2^{'}}{Q_2}=\frac{\varepsilon_2^{s}\varepsilon_2^{d}ln\ (1-\tau_2)}{\varepsilon_2^{s}-\varepsilon_2^{d}}$$

其中，$P_2^{'}$ 为补贴后的收购价格，P_2 为补贴前的收购价格，$Q_2^{'}$ 为补贴后的收购量，Q_2 为补贴前的收购量，τ_2 为补贴率（补贴额和收购价之比），ε_2^{s} 为废弃电器电子的供给弹性，ε_2^{d} 为废弃电器电子的需求弹性。

与生产企业的局部均衡模型相似，在假设处理企业只能控制对废弃产品的回收价格的前提下，补贴会导致处理企业和行业提高回收价格和回收资源量。

（二）在实施许可制度的前提下，可能有利于扩大许可企业的市场份额

目前，我国废弃电器电子产品处理基金实施的是许可制度。相关部门已分别于 2012 年 7 月、2013 年 2 月和 12 月分三批公布了纳入基金补贴范围的处理企业名单，共计 91 家企业，覆盖了全国 27 个省市自治区。因此，目前我国已经形成了两类处理企业：91 家被环境保护部认定有资质、可以得到基金扶持的处理企业（以下简称许可企业）和其他处理企业（以下简称非许可企业）。在非许可企业中，既有技术水平相对较高、不亚于在地方政府部门备案的正规企业，也有一批存在严重环保隐患、规模很小、甚至没有资质的"手工作坊"式企业。

2013 年课题中对许可制度下基金制度对两类企业市场份额的影响进行的理论推导表明，实施基金后，可能导致许可企业的市场份额增大，非许可企业的市场份额

缩小。其中，许可企业所产生的资源量价值与非许可企业差距越大，所消耗的资本投入和非许可企业的差距越小，将非许可企业挤出市场所需的补贴额度就越小；反之，若许可企业所产生的资源量价值和非许可企业相差无几，且许可企业的资本投入远高于非许可企业，就需要较高的补贴额度才能将非许可企业挤出市场。

（三）有利于鼓励许可企业加强研发投入，从而增加整个行业的研发强度

补贴可能从以下几个方面推动许可企业加强研发：一是补贴能够使得接受补贴的处理企业利润率上升，相关企业的资产负债状况不断改善，从而使得企业有足够多的留存利润投入研发；二是在许可制度下，企业获取补贴必然需要达到一定的条件，而这些条件和研发投入可能直接或间接相关；三是在目前的制度下，补贴是一次性发放，这种一次性的大笔资金注入为企业安排相关的研发项目创造了良好的条件。因此，补贴对许可企业加强研发投入很可能有较大的积极作用。

（四）在一定程度上推动许可企业短期内迅速扩张产能

对于处理企业而言，能够获取的基金规模和处理的废弃电器电子产品数量密切相关。企业选择扩张产能的战略，一是能够获取较高的补贴金额，二是尽可能地占据较大的市场份额，挤出竞争对手。若所有许可企业均采取这种策略，则有可能引发企业竞相扩充产能，甚至不排除出现类似前一阶段光伏产业的产能过剩现象。

二、对相关处理行业影响的实证分析

（一）在相关假设条件满足的情况下，各种产品的回收量和企业的利润率均会明显增长

与对生产企业的分析方法相似，如果能够确定居民对废弃电子产品的供给弹性、企业对废弃电子产品的需求弹性以及回收企业的补贴率，就可以计算出企业回收均衡价格和回收量的变化情况。但对于这三个参数，由于缺乏相关的统计资料，因此只能通过调研得到的信息予以估计。基于调研情况，本文估计这五类产品的居民供给弹性、企业需求弹性和补贴率如表8-1所示，测算结果如表8-2所示。

表8-1　对五类产品相关参数的估测值

	居民的供给弹性	企业的需求弹性	补贴率（%）
空调	4	-0.4	17.50
冰箱	5	-0.6	35
洗衣机	5	-0.6	35
电视机	5	-0.5	50
个人电脑	4	-0.5	30

资料来源：根据企业调研情况估计。

表 8-2　对五类产品相关参数的测算结果（单位：%）

	回收价格上升幅度	回收量上升幅度	回收企业利润率上升幅度
空调	0.76	3.08	16.74
冰箱	2.02	10.54	32.98
洗衣机	2.02	10.54	32.98
电视机	2.77	14.66	47.23
个人电脑	1.74	7.13	28.26

资料来源：作者测算。

在仅考虑局部均衡理论的基础上，由于空调的补贴率相对较低，加之居民供给量对抬价的敏感程度相对偏低，对其回收量的积极影响较弱；个人电脑的积极影响次之；对冰箱、洗衣机和电视机回收量的积极作用加强。由于电视机拆解价值低于空调，但给予的补贴额度较高，因此补贴率较高，导致电视机回收企业利润率上升最为明显，冰箱、洗衣机次之，个人电脑和空调最低。

与生产企业的研究相似，局部均衡模型的结论并未考虑行业内部企业面对补贴的多种决策情况，也未考虑存在许可企业和非许可企业对市场的影响，其结论仅能供参考。

（二）从现实情况看，许可企业所处理的产品数量明显上升，价格也有一定增长，但非许可企业仍占总处理量的绝大部分份额

中国再生资源回收利用协会所编制的《废弃电器电子产品处理行业年度报告》中公布了 2012 年下半年、2013 年上半年、2013 年下半年各省市许可企业"四机"处理量数据。由于缺乏数据，因此无法对个人电脑进行实证分析。但需要指出的是，这三个样本区间数据所涉及的许可企业数量并不相同，因此简单地用这三个样本区间的许可企业处理总量进行对比可能存在误差。为此，本文选择 2012 年上半年、2013 年上半年、2013 年下半年均报告处理情况的 12 个省份下辖的 34 家企业，计算这 34 家企业对"四机"的处理量变化情况增长率，结果如下：

1. 许可企业"四机"的处理量呈现明显增长趋势

2013 年上半年，34 家许可企业合计有效拆解了约 1 084 万台电视机、18.6 万台电冰箱、46.93 万台洗衣机和 2 267 台空调，均较 2012 年下半年有明显增长。其中空调由于基数过低的原因，增长幅度最大；电视机的增速高于电冰箱和洗衣机。2013年下半年，34 家许可企业共拆解了约 1 383.5 万台电视机、20.87 万台电冰箱、53.6万台洗衣机和 166 台空调，除空调拆解数有所下降外，其他均较 2013 年上半年进一步上升，但受基数上升等因素影响，环比增速有所下降，如图 8-1 所示。

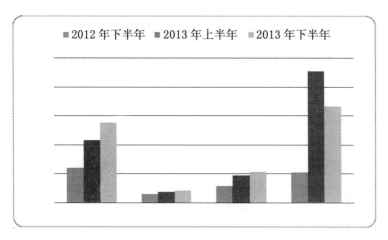

图 8-1　2012 年以来 34 家代表性企业合计"四机"处理量走势

资料来源：作者测算。

2. 不同企业增速各异，少数企业出现处理量负增长

本文对 34 家企业 2013 年上半年、2013 年下半年所拆解的"四机"环比增速以及 2013 年下半年的同比增速进行了统计，如表 8-3 所示。从中可以看出，2013 年下半年所拆解"四机"总量同比显著增长（增速超过 1%）的有 29 家，负增长的有 5 家。其中，拆解电视机规模显著增长的有 29 家，拆解电冰箱规模显著增长的有 17 家，拆解洗衣机规模显著增长的有 20 家，拆解空调数量显著增长的有 4 家。但空调仍然是回收处理量较少的商品，有 26 家企业 2012 年下半年以来的处理量为零。

表 8-3　34 家企业"四机"产品处理量走势分类表（单位：%）

		2013 年上半年环比	2013 年下半年环比	2013 年下半年同比
电冰箱	负增长	12	13	11
	正增长	14	13	17
	均为零	8	8	6
电视机	负增长	9	10	5
	正增长	25	14	29
	均为零	0	0	0
空调	负增长	4	4	4
	正增长	5	3	4
	均为零	25	27	26

续　表

		2013 年上半年环比	2013 年下半年环比	2013 年下半年同比
洗衣机	负增长	13	13	10
	正增长	12	17	20
	均为零	9	4	4
合计	负增长	9	11	5
	正增长	25	23	29
	均为零	0	0	0

资料来源：作者测算。

但要看到，2013 年下半年电视机、电冰箱处理量环比负增长的企业数量要稍高于 2013 年上半年，空调和洗衣机则基本持平。

3. 从宏观层面看，许可企业处理量占废弃量比重有所上升，但仍然不占主要地位，且对除电视机以外的另外三种产品的作用尤其不显著

必须看到，相较理论废弃量，环境保护部所统计的规范拆解量只占较少的一部分。宏观院课题《目录动态调整机制研究》对 2011—2013 年"四机一脑"的理论废弃量进行了测算，结果如表 8-4 所示。

表 8-4　"四机一脑"理论废弃量（单位：万台）

	2011 年报废量	2012 年报废量	2013 年报废量
电视机	11 373. 11	11 599. 55	11 613. 27
洗衣机	3 850. 51	4 445. 95	5 043. 66
空调	7 494. 95	9 584. 39	11 060. 64
冰箱	3 215. 07	3 888. 00	4 881. 56
个人电脑	7 324. 28	8 653. 68	10 915. 66

资料来源：课题组测算。

本文假设每年废弃的电器电子产品在各月之间呈现均匀分布，并据此计算了规范拆解的"四机"数量占理论废弃量的比重，结果如表 8-5 所示。

表 8-5 "四机"规范拆解占理论废弃量比重（单位：%）

	2012 年下半年	2013 年上半年	2013 年下半年	2013 年全年
电视机	12.44	24.38	42.69	33.54
洗衣机	1.39	2.68	4.01	3.34
空调	0	0	0.01	0.01
冰箱	0.80	0.67	0.86	0.77
个人电脑[1]	0.92	0.47	1.29	0.88

资料来源：作者测算。

显然，即便是拆解量占比最高的电视机，2013 年上半年占比也仅为 24.38%，下半年也仅为 42.69%，洗衣机、冰箱、个人电脑比重更低，空调甚至可以忽略不计。

调查问卷也得出了相似的结论。有 9 家企业认为能够有效将非许可企业挤出废旧电视机处理市场，占总问卷的 60%；而认为能够有效将其挤出废旧洗衣机、电冰箱、空调和个人电脑市场的问卷数均很少，空调甚至为零，如图 8-2 所示。

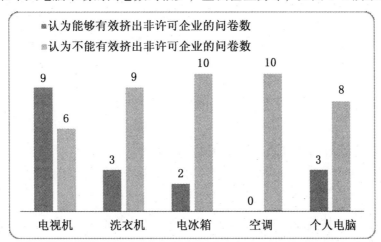

图 8-2 现有基金政策能够有效挤出非许可企业的调查结果

资料来源：调查问卷分析报告。

虽然非许可企业中也有相当一部分企业具有较高的技术水平和环保标准，但毕竟"手工作坊"式企业在非许可企业中的比重要远远高于许可企业，整体上非许可企业的资源利用率要低于许可企业，环保风险要大于许可企业。

4. 2013 年回收产业整体价格稳中有升，但 2014 年有进一步上涨趋势

《废弃电子产品处理行业年度报告》对回收产品价格的走势进行了分析，并给

---

[1] 个人电脑拆解量只有全年数据，上半年、下半年数据为根据全年数据估算。

出了几个企业 2013 年 1—12 月的回收价格走势图，其中变动最大的一个企业如图8-3 所示。可以看出，整体上 14 英寸彩色和 21 英寸彩色的回收价格呈现先降后升的态势，17 英寸彩色电视机的回收价格则在下降后保持相对稳定，年底略有上升。中国再生资源回收利用协会认为，在 2013 年 4 月公布自律市场回收价格之后，对市场回收价格发挥了较好的稳定作用，有效地避免了由于争取货源而导致的抬价现象。整体上看，2013 年补贴之后回收产品价格的提高幅度不大。

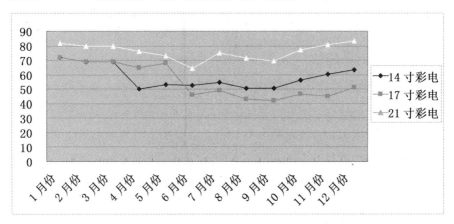

图 8-3　华北地区某家企业 2013 年电视机平均单台回收价格走势图（单位：元）

资料来源：《废弃电器电子产品处理行业年度报告》。

　　然而，从实地调研和调查问卷中了解到，废弃电器电子产品的回收价格走势变化迅速。相当一部分企业反映，2014 年后，消费者和"小商小贩"的回收价格上升十分迅速，部分地区电视机回收价已经接近 100 元。同时，许可企业通过负担运费等方式给予出售废弃电器电子产品的企业和个人隐性补贴，影响了许可企业的利润水平，相当一部分补贴事实上被废弃电器电子产品的拥有者和"个体户"获得。

　　（三）从现实情况看，电器电子处理行业总集中度有一定提升，但规范拆解行业集中度有所下降

　　中国再生资源回收利用协会编制的《废弃电器电子产品处理行业年度报告》中公布了 2012 年下半年、2013 年上半年、2013 年下半年各省市许可企业"四机"处理量数据。但该文中统计的年度处理总量只是环境保护部数据库中各家企业处理的废弃电子电器产品总量。在现实经济中，除环境保护部数据库中登记的企业外，相当一部分合法、环保的处理企业在各级地方政府登记，并未进入环境保护部统计体系，还有大量的不合法、存在严重污染隐患的"个体户"式的企业，因此，仅仅依靠环境保护部数据库中数据计算的集中度并不一定是真实的市场集中度。同时，随着我国废弃电子电器处理行业的不断规范，环境保护部数据库中所统计的各省份废弃电子电器处理企业数量，甚至省份的数量均在不断增加之中。如 2013 年上半年相较 2012 年下半年，增加了吉林、甘肃、新疆等省（自治区），但也减少了广东等省份，各省份列入许可的企业也有不同程度的变动。这使得如果仅仅以简单的前 10 家或前 4 家许可企业的处理量和环境保护部总处理量的比值去计算行业集中度，将出现较大误差，其原因在于：上一期的分母未计入的省份在下一期则予以计入；而上一期未计入并不代表该省份或许可企业没有处理废弃电器电子产品，只是所处理的数量均为非许可企业处理，没有计入数据库。

因此，本文基于以下方法计算电器电子处理行业的集中度：

（1）在假定各年上、下半年废弃量相等、废弃的"四机一脑"产品除环境保护部数据库之外的均被其他企业（包括环保标准达标的合法企业和"个体户"企业）处理的两个假设前提下，结合宏观院课题组对 2013 年、2012 年各种产品总废弃量的估测和两个时期的许可企业处理数据，计算出五种产品的行业总集中度。

（2）选择 2012 年上半年、2013 年上半年、2013 年下半年均报告处理情况的 12 个省份下辖 34 家企业，运用 P10 的方法（即前 10 家许可企业拆解量除以 34 家许可企业总拆解量）计算出"四机"两个时期的集中度，称之为窄口径的行业集中度。

（3）选择拆解企业数量较多的 8 个省份，运用 P1 或 P2 的方法（即各省份企业数不多于 4 家，则计算最高处理量企业除以该省许可企业总处理量；多于 4 家，则计算前两名处理量企业除以总处理量），得到各省份的窄口径行业集中度。

基于上述分析，五种产品的窄口径行业集中度和行业总集中度如表 8-6 所示，8 个省份的许可企业行业集中度如表 8-7 所示。

表 8-6　窄口径行业集中度和行业总集中度

		2012 年下半年	2013 年上半年	2013 年下半年
电冰箱	窄口径行业集中度	0.912 307	0.875 513	0.944 468
	行业总集中度	0.006 918	0.006 672	0.008 075
电视	窄口径行业集中度	0.631 858	0.550 004	0.502 035
	行业总集中度	0.065 910	0.102 696	0.119 620
洗衣机	窄口径行业集中度	0.948 948	0.933 587	0.871 173
	行业总集中度	0.012 199	0.017 375	0.018 514
空调	窄口径行业集中度	1.000 000	1.000 000	1.000 000
	行业总集中度	0.000 011	0.000 041	0.000 030
合计	窄口径行业集中度	0.623 389	0.536 087	0.503 656
	行业总集中度	0.027 385	0.034 635	0.041 260

资料来源：作者测算。

表9-7　8个省份的许可企业行业集中度

	2012 年下半年	2013 年上半年	2013 年下半年
天津	0.453 5	0.769 9	0.704 5
山西	0.697 4	0.745 2	0.789 5
上海	0.672 3	0.518 7	0.526 3
江苏	0.591 5	0.466 4	0.486 6
浙江	0.451 4	0.379 6	0.283 8
江西	0.605 3	0.593 8	0.479 2
湖北	0.422 3	0.308 4	0.388 8
四川	0.457 4	0.414 6	0.463 0

资料来源：作者测算。

从中可以看出，在已进入环境保护部数据库这一处理企业的子集中，行业集中度呈现下降趋势，表现为以下两个方面：一是在大多数产品中，前10家企业所处理的总量占34家企业处理总量的比重在下降，说明市场明显具有分散性；二是在几大重点省份，特别是上海、江苏、浙江等东部沿海地区，排名第一或第二位的企业所处理的数量占处理总量的比重在下降。如2012年下半年湖北省排名第一的荆门格林美有限公司占环境保护部数据库中湖北省企业处理总量的比重为42.23%，2013年下半年湖北省排名第一的企业则变为金科技环保公司，占湖北省企业处理总量的比重为30.84%，而2013年下半年则又变成了荆门格林美有限公司。

但是，基于理论废弃量的测算结果表明，四种产品的行业总集中度均呈现上升趋势。这说明，目录政策的实施，使得大量废弃电器电子产品由数据库以外企业处理转为数据库中企业处理，而整体上数据库中企业的环保标准必然要高于数据库外的企业，因此其正面意义非常明显。而窄口径行业集中度的下降，实际上是三方面的原因共同造成的：一是一些以前并未进入统计的省份重新进入统计；二是数据库内企业更多占领了原有数据库未统计的，特别是原来为"个体户"的企业的市场份额；三是几家大型企业的内部竞争。从2013年的数据看，整体上大部分企业的回收量均有所增长，说明前两种目前是主流因素，企业之间的过度竞争现象尚不十分严重。

（四）相较加强研发投入，2013年处理企业更倾向于扩张产能

理论分析表明，基金既可能有利于企业加强研发投入，也可能导致企业扩张产能。针对这一问题，本文设置了调查问卷进行分析，共收到15份有效回复问卷。

从调查结果看，在基金的用途上，13家企业称将基金用于弥补生产成本亏空，而将基金用于添加处理设备和建设回收处理渠道的企业分别有9家。只有4家企业

将基金用于研发技术，如图 8-4 所示。因此可以认为，处理企业并未将基金主要用于加强研发投入。

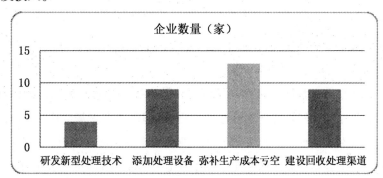

图 8-4　基金用途对比图

资料来源：调查问卷统计报告。

针对扩大产能的调查结果表明，15 家企业中，有 13 家企业称 2013 年企业在收到基金之后，有扩大产能的计划，只有 2 家企业称无此计划。

针对资产负债率的调查表明，15 家企业中，有 9 家企业由于企业扩大产能的缘故，资产负债率上升了 10 个百分点之上，有 2 家企业上升 5～10 个百分点，有 3 家企业下降 5～10 个百分点，有 1 家企业保持平稳。说明补贴的发放激励企业通过提高资产负债率进行融资，扩大产能，如图 8-5 所示。

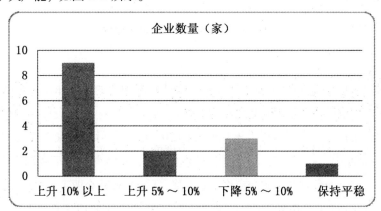

图 8-5　基金政策出台后企业资产负债率变化情况

资料来源：调查问卷统计报告。

从目前的情况看，在短期内已经存在一定的产能闲置问题。《2013 年废弃电器电子产品处理行业年度报告》中称，2013 年电视机、电冰箱、洗衣机、空调和电脑的产能利用率分别为 49.7%、6.16%、13.73%、0.1% 和 7.75%。其中，洗衣机、空调、电冰箱和电脑的产能利用率非常低，即便是相对较高的电视机，也有一半以上的产能处于闲置状态。

但也要看到，这种产能闲置不能简单等同于工业企业的产能过剩。相关处理企业并不是由于生产出的产品"供过于求"而导致产能闲置，而是由于无法找到足够用于生产的废弃电器电子产品货源导致产能闲置。这种产能闲置不宜仅仅用传统的淘汰落后产能等方式予以解决，更重要的是为企业获得"货源"创造一个良好的环境和条件，后文将深入论述。

（五）处理企业利润率可能有所下降，补贴占据利润水平绝大部分份额

统计数据显示，虽然有基金政策的强力支持，但由于享受基金补贴企业大量进行产能扩张，生产成本明显提高，2013年处理企业利润率并未明显上升，甚至还出现下降。图8-6给出了目前龙头企业格林美2012年1季度—2014年3季度的营业利润率，可以看出2013年1季度以来格林美的利润率整体要明显低于2012年，且在2013年中一度呈下行走势。格林美的产能扩张不仅表现在废弃电器电子回收处理方面，还表现在汽车拆解、再制造等领域。但单从电子电器拆解板块看，格林美的产能也迅速扩张。

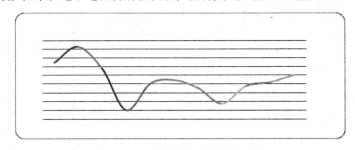

图8-6　近年来格林美利润率走势

资料来源：新浪财经。

调查问卷的统计结果也表明，处理企业中补贴占利润的份额非常高。15家企业中，6家企业称所获取的基金占毛利润总额的100%以上，5家企业称所获取的基金占毛利润总额的50%~80%，1家企业称占毛利润额的20%以下，另外3家企业未回答该问题。同时，15家企业中，有12家企业称如果不考虑基金，2013年企业毛利润率将较2012年明显下降，2家企业称企业毛利润率将小幅下降，1家企业称企业毛利润率保持稳定。

因此，可以认为，虽然2013年企业收到了大量的基金补贴，但由于产能扩张导致生产成本的明显上升，企业利润率未必明显提高，部分企业甚至出现下降。同时，基金补贴成了毛利润的主要来源之一，如果不考虑基金补贴，绝大部分企业利润率将大幅下降，甚至陷入亏损。

对于这种"补贴—扩张—亏损"的现象，也要予以正确的评价。一方面，市场从一个均衡状态到另一个均衡状态的跃迁需要一个过程，在补贴政策刚刚出台的2013年，市场不可能处于均衡状态，大家竞相扩张产能，从而导致利润率大幅下降，最终导致市场重新"洗牌"是市场跃迁过程中的正常状况，在这种过渡时期具

有合理性。同时，这种利润率下降中很大一部分是由于难以获取"货源"导致产能闲置所引起的。因此，这种利润率下降和当前钢铁、水泥等产能过剩产业的利润率下降不能同日而语。另一方面，必须看到，由于目前的补贴政策直接与处理的台数挂钩，这种政策模式确实在一定程度上助长了企业扩张产能，以增加处理台数的行为，从中长期看有进行一定调整的必要性。后文将予以论述。

（六）对处理行业从事深加工环节的带动作用尚未完全显现

以价值链分析的方法，可以将废旧电器电子产品的处理分为以下三个环节：第一步，通过初步处理（主要是物理拆解），得到一些已经存在交易市场的中间产品（如废塑料、废铜、废铝、废旧电路板等）；第二步，对初步处理后的产品进行深加工，得到改性塑料、有色金属、稀贵金属等有价值的原材料和中间产品；第三步，运用这些中间产品生产各种制成品。在现实经济中，由于从事第三个环节的企业远远不止废弃电子处理企业，因此研究的重点主要在于前两个环节。

从调查问卷的分析结论看，深加工环节的盈利性要明显高于物理拆解环节，但其技术门槛和潜在污染风险也要高于物理拆解环节，如图8-7和图8-8所示。

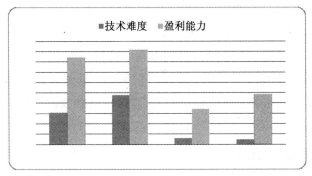

图8-7　废弃电器电子产品处理几大主要价值链环节技术难度和盈利能力对比

资料来源：调查问卷分析报告。

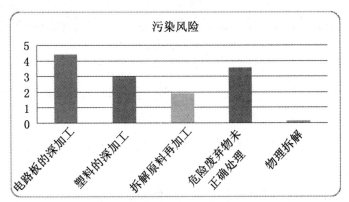

图8-8　废弃电器电子产品处理几大主要价值链环节污染风险对比

资料来源：调查问卷分析报告。

因此，无论是从提高资源回收再利用效率出发，还是从处理行业向价值链高端延伸和提高环保效益出发，均应该积极鼓励各企业从事深加工环节。

但从目前对调查问卷的统计结果看，这一积极作用尚不够明显。调查问卷的结果表明，15 家企业中，有 9 家企业存在直接将中间产品向市场销售，而不进行深加工的行为。同时，15 家企业中，有 13 家企业拆解得到的为废旧塑料和常见金属，只有 2 家企业的产品中包含稀贵金属。而从对于五种产品拆解得到各种产品价值量的排序看，即便是稀贵金属含量最高的个人电脑，在各个企业的评价中也排在塑料和常见金属之后。从前文的分析可以看出，废旧塑料和常见金属是物理拆解和简单深加工环节得到的产品，而稀贵金属提炼则需要较高的技术门槛。可见，目前的基金补贴政策尚未能有效地引导企业从事深加工环节。

三、对回收体系建设的影响

（一）规范渠道的回收量持续快速增长

废旧"四机一脑"回收量和处理量继续保持高速增长。2014 年废弃"四机一脑"回收7 163台，较 2013 年增长 68.2%。虽然回收量增速较 2013 年的 242% 有较大回落，但这表明回收量进入稳步增长阶段。从具体影响因素看，一方面是随着《条例》及相关配套制度尤其基金补贴制度的实施，促进了回收处理行业的快速发展。另一方面，各相关主体，尤其是消费者和生产商回收理念的形成，促进了回收行业的规范发展。

（二）回收体系出现新模式

在废弃电器电子产品数量和种类快速增长、回收压力不断增大的背景下，多元化、规范化、无害化的回收网络正在逐步建立。目前，我国涌现出一些在回收渠道和模式上有所拓展和创新的企业，同时更多的生产企业也逐渐建立起了回收渠道。拓展新型回收渠道的典型企业如北京华新绿源公司和上海新金桥公司，两家公司均推行网上回收和电话回收业务，广受消费者欢迎；采用传统回收模式的典型处理企业包括中再生集团、格林美集团，它们依托原有的回收网络保障了稳定的货源供给，并积极开拓和建立新的回收渠道；生产企业参与回收的如格力和长虹，它们的销售网络遍布全国各地，进行废电器回收有着得天独厚的优势，均先行试点并已取得了很好的效果。

（三）2014 年回收价格进一步上涨后保持稳定

14 英寸彩色和21 英寸彩色的回收价格呈现先降后升的态势，17 英寸彩色电视机的回收价格则在下降后保持相对稳定，年底略有上升。中国再生资源回收利用协会认为，在2013年4月公布自律市场回收价格之后，对市场回收价格发挥了较好的稳定作用，有效地避免了由于争取货源而导致的抬价现象。

（四）正规回收渠道回收规模仍有限

整体上看，废旧电子产品的回收仍然以分散回收为主，一些新的回收方式正在兴起，但是回收量还比较小。目前，我国电视机正规渠道每年的回收量占全年报废量的不足30%，其他四种产品正规回收处理微乎其微。电子垃圾回收处理企业华新绿源总经理曾表示，在中央政策的扶持下，华新绿源主要面向企事业单位进行电子垃圾回收，面向社区居民的回收一直进展不利。正规回收渠道回收的废弃电器电子产品有限，影响了废弃电器电子产品进入许可企业进行回收处理的比例。

总体上看，废弃电子产品回收处理的相关政策在运行了一段时间后，无论在回收量还是回收体系建设方面，都取得了非常明显的进展。但是受现阶段经济发展水平、现有的法律法规、体制机制等因素影响，我国废弃电子产品回收制度缺乏配套，相关主体的回收责任落实不明确，国务院出台了《关于建立完整的先进的废旧商品回收体系的意见》，但尚未真正落实，商务部起草的《废弃电器电子产品回收管理办法（征求意见稿）》至今仍未正式公布。

1. 现行制度对回收环节的规定，一定程度上反映了我国经济发展的客观情况，但回收责任界定不清使得回收业发展滞后

《条例》规定，国家对废弃电器电子产品实行多渠道回收制度，废弃电器电子产品回收经营者应当采取多种方式为电器电子产品使用者提供方便、快捷的回收服务。之所以实施这样的制度，有一定经济层面的原因。在中国，废弃电器电子产品，并不是完全意义上的废弃物，而仍然作为一种资源性的有价值的东西，部分企业和个人通过采用未达到环境安全管理标准的处理方法对其处理后，可获得有较大经济价值的资源。也就是说，中国废弃电器电子产品的回收和处理在出台《条例》之前，由市场的自发力量进行回收处理的大量存在，但是带来的环境污染代价也非常大。

因此，政策的落脚点在于通过对处理企业进行补贴，规范回收渠道，促使处理企业的处理技术设备水平达到最低程度的污染。在政策机制的设计上，对回收渠道的管理，主要是鼓励发挥各方积极性，实行以市场力量为主的多元化回收。没有通过政策强制落实回收的责任主体，个体户的回收也是合法的多渠道回收方式之一。政策作用机制在于通过对获得许可的处理企业进行补贴，使其可以提高回收价格，最终让废弃电器电子产品更多地进入有资质的处理企业进行回收处理。也就是说，通过对处理商品的价格补贴，间接地提高企业回收的动力，提高有资质的处理企业的吸引力，引导分散回收的废弃电器电子产品集中进入处理系统，促进规模化的

处理。

但是，这种资金传递的渠道是间接的，没有清晰的责任主体，国际上实行废弃电子产品回收处理相关政策的国家，对回收体系的管理，主要是回收主体相关的信息管理，以及责任的规定。具体到责任的规定又有不同的模式，并且也在不断地调整和完善。在实行生产者责任延伸制的国家，废弃电子产品的回收责任，明确地由生产商承担，日本是实行消费者付费制的国家，或者由消费者付费且承担行为责任，或者消费者付费，由生产商进行回收。欧盟新颁布的 WEEE 指令，增加了分销商承担的回收责任。通过比较发现，我国与其他国家在回收环节责任规定的差异，是我国回收体系建设滞后的重要原因之一。

专栏 1

英国和日本废弃电器电子产品回收处理领域的回收处理责任

英国。实行生产者责任延伸制度，生产商必须提供证据证明为国家数据交换中心（NCH）分配的家用废旧产品提供了回收处理费用，并向国家数据交换中心汇报是独立承担回收责任，还是加入一个集体回收组织。生产商还必须证明，收集到的废旧电器电子产品在授权指定的回收厂根据处理技术标准进行了处理，使用的回收设施需要得到相关部门的认可。

日本。实行消费者预付费制度，消费者必须在零售店或者回收点废弃特定的四种家电，且同时向零售店或者通过邮局交纳回收再利用费用和相关的运输费用。家用电脑回收再资源化费用征收改为销售环节负担方式，电脑由生产企业负责回收处理。小型家电回收的主要任务交给了市町村，回收方式也因地方政府而异，而零售商也要协助回收。

---

2. 商务部对废弃电器电子产品回收管理模式的探讨未有实质性突破

商务部的《废弃电器电子产品回收管理条例（征求意见稿）》［以下简称《管理条例（征求意见稿）》］侧重于加强商务管理部门的对回收主体的管理，但并没有落实具体的回收责任。因此，该政策即便出台，对回收体系建设的力度也较弱。《管理条例（征求意见稿）》指出，要建立与我国经济、社会和生态发展相适应的废弃电器电子产品回收体系。经过分析我们发现，条例内容在两个方面有改进性措施，一是国家对废弃电器电子产品回收经营活动实行备案制管理；二是回收的废弃电器电子产品必须交有资质的废弃电器电子产品处理企业处理。但是也要注意到，《管理条例（征求意见稿）》的内容在两个方面仍没有突破性进展，一是继续鼓励多元化回收，"国家鼓励电器电子产品回收主体多元化，支持生产者、销售者、维修机构、售后服务机构、废弃电器电子产品回收主体、废弃电器电子产品处理企业等从事废弃电器电子产品回收经营活动",没有明确的责任落实;二是消费方的责任也是鼓励性,"国家鼓励机关团体、事业单位、企业和城乡居民向经过商务主管部门备案的回收主体交售、交投废弃电器电子产品"。

综合起来看,一方面,我国特殊的国情决定了我国的回收体系的复杂性,回收体系的建设必然是长期过程;另一方面,商务部《废弃电器电子产品回收管理办法(征求意见稿)》本身具有一定的局限性。回收体系的建设,并不是局限在回收领域的法规制度的完善,也需要生产、处理环节的综合协调和推进,涉及产品生命周期的各个环节,要从全产品链管理的视角,通过界定生产企业、回收企业、处理企业、销售商以及消费者各主体的责任以及相互的监督管理,来实现回收体系的建设与废弃产品的再生利用。我国的经济发展水平还比较低,处于发展中国家行列,品牌制造商国际竞争力不强、区域发展不均衡等问题都对我国的回收体系建设和回收处理责任的落实构成较大的影响和制约。目前,多元化回收体系具有一定的现实基础和合理性,但未来应朝着明确各方主体责任、强化责任落实和监督等方向发展。

第九章

基于目前实证结果的经济学分析

根据以上对基金补贴政策对电器电子产品生产企业和处理企业的影响进行的实证分析可以看出，其中有一些结论和前文的机理分析基本一致，但也有一些结论并未从机理分析结果中得出，甚至有个别结论和机理分析结果并不一致。这其中必然有着深层次的原因。本章将基于相关处理行业的现实特征，运用经济学理论对上述实证结果进行检验。由于电器电子生产企业的实证影响和机理分析差异不大，因此，本部分的研究重心将放在处理产业部分。

一、对不同类产品政策实施效果存在显著差异的分析

为便于表述，本文将未接受补贴的企业统一称为"非许可企业"。显然，非许可企业中"个体户"、"手工作坊"类的企业所占比重要远远高于许可企业。实证结果表明，目前的补贴政策对不同产品的影响迥异。对于电视机，当前补贴政策相对有效地将非许可企业挤出了市场，但对于电冰箱、洗衣机和个人电脑，相关政策实施效果较弱，对于空调的效果则微乎其微。这种巨大的差距必然有其深层次的原因。

基于企业利润最大化等假设建立最优化模型，对企业决策进行模拟，其结论基本和这一实证结果吻合。基于该模型，可以认为"四机一脑"不同类型的产品许可企业和非许可企业所产生的资源量价值差异不同，所需要的资本和技术投入也不同，因此，不同类型产品扩大许可企业市场份额所需的补贴标准均不同。在调研中了解到，空调和个人电脑主机的回收技术门槛最低、许可企业所能获得的资源量和非许可企业相比变化不大；而电视机则属于另外一类情况。电视机回收的过程中涉及CRT玻璃回收处理的问题，许可企业运用设备进行拆解的效率也要高于非许可企业。冰箱和洗衣机则介于两者之间。因此，电视机可能对补贴的要求最低，冰箱和洗衣机次之，空调和个人电脑最高。

此外，非许可企业中的"个体户"企业相较环保合规的正规企业，在税收成本上具有明显优势。对于拆解技术门槛较低、相对更为近似完全竞争市场的空调、个人电脑等产品，"个体户"企业的税收优势更容易得以发挥。在回收效率相差不大、回收资源量相差不大的前提下，"个体户"企业很容易将避税的优势转化为更为低廉的回收价格，从而依托自身和消费者用户密切接触的优势，垄断废弃电子电器货源，而许可企业在补贴标准未能抵消避税优势的情况下，仍然难以在回收价格上和"个体户"企业竞争，无法取得货源。

因此，在市场状况不变，仍然存在诸多非法拆解企业的情况下，现有的补贴标准无法让许可企业在冰箱、洗衣机、个人电脑和空调四种产品中挤出非许可企业。但是否应提高这四种产品的补贴水平，则要综合考虑环境效益、回收渠道、政府执法能力等多个因素，这些将在后文予以讨论。

二、对处理企业更多选择扩张产能而非加强研发的分析

如前所述，根据对处理企业的问卷调查结果，绝大多数企业在"补贴用途"的问题上，选择了"添加处理设备"，而仅有一小部分企业选择"研发新型处理技术"。也就是说，在当前的补贴政策之下，大多数企业会选择回收处理更多的废弃电器电子产品，而不选择通过新型技术研发提高资源再生利用率。我们认为，这一方面与目前我国处理行业普遍处理水平偏低、以简单物理拆解为主的现象有关，另一方面与研发所需一定的研发周期，研发投入需要一定时间才能获得收益，而扩大回收量能够在当期完成有关。在废弃电器电子产品行业刚刚起步的阶段，企业面临的不确定性较大，希望领先占据更大的市场份额，更加关注短期收益。然而，实际上，随着废弃电器电子产品行业的不断发展，长期收益和可持续发展才应是企业考虑的重要因素。因此，本部分将运用供求理论，分析将补贴用于扩大回收量或研发投入在短期和长期对企业受益的不同影响，从而对这一现象做出解释。

（一）同质企业的情况

我们假设市场上的处理企业同质，通过对家庭回收废弃电器电子产品，生产再生资源。企业对废弃电器电子产品的需求方程为：

$$Q^D = a - bP$$

家庭供给废弃电器电子产品，供给方程为：

$$Q^s = c + dP$$

均衡时，供给与需求相等，我们可以得到每一期废旧电器电子产品的回收数量和回收价格：

$$P^* = \frac{a-c}{b+d}, \quad Q^* = \frac{ad+bc}{b+d}$$

由此得到企业每一期的收益为：

$$\pi_R^* = \frac{(ad+bc)^2}{2b\ (b+d)^2}$$

如果我们假设家庭废弃电器电子产品供给的总量为定值 $\overline{Q}$，那么，企业在均衡条件下能够持续进行回收处理的时间为：

$$T = \frac{\overline{Q}}{Q^*}$$

因此，企业完成 $\overline{Q}$ 的回收处理所获得的总收益为：

$$\pi_L^* = \frac{(ad+bc)\ \overline{Q}}{2b\ (1+b)}$$

假设政府对处理企业进行补贴，且每单位回收量的补贴额为 s，根据企业对所得补贴的不同用途，可以分为如下两种情况：

【情况1】

如果企业将得到的补贴用于扩大回收量，而不是进行技术投入，那么，企业对废弃电器电子产品的需求方程变为：

$$Q^D = a - b\ (P-s)$$

家庭供给废弃电器电子产品，供给方程不变，

$$P^s = c + dQ$$

均衡时，供给与需求相等，我们可以得到每一期废旧电器电子产品的回收数量和回收价格：

$$P_1^* = \frac{a-c+bs}{b+d}, \quad Q_1^* = \frac{ad+bc+bds}{b+d}$$

由此得到企业每一期的收益为：

$$\pi_{1R}^* = \frac{(ad+bc+bds)^2}{2b\ (b+d)^2}$$

如果我们假设家庭废弃电器电子产品供给的总量为定值 $\overline{Q}$，那么，企业在均衡条件下能够持续进行回收处理的时间为：

$$T_1 = \frac{\overline{Q}}{Q_1^*}$$

因此，企业完成 $\overline{Q}$ 的回收处理所获得的总收益为：

$$\pi_{1L}^* = \frac{(ad+bc+bds)\ \overline{Q}}{2b\ (b+d)}$$

进一步，如果企业看重短期收益的概率为 α，看重长期收益的概率为 $1-\alpha$，那

么，可以得到企业期望收益为：

$$\pi_1^* = \alpha\pi_{1R}^* + (1-\alpha)\pi_{1L}^* = \frac{(ad+bc+bds)^2}{2b(b+d)^2}\left[\alpha+(1-\alpha)\frac{(b+d)\overline{Q}}{(ad+bc+bds)}\right]$$

【情况2】

如果企业将得到的补贴用于技术投入，由于技术投入需要一定的研发周期，我们假设当期的技术投入在 T_0 期之后可以转化为生产力。简单起见，我们假设当期 s 单位技术投入能够在 T_0 期之后降低 $2s$ 单位的处理成本。因此，企业对废弃电器电子产品的需求方程变为：

前 T_0 期：$Q^D = a - bP$

T_0+1 开始：$Q^D = a - b(P-2s)$

家庭供给废弃电器电子产品，供给方程不变：

$$P^s = c + dQ$$

均衡时，供给与需求相等，我们可以得到每一期废旧电器电子产品的回收数量和回收价格：

前 T_0 期：$P_2^* = \dfrac{a-c}{b+d}$，$Q_2^* = \dfrac{ad+bc}{b+d}$

T_0+1 开始：$P_2^{**} = \dfrac{a-c+2bs}{b+d}$，$Q_2^{**} = \dfrac{ad+bc+2bds}{b+d}$

由此得到企业每一期的收益为：

前 T_0 期：$\pi_{2R}^* = \dfrac{(ad+bc)^2}{2b(b+d)^2}$

T_0+1 开始：$\pi_{2R}^{**} = \dfrac{(ad+bc+2bds)^2}{2b(b+d)^2}$

如果我们假设家庭废弃电器电子产品供给的总量为定值 $\overline{Q}$，那么，企业在均衡条件下能够持续进行回收处理的时间为：

$$T_2 = T_0 + \frac{\overline{Q} - T_0 Q_2^*}{Q_2^{**}}$$

因此，企业完成 $\overline{Q}$ 的回收处理所获得的总收益为：

$$\pi_{2L}^* = \frac{(ad+bc+2bds)\,\overline{Q}}{2b(b+d)} - \frac{(ad+bc)\,dsT_0}{(b+d)^2}$$

比较两种情形下的企业当期选择，可以看出：

$$\pi_{1R}^* > \pi_{2R}^*$$

比较两种情形下企业的总收益，可以看出：

$$\pi_{2L}^{*}-\pi_{1L}^{*}=\frac{\overline{dsQ}}{2(b+d)}-\frac{(ad+bc)\,dsT_0}{(b+d)^2}$$

因此，如果研发周期满足 $T_0<\dfrac{(b+d)\overline{Q}}{2(ad+bc)}$，则有 $\pi_{2L}^{*}>\pi_{1L}^{*}$。因此，当研发周期足够短（或回收产品总量足够大）时，或废弃电器电子产品供给量高于一定值时，选择研发的长期利润高于选择扩大回收量的长期收益。这时，提高补贴使得企业更倾向于选择进行研发投入，

$$\frac{\partial(\pi_{2L}^{*}-\pi_{1L}^{*})}{\partial s}=\frac{\overline{dQ}}{2(b+d)}-\frac{(ad+bc)\,dT_0}{(b+d)^2}>0$$

相反，如果 $T_0>\dfrac{(b+d)\overline{Q}}{2(ad+bc)}$，则有 $\pi_{2L}^{*}<\pi_{1L}^{*}$。这一结论的含义是：无论是短期还是长期，企业选择扩大回收量的利润均高于选择进行研发投入的利润。因此，企业选择扩大回收量的可能性要明显高于进行研发投入。同时，有

$$\frac{\partial(\pi_{2L}^{*}-\pi_{1L}^{*})}{\partial s}=\frac{\overline{dQ}}{2(b+d)}-\frac{(ad+bc)\,dT_0}{(b+d)^2}<0$$

即补贴水平越高，进行研发投入的收益和扩大回收量的收益相比就越小，因此，企业就越希望扩大回收量而非进行研发。

进一步，如果企业看重短期收益的概率为 α，看重长期收益的概率为 $1-\alpha$，那么，可以得到企业期望收益为：

$$\pi_2^{*}=\alpha\pi_{2R}^{*}+(1-\alpha)\pi_{2L}^{*}=\alpha\frac{(ad+bc)^2}{2b(b+d)^2}+(1-\alpha)\left[\frac{(ad+bc+2bds)\overline{Q}}{2b(b+d)}-\frac{(ad+bc)\,dsT_0}{(b+d)^2}\right]$$

可见，比较两种情形的期望收益，可以得到：

$$\pi_2^{*}-\pi_1^{*}=-\alpha\frac{ds(2ad+2bc+bds)}{2(b+d)^2}+(1-\alpha)\left[\frac{\overline{dsQ}}{2(b+d)}-\frac{(ad+bc)\,dsT_0}{(b+d)^2}\right]=$$

$$\frac{ds}{2(b+d)^2}\{-\alpha(2ad+2bc+bds)+(1-\alpha)[(b+d)\overline{Q}-2(ad+bc)T_0]\}$$

（二）异质企业的情况

由于当前我国废弃电器电子产品处理市场同时存在许可企业和非许可企业，政府对许可企业进行补贴，而对非许可企业不进行补贴。因此，我们在同质企业模型的基础上，将企业分为许可企业和非许可企业两类，讨论在这种条件下，补贴的短期影响和长期影响。

假设政府对许可企业进行补贴，对非许可企业不进行补贴，除此之外两类企业

的生产成本、需求方程等情况均相同。我们同样考虑政府对每单位回收量补贴 s 的情形。

【情况1】

如果企业将得到的补贴用于扩大回收量，而不是进行技术投入，那么，许可企业对废弃电器电子产品的需求方程变为：

$$Q^{DP} = a - b(P-s)$$

非许可企业对废弃电器电子产品的需求方程不变：

$$Q^{DN} = a - bP$$

可见，对于任意回收量，许可企业的回收价格均高于非许可企业的回收价格，这时，市场上只有许可企业进行回收，非许可企业的回收量为0。

家庭供给废弃电器电子产品，供给方程不变：

$$P^s = c + dQ$$

均衡时，供给与需求相等，我们可以得到每一期废旧电器电子产品的回收数量和回收价格：

$$P_1^{P*} = \frac{a-c+bs}{b+d}, \quad Q_1^{P*} = \frac{ad+bc+bds}{b+d}, \quad Q_1^{N*} = 0$$

由此得到许可企业每一期的收益为：

$$\pi_{1R}^{P*} = \frac{(ad+bc+bds)^2}{2b\,(b+d)^2}$$

非许可企业每一期的收益为0。

如果我们假设家庭废弃电器电子产品供给的总量为定值 $\overline{Q}$，那么，许可企业在均衡条件下能够持续进行回收处理的时间为：

$$T_1 = \frac{\overline{Q}}{Q_1^*}$$

因此，许可企业完成 $\overline{Q}$ 的回收处理所获得的总收益为：

$$\pi_{1L}^{P*} = \frac{(ad+bc+bds)\,\overline{Q}}{2b\,(b+d)}$$

进一步，如果企业看重短期收益的概率为 α，看重长期收益的概率为 $1-\alpha$，那么，可以得到企业期望收益为：

$$\pi_1^{P*} = \alpha\pi_{2R}^{P*} + (1-\alpha)\,\pi_{2L}^{P*} = \frac{(ad+bc+bds)^2}{2b\,(b+d)^2}\left[\alpha + (1-\alpha)\,\frac{(b+d)\,\overline{Q}}{ad+bc+bds}\right]$$

【情况2】

如果企业将得到的补贴用于技术投入，由于技术投入需要一定的研发周期，我们假设当期的技术投入在 T_0 期之后可以转化为生产力。简单起见，我们假设当期 s 单位技术投入能够在 T_0 期之后降低 $2s$ 单位的处理成本。因此，企业对废弃电器电子产品的需求方程变为，

前 T_0 期： $Q^{DP}=Q^{DN}=a-bP$

T_0+1 开始： $Q^{DP}=a-b(P-2s)$ ， $Q^{DN}=a-bP$

家庭供给废弃电器电子产品，供给方程不变，

$$P^s=c+dQ$$

均衡时，供给与需求相等，我们可以看到，前 T_0 期，许可企业和非许可企业各占一半市场，T_0+1 期开始，由于对任意回收量，许可企业的回收价格均高于非许可企业的回收价格，这时，市场上只有许可企业进行回收，非许可企业的回收量为 0。

前 T_0 期： $Q_2^{P*}=Q_2^{N*}=\dfrac{ad+bc}{2(b+d)}$ ， $P_2^{P*}=P_2^{N*}=\dfrac{a-c}{b+d}$

T_0+1 开始： $P_2^{P**}=\dfrac{a-c+2bs}{b+d}$ ， $Q_2^{P**}=\dfrac{ad+bc+2bds}{b+d}$ ， $Q_2^{N**}=0$

由此得到许可企业每一期的收益为，

前 T_0 期： $\pi_{2R}^*=\dfrac{(ad+bc)^2}{4b(b+d)^2}$

T_0+1 开始： $\pi_{2R}^{**}=\dfrac{(ad+bc+2bds)^2}{2b(b+d)^2}$

如果我们假设家庭废弃电器电子产品供给的总量为定值 $\overline{Q}$，那么，企业在均衡条件下能够持续进行回收处理的时间为：

$$T_2=T_0+\dfrac{\overline{Q}-T_0\left(Q_2^{P*}+Q_2^{N*}\right)}{Q_2^{**}}$$

因此，企业完成 $\overline{Q}$ 的回收处理所获得的总收益为：

$$\pi_{2L}^*=\dfrac{(ad+bc+2bds)\overline{Q}}{2b(b+d)}-\dfrac{(ad+bc+4bds)(ad+bc)T_0}{4b(b+d)^2}$$

比较两种情形下的企业当期选择，可以看出，

$$\pi_{1R}^*>\pi_{2R}^*$$

比较两种情形下企业的总收益，可以看出，

$$\pi_{2L}^*-\pi_{1L}^*=\dfrac{\overline{dsQ}}{2(b+d)}-\dfrac{(ad+bc+4bds)(ad+bc)T_0}{4b(b+d)^2}$$

因此，如果研发周期（或回收产品总量）满足 $T_0<\dfrac{2(b+d)\overline{bdsQ}}{(ad+bc)(ad+bc+4bds)}$，则有 $\pi_{2L}^*>\pi_{1L}^*$。这时，虽然选择研发的短期利润低于扩大处理量的短期利润，但选择研

发的长期利润和总利润均较高，且选择研发所获得总利润和扩大处理量所获得利润之差和补贴率成正比，即：

$$\frac{\partial\ (\pi_{2L}^{*}-\pi_{1L}^{*})}{\partial\ s}=\frac{\overline{dQ}}{2\ (b+d)}-\frac{(ad+bc)\ dT_0}{(b+d)^2}>\frac{(ad+bc)\ \overline{Q}}{2\ (b+d)\ (ad+bc+4bds)}>0$$

这时，如果提高补贴，企业会更倾向于选择进行研发。

相反，如果 $T_0>\dfrac{2\ (b+d)\ \overline{bdsQ}}{(ad+bc)\ (ad+bc+4bds)}$，则有 $\pi_{2L}^{*}<\pi_{1L}^{*}$。这时，无论是短期还是长期，企业选择扩大回收量的利润均高于选择进行研发投入的利润。这时，提高补贴的影响不确定。如果进一步满足 $T_0>\dfrac{(b+d)\ \overline{Q}}{2\ (ad+bc)}$，提高补贴使得企业更倾向于选择扩大回收量，

$$\frac{\partial\ (\pi_{2L}^{*}-\pi_{1L}^{*})}{\partial\ s}=\frac{\overline{dQ}}{2\ (b+d)}-\frac{(ad+bc)\ dT_0}{(b+d)^2}<0$$

进一步，如果企业看重短期收益的概率为 α，看重长期收益的概率为 $1-\alpha$，那么，可以得到企业期望收益为：

$$\pi_2^{P*}=\alpha\pi_{2R}^{P*}+(1-\alpha)\ \pi_{2L}^{P*}=\alpha\frac{(ad+bc)^2}{4b\ (b+d)^2}+$$

$$(1-\alpha)\ \left[\frac{(ad+bc+2bds)\ \overline{Q}}{2b\ (b+d)}-\frac{(ad+bc+4bds)\ (ad+bc)\ T_0}{4b\ (b+d)^2}\right]$$

比较两种情形的期望收益，可以得到：

$$\pi_2^{P*}-\pi_2^{P*}=\alpha\ \left[\frac{(ad+bc)^2-2\ (ad+bc+bds)^2}{4b\ (b+d)^2}\right]\ +$$

$$(1-\alpha)\ \left[\frac{2bds\ (b+d)\ \overline{Q}-(ad+bc+4bds)\ (ad+bc)\ T_0}{4b\ (b+d)^2}\right]$$

可见，同质企业和异质企业的结论大致相同，具体如下：

（1）如果仅考虑当期收益或短期影响，企业最优选择是扩大回收量，而不是进行研发投入，并且，补贴使得企业更倾向于扩大回收量。

（2）如果企业考虑长期收益，当研发周期足够短，或回收产品总量足够大时，企业的最优选择是进行研发投入；相反，如果研发周期足够长，或回收产品总量较小，无论是从短期收益或长期收益来看，企业都会选择扩大回收量。

（3）如果企业考虑长期收益，当研发周期足够短，或回收产品总量足够大时，政府进行补贴使得企业更倾向于进行研发投入；相反，如果研发周期足够长，或回收产品总量较小，政府进行补贴使得企业更倾向于扩大回收量。

这一模型能够很好地解释本文实证中所获得的结论。客观而言，我国市场经济

环境尚在不断完善之中，企业对未来的预期存在较大不确定性，其更偏好短期收益而非长期收益。长期以来，我国政府对企业存在较多的微观干预，在一定程度上加剧了这种不确定性。对于处理行业而言，目前正处于一个政策变动期，追求短期利益的冲动更加明显，故结论（1）符合我国的处理行业市场状况。因此，补贴政策在一定程度上引导企业更加重视增加回收量而非投入研发。

目前我国的处理企业整体技术水平较低，研发能力偏弱。从调查问卷得到的结论看，普遍认为稀贵金属提炼、塑料改性等高附加值环节也是技术门槛最高的环节，需要大量的资金投入和时间成本，研发周期也偏长。这符合结论（2）和结论（3）的假设，导致补贴政策倾向于支持企业扩张产能而非研发。

三、对补贴未能有效引导企业从事深加工环节的分析

（一）信息不对称是补贴未能有效引导企业从事深加工的重要原因

政府与企业之间存在极大的信息不对称问题，资本存量与实际使用的处理技术之间并不存在一一对应关系。在目前仅对回收量上报是否属实进行监管的监管体系下，取得资质的企业可以与非许可企业同样采用简单拆解的方法对废弃电器电子产品进行处理，政府对这一环节的事中和事后监管尚不完全到位。因此，不一定能够实现政府实施补贴政策所制定的政策目标：规范处理行业市场结构、提高资源再生利用率、降低污染等。

本文建立如下的模型对此进行分析。与之前的研究相同，我们将回收处理企业按照有无许可划分为许可企业和非许可企业。基于目前的实际情况，我们认为，两者主要区别在于，许可企业技术设备更先进，因而处理后产生的污染物比例更小。但不同产品、不同处理环节两类企业的污染物产量差距是不同的，在模型中用不同的参数表示。区别于之前的研究，我们虽然假设资本更高的企业处理技术更高，但我们允许政府和企业的信息不对称问题存在。也就是说，高技术企业在获得许可后，既可以选择进行深加工处理，也可以选择与非许可企业一样，进行简单物理拆解。在目前的监管体系下，政府并没有对这一环节进行监管。由此，我们引入新的许可制度和监管目标：仅对进行深加工处理的企业认定许可资质，并且，在处理过程中，对是否对废弃电器电子产品进行深加工处理这一环节进行监管。

许可企业具有固定资产数量 K_1，当设备使用时，每期会产生折旧，折旧率为 δ。许可企业通过回收废弃电器电子产品，对其进行物理拆解和深加工处理，生产回收资源。这里，我们认为回收处理企业具有一定的市场势力，其所选择的回收数量会影响均衡的回收价格，即回收价格 P 与 Q_1、Q_2 有关。假设回收资源价格由回收资

源市场外生给定，这里将其标准化为 1。回收得到的废弃电器电子产品，每单位获得补贴 s。许可企业通过选择最优的回收量 Q_1，实现利润最大化。

如果许可企业选择深加工处理，1 单位废弃电器电子产品处理成本为 d^H，因此，利润为：

$$\max_{Q_1^H} n_1^H = K_1^a \left(r_1^H Q_1 \right) - \delta K_1 - d^H Q_1 - P \left(Q_1 + Q_2 \right) Q_1 + s Q_1$$

如果许可企业选择物理拆解，1 单位废弃电器电子产品处理成本为 d^L，因此，利润为：

$$\max_{Q_1^L} n_1^L = K_1^a \left(r_1^L Q_1 \right) - \delta K_1 - d^L Q_1 - P \left(Q_1 + Q_2 \right) Q_1 + s Q_1$$

其中，r_1^H 表示许可企业深加工处理后，能够从废弃电器电子产品中回收的资源比例，r_1^L 表示简单拆解后，能够从废弃电器电子产品中回收的资源比例，可见，$r_1^H >$ r_1^L 比例越大，处理后得到的可回收资源比例越高。α 表示处理过程中设备和技术的重要程度，越不容易进行回收处理、处理工艺越复杂的产品，α 越大。对不同类型的废弃电器电子产品来讲，r 和 α 不同。

深加工处理后每单位废弃电器电子产品造成污染水平较低，为 $L_1^H = 1 - d^H - r_1^H K_1^\alpha$；物理拆解后每单位废弃电器电子产品造成的污染水平较高，为 $L_1^L = 1 - d^L - r_1^L K_1^\alpha$。

非许可企业具有固定资产数量 K_2，我们假设非许可企业不具备深加工处理能力，称之为低技术企业。非许可企业仅能够通过简单物理拆解对回收废弃电器电子产品进行处理，每单位回收产品处理成本为 d^L。同样，假设回收资源价格由回收资源市场外生给定，这里将其标准化为 1。因此，非许可企业利润为：

$$\max_{Q_2} n_2 = K_2^a \left(r_2^L Q_1 \right) - \delta K_2 - d^L Q_2 - P \left(Q_1 + Q_2 \right) Q_2$$

我们假设非许可企业深加工处理（如果可能）以及简单拆解的资源回收量均小于许可企业，$r_1^H > r_2^H > r_1^L > r_2^L$。

1. 现有许可和监管制度

由于 $d^L < d^H$，对任意回收量而言，选择物理拆解所需成本均低于深加工处理所需成本。如果进一步，$K_1^a r_1^H - d^H > K_1^a r_1^L - d^L$，也就是说，进行深加工处理多生产的产品价值低于所需处理成本时，许可企业会选择不进行深加工处理，而与非许可企业相同，通过简单物理拆解对回收废弃电器电子产品进行处理，并且没有进一步提高处理技术的激励。从调研数据也可以得到相似结论，在 15 家许可企业中，仅有 4 家选择在获得许可和补贴后，使用该项资金提高处理技术。这一现象，尤其是对于以空调为例的资源禀赋较高、简单拆解成本低、深加工处理成本高且收益低的产品，是客观存在的。如果两类企业的资产水平相当，许可制度并没有在本质上区别出许可企业和非许可企业，两类企业生产方式相同，资源再生利用率相同，污染水平也相同。从这一角度来看，许可制度并没有实现政府的政策目标，基金和补贴是无效的。

2. 以是否进行深加工处理为标准的许可和监管制度

进一步，假设政府监管目标不仅为回收量是否属实，还包括企业是否深加工处理，政府与企业的信息不对称得以解决。当且仅当处理企业进行深加工处理时，认定其为资质企业，对其进行补贴，而不是根据资本存量、设备拥有量等客观指标进行许可。补贴额仍根据回收量进行计算。这时，具有深加工处理技术的企业面临两种选择。

（1）可以使用深加工处理技术，获得许可和补贴，这时，利润可以表示为：

$$\max_{Q_1^H} n_1^H = K_1^a \left(r_1^H Q_1 \right) - \delta K_1 - d^H Q_1 - P \left(Q_1 + Q_2 \right) Q_1 + s Q_1$$

（2）可以使用简单物理拆解等低处理技术，不能获得许可和补贴，这时，利润可以表示为：

$$\max_{Q_1^L} n_1^L = K_1^a \left(r_1^L Q_1 \right) - \delta K_1 - d^L Q_1 - P \left(Q_1 + Q_2 \right) Q_1$$

而原来许可制度下的非许可企业由于不具有深加工处理技术，在新的许可制度下，仍然无法获得补贴。利润表达式不变：

$$\max_{Q_2} n_2 = K_2^a \left(r_2^H Q_2 \right) - \delta K_2 - d^L - P \left(Q_1 + Q_2 \right) Q_2$$

家庭根据回收价格决定是否出售废弃电器电子产品，价格越高，越愿意出售。因此，我们可以将废弃电器电子产品供给方程表示为：

$$Q^a = a + bP \left(Q_1 + Q_2 \right), \quad b > 0$$

供求相等时，市场达到均衡：

$$Q^a = Q_1 + Q_2$$

从而得到价格函数的表达式为：

$$P \left(Q_1 + Q_2 \right) = \frac{1}{b} \left(Q_1 + Q_2 - a \right)$$

许可企业和非许可企业均会选择最优回收量，从而实现利润最大化：

$$\frac{\partial \pi_1^H}{\partial Q_1} = r_1^H K_1^\alpha - \frac{\partial P}{\partial Q_1} Q_1 - d^H - p + s = 0$$

$$\frac{\partial \pi_1^L}{\partial Q_1} = r_1^L K_1^\alpha - \frac{\partial P}{\partial Q_1} Q_1 - d^L - p = 0$$

$$\frac{\partial \pi_2^L}{\partial Q_2} = r_2^L K_2^\alpha - \frac{\partial P}{\partial Q_2} Q_2 - d^L - p = 0$$

即，进行深加工处理时，

$$\frac{\partial \pi_1^H}{\partial Q_1} = r_1^H K_1^\alpha - \frac{1}{b} \ (2Q_1 + Q_2 - a) \ -d^H + s = 0$$

$$\frac{\partial \pi_2}{\partial Q_2} = r_2^L K_2^\alpha - \frac{1}{b} \ (2Q_2 + Q_1 - a) \ -d^L = 0$$

解得：

$$Q_{1H}^* = \frac{1}{3} \ \big[\ b(2r_1^H K_1^\alpha - r_2^L K_2^\alpha + 2s - 2d^H + d^L) \ + a \big]$$

$$Q_2^* = \frac{1}{3} \ \big[\ b(2r_2^L K_2^\alpha - r_1^H K_1^\alpha - s - 2d^L + d^H) \ + a \big]$$

这时，价格为：

$$P_1^H = \frac{1}{3} (r_1^H K_1^\alpha + r_2^L K_2^\alpha + s - d^H - d^L) \ - \frac{a}{3b}$$

不进行深加工处理时，

$$\frac{\partial \pi_1^L}{\partial Q_1} = r_1^L K_1^\alpha - \frac{\partial P}{\partial Q_1} Q_1 - d^L - p = 0$$

$$\frac{\partial \pi_2}{\partial Q_2} = r_2^L K_2^\alpha - \frac{1}{b} \ (2Q_2 + Q_1 - a) \ -d^L - p = 0$$

解得：

$$Q_{1H}^* = \frac{1}{3} \ \big[\ b(2r_1^L K_1^\alpha - r_2^L K_2^\alpha - d^L) \ + a \big]$$

$$Q_2^* = \frac{1}{3} \ \big[\ b(2r_2^L K_2^\alpha - r_1^L K_1^\alpha - d^L) \ + a \big]$$

这时，价格为：

$$P_2^L = \frac{1}{3} (r_1^L K_1^\alpha + r_2^L K_2^\alpha - 2d^L) \ - \frac{a}{3b}$$

我们用 $\pi_1^H (Q_1)$，$\pi_2^H (Q_2)$ 分别表示许可企业进行深加工处理时，许可企业和非许可企业的利润；用 $\pi_1^L (Q_1)$，$\pi_2^L (Q_2)$ 分别表示许可企业进行简单拆解时，许可企业和非许可企业的利润。注意，无论在哪种情形下，非许可企业均进行简单拆解。如果我们希望许可企业选择进行深加工处理，而不是进行简单物理拆解，就需要满足 $\pi_1^H (Q_1) > \pi_1^L(Q_1)$，也就是说，需要满足 $s > d^H - d^L - r_1^H K_1^\alpha + r_1^L K_1^\alpha$，并且，这时可以得到 $\pi_2^H (Q_1) < \pi_2^L(Q_1)$。我们让高处理企业先选择是否进行深加工处理，之后两类企业同时决定各自的最优回收量。模型计算结果表明，可能出现如下几种情况：

【情况 1】

如果 $\pi_1^H (Q_1) > \pi_1^L (Q_1) > 0$，并且 $\pi_2^L (Q_1) > \pi_2^H (Q_1) > 0$，这时，高技术企业选择进行深加工处理，获得许可和补贴，低技术企业进行简单物理拆解，均衡产量由下式决定：

$$\frac{\partial \pi_1^H}{\partial Q_1} = r_1^H K_1^\alpha - \frac{1}{b}(2Q_1 + Q_2 - a) - d^H + s = 0$$

$$\frac{\partial \pi_2}{\partial Q_2} = r_2^L K_2^\alpha - \frac{1}{b}(2Q_2 + Q_1 - a) - d^L - p = 0$$

这时，均衡价格和均衡产量为：

$$Q_1^{ss} = \frac{1}{3}\left[b(2r_1^H K_1^\alpha - r_2^L K_2^\alpha + 2s - 2d^H + d^L) + a \right]$$

$$Q_2^{ss} = \frac{1}{3}\left[b(2r_2^L K_2^\alpha - r_1^H K_1^\alpha - s - 2d^L + d^H) + a \right]$$

$$p^{ss} = \frac{1}{3}(r_1^H K_1^\alpha + r_2^L K_2^\alpha + s - d^H - d^L) - \frac{a}{3b}$$

可以看出，假设高技术企业拥有资本存量不低于低技术企业，由于 $r_1^H K_1^\alpha - r_2^L K_2^\alpha + s > d^H - d^L$ 时，$Q_1^{ss} > Q_2^{ss}$，许可企业与非许可企业相比，拥有更大的市场规模。并且，许可企业进行深加工处理，资源再生利用率较高，废弃物排放量较少。

两类企业利润分别为：

$$\pi_{1H}(Q_1^*) = \frac{1}{9b}\left[b(2r_1^H K_1^\alpha - r_2^L K_2^\alpha + 2s - 2d^H + d^L) + a \right]^2 - \delta K_1$$

$$\pi_2(Q_2^*) = \frac{1}{9b}\left[b(2r_2^L K_2^\alpha - r_1^H K_1^\alpha - s - 2d^L + d^H) + a \right]^2 - \delta K_2$$

1 单位废弃电器电子产品处理过程产生的废弃物数量为：

$$L_1^{ss} = 1 - d^H - r_1^H K_1^\alpha$$

$$L_2^{ss} = 1 - d^L - r_2^L K_2^\alpha$$

由于高处理企业处理过程产生的污染水平相对较低，补贴提高了许可市场份额，因此降低了污染水平。

【情况2】

如果 $\pi_1^H(Q_1) > 0 > \pi_1^L(Q_1)$，并且 $\pi_2^L(Q_1) > 0 > \pi_2^H(Q_1)$，或 $0 > \pi_2^L(Q_1) > \pi_2^H(Q_1)$，这时，高技术企业选择进行深加工处理，获得许可和补贴，低技术企业不生产，这时的均衡产量由下式决定：

$$\frac{\partial \pi_1}{\partial Q_1} \mid Q_2^{ss} = 0 = r_1^H K_1^\alpha - \frac{1}{b}(2Q_1 + Q_2 - a) - d^H + s = 0$$

这时，

$$Q_1^{ss} = \frac{1}{2}\left[b(r_1^H K_1^\alpha - d^H + s) + a \right]$$

均衡价格为：

$$p^{ss} = \frac{1}{b}(Q_1^{ss} - a) = \frac{1}{2}\left[(r_1^H K_1^\alpha - d^H + s) - \frac{a}{b} \right]$$

利润为：

$$\pi_{1H}\left(Q_1^*\right) = \frac{1}{4b}\left[b(r_1^H K_1^\alpha - d^H + s) + a\right]^2 - \delta K_1$$

1 单位废弃电器电子产品处理过程产生的废弃物数量为：

$$L_1^{ss} = 1 - d^H - r_1^H K_1^\alpha$$

在这种情况下，资源再生利用率最高，污染水平最低。

【情况3】

如果 $0 > \pi_1^H(Q_1) > \pi_1^L(Q_1)$，并且 $\pi_2^L(Q_1) > \pi_2^H(Q_1) > 0$，或 $\pi_2^L(Q_1) > 0 >$ $\pi_2^H(Q_1)$，高技术企业选择不进行回收，取得零利润，即，$Q_1^{ss} = 0$，低技术企业从事生产，这时，低技术企业的均衡产量由下式决定：

$$\frac{\partial \pi_2}{\partial Q_2}\mid Q_2^{ss} = 0 = r_2^L K_2^\alpha - d^L \frac{1}{b}(2Q_2 + Q_1 - a) = 0$$

这时，

$$Q_2^{ss} = \frac{1}{2}\left[b\left(r_2^L K_2^\alpha - d^L\right) + a\right]$$

均衡价格为：

$$P_2^{ss} = \frac{1}{2}\left[\left(r_2^L K_2^\alpha - d^L\right) - \frac{a}{b}\right]$$

利润为：

$$\pi_2\left(Q_2^*\right) = \frac{1}{4b}\left[b\left(r_2^L K_2^\alpha - d^L\right) + a\right]^2 - \delta K_2$$

1 单位废弃电器电子产品处理过程产生的废弃物数量为：

$$L_2^{ss} = 1 - d^L - r_2^L K_2^\alpha$$

在这种情况下，仅由低技术企业进行生产，资源再生利用率最低，污染水平最高。

【情况4】

如果 $0 > \pi_1^H(Q_1) > \pi_1^L(Q_1)$，并且 $0 > \pi_2^L(Q_1) > \pi_2^H(Q_1)$，两种处理企业均无利润可图，市场回收处理量为零。

$$Q_1^{ss} = Q_2^{ss} = 0$$

如果假设不成立，补贴与处理成本满足 $s < d^H - d^L - r_1^H K_1^\alpha + r_1^L K_1^\alpha$。这时，对相同的回收量，高技术处理企业利润满足 $\pi_1^H(Q_1) < \pi_1^L(Q_1)$，会选择简单物理拆解，不获得许可和补贴。

表 9-1　不同情况下的市场占有率、利润、污染和资源利用率

		市场占有率	利润	污染	资源利用率
不予补贴	许可企业	$\eta_1^1=\dfrac{b(2r_1^L K_1^\alpha-r_2^L K_2^\alpha-d^L)+a}{b(r_1^L K_1^\alpha+r_2^L K_2^\alpha-2d^L)+2a}$	$\pi_1^1=\dfrac{1}{9}[b(2r_1^L K_1^\alpha-r_2^L K_2^\alpha-d^L)+a]^2-\delta K_1$	$\tau_1^1=1-d^L-r_1^L K_1^\alpha$	$e^1=\dfrac{r_1^L[b(2r_1^L K_1^\alpha-r_2^L K_2^\alpha-d^L)+a]+r_2^L[b(2r_2^L K_2^\alpha-r_1^L K_1^\alpha-d^L)+a]}{b(r_1^L K_1^\alpha+r_2^L K_2^\alpha-2d^L)+2a}$
	非许可企业	$\eta_2^1=\dfrac{b(2r_2^L K_2^\alpha-r_1^L K_1^\alpha-d^L)+a}{b(r_1^L K_1^\alpha+r_2^L K_2^\alpha-2d^L)+2a}$	$\pi_2^1=\dfrac{1}{9}[b(2r_2^L K_2^\alpha-r_1^L K_1^\alpha-d^L)+a]^2-\delta K_2$	$\tau_2^1=1-d^L-r_2^L K_2^\alpha$	
如果 $s>d^H-d^L-r_1^H K_1^\alpha+r_1^L K_1^\alpha$					
深加工处理补贴严格监管	许可企业	$\eta_1^2=\dfrac{b(2r_1^H K_1^\alpha-r_2^L K_2^\alpha+2s-2d^H+d^L)+a}{b(r_1^H K_1^\alpha+r_2^L K_2^\alpha+s-d^H-d^L)+2a}$	$\pi_1^2=\dfrac{1}{9}[b(2r_1^H K_1^\alpha-r_2^L K_2^\alpha+2s-2d^H+d^L)+a]^2-\delta K_1$	$\tau_1^2=1-d^H-r_1^H K_1^\alpha$	$e^2=\dfrac{r_1^H[b(2r_1^H K_1^\alpha-r_2^L K_2^\alpha+2s-2d^H+d^L)+a]+r_2^L[b(2r_2^L K_2^\alpha-r_1^H K_1^\alpha-s-2d^L+d^H)+a]}{b(r_1^H K_1^\alpha+r_2^L K_2^\alpha+s-d^H-d^L)+2a}$
	非许可企业	$\eta_2^2=\dfrac{b(2r_2^L K_2^\alpha-r_1^H K_1^\alpha-s-2d^L+d^H)+a}{b(r_1^H K_1^\alpha+r_2^L K_2^\alpha+s-d^H-d^L)+2a}$	$\pi_2^2=\dfrac{1}{9}[b(2r_2^L K_2^\alpha-r_1^H K_1^\alpha-s-2d^L+d^H)+a]^2-\delta K_2$	$\tau_2^2=1-d^L-r_2^L K_2^\alpha$	
如果 $s<d^H-d^L-r_1^H K_1^\alpha+r_1^L K_1^\alpha$					
简单拆解补贴	许可企业	$\eta_1^3=\dfrac{b(2r_1^L K_1^\alpha-r_2^L K_2^\alpha-d^L)+a}{b(r_1^L K_1^\alpha+r_2^L K_2^\alpha-2d^L)+2a}$	$\pi_1^3=\dfrac{1}{9}[b(2r_1^L K_1^\alpha-r_2^L K_2^\alpha-d^L)+a]^2-\delta K_1$	$\tau_1^3=1-d^L-r_1^L K_1^\alpha$	$e^3=\dfrac{r_1^L[b(2r_1^L K_1^\alpha-r_2^L K_2^\alpha-d^L)+a]+r_2^L[b(2r_2^L K_2^\alpha-r_1^L K_1^\alpha-d^L)+a]}{b(r_1^L K_1^\alpha+r_2^L K_2^\alpha-2d^L)+2a}$
	非许可企业	$\eta_2^3=\dfrac{b(2r_2^L K_2^\alpha-r_1^L K_1^\alpha-d^L)+a}{b(r_1^L K_1^\alpha+r_2^L K_2^\alpha-2d^L)+2a}$	$\pi_2^3=\dfrac{1}{9}[b(2r_2^L K_2^\alpha-r_1^L K_1^\alpha-d^L)+a]^2-\delta K_2$	$\tau_2^3=1-d^L-r_2^L K_2^\alpha$	
简单拆解补贴	许可企业	$\eta_1^4=\dfrac{b(2r_1^L K_1^\alpha-r_2^L K_2^\alpha+2s-d^L)+a}{b(r_1^L K_1^\alpha+r_2^L K_2^\alpha+s-2d^L)+2a}$	$\pi_1^4=\dfrac{1}{9}[b(2r_1^L K_1^\alpha-r_2^L K_2^\alpha+2s-d^L)+a]^2-\delta K_1$	$\tau_1^4=1-d^L-r_1^L K_1^\alpha$	$e^4=\dfrac{r_1^L[b(2r_1^L K_1^\alpha-r_2^L K_2^\alpha+2s-d^L)+a]+r_2^L[b(2r_2^L K_2^\alpha-r_1^L K_1^\alpha-s-d^L)+a]}{b(r_1^L K_1^\alpha+r_2^L K_2^\alpha+s-2d^L)+2a}$
	非许可企业	$\eta_2^4=\dfrac{b(2r_2^L K_2^\alpha-r_1^L K_1^\alpha-s-d^L)+a}{b(r_1^L K_1^\alpha+r_2^L K_2^\alpha+s-2d^L)+2a}$	$\pi_2^4=\dfrac{1}{9}[b(2r_2^L K_2^\alpha-r_1^L K_1^\alpha-s-d^L)+a]^2-\delta K_2$	$\tau_2^4=1-d^L-r_2^L K_2^\alpha$	

　　显然，在深加工环节给予补贴的目的是为了出现情况 1 或情况 2。在第 1 和第 2 种情况中，如果以补贴带来的资源再生利用率提高和污染水平下降为政策目标，则最好出现第 2 种情况；如果以补贴带来回收处理行业市场规模提高为政策目标，则最好出现第 1 种情况。事实上，在信息不对称问题存在的情况下，不同的补贴额和不同的监管目标，均会产生不同结果。

　　如果政府对处理企业的监管仅仅存在于监管回收量是否属实，而不去监管许可企业是否进行深加工处理，那么，信息不对称问题存在。在补贴额、资源禀赋、处理成本满足一定前提下，即便企业是深加工处理企业，具备了深加工处理能力，但在获得补贴后，不进行深加工处理，而是进行简单物理拆解，与非许可企业处理过程相同。从这一角度来看，许可和补贴制度是无效的，虽然能够增加许可企业的利润和回收量，但却侵蚀了与许可企业处理过程相同的非许可企业的利润，资源再生利用和污染问题均没有得到改善。

　　因此，在根据回收量发放补贴的制度下，政府需要对是否进行深加工处理进行监管，从而解决信息不对称问题。后文会讨论将补贴制度改变为根据处理产生的拆解产物和资源量发放补贴的情形下，会减少信息不对称问题。在政府对深加工处理进行监管的情形下，为了保证出现第 1 或第 2 种情形，需要补贴额大于深加工处理和简单物理拆解的处理成本与产出价值的差距。其优势在于：一方面，补贴能够提高许可企业（高技术企业）的市场份额和利润率，并且保证其进行深加工处理，提高资源利用效率，降低环境污染；另一方面，补贴能够激励许可企业（高技术企业）进行技术改进、降低深加工处理成本、提高利润率的同时，进一步提高资源再生利用率，降低环境污染水平。

　　针对"四机一脑"而言，由于不同产品的资源禀赋、深加工处理成本、物理拆解成本等参数均差异很大，不同产品在给予补贴之后的市场结构变化程度是不一样的。对于空调、洗衣机等物理拆解技术门槛较低、深加工环节相对物理拆解环节新增价值并不大的产品，对其进行补贴的效果并不大。这是由于，对这些废弃电器电子所产生的中间产品进行深加工处理，一方面成本较高，另一方面收益较低。现有补贴额并没有足够高，以至于大于深加工处理成本与简单拆解的成本差异，并且，由于深加工收益较低，没有必要将补贴额上调至临界值以上，否则将会大大降低基金利用效率。相反，对于电视机等深加工处理与简单物理拆解能够产生的再生资源价值和污染有较大差异，并且补贴额较高的产品而言，补贴会显著提高许可企业（高处理技术企业）的市场份额，基金利用效率较高。因此，对这类企业而言，政府监管是否在取得许可资质后进行深加工处理，而不是仅仅进行简单拆解，则成了决定《目录》及配套制度运行成功与否的关键。

（二）政策靶向的适度调整可能有利于处理企业从事深加工环节

前面分析可以看出，在目前根据回收量计算的补贴政策存在由于政府与企业信息不对称带来的补贴政策无效的问题。为解决这一问题，一种解决途径是对许可企业是否进行深加工处理进行监管，并制定适当的补贴额来保证补贴有效。然而，这种解决方法需要依赖的条件过多：一方面，政府需要在花费大量人力、财力、物力对回收量是否属实进行监管的同时，再多花费额外成本来对是否进行深加工处理进行监管，虽然新增监管成本相对而言较小，但也是不能忽略的；另一方面，对于不同产品而言，补贴额临界值的确定均不同，需要重新进行计算，加上不同许可企业的技术水平不同，处理成本不同，根据平均值计算的补贴额可能会产生效果上的偏差。因此，本文在此进行探讨，能否通过改进补贴制度，将过去根据回收量计算补贴的补贴制度，改变为以处理得到的资源量计算补贴的补贴制度，既能解决政府与企业的信息不对称问题，也能降低政府监管成本，提高基金运营效率。

这一节讨论上述两种补贴计算方式的差异，以及改变补贴制度对相关产业的影响。假设两种补贴方式：

补贴1：目前的补贴方式，根据回收量发放补贴，监管回收废弃电器电子产品环节。

补贴2：改变补贴方式，根据处理得到的资源量发放补贴，监管处理环节的资源产出。

1. 以回收量为准的补贴制度

在补贴1下，企业在获得废弃电器电子产品环节得到补贴，这时企业利润为：

$$\pi_1 = PF\ (A,\ K,\ Q)\ -\delta K-Q-C\ (Q)\ +SQ,\ F\ (K,\ Q)\ =AK^\alpha Q^{1-\alpha}$$

其中，Q 为废弃电器电子产品回收量，假设回收价格外生给定，这里将其标准化为1，$C\ (Q)$ 为处理成本，P 为处理后得到的回收资源价格，F 为回收资源产出量，其中，产出量的大小与企业的处理技术、资本存量和回收量有关。给定废弃电器电子产品回收量 Q，企业能够获得的补贴为 SQ。可以看出，补贴额的大小与其产出的资源量的大小无关，仅与废弃电器电子产品回收量有关。我们知道，政府实施《废弃电器电子产品目录》及配套政策有两个主要的政策目标：一是提高资源再生利用率，二是降低环境污染。显然，企业获得补贴的数额与这两个政策目标并没有直接联系。在目前的补贴额计算方式下，企业获得的补贴额仅跟回收量有关，这势必会造成企业仅仅关注如何提高回收量，而忽视了处理环节。事实上，政府真正关心的资源再生利用率和环境污染两方面，恰恰与处理环节密切相关。

2. 以处理得到的资源量为准的补贴制度

在补贴2下，企业在再生资源生产环节得到补贴，在废弃电器电子产品回收环节没有补贴，这时企业利润为：

$$\pi_2 = (P+S)\ F\ (K,\ Q)\ -\delta K-Q-C\ (Q)\ -A,\ F\ (K,\ Q) = AK^\alpha Q^{1-\alpha}$$

给定废弃电器电子产品回收量 Q，能够获得的补贴为 $SAK^\alpha Q^{1-\alpha}$。当企业所具有的资本或技术水平较低，$A^{\frac{1}{\alpha}}K<Q$ 时，$SQ>SAK^\alpha Q^{1-\alpha}$，即对回收量进行补贴会使企业获取更多利润，企业偏好对回收量进行补贴；当企业所具有的资本或技术水平较高，$A^{\frac{1}{\alpha}}K>Q$ 时，$SQ<SK^\alpha Q^{1-\alpha}$，即对回收得到的资源量进行补贴会使企业获取更多利润，企业偏好对处理得到的资源量进行补贴。

因此，我们可以初步得到结论，区别于根据回收量进行补贴，根据处理得到的资源量进行补贴是一种偏向性补贴制度，更偏向于高技术、资源再生利用率高的处理企业。下面，我们来进一步比较两种情形。

对回收量补贴时，1 单位补贴带来的边际利润为 $\frac{\partial \pi_1}{\partial S}=Q$。这时，企业为了使得补贴带来的利润增长更大，最优行动为提高回收量。因此，企业仅仅关心回收量，而不会关心处理后得到的资源量、资源利用率、处理技术和产生的污染水平。并且，由于家庭、企业或政府消费带来的废弃电器电子产品总量是一定的，回收量提高的程度存在上界，当回收数量到达饱和时，补贴带来的利润提高的程度相应受到限制。

相反，对处理得到的资源量进行补贴时，1 单位补贴带来的边际利润为 $\frac{\partial \pi_2}{\partial S}=F$ $(A,\ K,\ Q) = AK^\alpha Q^{1-\alpha}$。因此，企业为了使得补贴带来的利润增长更大，可以选择两种不同的最优行动，分别为提高资本数量（或处理技术）和提高回收量。提高回收量的情形与对回收量进行补贴的制度产生的效果相同，提高资本数量（或处理技术）带来的效果则不相同。一方面，在回收量给定的情况下，通过提高资本数量（或处理技术），能够生产更多再生资源，提高资源再生利用率，推进处理产业科技化，同时，补贴的边际收益提高，基金利用效率提高；另一方面，在较高的处理技术水平下，能够提高资源深加工处理程度，减少废物排放，降低环境污染，实现清洁生产。

因此，以处理得到的资源量为准的补贴制度的偏向性方向与政府制定目录及配套政策的政策目标完全一致：推进回收处理行业规模化、提高资源再生利用率，减少污染。我们将以处理得到的资源量为准的补贴制度的优势概括为以下四方面。

（1）根据处理得到的资源量进行补贴，能够提高对高处理技术企业的补贴效率，实现补贴制度向生产率高、资源利用效率高、环境友好的处理企业偏向，从而逐步提高技术企业的市场份额。

（2）根据处理得到的资源量进行补贴，能够激励处理企业扩大处理设备和规模、提高处理技术，从而提高资源回收利用率，推动处理行业向规模化、集约化、技术化发展。

（3）根据处理得到的资源量进行补贴，能够避免在上一部分讨论的企业与政府信息不对称问题，不需要担心企业是否存在获得补贴，但不使用高处理技术进行深加工处理的问题。这是由于，企业能够获得多少补贴，完全取决与其生产的再生资源量。假设企业依靠高处理技术取得许可后，最优行动是采用高处理技术进行深加工处理，生产更多的再生资源，从而获得更多补贴。如果企业取得许可后，选择使用低处理技术进行加工处理，那么所得到的再生资源数量和价值远小于进行深加工处理的情形，能够获得的补贴也更小。当补贴额大于企业在两种情形下的成本差距时，企业会选择进行深加工处理，从而避免了信息不对称问题。

（4）根据处理得到的资源量进行补贴，能够有效降低监管成本。对回收量进行补贴时，需要监管回收数量，就会产生是否完整、是否存在重复计算等一系列问题；相反，对处理得到的资源量进行补贴时，不需要担心这类问题，只需保证再生资源量如实上报。因此，根据处理得到的资源量的补贴制度能够有效降低监管成本。

因此，本文认为，根据处理得到的资源量进行补贴，在实施效果上可能将优于根据回收量进行补贴。但也要看到，从处理得到的资源量进行补贴，也存在如何准确评价资源量价值、如何和基金征收环节接轨等问题，因此仍需进行深入研究才能做出结论。

四、对回收渠道和许可企业回收量之间关系的分析

前文已经从几个方面对"四机一脑"回收量、产能利用率之间所存在巨大差异的原因进行了深入分析。除此之外，必须看到，目前的主要回收渠道是社会自发形成的，也是高度市场化的，掌握在所谓的"小商小贩"手中。拥有正规回收渠道和缺乏正规回收渠道，对许可企业回收量可能有巨大的影响。

推动废弃电器电子行业发展，仅仅依靠基金和补贴撬动所产生的作用是不够的。建立正规回收渠道，规范和统一管理回收环节，是实现行业规模化、规范化、产业化发展的必经阶段。与国外由政府或企业建立完善的回收体系相比较，我国现阶段回收渠道多以小商贩为主，缺乏有效管理。根据对生产企业和处理企业的调查问卷显示，政府或企业建立正规回收渠道是目前废弃电器电子行业上下游企业共同的希望。由政府或企业建立正规回收渠道的优势在于：

（1）能够建立消费者回收意识，增加回收量。

（2）建立废弃电器电子产品分类回收，降低分类成本，能够保证安全处置。

（3）通过政府或企业引导，将回收废弃电器电子产品向深加工处理企业倾斜，提高资源再生利用率，降低污染水平。

（4）规范回收环节，降低回收流通渠道的成本和运输成本，避免回收方对处理方补贴收入和利润的侵蚀。

（5）逐步推进目录及配套模式向生产者责任制度（EPR）的转变。

除第（4）点之外，其他优势均容易理解。因此，这一节使用模型来直观分析现有以小商贩为主的回收渠道对处理企业所得补贴收入和利润的侵蚀，以及建立正规回收渠道为何能够避免这一问题。

（一）无补贴的情形

在这一模型中，包括消费者、回收方和处理企业三个市场主体，回收方包括两种可能的形式，一种是现有的以小商贩为主的以盈利为目标的回收渠道，另一种是由政府或责任企业建立的以回收规模最大化的非营利性回收渠道。模型建立如下：

家庭废弃电器电子产品供给：$q^s = a + bp$

简单起见，我们假设正规回收渠道成本为 0，并且不以盈利为目标，而是以规模最大化为目标。这时，回收渠道的最优选择是，将回收得到的废弃电器电子产品按照回收价格卖给处理企业。假设处理企业需求方程为：$q^F = c - dp$，$c > a$，均衡时价格相等，$p^s = p^F$。这时，处理企业购买废弃电器电子产品的价格和购买量分别为：

$$q^* = \frac{ad + cd}{b + d}$$

$$p^* = \frac{c - a}{b + d}$$

如果按照现有的小商贩式回收渠道，整个回收链条可以表示为：

家庭废弃电器电子产品供给方程不变：$q^s = a + bp^s$

处理企业需求方程不变：$q^F = c - dp^F$

回收渠道的供给方程改变。这里，与正规回收渠道不同，小商贩式回收渠道按照利润最大化目标进行废弃电器电子产品回收：

$$max\pi = \left(p^F - p^s\right)q$$

最优的回收量由下式决定：

$$\frac{\partial \pi}{\partial q} = 0$$

求解得到最优买入价格和卖出价格分别为：

$$p_s^{**} = \frac{bc - ad - 2ab}{2b\left(b + d\right)}$$

$$p_F^{**} = \frac{bc + 2cd - ab}{2d\left(b + d\right)}$$

卖出价格和买入价格之差为：

$$p_F^{**} - p_s^{**} = \frac{bc+ad}{2bd} > 0$$

最优回收量为：

$$q^{**} = \frac{bc+ad}{2(b+d)}$$

回收渠道利润为：

$$\pi^{**} = \frac{(bc+ad)^2}{4bd(b+d)}$$

比较两种情形，正规回收渠道下的回收量较高，规模较大，现有的小商贩式回收渠道下的回收量较低，规模较小：$q^* > q^{**}$。

（二）有补贴的情形

如果对处理企业进行补贴，补贴幅度为 s，处理企业对回收的废弃电器电子产品需求方程变为：

$$q^F = c - d(p-s)$$

在正规回收渠道下，处理企业买入（或卖出）废弃电器电子产品的价格和购买量分别为：

$$p_F^* = p_s^* = \frac{c-a+ds}{b+d}$$

$$q^* = \frac{ad+bc+bds}{b+d}$$

在现有的小商贩式回收渠道下，处理企业需求方程同样为：

$$q^F = c - d(p^F - s)$$

回收渠道的供给方程改变。与无补贴情形相同，回收渠道选择最优回收量使得最大化利润：

$$max\pi = (p^F - p^s) q$$

最优回收量决定方程为：

$$\frac{\partial \pi}{\partial q} = 0$$

求解得到最优的买入价格和卖出价格分别为：

$$p_s^{**} = \frac{bc-ad-2ab+bds}{2b(b+d)}$$

$$p_F^{**} = \frac{bc-ad-2cd+ds(b+2d)}{2b(b+d)}$$

卖出价格和买入价格之差为：

$$p_F^{**} - p_s^{**} = \frac{ad+bc+bds}{2bd} > 0$$

最优回收量为：

$$q^{**} = \frac{bc+ad+bds}{2(b+d)}$$

回收渠道利润为：

$$\pi^{**} = \frac{(ad+bc+bds)^2}{4bd(b+d)}$$

比较两种情形，正规企业回收量的情况如表 9-3、9-4 所示。

表9-3　回收渠道对正规处理企业回收量的影响

	有回收渠道	无回收渠道
无补贴	$\dfrac{ad+bc}{b+d}$	$\dfrac{ad+bc}{2(b+d)}$
有补贴	$\dfrac{ad+bc+bds}{b+d}$	$\dfrac{ad+bc+bds}{2(b+d)}$

表9-4　回收渠道对正规处理企业利润的影响

	有回收渠道	无回收渠道
无补贴	0	$\dfrac{(ad+bc)^2}{4bd(b+d)}$
有补贴	0	$\dfrac{(ad+bc+bds)^2}{4bd(b+d)}$

（1）在大多数情况下，回收渠道对处理企业回收量的正面作用要大于补贴。如9-3 表所示，当补贴水平低于 $\dfrac{ad+bc}{bd}$ 时，单一实施补贴的效果要低于建立正规回收渠道。而在既有补贴又有回收渠道时，处理企业的回收量达到最大值。

（2）正规回收渠道下不存在回收渠道对处理企业补贴收入和利润的侵蚀，然而，在非正规回收渠道下，回收渠道对补贴的侵蚀是显著存在的。因此，在正规回收渠道下，基金利用效率更高。

基金政策对产业和经济发展的总体影响

一、现有政策对相关产业和经济发展已经发挥了明显的积极作用

自从《条例》和《目录》及其配套政策实施以来，我国废弃电器电子产品回收处理行业日渐规范，得到了快速的发展，一批规范化的处理企业不断涌现，当前政策体系对处理行业和生产行业的积极作用已经明显显现。

（一）现行政策在有效地促进处理行业，特别是许可企业迅速发展的同时，并未对电器电子生产行业产生明显的短期冲击

废弃电器电子产品的环保化处理和资源再利用中，存在一定的市场失灵。对生产企业征收基金，并对处理行业中的许可企业给予补贴的目的，在于解决市场失灵问题，改善已经跨过某些环保和技术门槛的许可企业的生产经营状况，使这些更为规范化的企业能够迅速发展，成为处理行业的主体，落实生产者责任。

从实证分析中可以看到，现行政策实施之后，处理行业的许可企业数量明显增加，大量许可企业将资金应用于添加处理设备、建设回收处理渠道、研发技术和弥补生产亏空，有效地弥补了许可企业在发展中自身资本规模小、技术能力弱、缺乏回收渠道和相较"手工作坊"税负成本较高的瓶颈，其资产规模和产能均明显上升，进一步巩固了在处理行业的领军者地位。

同时，实证分析也表明，目前的政策充分考虑了我国电器电子生产行业的实际情况，所实施的基金征收额度对电器电子生产行业的影响明显低于生产成本变化、融资成本变化、家电下乡政策取消等其他不确定因素，对电器电子生产行业所产生的短期冲击并不大，完全可以被生产企业通过内部挖潜、改进管理等方式消化，不会对我国电器电子产业的中长期健康发展产生消极影响。

（二）现行政策在很大程度上有效地解决了负外部性问题，实现了环境污染的减少和资源的充分有效利用

废弃电器电子产品如果不能够得到规范的回收处理，就很可能对环境造成污染，危害人体健康，并造成资源的浪费，在经济学上，这些被定义为废弃电器电子产品的负外部性。然而，在《条例》颁布之前，电器电子产品的生产厂商作为潜在的污染者，并不用为此付费，几乎不承担废弃电器电子产品的任何环境成本，他们给社会造成了额外的环境成本，导致其私人成本低于社会成本。在这种情况下，根据经济学原理，厂商出于利润最大化的目的，一是不会主动去使用废弃后对环境污染更小的材料生产电子电器产品，二是不会积极去负担对电子电器产品的环保性回收处理工作，从而使环境受到更大的危害。

这种负外部性造成了市场失灵，而现行的政策通过向生产者征收基金（类似于经济学中的庇古税），可以有效地将外部成本内部化，让产品的实际成本回归真实的社会成本，使市场达到消除了外部性的均衡。如果基金征收恰好等于电器电子产品的负外部成本，那么企业为了最大化利润而选择的产量就恰好是使社会总福利达到最优的产量，在考虑了环境和资源效应的情况下，整个社会的总福利能够达到最大化，环境污染将得到有效的缓解，资源也可以得到充分的利用。

本文的实证分析证明了这一结论。基金政策实施后，按照课题组测算的理论废弃量，2013年下半年42.69%的电视机已经由许可企业处理，较2012年下半年上升了约30个百分点；电冰箱、洗衣机等产品由许可企业处理的数量占比也有明显提高。由于电视机、电冰箱在处理过程中将产生荧光粉、氟利昂等危险废物，而目前的许可制度能够有效地规范许可企业对危险废物的处置，因此产生了巨大的环保效益。许可企业整体上的技术水平和资源利用效率要高于非许可企业，因此，许可企业处理量占比的明显上升对提高资源利用效率的积极作用显著。

（三）现行政策有效地促进了生产企业和处理企业的技术进步，也有利于提高生产企业建设回收处理渠道的积极性

从静态的视角看，往往会认为企业生产成本的上升会影响企业利润，从而对企业有负面影响。但是，从动态的视角看，外部因素的冲击也正是市场经济"优胜劣汰"的一种手段，使得企业不断加强研发、改进技术、提升管理水平，优质企业持续成长壮大，而竞争力弱的企业最终被市场淘汰。前文的实证分析结论表明，对于生产企业而言，基金有效地促进了生产企业通过内部挖潜消化基金成本，也有利于其加强研发，转向生产更高技术含量的产品。同时，调研问卷的结论表明，基金的征收有力地促进了生产企业自建回收渠道，在引导生产企业主动承担生产者责任上所发挥的积极作用也已经显现。

对于处理企业而言，目前我国大多数处理企业资本规模小，技术水平偏低，和"小商小贩"相比，除实现了"规模化处理"取代"手工处理"之外并不具备太多优势，在技术研发、建立市场渠道等方面均面临严重的资金短缺。因此，在"小商小贩"税收成本低、与回收网络紧密结合等优势的打压下，正规的处理企业不但很难投入资金进行研发，甚至生存都存在一定困难。大量补贴资金的流入，为正规处理企业提供了填补亏空、加强研发、扩张产能以挤压"小商小贩"等多种经营选择，有效地促进了这一行业的进步和环境污染水平的降低。

（四）现行政策有效地规范了处理行业，促进该行业规范健康发展

任何行业在发展过程中，都会逐渐形成一套规范的标准体系。由于废弃电器电子产品的处理包含一系列工艺过程，包括将废弃电器电子产品进行拆解，从中提取物质作为原材料或者燃料，用物理、化学方法对废弃电器电子产品进行处理，减少或消除其危害成分，以及将其最终置于符合环境保护要求的填埋场地等。这些环节对处理企业的技术都有一定的要求，如果企业的技术水平达不到要求，那么就不能在处理过程中将废弃电器电子产品中的有害物质消除，将会对环境造成危害，损害人体健康。因此，从环保、产能等方面出台一套规范的处理标准体系，对于确保废弃电器电子产品得到妥善处理，有着重要的意义。

如果仅仅由市场自发规范处理行业，一方面市场很难依靠自身力量解决"市场失灵"问题，不能有效地制定和环保相关的标准和方法，另一方面靠市场的力量形成规范行业需要一段较长的时间，在这段时间之内的环境成本可能是不可估量的。现行的政策对处理企业实施严格的许可制度，并且通过基金制度对拥有资质的处理企业进行补贴。通过补贴获得资质的规范处理企业，能够降低规范处理企业的成本，激励优质企业扩大处理能力。而这些优质企业在政策的扶持下，通过扩大产能，进一步摊低成本，盈利能力进一步加强，从而可以占据更多的市场。通过许可政策，限制企业进入，给予符合资质的企业适当补贴，促进符合标准的企业健康发展，使其有动力继续从事废弃电器电子产品处理业务，使这些企业在规范处理中逐渐占据主导位置，有利于实现行业的集中，促进行业的专业化发展。

从目前的反映情况看，对于现行的规范标准体系，企业基本持欢迎的态度。15家参与调查的处理企业均称，目前的规范标准体系内容翔实，门槛较高，能够有效地杜绝"门槛以下"的企业骗取基金。因此，这一标准体系对规范市场行为已经发挥了比较积极的作用。

（五）现行的政策体系是在我国当前经济发展水平和体制机制环境下一个比较现实可行的选择

国际上，废弃电器电子产品的回收处理采取的模式主要有消费者预付费制和生产者责任延伸制（EPR），目前后者处于主导地位。其中，在生产者责任延伸制中，国际上通行的又分为生产者直接承担行为义务的模式、责任转嫁的生产者责任组织模式和责任转嫁的基金模式。

从经济学理论推导上看，相比于基金征收和补贴的形式，为生产商与处理商创造一个供求市场可以减少社会福利的无谓损失。在这个市场上，众多的处理商为生产商提供废弃产品的回收处理服务，而生产商消费这种服务，最终达到市场均衡。从社会总福利的角度来说，理想状态下的生产者责任组织模式发挥了市场的效力，是优于基金征收和补贴形式的，因此，欧洲与北美的发达国家更多的是采用生产者直接承担行为义务或生产者责任组织模式，依靠市场力量进行废弃产品的回收。

但中国的情况和欧美发达国家有很大差别。发达国家之所以能够更好地发挥实施生产者直接承担行为义务模式和生产者责任组织模式的优势，有如下几个原因：一是发达国家的废弃电器电子产品基本上均为品牌企业生产，可谓"有源头可追溯"；二是发达国家的居民环保意识较为强烈，公共性的回收渠道运作良好；三是发达国家回收处理行业的运作较为规范。与发达国家相比，从回收处理行业方面看，目前我国处理商的规模、技术水平参差不齐，处理行业缺乏规范的行业标准和规则；从居民环保意识看，我国居民主动参与废弃电器电子产品回收的意识明显较弱；从回收产品类型看，我国的废弃电器电子产品既有国内名牌，也有一些杂牌、贴牌产品，甚至还有劣质产品和"三无"产品；从生产者角度看，我国生产企业规模小、品牌建设不充分，直接承担产品回收的能力相对不足。此外，我国市场机制不够健全，存在严重信息不对称问题。在前提条件不具备的情况下，如果完全照搬发达国家的生产者承担延伸责任制度，短期内可能很难充分发挥市场的职能，甚至造成资源的不合理配置。因此，短期内，生产者直接承担行为义务模式和生产者责任组织模式并不适合在我国大规模施行。

而我国目前的废弃电器电子产品回收处理政策体系所采用的基金模式，是在综合考虑环境效应、资源效应、经济发展和市场建设等各方面因素的情况下，充分发挥政府在制定标准、监管、设定准入要求等方面的优势，实现政府对处理行业和生产行业的有效监管，较为适合我国当前的国情和市场经济发展水平，具有操作性。

从《条例》和《目录》及配套政策实施以来的效果看，对于生产行业而言，虽然在一定程度上增加了生产成本，但增加的幅度相比企业的其他各项生产成本的变化幅度很小，不会对企业的生产经营活动造成严重的短期冲击，且有利于企业改善管理、内部挖潜和加强研发；对于处理企业而言，相关政策已经在一定程度上发挥了挤出非法拆解企业、鼓励合法企业加强研发、严格约束合法企业拆解技术和流程的作用，产生了巨大的环境效益和经济效益。

二、诸多因素对政策实施效果形成一定制约

（一）政策实施时间过短导致市场尚未达成新的均衡，部分实施效果尚有待进一步显现

2012 年下半年基金政策实施以来，迄今也仅有两年半的时间。由于对企业所报送的各类处理产品信息需要深入核查，2013 年底才第一次对处理企业发放了基金，且对于个人电脑等产品，因受制于客观因素，至今尚未发放基金。因此，基金真正对市场产生影响的时间要短于两年半。在现实经济中，政策信号传导到各个市场主体需要一个过程，而市场各个主体之间受政策信号的影响进行决策也需要一个过程，相关决策产生实施效果同样需要一个过程。因此，在目前的这个时间点，基金政策的实施效果是不可能完全显现的。

从前文的实证分析中可以看出，目前大多数许可企业均采取了大量增加处理设备、提高产能以争取更多市场占有率的行为，在数据上体现为各个企业的产能利用率均偏低。这种行为是任何一个许可企业在政策变动后的正常反应，企业不可能事先明确在政策变动后自身最优的产能状况，只能通过市场竞争实现企业间的"优胜劣汰"，最终达到产能的相对充分利用。同时，选择将资金用于加强研发或转向新的处理领域（如手机）的企业，也需要一段时间以确定是否能够取得更好的收益。

在回收价格上同样也存在明显的信号滞后。2013 年，拥有回收渠道的"游击队"和消费者在同许可企业进行价格博弈的过程中，回收价格并未明显上升，而2014 年"游击队"和消费者已经比较了解得到补贴后许可企业能够接受的成本上限，因此，其提出的价格较 2013 年出现了明显上升趋势。

综上，目前现实数据所显现出的处理行业和生产行业所受影响中相当一部分是短期的，随着政策的逐渐稳定，有些影响会逐渐消除，有些新的影响会逐渐显现。

（二）现行基金征收标准不能满足"以支定收"原则需要，且基金征收标准缺乏对生产企业的环保激励措施

在目前的政策框架下，政府基于调研得到的市场状况，运用各种科学方法测算当前可能需要发放的补贴额度，并基于"以支定收"的原则计算需要征收的基金规模，再通过对产量的估测得出需要对每台产品征收的基金标准。然而，在现实中，政府测算的支出额度、回收数量和真实情况往往存在较大差异。如 2013 年征收的基金总额 30 亿元来自五类产品的生产企业，但一、二季度所发放的 12.48 亿元补贴中，有 12.03 亿元补贴均给予了电视机，预计全年给电视机的补贴额度将达到 33.6 亿元，占理论发放额度 35.6 亿元的 94.4%，已经超过了 2013 年理论征收额度 32.84 亿元。而且，这还是在其他四类产品规范处理量很少的情况下测算得到的补

贴额度，假设 2013 年另外"三机一脑"的规范处理量占理论废弃量的比重和电视机相同，则需要发放的补贴额度高达 96.9 亿元人民币，远远超出 2013 年的理论征收额度。

宏观院《目录动态调整机制研究》课题测算结果表明，未来我国"四机一脑"的理论废弃量仍将继续增长；相关行业协会的研究结果则基本认定未来"四机一脑"的产量增长仍然较为低迷。显然，在当前的补贴标准下，政府很可能无法真正实现"收支平衡"。

此外，"以支定收"的做法在理论上也存在一些缺陷。第一，征收基金是为了让产品的实际成本回归真实的社会成本，使市场实现社会最优的均衡。依据经济学原理，只有当基金征收的数额正好等于负外部成本时，才能得到最优的均衡产量，如果基金征收过高，则会导致均衡产出下降，反之，如果基金征收过低，则会导致厂商过量生产和环境恶化。而"以支定收"的做法则并不能保证有效地将基金征收的金额与负外部性成本相匹配。第二，在调查问卷中也发现，部分企业认为"以支定收"中"收"的是环保性能较好的新产品，"支"的是十几年前环保性能较差的旧产品，甚至这些产品的生产企业早已不复存在，因此，有些企业认为自己承担了不应该承担的责任。第三，目前在征收基金时是完全针对某类产品设定同一个征收标准，其征收标准只和产品类别有关，和产品是否采用了环保材料、运用了环保和可回收的设计理念没有关联。这一征收模式虽然在操作中较为便捷，但也客观上导致生产者为产品支付了固定的费用后，就不再承担产品回收处理的任何责任，这样的政策实际上对生产者的激励严重不足，生产厂商并没有足够的动力去改良设计方案，提高产品的环保性能，并降低产品的回收处理成本。调查问卷在对未来政策调整方向进行征求意见时，40 家企业中有 37 家企业均希望出台对环保型产品进行差异化征收基金的政策。

（三）客观条件导致现行政策难以有效实现对"三机一脑"的规范化回收

前文已经对"四机一脑"的回收处理现状进行了实证分析。分析结果表明，2013 年虽然洗衣机、电冰箱、空调和个人电脑的规范回收量和处理量均有明显增长，但占理论废弃量的比重仍然很低，其中空调更是微乎其微。因此，在其他条件不变的情况下，仅仅实施目前的补贴政策，对洗衣机、电冰箱、空调的效果是不够显著的，无法从根本上解决相关产品非法拆解比重过高的问题。

对于洗衣机、电冰箱、空调难以按照规范拆解的方法回收的原因，前文已经建立了理论模型予以深刻的阐述。而调查问卷的结论也和理论模型表现出高度的一致性。调查问卷的结果表明，除基金补贴标准偏低是难以回收的主要原因之外，手工拆解过于容易、门槛过低和大量空调容易在简单修理后流入二手市场也是空调、洗衣机和电冰箱难以规范回收拆解的重要原因之一；而资源量偏低也是洗衣机和电冰箱难以规范回收拆解的重要因素；此外，"手工作坊"的低税收甚至零税收成本也是许可企业难以回收到上述产品的重要因素。但无论原因如何，仅仅依靠现行政策体系难以实现对"三机"的有效规范回收是一个客观事实。

个人电脑的情况则更为复杂。首先，手工拆解容易也是个人电脑难以规范回收的主要原因，大部分品牌电脑都会被拆成各种电脑配件，很多电脑配件均在二手市场出售，因此，品牌电脑很难出现整套淘汰的情况，因此很难获取补贴。其次，在20世纪末和21世纪初，由各种组装散件组成的兼容机在电脑市场中占据主要地位。这种兼容机内部的各种电脑配件经过多次更换，基本不可能达到《目录》的要求。最后，对于个人电脑的 CPU、主板、鼠标、键盘、硬盘等各种配件，目前并未在基金补贴政策覆盖范围之内。但由于电脑的模块化特征，大部分的相关电脑配件均会独立进入回收处理环节。由于电脑配件的处理涉及稀贵金属提炼等高附加值环节，也存在电路板焚烧等高污染风险，却不在目前政策覆盖的范围之内。因此，在个人电脑领域，现行政策体系一是短期内未能实现对品牌电脑和兼容机的有效回收，二是尚不能有效解决大量电脑配件被非法处理的污染风险问题。

（四）当前回收渠道被"游击队"基本把控，严重制约了政策实施的效果

我国绝大部分电器电子产品的回收过程如下：第一步，由大量走街串巷的"游击队"向各个家庭收取各种废旧电器，这些"游击队"既有本地居民，也有无业游民，其社会成分十分复杂；第二步，这些"游击队"将废旧电器交到某些集中场所进行包括翻新、修理、拆解在内的各种处理工作。在这些集中场所，既有专业的非正规回收处理厂商，也有这些"游击队"建造的"家庭作坊"。当然，在价格合适或担心污染风险的情况下，这些"游击队"也愿意将产品交给正规的处理厂商进行拆解。以海淀区羊坊店一带为例，基本上每个较大的小区都有 1 ~ 2 个"游击队"，这些"游击队"基本上将回收的产品在马连道地区进行集散，一般的翻新、修理和简单拆解工作在马连道地区进行，较为复杂的拆解工作，甚至一些带有严重污染的工作则再次转移到河北省进行。

由于我国居民的环保意识普遍不强，"游击队"和居民能够直接接触，导致绝大多数居民均愿意把废弃的电器电子产品出售给"游击队"进行处理。而由于宣传不足以及回收渠道复杂，即便消费者考虑到了环境因素，也往往无法了解到如何将废弃电器电子产品交由正规厂商处理。这客观上导致"游击队"基本控制了回收渠道。

在"游击队"基本控制回收渠道的背景下，正规处理企业只能通过价格优势向"游击队"收购各种废弃电器电子产品。正规厂商需要承担更多的物流、人工、危废处理产生的费用以及税费等成本，很难发挥出价格优势，从这些"家庭作坊"和非正规处理企业中抢夺市场份额。如果提高对正规处理企业的补贴额度，让它们同非正规拆解企业和"家庭作坊"争抢市场份额，一方面补贴标准将大幅度提高，甚至可能高于环保投入和税收成本等成本的总和，另一方面则相当于将政府补贴的大部分转到了"游击队"手中，在一定意义上变相承认了监管真空以及偷漏税、环境污染等违法行为的合理性。因此，在缺乏直接面向废弃电器电子产品的所有者——消费者的回收渠道的背景下，基金补贴政策的效果将会受到相当大的制约。调查问卷的结论也表明，缺乏有效的回收渠道是空调、洗衣机等产品难以被有效回收的重要方式。

（五）政府和企业间的信息不对称导致政策对企业加强研发、从事深加工环节的激励作用不强

目前，政府对处理企业许可资质的认定多集中于其市场规模、资本存量、设备拥有量等客观指标，而与实际的生产过程并没有直接联系。监管目标也主要集中于处理企业对回收量的上报是否属实，并不监管实际的处理过程。因此，政府与企业之前就产生了信息不对称问题。处理企业在获得许可资质后，可以选择并不进行深加工处理，而是与非许可企业相同，仅仅对废弃电器电子产品进行简单物理拆解，并将简单物理拆解后得到的中间产品（如电路板等）在市场上出售。同时，由于物理拆解自身并不是污染的最主要环节，而是否对中间产品进行环保型的再利用、资源化，以及对危险废弃物运输到专门的危废处理厂进行安全处理才是污染的主要原因。为了提高自身的利润，在缺乏强有力监管的情况下，正规的回收处理厂商也很可能选择将污染物暂存甚至非法扔弃以降低成本。调查问卷的结果也显示，15家企业中有9家企业存在将中间产品在市场上出售的行为。由于现行政策并不涉及对中间产品的深加工处理，而中间产品的深加工处理又是污染风险最高的环节，这无疑在很大程度上影响了相关政策的环境效益。同时，由于企业的最优选择并不是通过研发提高处理技术，在给定数量的废弃电器电子产品中产出更多的再生资源，而是更关注回收量的提高，从而获得更多补贴，这也必然会影响相关政策对企业加强研发、延伸产业链的积极作用。

（六）许可制度存在降低市场效率的风险

当前，我国对废弃电器电子产品的处理实行较为严格的许可制度，明确禁止未取得废弃电器电子产品处理资格的单位和个人处理废弃电器电子产品。在前面的分析中我们提到，许可制度在一定程度上规范了废弃电器电子产品的回收活动，维护了整个回收处理行业的经济秩序，遏制了不法经营和不正当竞争情况的出现，缓解了由权利分散性带来的交易成本上升的问题，促进了行业的专门化和专业化。

然而，许可制度是一把双刃剑，在发挥其功效的同时，也存在着消极的影响。

（1）有可能降低了市场运行的效率。按照现代经济学理论的一般观点，在完全竞争市场的长期均衡状态下，厂商的平均成本、边际成本和边际收益相等，都等于市场价格，换句话说，完全竞争市场是有效率的。而当对废弃电器电子产品处理行业实施行政许可时，会人为地降低整个处理行业市场竞争的程度，从而可能降低市场的效率。

（2）可能增加行政成本。由于政府和回收处理企业之间也存在着信息不对称，政府往往很难获得废弃电器电子产品回收处理企业的现实状况和发展趋势的完全信息。这样的信息不对称很容易造成资源的不合理配置和市场的扭曲，导致无效率的市场准入。更进一步，对回收处理企业的许可审批权过大，则又会带来政府缺少监督和制约的问题，从长期看甚至可能导致行政许可机关容易产生腐败，滋生"二次行政成本"。

从现实情况看，目前许可制度的标准执行较为严格，能够有效地规避劣质企业获取许可资质的情况。然而，在调研中也发现，企业之所以会大幅扩张产能，在一定程度上也是为了争取获得许可资质，这在客观上也导致了一定程度的产能过度扩张，产生了一定的产能闲置。

（七）存在着为弥补赤字而倒逼征收标准大幅上升的风险

目前的基金标准是2012年制定的，是政府部门基于当时调研得到的市场状况，运用各种科学方法测算当前可能需要发放的补贴额度，并基于"以支定收"的原则计算出需要征收的基金规模，再通过对产量的估测得出需要对每台产品征收的基金标准。然而，在现实中，由于回收处理行业发展过于迅速，目前发放的补贴规模和基金征收规模已经不成比例。根据测算，2014年基金征收规模约为29亿元，下拨补贴资金则达到了57.4亿元，即便扣除2012年的盈余，当前赤字也已经达到了20亿元左右。从目前国内市场需求看，"十三五"前期电器电子产品销售量增速难有明显增长，但回收处理行业的补贴资金需求仍可能会迅速增长，赤字必然会持续加重。

同时，当前的基金征收标准面临两个不可持续性：一是目前空调、电冰箱、洗衣机、个人电脑这四类产品的大部分产品均未在享受补贴的企业进行处理，特别是空调的处理量非常低，假设另外"三机一脑"在享受补贴企业处理量占理论废弃量的比重和电视机相同，2014年则需要发放的补贴额度可能会超过100亿元人民币，赤字会高达70亿元以上；二是2016年我国实施了新的补贴标准，其中电视机等补贴标准稍有下滑，但空调则大幅上升至130元/台，整体补贴水平不降反升。若由于补贴标准上升导致相当一部分空调交由享受补贴企业拆解，也会进一步加大基金赤字。

（八）生产者责任延伸制度客观存在中间"断层"

目前，在征收基金时是完全针对某类产品设定同一个征收标准，其征收标准只和产品类别有关，和产品是否采用了环保材料、运用了环保和可回收的设计理念没有关联。这一征收模式虽然在操作中较为便捷，但也客观上导致生产者为产品支付了固定的费用后，就不再承担产品回收处理的任何责任，这样的政策实际上是缺乏对生产者的激励措施的，生产厂商并没有足够的动力去改良设计方案，提高产品的环保性能，并降低产品的回收处理成本。前文的分析也表明，目前基金对于企业采取生态设计的激励作用更多是间接的，若未来能够采取差异化的基金征收措施，将会进一步加强基金征收对企业改进生态设计的激励作用。

严格上说，生产者责任延伸制度要求生产者需对产品整个生命周期负责，承担产品责任、经济责任、参与责任、物主责任、信息责任等五大责任。因此，只要生产者生产的产品造成了污染，这种污染成本就必然会"内部化"，这就使得生产者"不得不"在此压力下改良产品设计，减少使用对环境有污染的零部件。同时，政府通过强制约束、处罚等措施，能够保证生产者必须遵守这一规则。在理论假设条件满足的前提下，根据制度经济学的理论，只要保证生产者责任制度的有效性，是否政府介入回收处理环节，是否由生产者自己进行回收处理，均能够达到环境保护和资源有效利用的最优解。因此，欧洲与北美的发达国家，更多的是采用生产者直接承担行为义务或生产者责任组织模式，依靠市场力量进行废弃产品的回收。

我国的实际情况和欧美发达国家有很大差别，国内的电器电子产品厂商大多没有像国外一些先进的公司那样建立完善高效的物流网络，生产厂商的处理能力也相对较弱，生产商、处理商和大众之间也存在着严重的信息不对称，因此，如果所有产品都直接由生产者亲自提供回收处理服务，对相关生产行业可能造成较为严重的冲击，也可能很难充分发挥市场的职能，甚至出现很多难以预料的问题，造成资源的不合理配置。因此，当前的"基金-补贴"制度存在其客观合理性。

然而，这种制度并未直接将生产商和生产者责任完全"挂钩"，生产者的责任主要在于缴纳相关基金，因此对生产者改进技术工艺、生产再制造效率更高的产品的激励作用是相对不足的。生产者在缴纳基金之后，将会系统评估进入拆解环节、运用新型环保工艺等行为的成本收益并进行决策。在目前回收渠道仍然主要被"游击队"把控、拆解环节投入金额较大、利润率较低的背景下，相当一部分生产企业可能不会进入回收处理环节，或简单进入回收处理环节，将物理拆解之后的中间产品进入二级市场销售，实际上并未真正履行好生产者责任。

附件 1

"基金政策对生产企业和处理企业的
影响"调查问卷分析报告

一、对整体问卷情况的统计分析

本课题累计收到了 30 份代表性企业的问卷。其中 20 份问卷为单一的电视机生产商，4 份问卷为单一的空调生产企业，1 份问卷为单一的个人电脑生产企业，1 份问卷为单一的冰箱生产企业，另外 4 份问卷的企业则涉及多种产品的生产，因此，各类产品所得到的问卷数量如表 1 所示。

表 1　各类产品所收集到的问卷数量

	单一生产企业	多种电器生产企业	合计
电冰箱	1	4	5
电视机	20	2	22
空调	4	3	7
洗衣机		4	4
个人电脑	1	1	2

由于不同品种电器的问卷数量存在较大差异，其问卷得到的资料精度也有所不同。对于废弃电器电子产品处理基金涉及较多的电视机而言，问卷数比较多，结论具有较强的可靠性；但对于电冰箱、空调和洗衣机而言，可靠性较低；而个人电脑只有 2 份问卷，且基金尚未发放，因此结论仅供参考。

二、对电视机企业问卷的统计分析

（一）所调查电视机企业覆盖面较广，结论可靠性较强

此次问卷调查涉及的电视机企业共 22 家，涉及绝大部分国内著名电视销售企

业。2013 年全国销售电视排行榜前五的品牌中，只有排名第一的海信没有涉及，其余四家包括创维、TCL、长虹和康佳均在调查之列。同时，回收的问卷也涉及小米、牡丹等市场销量较小的品牌，以保证调查结果能够尽可能覆盖各种类型的电视机生产企业。

但必须看到，此次调查的 22 家企业中，只有 1 家企业为外资品牌（LG），索尼、三星等大型电视机品牌均未涉及，因此其结论对外资企业的参考价值不大。

（二）绝大部分电视机厂商 2013 年产量保持稳定增长趋势

问卷分析表明，22 家企业中有 16 家企业产量呈现增长趋势，另有 2 家企业产量下降，3 家企业产量平稳，而小米因 2013 年首次进入电视领域，因此无法将其产量与 2012 年对比。在 16 家企业中，有 7 家企业产量增速超过 10%，另外 9 家在 5%～10% 之间，具体如图 1 所示。

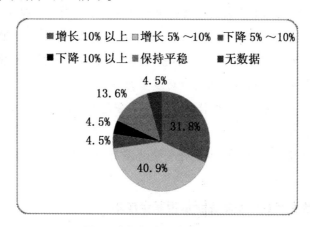

图 1　电视机企业产量分布图

（三）绝大部分电视机厂商 2013 年毛利润率有所下降

在产量上升的同时，电视机厂商的毛利润率整体保持下降趋势。在 22 家企业中，9 家企业毛利润率下降 1～3 个百分点，3 家企业毛利润率下降 3 个百分点以上，5 家企业毛利润率保持稳定，只有 3 家企业毛利润率上升，2 家企业未提供数据。特别是 TCL、创维、长虹等国内排名前五位的大型电视机厂商，毛利润率均处下降趋势。但唯一的外资企业代表 LG，其毛利润率呈现上升趋势。见图 2 所示。

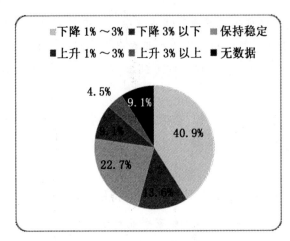

图2　电视机企业毛利润率变化情况

（四）绝大多数企业认为毛利润率下降和废弃电器电子产品基金的征收关系不大

一共有16家电视机生产企业对毛利润率下降的原因进行了排序。有7家企业认为最重要的原因是原材料成本的上升，2家企业认为最重要的原因是融资成本明显上升，4家企业认为是"家电下乡"优惠政策的取消，1家企业认为是废弃电器电子基金的征收，2家企业认为是国内市场容量的饱和。

这16家企业中，认为废弃电器电子产品基金是毛利润率下降的一个原因的企业只有7家，其中1家认为排名第1，1家排名第2，2家排名第3，1家排名第4，2家排名第5。因此可以认为，大多数企业认为废弃电器电子产品基金的征收不是毛利润率下降的主要原因。

（五）大多数生产企业基本完全承担基金成本

目前基金主要针对生产企业征收。因此，生产企业有可能完全消化自身成本，也有可能将成本转嫁到销售企业和消费者范畴。从此次调查问卷的结果看，有12家企业宣布将基金所增加的成本完全依靠自身消化，有7家企业认为小部分可以转嫁到消费者和销售企业，有2家企业认为大部分都可以转嫁到消费者和销售企业。值得说明的是，在完全自身消化的12家企业中，包含了除冠捷以外的所有知名度较高的国内品牌。而可以转嫁的9家企业，除冠捷外均为中小型品牌。

（六）基金对生产企业建设回收处理环节具有一定的激励作用

对相关问题进行回答的20家企业中，只有7家企业已经在基金颁布的2012年以前建立了相关回收处理部门，但这7家企业包含了康佳、TCL、海尔、长虹等国内消费量排名前列的厂商。而其余13家2012年之前并未设立回收处理部门的企业所占市场份额相对较小。但在基金政策实施之后，这13家企业中，有8家企业已经开始建立或计划建立回收处理部门，说明基金政策对电视企业自建回收处理部门的积极作用较为显著。

在对没有建立回收处理环节的原因进行分析时，三大原因所占比重差不多，有4家企业认为存在技术因素，6家企业认为存在渠道因素，6家企业认为存在利润因素。因此，企业在2012年之前并未建立回收处理部门是受技术落后、缺乏回收渠道和回收处理环节利润率偏低三方面因素的综合影响，很难进行准确排序。

（七）企业积极采取各种对策消化基金成本

在对于企业消化基金成本的调查中，18份有效问卷全部采取了改进生产工艺和加强管理的做法，另外有5家企业采用了同销售商谈判提高出厂价格的做法，有6家企业采取了转向生产价格更高的高配置产品的做法，有7家企业采取了更加注重国际市场的做法。在对相关措施效果进行对比的12份有效问卷中，有10家企业认为改进生产工艺和加强管理较为有效，认为转向生产价格更高的高配置产品和转向国际市场更为有效的企业各1家。

（八）所有企业均认为目前对电视机征收的基金规模偏高

22家企业均对这一问题进行了回答。其中只有3家企业认为目前标准适中，5家企业认为相对偏高，14家企业认为非常高。

（九）企业对于差异化征收这一政策的呼吁程度最高

在对未来政策调整方向进行征求意见时，22家企业中有19家企业均支持对环保型产品进行差异化征收基金的政策，而希望降低基金征收规模的企业只有7家，不到1/3。只有8家企业希望政府鼓励其自建回收部门，占比也约为1/3左右。

三、对其他"三机一脑"生产企业的统计分析

对于另外4种产品而言，所收集的问卷相对较少。其中，收集的空调问卷有7份，且涵盖了美的、格力两大巨头，因此其问卷的可靠性相对较强，但存在不一定能反映中小型空调企业看法的问题；电冰箱的问卷有5份，但涉及的企业在国内的市场占有率并不高，缺少海尔、新飞、美的等知名品牌，其代表性相对较弱；洗衣机的问卷有4份，和电冰箱情况较为相似，同样缺少一批大型行业主导企业的数据；个人电脑的问卷只有2份，分别为DELL和LG两个国外品牌，其行业代表性非常弱，统计结果只能作为参考。

（一）空调和个人电脑受调查企业2013年利润水平走势较好，电冰箱和洗衣机生产企业利润下降明显

7家空调企业中，只有2家企业认为毛利率出现了下降，另外2家企业认为基本不变，而格力和美的两大巨头则认为空调毛利率还将有所上升；个人电脑参与调

查的两家企业 LG 和 DELL 均认为 2013 年利润水平相较 2012 年没有明显变化。

电冰箱和洗衣机企业毛利率明显下降。在 4 家回答该问题的电冰箱企业中，有 2 家企业（创维和长虹）认为毛利率下降了 3% 以上，有 1 家企业认为毛利率下降了 1% ~ 3%，只有 1 家企业认为毛利率没有明显变化；回答该问题的 2 家洗衣机企业中，有 1 家企业认为毛利率下降了 3% 以上，1 家企业认为毛利率下降了 1% ~ 3%。

（二）相较电视机企业，参与调查的电冰箱和洗衣机企业认为基金对利润的负面影响更大

一共仅有 3 家企业参与电冰箱和洗衣机关于利润率下降原因排序的问卷调查（创维等企业同时参与了电冰箱和洗衣机的问卷调查）。所得到的 5 份答案中，有 3 份将基金这一选项排在第二位，另外 2 份认为基金对毛利率变化没有影响。

而空调和个人电脑参与调查的大部分企业因毛利率稳定或上升的缘故，并未回答这一问题。所回答的 3 份问卷中，基金这一选项均排在第四、五名之后。

（三）目前基金政策对"三机一脑"建设回收部门的积极作用要小于电视机

7 家空调企业中，在 2012 年之前未建回收部门的有 4 家，2 家个人电脑企业中则有 1 家，4 家洗衣机企业中有 3 家，5 家电冰箱企业中有 3 家。在 2013 年基金政策实施之后，这些未建回收处理环节的企业均无意在近期开始建设相关部门，说明基金政策的实施对这些企业建设回收部门的积极作用不强。

（四）所有基金成本均由生产商承担

参与调查的空调、洗衣机、电冰箱和个人电脑企业，均称完全承担基金成本，不存在向销售环节转嫁的情况。在这四类产品共 18 份问卷中，同样由 3 份问卷认为基金成本适中，有 7 份问卷认为基金水平相对偏高，有 8 份问卷认为非常高，和电视机基本一致。

（五）企业的政策诉求和电视机企业基本一致

在对未来政策调整方向进行征求意见时，这 18 份问卷中所提的建议基本和电视机的建议一致，非常希望采用差异化的征收方式。此外，DELL 专门提出了加强正规便捷回收渠道建立、将回收也纳入基金补贴范围、增强民众免费交投意识以及同类征收同类补助等建议。

四、对处理企业的问卷分析报告

本次调查一共回收了 15 家许可企业的问卷，其中 4 家企业来自西部，4 家来自中部，7 家来自东部，能够比较充分地反映处理企业对目前基金的看法。经统计分析，结果如下：

（一）企业均认为基金滞后发放影响企业经营

回答相关问题的 14 家企业一致声称，2013 年基金发放滞后 10～12 个月，对其企业经营活动有明显的负面影响。

（二）企业绝大部分利润依赖基金

15 家企业中，6 家企业称所获取的基金占毛利润总额的 100% 以上，5 家企业称所获取的基金占毛利润总额的 50%～80%，1 家企业称占毛利润额的 20% 以下，另外 3 家企业未回答该问题。同时，15 家企业中，有 12 家企业称如果不考虑基金，2013 年企业毛利润率将较 2012 年明显下降，2 家企业称企业毛利润率将小幅下降，1 家企业称企业毛利润率保持稳定。这说明 2013 年处理企业的利润绝大部分依赖基金。如图 3 所示。

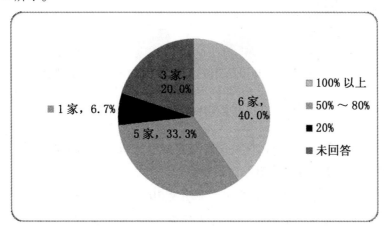

图 3　企业收到的基金占毛利润的比例

（三）企业使用基金主要用于生产领域而非研发领域

从调查结果看，13 家企业声称将基金用于弥补生产成本亏空，而将基金用于添加处理设备和建设回收处理渠道的企业分别有 9 家。只有 4 家企业将企业用于研发技术，如图 4 所示。

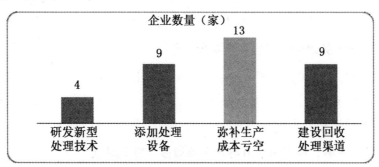

图 4　基金用途对比图

（四）基金客观导致企业扩大设备投资，资产负债率提高

15 家企业中，有 13 家企业称 2013 年企业在收到基金之后，有扩大产能的计划，只有 2 家企业称无此计划。而 15 家企业中，有 9 家企业由于企业扩大产能的缘故，资产负债率上升了 10 个百分点之上，有 2 家企业上升 5～10 个百分点，有 3 家企业下降 5～10 个百分点，有 1 家企业保持平稳。说明基金对企业通过提高资产负债率进行融资，扩大产能投资的效应非常明显，如图 5 所示。

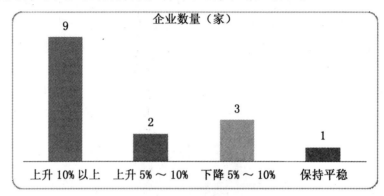

图 5　2013 年企业资产负债率变化情况表

（五）基金政策实施以来，许可企业回收的电视机、个人电脑数量上升幅度要大于电冰箱和洗衣机，空调上升幅度最低

14 家对电视机进行反馈的企业中，分别有 10 家和 9 家企业分别在上半年和下半年实现了回收数量的大幅增长（超过 20%），而回收数量明显下降的企业则只有 1 家和 3 家。在 13 家对个人电脑进行反馈的企业中，在上半年和下半年实现了回收数量的大幅增长（超过 20%）的企业均为 8 家，而回收数量明显下降的企业则分别只有 0 家和 4 家。

但洗衣机和电冰箱的积极作用不够明显。13 家对电冰箱反馈的企业中，分别只有 7 家和 5 家企业在上半年和下半年实现了回收数量的大幅增长；而对于洗衣机则只有 5 家和 3 家。对于空调而言，上、下半年均只有 3 家企业认为有效实现了回收数量的大幅增长，而分别有 6 家和 7 家企业认为该政策对回收空调的数量没有影响。

（六）2013 年处理企业研发强度有所上升

在 15 家企业中，2013 年处理企业的研发强度上升 1% 以上的有 7 家企业，上升 0.5%～1% 的有 4 家企业，明显下降的有 1 家企业，保持平稳的有 3 家企业，说明企业研发程度明显有上升趋势。

（七）综合来看，电视机废弃导致污染最多，空调最低

共有 12 家企业对这五类产品规范拆解所能避免的污染量进行了排序。所有企业均

认为，电视机减少的污染量排名第一，但在第二位上则有 7 家企业认为是电冰箱，5家企业认为是个人电脑；第三位则有 4 家企业认为是洗衣机，3 家企业认为是电冰箱，1 家企业认为是空调，4 家企业认为是个人电脑；第四位则有 4 家企业认为是空调，4家企业认为是个人电脑，3 家企业认为洗衣机，1 家企业认为是电冰箱；第五位则有 7家企业认为是空调，4 家企业认为是洗衣机，1 家企业认为是电冰箱，如表 2 所示。

表2　五类产品规范拆解所避免的污染量排序一览

分值	5	4	3	2	1	数学期望
电视机	12	0	0	0	0	5.00
电冰箱	0	7	3	1	1	3.33
洗衣机	0		4	3	4	1.83
空调	0		1	4	7	1.5
个人电脑	0	5	4	4	0	3.33

本文基于企业所填写的调查问卷对各个选项赋予一定的分值，以用数学的方法进行排序。

基于企业的排序，排第一位的产品说明认为减少的污染量最大，赋予 5 分，排第二位则赋予 4 分，排第五位则赋予 1 分。在此基础上，基于不同类型产品获取不同分数的问卷数就可以计算出各类产品减少污染量的数学期望值，如表 2 所示。从中可以看出，许可企业能够减少污染量的产品从高到低排序为：电视机、电冰箱、个人电脑、洗衣机、空调。

（八）业界普遍认为电路板焚烧是不规范企业污染的主要来源

本文同样基于企业填写的调查问卷对各个选项予以排序。与上个问卷不同，部分企业在回答问卷中未填写某些选项，这说明企业认为相关环节的污染排放量为零。同样以排序论，排名第一位的为 5 分，第二位为 4 分，第三位为 3 分，以此类推，结果如表 3 所示。

表3　各种重要环节污染量排放表

	5	4	3	2	1	0	数学期望
电路板焚烧	10	3				1	4.43
塑料焚烧		7	4	1		2	3.00
拆解原料再加工		1	3	7		3	1.93
拆解中污染物未正确处理	4	2	6	2		0	3.57
物理拆解					2	12	0.14

从数学期望的计算结果看，企业普遍认为电路板焚烧是不规范企业污染的主要来源，第二位则是由于在拆解中未将荧光屏等危险废弃物正确处理，第三位是塑料焚烧，物理拆解过程只排在第五位。

（九）稀贵金属并未成为拆解企业的主要产品

从目前对"四机一脑"的拆解情况看，简单的拆解工艺只能得到废旧塑料和铜、铝、铁等常见金属，稀贵金属必须经过技术含量较高的深加工环节才能得到。调查问卷的结论表明，15 家企业中，有 13 家企业拆解得到的为废旧塑料和常见金属，只有 2 家企业能够从事稀贵金属的生产，因此稀贵金属并未成为拆解企业的主要产品。而从对于五种产品拆解得到各种产品价值量的排序看，即便是稀贵金属含量最高的个人电脑，在各个企业的评价中也排在塑料和常见金属之后。

（十）大部分企业资源转化率在 85% 以上

在 15 家调查企业中，有 10 家企业资源转化率在 85% 以上，3 家企业在 50% ~ 70%，1 家企业在 50% 以下，1 家企业在 70% ~ 85% 之间。

（十一）企业面临的技术困难和潜在盈利点存在高度一致性

本文分别对企业面临的技术瓶颈和未来相关技术潜在的盈利点进行了统计分析，统计方法同前。从统计结果上看，稀贵金属提炼的困难程度期望值达到了 2.38，排名第一，废旧塑料改性排名第二，为 1.54，这两者远远高于其他的技术环节。但从盈利上看，恰恰也是稀贵金属提炼和废旧塑料改性的盈利能力的数学期望值最高，分别达到了 4.57 分和 4.21 分。如表 4、表 5 所示。

表 4　各类关键技术环节的困难程度

行为/困难程度打分	3	2	1	0	数学期望
废旧塑料改性	6	1		6	1.54
稀贵金属提炼	7	5		1	2.38
污染物收集		1	2	10	0.31
物理处理		1	1	11	0.23
其他			1	12	0.08

表5　几大关键技术环节未来所能获取的收益情况对比

行为/未来利益打分	5	4	3	2	1	0	数学期望
废旧塑料改性	4	9	1				4.21
稀贵金属提炼	10	2	2				4.57
废弃产品污染物收集		1	3	5	1	4	1.71
简单拆解中间产品销售		2	6	4		2	2.43
其他				1	1	12	0.21

（十二）目前补贴水平未必能够有效挤出非许可企业

对目前补贴水平是否能够有效挤出"四机一脑"的非许可企业进行的调查结果表明，只有针对电视机的问卷中，大部分问卷认为能够有效挤出非许可企业，其他如洗衣机、电冰箱、空调和个人电脑的大部分问卷均认为现有基金政策无法将非许可企业挤出市场，如图6所示。

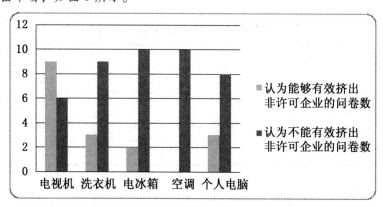

图6　现有基金政策能否有效杜绝非许可企业的调查结果

（十三）税收成本低和中间产品容易出售是"小商小贩"的最大优势

调查问卷结果反映，认为税收成本低、中间产品出售是"小商小贩"相比正规拆解企业的主要优势的企业分别有10家和9家，另外认为"小商小贩"容易和消费者接触，掌控回收渠道是一个优势的有7家，还有2家企业认为，除这些原因外，环保成本低也是一个优势。如图7所示。

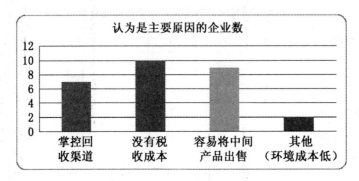

图7 "小商小贩"相比正规企业的优势调查结果

（十四）除补贴水平偏低外，不同类型产品难以被正规企业回收的原因存在明显差异

本文同样按照前文所介绍的方法对问卷的回答赋予合适的分值。结果表明，除基金补贴标准偏低成为主要选项外，大量废旧空调流入二手市场和手工拆解简单这两个原因也在一定程度上影响许可企业拆解废旧空调。如表6所示。

表6 空调难以被正规企业回收的原因排序

原因/打分	5	4	3	2	1	0	数学期望
手工拆解简单	2	3	4	2		4	2.53
缺乏回收渠道		1	2	7		5	1.60
基金补贴标准偏低	9	3	1			2	4.00
空调流入二手市场	4	4	4		1	2	3.27

对于个人电脑而言，除基金补贴标准偏低外，手工拆解简单和缺乏回收渠道的分值也不低。同时，还有两家企业称，之所以无法回收个人电脑，重要原因在于个人电脑不会整套淘汰，但基金却要整套才给补贴。如表7所示。

表7 个人电脑难以被正规企业回收的原因排序

原因/打分	4	3	2	1	0	数学期望
手工拆解简单	5	2	3		5	2.13
缺乏回收渠道	4	2	1	1	7	1.67
基金补贴标准偏低	5	3	3		4	2.33
其他	1	2		3	9	0.87

对于洗衣机和电冰箱而言，除基金补贴标准偏低外，资源量偏低是影响两者回

收量的最重要因素。手工拆解简单导致被"小商小贩"拆解和深加工要求高次之。如表8所示。

表8　个人电脑难以被正规企业回收的原因排序

原因/打分	6	5	4	3	2	1	0	数学期望值
手工拆解简单	2	2	2	1		1	7	2.27
缺乏回收渠道		1	1	1	2		10	1.07
基金补贴标准偏低	10	2	2				1	5.20
深加工设备要求高		2	1	2	1		9	1.47
资源量太低	3	2	2	2			6	2.80
其他		2				1	12	0.73

（十五）企业并非从事整体废弃电子价值链

15家企业中，有12家企业认为，现有标准能够有效地杜绝技术水平低、污染量大的企业获取基金，占比达到75%。同时，15家企业中，有6家企业存在购买废弃电子产品价值链的中间产品（废弃电路板、废弃塑料）等进行深加工的行为，有9家企业存在直接将中间产品向市场销售，而不进行深加工的行为。

（十六）从政策建议上看，企业对处理中间产品环节的补贴呼声较高

14家回答该问题的企业中，有11家企业认为，应将补贴范围扩大到对中间产品进行深加工处理的企业；10家企业认为，应提高基金征收水平，从而提高补贴水平；8家企业认为，应该给予差异化的征收政策。

附件2

对电器电子生产企业的调查问卷

1. 你企业名称是＿＿＿＿＿＿＿＿＿＿＿＿＿＿＿＿。

2. 在以下五种产品中，请问你企业主要生产哪几种：

A. 电视机　　　　　B. 电冰箱

C. 洗衣机　　　　　D. 空调

E. 个人电脑（含笔记本电脑）

3. 你企业2013年所生产的电视机规模是＿＿＿，电冰箱规模是＿＿＿，洗衣机规模是＿＿＿，空调规模是＿＿＿，个人电脑规模是＿＿＿（如不生产某种产品可不填，下同）。

A. 0~1万台；　　　　　B. 1万~10万台

C. 10万~100万台　　　D. 100万台以上

4. 2013年所生产的电视机、电冰箱、洗衣机、空调和个人电脑产量分别较2012年＿＿＿、＿＿＿、＿＿＿、＿＿＿、＿＿＿。

A. 明显增长（10%以上）；　　B. 小幅增长（5%~10%）

C. 小幅下降（5%~10%）　　　D. 明显下降（10%以上）

E. 保持平稳（-5%~5%）

5. 你企业品牌在目前占国内电视机的市场份额约为＿＿＿，电冰箱的市场份额约为＿＿＿，洗衣机的市场份额约为＿＿＿，空调的市场份额约为＿＿＿，个人电脑份额约为＿＿＿。

A. 1%以下　　　B. 1%~5%　　　C. 5%~10%

D. 10%~20%　　E. 20%以上

6. 你企业所生产的电视机、电冰箱、洗衣机、空调、个人电脑分别主要通过＿＿＿、＿＿＿、＿＿＿、＿＿＿、＿＿＿方式进行销售：

A. 大型综合性商场　　　B. 苏宁、国美等电器专卖店

C. 一号店、京东等网上商城　　D. 自建的销售网络

E. 其他（请注明，下同）＿＿＿

7. 2013 年你企业电视机、电冰箱、洗衣机、空调和个人电脑的销售量分别较 2012 年____、____、____、____、____。

  A. 明显增长（10% 以上）　　　B. 小幅增长（5% ~ 10%）

  C. 小幅下降（5% ~ 10%）　　　D. 明显下降（10% 以上）

  E. 保持平稳（-5% ~ 5%）

8. 2013 年你企业同等规格、同等技术水平的电视机、电冰箱、洗衣机、空调和个人电脑的出厂价格分别较 2012 年____、____、____、____、____。

  A. 明显增长（10% 以上）　　　B. 小幅增长（5% ~ 10%）

  C. 小幅下降（5% ~ 10%）　　　D. 明显下降（10% 以上）

  E. 保持平稳（-5% ~ 5%）

9. 2013 年你企业同等规格、同等技术水平的电视机、电冰箱、洗衣机、空调和个人电脑的生产成本分别较 2012 年____、____、____、____、____。

  A. 明显上升（10% 以上）　　　B. 小幅上升（5% ~ 10%）

  C. 小幅下降（5% ~ 10%）　　　D. 明显下降（10% 以上）

  E. 保持平稳（-5% ~ 5%）

10. 你企业电视机、电冰箱、洗衣机、空调和个人电脑 2013 年的毛利润率相较 2012 年____、____、____、____、____。

  A. 明显提高（提高 3 个百分点以上）

  B. 小幅提高（提高 1 ~ 3 个百分点）

  C. 小幅下降（下降 1 ~ 3 个百分点）

  D. 明显下降（下降 3 个百分点以上）

  E. 保持平稳（升降不超过 1 个百分点）

11. 你企业电视机、电冰箱、洗衣机、空调和个人电脑的 2013 年利润水平如果明显下降，则请分别对这五种产品的下列原因进行排序____、____、____、____、____。

  A. 主要原材料价格明显提高

  B. 考虑环境等因素对生产工艺进行调整

  C. 融资成本明显上升

  D. "家电下乡"等优惠政策的取消

  E. 废弃电器电子产品处理基金的征收

  F. 销售商继续压低进货价格

  G. 国内消费市场接近饱和，产品销量增长空间很小

  H. 其他____

12. 你企业近年来经营策略的调整方向是____。

A. 转向厨房电器等利润率较高的领域

B. 更多开拓国际市场，在海外建立生产基地

C. 加强技术研发，生产高质量产品

D. 其他＿＿＿

13. 你企业是否在 2012 年之前自建了相应的回收处理部门＿＿＿。

A. 是　　　　　　　B. 否

14. 你企业是否已在建设或准备在未来 2～3 年内建设相应的回收处理部门
＿＿＿。

A. 是　　　　　　　B. 否

15. 你企业没有建设相应回收处理部门的原因是＿＿＿。

A. 缺乏回收处理技术　　　　B. 缺乏回收处理渠道

C. 回收处理环节利润率太低

16. 你企业是否针对废弃电器电子产品处理基金召开过专门会议，讨论应对措
施＿＿＿。

A. 是　　　　　　　B. 否

17. 如有，具体措施是＿＿＿（可多选），何种措施最为有效＿＿＿。

A. 改进生产工艺，加强管理，消化基金成本

B. 同销售商谈判，希望提高出厂价格

C. 转向生产价格更高的高配置产品

D. 适当转向国际市场

E. 其他＿＿＿

18. 迄今为止，你企业征收的基金＿＿＿。

A. 完全由你企业承担

B. 大部分由生产企业承担，小部分由销售企业和消费者承担

C. 小部分由生产企业承担，大部分由销售企业和消费者承担

19. 你企业认为当前电视机、电冰箱、洗衣机、空调和个人电脑的基金征收水
平＿＿＿。

A. 明显偏高　　　B. 偏高　　　C. 适中

20. 你企业对废弃电器电子产品处理基金的未来建议是＿＿＿＿。

A. 降低基金征收水平

B. 实施差异化征收政策，视废弃污染程度不同征收不同额度的基金

C. 对企业自建回收处理部门实施特殊鼓励政策

D. 其他＿＿＿

附件 3

对回收处理企业的调查问卷

1. 你企业的名称是＿＿＿＿＿＿＿＿＿＿＿＿＿＿＿＿＿＿＿＿。

2. 2013 年你企业是否足额收到了废弃电器电子产品处理基金补贴＿＿＿。

A. 是　　B. 无

3. 2013 年你企业收到基金补贴滞后时间是＿＿月，是否影响企业正常经营＿＿＿。

A. 是　　B. 无

4. 你企业享受基金补贴额占全部销售收入的比例是＿＿＿，占毛利润额的比例是＿＿＿。

　A. 20% 以下　　　　　　B. 20% ~ 50%

　C. 50% ~ 80%　　　　　　D. 100% 以上

5. 你企业将废弃电器电子产品处理基金主要用于＿＿＿。

A. 研发新型处理技术　　　B. 添加处理设备

C. 弥补生产成本亏空　　　D. 建设回收处理渠道

E. 其他＿＿＿

6. 2013 年以来你企业是否有扩大产能的计划＿＿＿。

A. 有　　B. 无

7. 2013 年以来你企业的资产负债率较 2012 年相比＿＿＿。

A. 明显上升（上升 10% 以上）　　B. 小幅上升（上升 5% ~ 10%）

C. 小幅下降（下降 5% ~ 10%）　　D. 明显下降（下降 10% 以上）

E. 保持平稳（-5% ~ 5%）

8. 若不考虑收到的基金，2013 年以来你企业的毛利润率相较 2012 年＿＿＿。

A. 明显提高（提高 3 个百分点以上）

B. 小幅提高（提高 1 ~ 3 个百分点）

C. 小幅下降（下降 1 ~ 3 个百分点）

D. 明显下降（下降 3 个百分点以上）

E. 保持平稳（升降不超过 1 个百分点）

9. 2013 年上半年你企业回收的电视机、电冰箱、洗衣机、空调、个人电脑数量相较 2012 年上半年分别＿＿＿、＿＿＿、＿＿＿、＿＿＿、＿＿＿。

A. 明显上升（20% 以上）　　　B. 小幅上升（5% ~20%）

C. 小幅下降（5% ~10%）　　　D. 明显下降（10% 以上）

E. 保持平稳（-5% ~5%）

10. 2013 年下半年你企业回收的电视机、电冰箱、洗衣机、空调、个人电脑数量相较 2012 年下半年分别____、____、____、____、____。

A. 明显上升（10% 以上）　　　B. 小幅上升（5% ~10%）

C. 小幅下降（5% ~10%）　　　D. 明显下降（10% 以上）

E. 保持平稳（-5% ~5%）

11. 2013 年以来你企业的研发强度（研发投入和销售额的比重）较 2012 年____。

A. 明显上升（上升 1 个百分点以上）

B. 小幅上升（上升 0.5 ~1 个百分点）

C. 小幅下降（下降 0.5 ~1 个百分点）

D. 明显下降（下降 1 个百分点以上）

E. 保持平稳（下降 0.5 个百分点到上升 0.5 个百分点）

12. 相比不规范的拆解企业，你企业在这五种产品所减少的污染量由高到低排序分别是____。

A. 电视机　　　　B. 洗衣机　　　　C. 电冰箱

D. 空调　　　　　E. 个人电脑

13. 不规范的拆解企业产生的污染主要来自哪些环节，请排序____。

A. 电路板焚烧　　　B. 塑料焚烧

C. 拆解出金属部件的再加工

D. 废弃机器中自身还有的一些污染物的漏排（如荧光屏、氟利昂）

E. 将整机物理拆解为多个部分

F. 其他____

14. 你企业的拆解产物的资源化率是____。

A. 50% 以下　　B. 20% ~50%　　C. 50% ~80%　　D. 80% 以上

15. 你企业的拆解产物主要是____；

A. 塑料　　B. 铜、铝、铁等常见金属　　C. 稀贵金属　　D. 其他____

这种拆解产物最终是以____销售的。

A. 原材料　　B. 工业材料　　C. 其他____

16. 你企业拆解产物的销售对象是____。

A. 工业企业　　B. 再生资源回收企业　　C. 商贸企业　　D. 其他____

17. 对这五类产品，单台所拆解能得到的各种资源量请分别按价值大小排序：

电视机＿＿＿、洗衣机＿＿＿、电冰箱＿＿＿、空调＿＿＿、个人电脑＿＿＿。

    A. 塑料　　　　　　　　B. 铜、铝、铁等常见金属

    C. 稀贵金属　　　　　　D. 其他＿＿＿

18. 对这五种产品简单拆解后的深加工环节，目前你企业所面临的最大技术障碍是＿＿＿。

    A. 对废旧塑料的改性再利用

    B. 对稀贵金属的提炼

    C. 对废弃产品中原有的一些少量污染物的收集

    D. 对一些大型部件的物理处理

    E. 其他＿＿＿

19. 在废弃电器电子产品处理环节中，对下列几个环节的未来盈利状况进行排序＿＿＿。

    A. 对废旧塑料的改性再利用

    B. 对稀贵金属的提炼

    C. 对废弃产品中原有的一些少量污染物的收集

    D. 对简单拆解和处理后金属和塑料的直接销售

    E. 其他＿＿＿

20. 你企业认为，目前的补贴水平是否足以在这五类产品中将非许可企业挤出市场：电视机＿＿＿洗衣机＿＿＿电冰箱＿＿＿空调＿＿＿个人电脑＿＿＿。

    A. 是　B. 否

21. 你企业认为，非许可企业，特别是"小商小贩"，相对许可企业，它们最大的优势是＿＿＿。

    A. 能够直接和消费者紧密接触，掌控回收渠道

    B. 没有税收成本压力，能够以更为优惠的价格收购废弃电器电子产品

    C. 直接和废电路板、废铜、废铁等中间产品销售市场接触，容易将简单拆解后的中间产品出售

    D. 其他＿＿＿

22. 目前对空调难以回收的原因是＿＿＿（请排序，下同）。

    A. 手工拆解过于简单，已经形成手工拆解后部件的交易市场

    B. 缺乏自建的回收渠道，企业难以直接向消费者进行回收

    C. 回收处理基金补贴力度偏低

    D. 空调折旧期限很长，大部分废旧空调简单修理后流入二手市场

    E. 其他＿＿＿

23. 目前对个人电脑难以回收的原因是____。

A. 手工拆解过于简单，已经形成手工拆解后部件的交易市场

B. 缺乏自建的回收渠道，企业难以直接向消费者进行回收

C. 回收处理基金补贴力度偏低，

D. 其他____

24. 目前对洗衣机、电冰箱难以回收的原因是____。

A. 手工拆解过于简单，已经形成手工拆解后部件的交易市场

B. 缺乏自建的回收渠道，企业难以直接向消费者进行回收

C. 回收处理基金补贴力度偏低

D. 部分中间产品的深加工技术对设备要求过高

E. 拆解所获得的资源量价值太低

F. 其他____

25. 你企业认为目前对享受基金补贴的许可标准能否有效地杜绝技术水平低、污染量大的回收处理企业获取基金____。

A. 能　　B. 否

26. 你企业是否有购买废弃电路板、废弃塑料、废弃电线等拆解的中间产品进行深加工的行为____。

A. 是　　B. 否

27. 你企业是否将拆解的废弃电路板、废弃塑料、废弃电线等中间产品在市场上出售____；

A. 是　　B. 否

28. 你企业回收的废弃电器电子产品中，是否有仍能使用的产品____；

A. 是　　B. 否

　　　如是，相对规模较大的是哪一类（请排序）____。

A. 电视机　B. 洗衣机　C. 电冰箱　D. 空调　E. 个人电脑

29. 你企业是否将回收的仍能使用的废弃电器电子产品简单修理后放入二手市场____

A. 是　　B. 否

30. 你企业对废弃电器电子产品处理基金的未来建议是____。

A. 提高基金征收水平

B. 实施差异化征收政策，视废弃污染程度不同征收不同额度的基金

C. 扩大基金征收范围，特别是针对处理废旧电路板、废铜、废铁等的企业给予补贴

D. 其他____

附件 4

参与问卷调查的企业名单

一、生产企业，共 29 家

1. 三洋电子（东莞）有限公司

2. 厦门厦华科技有限公司

3. 江苏新科科技有限公司

4. 新世纪光电股份有限公司

5. 深圳市爱索佳实业有限公司

6. 北京小米科技有限责任公司

7. 北京牡丹电子集团有限责任公司

8. 乐视致新电子科技（天津）有限公司

9. 深圳市同洲电子股份有限公司

10. 深圳市同方多媒体科技有限公司

11. 纬创资通（中山）有限公司

12. 宁波博一格数码科技有限公司

13. TCL 集团股份有限公司

14. 上海索广映像有限公司

15. 熊猫电子集团有限公司

16. 深圳创维–RGB 电子有限公司

17. 潮州市创佳电子有限公司

18. 青岛海尔电子有限公司

19. 冠捷科技集团福建捷联电子有限公司

20. 四川绵阳市长虹电视公司

21. 康佳集团股份有限公司

22. LG 电子（中国）有限公司

23. 珠海格力电器股份有限公司

24. 美的集团股份有限公司

25. 浙江华日实业投资有限公司

26. 奥克斯集团有限公司

27. 日立（中国）有限公司

28. 博西家用电器（中国）有限公司

29. 戴尔（中国）有限公司

二、处理企业，共 15 家

1. 武汉市博旺兴源物业服务有限公司

2. 赣州市巨龙废旧物资调剂市场有限公司

3. 广东赢家环保科技有限公司

4. 广东赢家环保科技有限公司

5. 华新绿源环保产业发展有限公司

6. 厦门绿洲环保产业股份有限公司

7. 江西中再生资源开发有限公司

8. 南京凯燕电子有限公司

9. 青海云海环保服务有限公司

10. 汕头市 TCL 德庆环保发展有限公司

11. 仁新电子废弃物资源再生利用（四川）有限公司

12. 四川长虹格润再生资源有限责任公司

13. 唐山中再生资源开发有限公司

14. 浙江蓝天废旧家电回收处理有限公司

15. 重庆市中天电子废弃物处理有限公司

目录篇 Waste
Electronic Product Management in Major
Countries and Relevant Policies in China

- 目录动态调整系统构建的理论与方法

- 目录产品动态调整工作程序及内容

- 目录动态调整系统验证

- 关于目录动态调整的建议

目录动态调整系统构建的理论与方法

　　废弃电器电子产品是伴随社会经济发展而产生的新型固体废物。废弃电器电子产品中，铜、铝、铁及各种稀贵金属、玻璃、塑料等可再生利用，也含有汞、重金属、镉等有毒有害物质。长期以来，由于缺乏完善的回收处理体系，导致大量可再用资源浪费，对环境造成严重影响，也给消费者带来安全隐患。加强对废弃电器电子产品回收处理的规范化管理已成为一项十分重要而紧迫的工作。为规范废弃电器电子产品的回收处理活动，促进资源综合利用和循环经济发展，保护环境，保障人体健康，国家发展改革委从 2001 年开始，着手我国废弃电器电子产品回收处理的立法工作。2009 年 2 月 25 日，温家宝总理签署了国务院第 551 号令，发布了《废弃电器电子产品回收处理管理条例》（以下简称《条例》）。

　　废弃电器电子产品种类繁多、材料复杂，资源含量、环境影响以及回收处理难度各不相同。我国废弃电器电子产品回收处理体系尚不健全，产业化还较薄弱，《条例》实施初期，不宜将所有电器电子产品一次性纳入管理范围。为此，国家发展改革委、环境保护部和工业和信息化部 2010 年 9 月 15 日联合公布了《废弃电器电子产品处理目录（第一批）》（以下简称《目录》），确定从 2011 年 1 月 1 日起，电视机、电冰箱、洗衣机、房间空调器和微型计算机五种产品的回收处理必须严格遵守相关法规，以应对主要家电进入报废高峰期对人体健康和环境带来的挑战。同时，《制订和调整废弃电器电子产品处理目录的若干规定》正式生效，对《目录》制订依据、制订主体、制订原则、制订程序等内容进行了规定。2013 年，为贯彻落实《废弃电器电子产品回收处理管理条例》，在总结《废弃电器电子产品处理目录（第一批）》实施情况的基础上，国家发展改革委环资司委托有关单位研究提出《废弃电器电子产品处理目录调整重点（征求意见稿）》，家用电热水器、电冷热饮水机、打印机、复印机和手机等产品被纳入《目录》。

　　第一批目录实施的经验表明，前期选择部分重点产品纳入目录，有利于鼓励重点废弃电器电子产品处理技术的研发和推广，推动产业化发展，积累管理经验，为将更多的废弃电器电子产品纳入管理目录奠定基础。因此，目录制订尤为重要。

根据《制订和调整废弃电器电子产品处理目录的若干规定》，科学、客观、有效是制订和调整目录的要求，而目录筛选系统是确保制订目录科学、客观、有效的基础。但是目前国内尚未形成成熟的废弃电器电子产品目录筛选系统，目录的制订面临一定的挑战与困难，为此，构建合理的目录筛选体系成为当前和今后一段时期内的工作重点。本报告致力于以科学合理的方法论为基础，借鉴国际经验，充分考虑环境效益、资源效益、经济效益、社会效益等众多因素，构建科学的、符合我国国情的目录筛选体系，使目录调整科学化和机制化，最大限度地给有关部门提供政策支持。

一、国外废弃电器电子产品目录及筛选概述

本部分主要是通过对比分析国外废弃电器电子产品管理目录及其确定依据、相关责任，着重进行中外配套政策比较研究，为我国目录管理及其配套政策进一步完善提供意见和建议。

由于废弃电器电子产品种类众多，多数国家通过制订废弃电器电子产品处理目录的方式，促进生产者或者进口者对废弃电器电子产品承担一定的责任。国际上废弃电器电子产品目录主要包括两种形式：一种是大目录的形式，主要是欧盟；另一种是小目录并动态调整的形式，包括美国、澳大利亚、日本、韩国、中国台湾等。

（一）大目录形式

1. 欧盟废弃电子与电气产品目录

《欧盟废弃电子与电气设备指令》（WEEE 指令）于 2002 年 10 月 11 日获得批准，并于 2003 年 2 月 13 日生效。WEEE 指令的目的是通过系统地、环保地回收处理废旧电子电气产品，防止废旧电子电气设备的不当处置对环境及人类产生不利影响，同时节约资源。该指令涉及的产品范围很广，包括 10 大类、近 20 万种，几乎涵盖了当今所有电子电气产品：大型家用电器；小型家用电器；IT 和通信设备；消费类电子电器设备；照明设备；电子电气工具（大型固定工业工具除外）；玩具、休闲和运动设备；医用设备；检测和控制仪器；自动售货机。但不包括保障国家基本安全的设备、武器、弹药和战略物资。欧盟委员会于 2009 年初决定对 WEEE 指令进行修订，最终于 2012 年 7 月 4 日签署了新版 WEEE 指令，7 月 24 日正式生效。2012 年 WEEE 指令覆盖的产品范围发生了变化，规定从 2018 年起，WEEE 指令将覆盖所有的电子电气产品（某些特殊用途的电子电器除外），成为一个"开放式"范围的大目录。同时，取消旧版 WEEE 指令的 10 类分类方式，而是基于不同的回

收再利用目标重新分成6类。如表11-1所示。

表11-1　欧盟废弃电器电子产品处理目录

旧版 WEEE 指令范围内产品的分类 （2012 年 8 月 13 日以前） （过渡期：2012 年 8 月 13 日至 2018 年 8 月 14 日）	新版 WEEE 指令范围内产品的分类 （从 2018 年 8 月 15 日开始）
1. 大型家用电器； 2. 小型家用电器 3. IT 和通信设备 4. 消费设备 5. 照明设备 6. 电气电子工具 7. 玩具、休闲和运动设备 8. 医用设备 9. 监视和控制仪表 10. 自动售货机	1. 制冷器具和辐射器具 2. 屏幕和显示器（屏幕面积大于 100cm^2） 3. 灯 4. 大型器具（除制冷器具和辐射器具，如洗衣机、灶具等） 5. 小型器具（除制冷器具、辐射器具、灯、屏幕和显示器、IT 器具） 6. 小型 IT 和通信设备（外部尺寸不超过 50cm）

2. 欧盟制订废弃电子电气产品目录的依据

根据 WEEE 指令提出的立法依据，欧盟制订废弃电子电气产品大目录主要基于以下几个方面的基本考虑：

（1）维持环境质量、保障人体健康。WEEE 指令以共同体的环境政策重点目的为依据，即维持、保护和提高环境质量，保护人类健康及合理谨慎地使用自然资源。同时，根据共同体环境与可持续发展的相关政策和行动计划（《第五个环境行动计划》），考虑到使用废弃物预防、回收和安全处置原则，行动计划要求将报废电子电气设备作为需要加以规范的目标领域之一。同时，WEEE 指令在立法说明的第 8 条明确指出："共同体产生的报废电子电气设备数量正迅速增长。在废弃物管理阶段，电子电气设备中的有害成分含量是个重大隐患。"为此，指令第一条就明确指出："本指令的目的，重中之重是防治报废电子电气设备环境污染。"

（2）促进资源再利用。WEEE 的主要立法依据是 1997 年 2 月 24 日理事会在关于共同体废弃物管理战略的决定中的观点："为了减少废弃物废弃量和保护自然资源，需要促进废弃物的回收，特别通过再利用、再循环、合成和从废弃物中获得能源的方式，并承认在任何特殊情况下所选择的措施必须考虑到对环境和经济的影响。但是随着科技进步和生物周期分析技术得到进一步发展，再利用和材料回收才可作为优先考虑的措施。"为此，WEEE 指令第一条明确指出："除了要防治报废电子电气设备环境污染外，主要目的是实现这些废物的再利用、再循环使用和其他形式的回收，以减少废弃物的处理。"此外，WEEE 指令还要求成员国鼓励考虑并有利于分解和回收，特别是报废电子电气设备、其部件和材料的再利用与循环的电子电气设备的设计和生产。

（3）规范电子电气设备的处置。WEEE 指令第一条就明确指出："努力改进涉及电子电气设备生命周期的所有操作人员，如生产者、销售商、消费者，特别是直接涉及报废电子电器设备处理人员的环保行为。"

（二）小目录形式

1. 美国

美国是世界上最大的经济体，也是世界上电子产品的进口大国和消费大国，因各种电子产品消费量巨大，由此而产生的各种电子废弃物规模巨大。由于美国易于从全球获取资源，导致国内不重视对废弃物的利用，废弃物回收利用率总体不高。但随着资源消耗的增加和环保意识的增强，美国政府、企业界和美国公民也认识到加强废弃物管理对保护环境和节约资源的重要性。

美国定义的"废弃电子产品"由电子计算机、电视机、硬拷贝设备及移动设备等黑色家电构成，而不包括电冰箱、洗衣机等白色家电。美国废弃电子产品目录通常覆盖的范围如表 11-2 所示，主要囊括了各类电子计算机、电视机、打印机及扫描仪等硬拷贝设备和数量增长迅速的移动设备。

表 11-2　美国各州相关法规主要覆盖的废弃电子产品种类

电子计算机	电视机	硬拷贝设备	移动设备
笔记本电脑	阴极射线管（CRTs）电视机	打印机	移动电话
台式机 CPU	平板电视机	传真机	智能手机
显示器	投影机	扫描仪	掌上电脑（PDAs）
键盘	黑白电视	复印机	寻呼机
鼠标		多功能设备	

（1）目录产品

各州的电子垃圾立法中，电子设备的范围各不相同（尽管电视机、手提电脑、显示器一般来说是包括的）。一些州的法律倾向于管制阴极射线管，如电脑显示器和电视机。然而，有一些州，如明尼苏达州，电子设备更为广泛。明尼苏达州的电子垃圾法律涵盖计算机、附属设备、传真机、DVD 播放器、视频磁带录音机和视频显示设备。这意味着生产者的某些产品在该州将会受到不同于其他州的额外限制。如表 11-3 所示。

表 11-3 美国各州废弃电器电子产品管理目录及法案依据

序号	州名称	产品目录	相关法案名称
1	加州	电视机和显示器中使用的阴极射线管（CRTs）、液晶显示器（LCD）、含 LCD 屏幕的手提电脑、液晶电视机、等离子电视机或其他被加州健康和安全法典 25214.10.1（b）款中由加州有毒有害物质控制局（DTSC）列明的产品	SB20/SB50：《2003 电子废物回收法案：包括电子废弃物的支付体制》
2	康涅狄格州	台式机或个人电脑、电脑监视器、便携式电脑、基于阴极射线管的电视和非基于阴极射线管的电视，或其他类似或法规中规定的根据该法案第 11 条确定的出售给消费者的辅助电子设备	HB6259 HB6269
3	夏威夷州	电脑、电脑打印机、电脑显示器或便携式计算机或从对角线测量屏幕尺寸大于 4 英寸的电子设备	
4	伊利诺伊州	电脑、计算机显示器、电视机、打印机（打印机无论购买地点，只要是在该州所在地取得服务即可）	HB1149
5	印第安纳州	通过零售、批发或电子商务的形式出售的电脑、外部设备、传真机、DVD 播放器、磁带录像机、视频显示设备	
6	缅因州	计算机中央处理单元的阴极射线管、阴极射线管装置的平板显示器、类似的视频显示设备的屏幕通过对角线测量大于 4 英寸，并包含一个或多个电路板	《有害废物管理条例》
7	新泽西州	台式机、个人电脑、电脑显示器、手提电脑、卖给消费者的电视	
8	西弗吉尼亚州	电视、电脑、视频播放设备通过对角线测量大于 4 英寸的屏幕	
9	新罕布什尔州	可视化的显示元件的电视或计算机，无论是单独的或集成的计算机的中央处理单元/盒，并包括一个阴极射线管，液晶显示器，等离子气体，数字光处理，其他的图像投影技术，和通过对角线测量屏幕大于 4 英尺的室内电线和电路	HB1455
10	纽约州	基于各种主客观原因遭废弃被收集、回收、处理、加工、再利用的特定电子设备	A3334&S1287 A1455&S1563 A3390&S8182 A3200&S7165 A3202

（2）目录产品确定依据

尽管目录产品有所差异，但美国各州选择目录电子产品主要出于两点考虑：

第一，美国将统计预测电子废弃物量作为电子废弃物管理的首要步骤。以美国加州为例，根据参议院法案第 20 号提出的立法依据就是电子废弃物增长数

量。根据美国环境保护协会数据，加州在 1999 年丢弃了 430 万吨以上的电器和
消费电子产品。据加州综合废物管理局估计，目前加利福尼亚超过 600 万台废
弃电脑显示器及电视机收藏在消费者的家里。国家安全委员会的项目显示，加
州每天超过 1 万台电脑和电视过时。进一步的研究项目表明，3/4 的电脑在美
国购买仍堆放在储藏室、阁楼、车库或地下室。这决定了上述产品进入加州
目录。

第二，关注废弃电器电子产品的环境危害性。由于电子废弃物中有铅、汞
等有毒有害物质，以及其他危险金属或潜在危险金属的存在，当这些金属被不
恰当丢弃时，会给公众健康和环境带来一定危害。加州《2003 电子废物回收法
案：包括电子废弃物的支付体制》认为，电子废物回收循环利用，包括加利福
尼亚公共机构的设备，一部分非法处理，另一部分丢弃到发展中国家，这给公
众健康、工人安全、发展中国家的环境造成显著威胁，为此要将相关产品纳入
目录处理。

2. 澳大利亚

澳大利亚政府于 2009 年制定了《国家废弃物政策》，以实现"更少的废物、更
多的资源"。根据该政策，国家进行产品管理立法，制定了《产品管理法》（2011），
对废弃产品规定了三种回收处理模式，即自愿的、合作性的以及强制的模式，并针
对废弃电视和计算机产品制定了《产品管理（电视和计算机）法（2011）》。按
《产品管理法》的要求，采取了合作性的回收处理模式，电视和计算机企业与政府
合作建立了国家电视和计算机回收机制，统一对废弃电视和计算机进行管理。

（1）目录产品

澳大利亚没有制订专门的废弃电器电子产品管理目录，而是由政府各个部门共
同讨论同意，优先关注电视机和计算机产品，并制定相关法规和机制。《产品管理
（电视和计算机）法（2011）》对适用的电视、计算机、打印机和计算机相关产品进
行了规定。计算机相关产品包括内部部件（如主板）以及外接设备（如键盘）。

（2）目录产品确定依据

澳大利亚目录产品确定的依据主要包括以下几个方面：

一是考虑废弃量的大小。澳大利亚政府在制定政策法规前都进行了广泛深入的
调查研究，对产品的废弃量及增长趋势进行了分析。废弃电器电子产品是澳大利亚
废弃物中的一项主要组成，并且其数量在不断上升，增长比其他废物快 3 倍。研究
显示，2005 年澳大利亚大约消费了 69.7 万吨的电器电子产品，同时产生了 31.3 万
吨电子废弃物。在《产品管理（电视和计算机）法（2011）》制定过程中，环境保
护和遗产委员会进行了全面、复杂的全国性意见征询，评价立法的影响。2009 年开

展了一项法律影响研究，报告显示，2007—2008 年有 1 680 万台，约 10.6 万吨电视、计算机和计算机相关产品达到最后使用期限，其中 84% 被填埋，只有 10% 得到回收利用，9% 是计算机，1% 是电视，而同期销售的新产品达 13.8 万吨。如果澳大利亚还不建立任何形式的收集和回收机制，考虑到增加的保有量和缩短的更新周期，2028 年将有 4 400 万台，约 18.1 万吨电视和计算机成为废弃物。

二是考虑环境效益，保障人体健康。《产品管理（电视和计算机）法（2011）》立法影响评估报告对电视和计算机产品废物的外部环境成本进行了分析。研究指出，与电视、计算机及其他电子产品的填埋相关的健康和环境风险，主要是有害物质的渗漏和蒸发。根据澳大利亚生产力委员会对渗出液的估计，如果不改变目前的电子废物处置方式，从 2009 年到 2030 年填埋电子废弃物的外部成本将为 170 万澳元（仅包括渗出液的成本）和 340 万澳元（渗出液和设施成本），年均 7.5 万～15 万澳元。

三是考虑资源效益，避免资源流失。澳大利亚相关部门认为，除了所含有的有害物质，电视和计算机中还含有不可再生的资源，如锡、镍、锌和铜，把这些产品进行填埋意味着资源的流失。URS 的调查说明，资源回收的内在价值超过了目前这些废弃物的市场价值。URS 的调查预计，从 2008 到 2030 年，如果在 5～7 年内达到 70% 的回收目标，将产生 1 600 万澳元的内在价值（同时销售 1.7 亿澳元的视像产品和 6.5 亿澳元的计算机和计算机相关产品）。

3. 日本

自 21 世纪起，日本加大力度探索电子废弃物的有效处理方式，实现了从商品到商品的电子垃圾良性循环处理模式。日本制定了《家用电器回收法》，并已经从 2001 年 4 月 1 日开始实施。根据这项法律，家电生产企业必须承担回收和利用废弃家电的义务。家电销售商有回收废弃家电并将其送交生产企业再利用的义务。消费者也有承担家电处理、再利用的部分义务。由家用电器制造商、进口商负责将电视机、电冰箱、洗衣机、房间空调器四种废旧家电运到指定的回收地点；由制造商、进口商负责在指定的回收场所处置废旧家电，并进行再商品化；由消费者在废弃时承担回收和再商品化费用。随后，日本又对产品进行了相关补充，如冰柜、平板电视和干衣机。2013 年 4 月，日本实施《小型家电回收法》，列入可回收范围的小型家电包括手机、电脑、数码相机等 21 个品类的 104 种产品，电子燃气灶和电子除尘器也在回收范围内。如表 11-4 所示。

表 11-4　日本废弃电器电子产品管理目录

法律	产品
《家用电器回收法》	4 大类家电产品：电视机、电冰箱、洗衣机、房间空调器； 2004 年 3 月将冰柜列入目录； 2009 年 4 月 1 日起将平板电视和干衣机列入目录
《小型家电回收法》	手机、电脑、数码相机等 21 个品类的 104 种产品。 总计 28 个品类，分别是： 1. 电话、传真等有线通信设备 2. 手机、小灵通等无线通信设备 3. 收音机、电视机、机顶盒等（不包含《家用电器回收法》中的电视机） 4. 数码相机、摄像机等摄影照相设备 5. 数码音响、立体声套装等电器音响设备 6. 笔记本电脑 7. 磁盘、光盘等 8. 打印机等印刷设备 9. 显示器等显像设备 10. 电子书阅览器 11. 电动缝纫机 12. 电动研磨机、电钻等电动工具 13. 电子计算器等办公用电子电器设备 14. 计步器等计量、测量用电子设备 15. 电动式吸食器等医疗用电子设备 16. 胶卷相机 17. 电饭煲、微波炉等厨房用电子设备（不包含《家用电器回收法》中的冰箱和冰柜） 18. 电风扇、除湿器等空调设备（不包含《家用电器回收法》中的房间空调） 19. 电熨斗、吸尘器等衣物、清扫用电子设备（不包含《家用电器回收法》中的洗衣机、烘干机） 20. 电子燃气灶等电子保温设备 21. 吹风机、电动理发器等理发用电子设备 22. 电动按摩器 23. 跑步机等电动运动设备 24. 电动切割机等园艺电子设备 25. 荧光灯等照明设备 26. 电子手表、电动手表 27. 电子乐器、电动乐器 28. 游戏机等电子电动式玩具

（1）产品目录

日本通过两部法律的实施，形成了囊括电视机、电冰箱、洗衣机、房间空调器、小型家电在内的产品目录。

（2）目录产品确定依据

日本管理的废弃电器电子产品目录的制订依据有三个特点：

一是废弃数量大，希望通过管理减少废弃量。《家用电器回收法》认为，随着经济的发展、技术的进步以及人们生活水平的提高，电子产品被废弃的情况逐年增加，废弃量加大，总量在 1960 年显著增加，一般利用焚烧和填埋政策以应对卫生问题，但这一政策无法应付大量的废物。实际上，日本一直保持着较强的电子电器产品的生产和消费能力，尤其是在《家用电器回收法》实施前后，电视机、电冰箱、洗衣机和房间空调器全国普及率已经接近 100%，随之而来的报废量也逐年上升，2005 年四大家电报废量已经达到 2 000 万台以上，按重量计算约为 60 万吨，而日本全国填埋厂的平均寿命只有 15 年左右，无法满足数目庞大的废弃电器电子产品的处理需求。

二是产品体积大、资源量大，能够增加资源再利用效率。日本是东亚地区第一个完成工业化的国家，国土面积狭小、资源匮乏制约着日本的可持续发展，加上当前世界的技术水平尚不足以实现完全的物质循环，为此日本希望通过立法，将一部分可再生的资源投入生产，逐步推进"循环型社会"。

三是具有相对成熟的处理设施和设备，可以实现废弃物再生利用。在目录出台之前，日本开展了多年的废弃电视机、电冰箱、洗衣机和空调处理的技术和工程的试点和示范工作[1]，为此将四大类产品列入目录可以说是"水到渠成"。此后，随着技术的不断发展，日本逐步扩大目录范围。

4. 其他国家和地区

（1）韩国

韩国关于电子废弃物回收利用的立法管制开始于 1992 年，为鼓励企业积极参与废弃物的回收利用，韩国制定了《废弃物管理法》，由环境部对家用电器、包装材料、电池和轮胎等指定产品实施废弃物处理押金返还制度。该制度规定，指定产品的制造商和进口商须根据其产品的出库数量预先向"环境改善专门账户"缴纳押金，各种单件商品的押金费用由政府统一规定，指定产品的生产企业有责任回收和处理其保费产品，专门账户将根据各企业实际回收处理数量不同程度地返还其预缴押金。

就废弃电器电子产品管理的种类而言，韩国废弃电器电子产品管理法最初适用于大型废弃电器电子产品，之后涉及的种类逐渐增加。在押金返还制度下，最初被列入管理范畴的家用电器产品只包括电视机和洗衣机，随后，电冰箱和空调也分别被加进产品目录。《电气电子产品及汽车资源回收利用法》实施后，在原有基础上，纳入生产者责任延伸制定管理范畴内的电子电器产品已增至 10 种。如表 11-5 所示。

---

[1] 李金惠，刘丽丽，李博洋，等. 废弃电器电子产品管理政策研究 [M]. 北京：中国环境科学出版社，2011.

表 11-5　韩国废弃电器电子产品目录

年份	产品种类
2003	电视机、电冰箱、家用洗衣机、空调器（汽车空调除外）、个人电脑（包括显示器和键盘）
2004	日光灯
2005	音频产品（便携式除外）、移动电话（包括电池和充电器）
2006	打印机、复印机、传真机

（2）台湾地区

台湾环保署依据《废弃物清理法》宣布，废弃的电视机、电冰箱、洗衣机及空调为不易清除处理及长期不易腐化的一般废弃物。具体见表 11-6。

表 11-6　台湾废弃电器电子产品目录

类别	产品种类
废电子电器物品	1. 废电视机：包含影像管类，非影像管类（本类限使用交流电）及彩色影像投射机（指内投式彩色影像投射电视机）； 2. 废电冰箱：包含压缩式及电动吸收式的冰箱、冰桶； 3. 废洗衣机：洗衣容量为干衣 15 公斤（含）以下者； 4. 废冷、暖气机：包含窗型、箱型及分离式，其标示冷房能力在 8 000Kcal/h（或 9.3KW）（含）以下者，但水冷式冷、暖气机、汽车及机动车辆上使用之冷、暖气机除外； 5. 电风扇：桌扇、立扇、壁扇、窗扇、吊扇及通风扇等装有输出功率 125W（含）以下交流电动马达之电风扇
废资讯物品	笔记型电脑、主机板、硬式磁碟机、电源器、机壳、监视器（包括 CRT 及 LCD）、印表机、键盘（使用于电脑周边之输入设备，但不包括数字键盘）

（三）国外废弃电器电子产品目录筛选依据

虽然各国制订废弃电器电子产品目录的阶段不同、历程不同，形成的目录也不尽相同，但是经过梳理，我们发现，国外废弃电器电子产品目录筛选具有以下几点共性：

1. 考虑报废量大小，解决公众关心问题

由于废弃量大的废弃电器电子产品含有的有害物质总量高、资源总量大、占用土地面积大、填埋处理费用高，各国在制订目录时，考虑的首要目的是解决废弃量大的产品，为此，各国均在制订目录前进行了广泛的研究。例如，美国、澳大利亚政府在制定政策法规前都进行了广泛深入的调查研究，对产品的废弃量及增长趋势

进行了分析，作为制订目录的重要依据之一；日本《家电回收法》就是要解决普及率达到100%，并且报废量居高不下的四大家电等。

2. 考虑环境效益，维护人类健康

国外在指定目录时，多数国家进行了成本效益分析。以澳大利亚为例，相关研究单位对废弃电器电子产品回收处理后产生的环境效益货币化，根据澳大利亚生产力委员会对渗出液的估计，从2009年到2030年填埋的外部成本将为170万澳元（仅包括渗出液的成本）和340万澳元（渗出液和设施成本），年均7.5万~15万澳元。可见，目录制订应该充分考虑其带来的环境效益是否显著。

3. 考虑资源效益，促进经济发展

不同的废弃电器电子产品包含的可回收的资源总量不同，且根据富含的资源（原材料）不同（包括富含金属、陶瓷、塑料、橡胶、半导体、复合材料以及各种化学物质等多种类型），其回收价值也具有一定差异，各国在制订目录时，也将是否产生资源效益考虑在内。如澳大利亚URS的调查说明，资源回收的内在价值超过了目前这些废弃物的市场价值。URS的调查预计，从2008到2030年，如果在5~7年内达到70%的回收目标，将产生1 600万澳元的内在价值（相对应销售了1.5亿澳元的视像产品和6.5亿澳元的计算机和计算机相关产品）。

4. 考虑回收渠道和处理技术的成熟度

制订目录的最终目的是加强废弃电器电子产品的管理，为此，在制订目录时，应该充分考虑回收渠道和处理技术的成熟程度，有一定基础条件和技术积累，或者国家支持该领域技术研究的应该优先予以考虑。但是在这一点上，不同国家的情况不同。日本在这一点上是值得借鉴的典型，其目录制订是基于废弃电视机、电冰箱、洗衣机和空调处理的技术和工程的试点和示范工作。而美国则认为需要资金保障来保证回收处理工作的顺利实施，因此优先考虑回收和处理成本较高的产品。在这一点上，笔者认为，根据我国目前的技术状况，应该倾向于借鉴日本的做法。

5. 根据实际需求和社会经济整体发展水平进行动态调整

上述案例中，不论是欧盟采用的大目录形式，还是其他各国采用的小目录形式，都经过了根据实际情况进行调整的过程。如日本和韩国均在制订目录时，首先关注的是普及率高、资源量大的电子产品，之后逐渐调整目录，日本进行了一次扩充，韩国先后进行了三次扩充。而欧盟则是对全目录进行了大幅调整，以加强管理。可见，目录管理要依据各自的实际需求和社会经济的整体发展水平制订。

二、构建废弃电器电子产品目录动态调整系统的思路

根据对国外废弃电气电子产品目录的分析，现有资料并没有一套固定的目

录筛选的方法可以借鉴，而且根据各国发展水平、基本国情的不同，制订目录时各有侧重点。为此，本报告旨在借鉴国际经验的基础上，设计一套符合中国国情的目录筛选系统。

（一）构建原则

1. 严格遵守《制订和调整废弃电器电子产品处理目录的若干规定》

规定提出，目录的制订应该遵循社会保有量大、废弃量大；污染环境严重、危害人体健康；回收成本高、处理难度大；社会效益显著、需要政策扶持等四大原则，这也是本目录筛选系统的构建原则之一。

2. 综合考虑实际需求与整体发展水平

目录筛选系统应做到有利于减轻或缓解环境污染；有利于建立良性的资源综合利用体系，促进资源高效回收和再利用；有利于技术升级；有利于提高管理水平、控制管理成本；有利于积累管理经验。

3. 客观、科学，简化目录制订决策过程

科学、客观、有效是制订和调整目录的具体要求。本研究基于大量的事实数据与科学方法，充分借鉴现有研究基础，在工作程序、量化指标设计以及指标权重的设计方面有所突破，以期最大限度地给决策者提供基础资料和决策支持，可达到简化政策制定过程的目的，方便政策制定者做出更加有针对性的决策。

（二）工作程序

为了确保电器电子产品评估的全面性、客观性，充分考虑制订目录的四大原则，同时简化决策程序，报告基于废弃电器电子产品基本库，设计了针对未纳入目录的新产品的工作程序：

（1）将社会报废总质量设计为具有一票否决权的指标，作为一级筛选，充分考虑社会报废总质量大的产品。

（2）将环境效益、资源效益等可量化指标作为二级筛选指标，通过指标评估，筛选出环境效益、资源效益较大的产品，提出目录备选库（规定称"备选范围"）。

（3）将经济因素、社会因素、技术因素和政策因素作为三级筛选指标，作为专家小组对备选库的产品进行评估的主要依据。同时设计了已经纳入目录的产品的复审程序。新产品的筛选为三级筛选。

（4）对已经纳入目录的产品进行周期复审，确保目录产品政策发挥最大效益。

在规定提出的目录制订程序基础上，本报告细化为图11-1所示的工作程序。

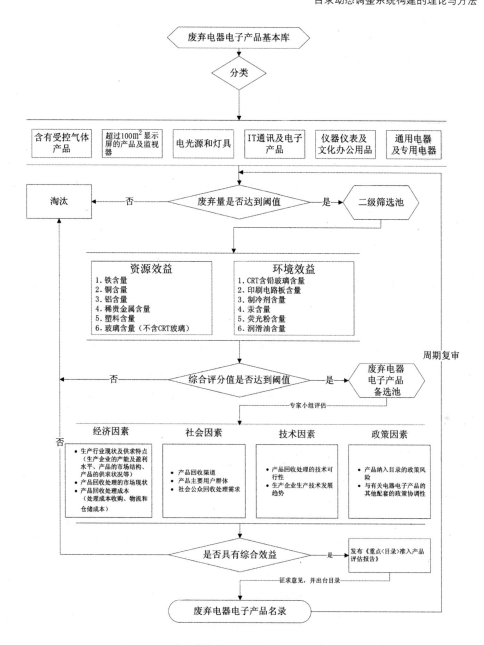

图 11-1　废弃电器电子产品目录筛选系统工作程序

目录产品动态调整工作程序及内容

一、确定废弃电器电子产品基本库

电器电子产品分类是确定基本库的基础。根据 2013 年中国家用电器研究院承担课题的研究成果，参考欧盟电子电气设备分类、日本废弃产品回收利用管理的分类、我国统计用产品分类、工业和信息化部行业分类、商务部商品条码分类、认监委产品认证分类、海关编码分类、相关标准产品分类等多种分类方法，总结归纳出两类分类方法：一种是以产品的功能进行分类，例如欧盟 WEEE 指令（2003），以及我国目录备选库产品的相关分类。另一种是以产品的环境属性和资源性（体积大小）为特点进行分类，例如欧盟 WEEE 指令（2012），以及日本废弃产品的分类。按产品的功能分类和按产品的结构分类都有各自的优点。按产品功能分类，易于对产品的生产者进行管理，同时，与现行的产品行业管理是一致的。而按照产品的结构进行分类，易于对废弃产品回收处理进行管理，结构相似产品采用同样的回收处理工艺。

（一）废弃电器电子产品基本库分类

经过比较分析，本报告目录基本库分类采用按照产品环境特性和材料结构特点进行分类。参照原有分类研究，目录基本库产品按结构分类的方法以《统计用产品分类目录》为基础，以欧盟 WEEE 指令（2012）为依据。目录备选库产品分类由四级组成，即大类、亚类、小类和产品。

在原有研究的基础上，本报告确定目录基本库为 6 大类，分别是含有受控气体产品（包括破坏臭氧层物质和温室气体）、含有超过 100 平方厘米以上显示屏的产品及监视器、电光源和灯具、IT 通讯及电子产品、仪器仪表及文化办公用品、通用电器及专用电器 6 大类，各大类包含的亚类、小类见表 12-1。

含有受控气体产品是指含有 R22、R134a 等受控制冷气体的产品，包括含电冰箱、冰激凌机在内的家用和类似用途制冷器具，空气调节器如空调，工商用制冷设备和家用电热水器、电冷热饮水机等其他含有受控气体的产品。

含有超过100平方厘米以上显示屏的产品及监视器包括电视机（显像管电视机、液晶电视机和等离子电视机等）和移动电视机在内的视频设备，应用广播电视设备，广播电视设备和显示器、笔记本计算机等IT产品显示器。

电光源和灯具包括白炽灯泡，荧光灯泡，冷阴极荧光灯，卤钨灯，高强度气体放电灯（HID灯）和室内照明、装饰用灯等灯具及照明装置。

IT通讯及电子产品包括通信传输设备，通信交换设备，通信终端，移动通信设备，移动通信终端设备如手机等，通信接入设备，无线电导航设备，广播电视设备，电子计算机，计算机网络设备，电子计算机外部设备和家用收音机、放音机等电子产品。

仪器仪表及文化办公用品包括电能表、卫星定位系统GPS、钟、计时器等仪器仪表，数码照相机、投影仪、售票机等文化办公电器，室内健身训练器材、电子琴、电动童车等文教体育用品。

通用电器及专用电器包括电风扇、吸排油烟机、电饭锅、微波炉、豆浆机、理发器具、电热取暖器具、电熨烫器具、燃气用具和太阳能用具等家用和类似用途电器，电气音响或视觉信号装置，电钻、电锯等电动工具，家用秤、商业用衡器等衡器（秤），医用超声诊断仪器、洁牙补牙设备、电子血压计、内窥镜等医疗设备，邮资器、邮政缴费设备等邮政专用电器，自动售货机、洗衣店用洗衣机械等商业、饮食、服务专用电器，监控电视摄像机、防火防盗器等社会公共安全电器和道路交通安全监测设备、交通事故现场勘察救援设备等道路交通安全管制电器。

表12-1　目录备选库废弃电器电子产品分类表

序号	大类	亚类	小类
1	含有受控气体产品	家用和类似用途制冷器具	电冰箱，冰激凌机，制冰机，其他家用和类似用途制冷器具等
		空气调节器	房间空调器，单元式空调机组，其他空调调节器
		工商用制冷设备	工商用制冷设备，工商用冷藏、冷冻柜及类似设备等
		其他含有受控气体产品	家用电热水器，电冷热饮水机

续　表

序号	大类	亚类	小类
2	含有超过100平方厘米以上显示屏的产品及监视器	视频设备	电视机［显像管电视机、液晶（LCD）电视机、等离子电视机、投影电视机］，移动电视机（车载、手持视频设备）等
		应用广播电视设备	通用应用电视监控系统设备（监视器），特殊环境应用电视设备，特殊成像及功能应用电视设备等
		广播电视设备	广播电视节目制作及播控设备，试听节目制作及播控设备，其他广播电视节目制作及播控设备
		IT产品显示器	显示器，一体机，笔记本计算机，其他信息技术产品等
3	电光源和灯具	白炽灯泡	科研医疗专用白炽灯泡，火车、航空器及船舶用白炽灯泡，机动车辆用白炽灯泡，普通照明用白炽灯泡，低压灯泡，冰箱、微波炉灯泡，手电筒灯泡等
		荧光灯	双端（直管）荧光灯，环型荧光灯，分体式单端荧光灯，自镇流紧凑型荧光灯等
		冷阴极荧光灯	背景光源用冷阴极荧光灯，照明用冷阴极荧光灯等
		卤钨灯	科研、医疗专用卤钨灯，火车、航空器及船舶用卤钨灯，机动车辆用卤钨灯等
		高强度气体放电灯（HID灯）	汞蒸气灯（水银灯），钠蒸气灯，金属卤化物灯等
		灯具及照明装置	室内照明灯具，户外照明用灯具及装置，装饰用灯，特殊用途灯具及照明装置，发光标志、发光铭牌及类似品，非电气灯具及照明装置，自供能源灯具等
4	IT通讯及电子产品	通信传输设备	光通信设备，卫星通信设备，微波通信设备，散射通信设备，载波通信设备，通信导航定向设备等
		通信交换设备	程控交换机，ATM交换机，光交换机等
		通信终端	收发合一中小型电台，电话单机，传真机，数传机等
		移动通信设备	数字蜂窝移动电话系统设备，集群通信系统设备，无中心选址通信系统设备
		移动通信终端设备	移动通信手持机（手机），集群通信终端，对讲机，小灵通等
		通信接入设备	光纤接入设备，铜缆接入设备，电力线宽带接入设备（BPL），固定无线接入设备等
		无线电导航设备	机动车辆用无线电导航设备，无线电罗盘，无线电信标，无线电浮标，接收机等
		广播电视设备	广播电视发射及传输设备
		电子计算机	高性能计算机，工作站，服务器，微型计算机
		计算机网络设备	网络控制设备，网络接口和适配器，网络连接设备，网络优化设备，网络检测设备等

序号	大类	亚类	小类
4		电子计算机外部设备	绘图仪，扫描仪，摄像头，打印机，打印机耗材，复印机，复印机耗材，手写板，IC卡读写机具，磁卡读写器，字符阅读机，射频卡读写机具，人机交互式设备，图形板，触感屏，生物特征识别设备，语音输出设备，图形图像输出设备等
		电子产品	家用摄录像机，数字激光音、视盘机；收音机及组合音响，半导体收音机，便携式收录（放）音组合机，家用电唱机、放音机，家用录放音机，数字化多媒体组合机；电视接收机顶盒；自身装荧光屏电子游戏机，投币式电子游戏机，电视游戏机主机等
5	仪器仪表及文化办公用品	仪器仪表	电能表，电磁参数测量仪器仪表，电磁参量分析与记录装置，配电系统电气安全检测与分析装置，电源装置，标准与校验设备，扩大量限装置，电力自动化仪表及系统，自动测试系统与虚拟仪器，非电量电测仪表及装置；电化学式分析仪器，光学分析仪器，热学分析仪器，质谱仪器，波谱仪器，色谱仪器，电泳仪，能谱仪及射线分析仪器，物性分析仪器，气体分析测定装置；金属材料试验机，非金属材料试验机，电子万能试验机，硬度计，平衡试验机，探伤仪器，其他试验机，真空计，动力测试仪器，电子天平，力学环境试验设备，气候环境试验设备，可靠性试验设备，其他环境试验设备，产品、材料检验专用仪器，检测器具及设备；水污染监测仪器，气体或烟雾分析、检测仪器，噪声监测仪器，相关环境监测仪器；计数装置，速度计及转速表，汽车速测仪，频闪观测仪；定向罗盘，卫星定位系统（GPS），激光导向仪，航空或航天导航仪器及装置，船舶定位仪器，船用天文导航设备，超声波探测或搜索设备；测距仪，经纬仪，电子速测仪，水准仪，平板仪，垂准仪，建筑施工激光仪器，空间扫描测量仪，摄影测量系统，测量型GNSS接收机；气象观测仪器，水文仪器；农、林专用仪器，牧业专用仪器，渔业专用仪器；测震仪器，地下流体观测仪器，形变仪器，电磁仪器，强震仪器，其他地震专用仪器，金属、矿藏探测器，钻探测试、分析仪器；电气化教学设备；离子射线测量或检验仪器，离子射线应用设备，核辐射监测报警仪器；通信测量仪器，通用电子测量仪器，广播电视测量仪器，新型显示器件测量仪器，新型材料测试仪器，集成电路测试仪器，微波测量仪器，印制电路板测量仪器，声学测量仪器，干扰场强测量仪器；纺织专用测试仪器；钟，表，定时器，时间记录器及类似计时仪器等
		文化办公电器	电影摄影机，电影放映机，电路投影装置；通用照相机，数码照相机，制版照相机，专用特种照相机；幻灯机，投影仪；胶版印制设备；电子计算器，会计计算机，现金出纳机，转账POS机，售票机，税控机，条码打印机，银行专用机器等
		文教体育用品	室内训练健身器材；电子琴，数码钢琴（电钢琴），电吉他，电子鼓；电动童车，电动火车，带动力装置仿真模型及其附件等

续　表

序号	大类	亚类	小类
6	通用电器及专用电器	家用和类似用途电器	空气湿度调节装置，房间空气清洁装置；电风扇，吸排油烟机，换气、排气扇，电热干手器；电饭锅，电炒锅，电火锅，电饼铛，电煎锅，电煎炸锅，电压力锅；面包片烘烤炉，三明治炉，电烤箱，电热板，电烧烤炉，自动制面包机；电咖啡壶，电水壶，电热水瓶，制酸奶机；微波炉，电磁灶，电灶，气电两用灶；榨汁机，豆浆机，食品研磨机，电动绞肉机，咖啡研磨机，瓜果电动削皮机，揉面轧面机；洗碗机，厨房废物处理器，餐具消毒柜，餐具干燥器；滤水器；洗衣机，电清洁器具；理发、吹风电器具，电动脱毛器，电美容仪，电动牙刷，电动按摩器；电热取暖器具，电熨烫器具；燃气用具，太阳能用具等
		电气音响或视觉信号装置	显示板及类似装置，电气音响、信号及类似装置等
		电动工具	电钻（手提式），电锯，手提式电刨，电动锤，电动锉削机，电动雕刻工具，电动射钉枪，电动铆钉枪，电动锉具，电动手提磨床，电动手提砂光机，电动手提抛光器，电剪刀，电动刷具，电焊机，钎焊机械，等等
		衡器（秤）	商业用衡器，称重系统，家用秤等
		医疗设备	医用X射线设备，医用α、β、γ射线应用设备，医用超声诊断、治疗仪器及设备，医用电气诊断仪器及装置，医用激光诊断、治疗仪器及设备，医用高频仪器设备，微波、射频、高频诊断治疗设备，中医诊断、治疗仪器设备，病人监护设备及器具，临床检验分析仪器及诊断系统，医用电泳仪，医用化验和基础设备器具；电动牙钻机，口腔综合治疗设备，电动牙科手机，洁牙、补牙设备；热力消毒设备及器具，气体消毒灭菌设备，特种消毒灭菌设备；电能体温计，电子血压计，诊断专用器械，内窥镜，手术室、急救室、诊疗室设备及器具；机械治疗器具，电疗仪器，光谱辐射治疗仪器，透热疗法设备，磁疗设备，离子电渗治疗设备，眼科康复治疗仪器，水疗仪器，低温治疗仪器，医用刺激器，体外循环设备，婴儿保育设备，医院制气供气设备及装置，医用低温设备等
		邮政专用电器	邮资机，信件处理机械，邮政计费、缴费设备等
		商业、饮食、服务专用电器	自动售货机、售票机，加热或烹煮设备，抽油烟机，洗碗机，自动擦鞋器，洗衣店用洗衣机械等
		社会公共安全电器	安全检查仪器，监控电视摄像机，防盗、防火报警器及类似装置等
		道路交通安全管制电器	道路交通安全检测设备，交通事故现场勘查救援设备等

（二）废弃电器电子产品基本库特点

该基本库具有以下几个特点：

1. 没有将电池类产品纳入其中

废弃电器电子产品指拥有者不再使用且已经丢弃或放弃的电器电子产品［包括构成其产品的所有零（部）件、元（器）件等］，以及在生产、流通和使用过程中产生的不合格产品和报废产品。其中未包含废弃电池。此外，我国对废弃电池回收处理十分重视，并制定了相关的法规政策，单独有废弃电池的管理体系，因此在本研究中不将废弃电池列入其中。

2. 没有将元件、配件产品纳入其中，对产品均整机考虑

由于目录政策对废弃电器电子产品回收处理要求按台补贴，因此，将整个电器或电子产品处理时，将元器件一并纳入考虑范围。但是，在充分考虑避免重复征收的情况下，不排除未来将 CPU 等组件作为目录产品的可能。

二、废弃电器电子产品目录一级筛选

废弃电器电子产品数量众多，在指定目录时，应该尽量简化决策程序。为此，本报告设计一票否决权的指标，通过该指标筛去一部分产品，再对剩余产品进行下一步的详细分析。

（一）一票否决权指标设置

根据《制订和调整废弃电器电子产品处理目录的若干规定》中"社会保有量大、废弃量大"原则，本研究将具有一票否决权的指标选为：某一时期，某种电器电子产品的报废总质量超过一定数量时，应纳入二级筛选池；如果某一时期，某种电器电子产品的报废总质量小于一定数量时，产品不考虑纳入目录，予以淘汰。

设置报废总质量为一票否决指标的原因是：

1. 报废量是目录筛选时需要考虑的一大重要因素

根据各国目录筛选情况，废弃电器电子产品能否纳入目录，其中一项重要的指标应该是报废量。如美国将统计预测电子废弃物量作为电子废弃物管理的首要步骤、澳大利亚在制订目录前对所有产品进行了废弃量的摸底。这也是我国第一批目录制订时考虑的原则之一，即：社会保有量大、废弃量大。如已入选首批《目录》的产品电视机、电冰箱、洗衣机、空调、电脑等，均具有这一特点。

2. 报废总质量大的产品回收价值高，更易规模化回收

一般来说，重量是判断废弃物管理政策措施合理性的重要标准。废弃电器电子设备的重量决定了其废弃处理阶段需要处理的材料的重量。WEEE 指令判断欧盟各成员国的回收处理工作是否达到其政策要求的标准就是每人每年的废弃电器电子设

备回收量。报废总质量大的电器电子产品，由于基数大，因此稀贵金属、塑料、玻璃等可再生资源的总资源量大，所含有毒有害物质的总量大，废弃后占用土地面积大。为此，不论是从资源回收的角度，还是从环境效益的角度，废弃量大小直接决定了其回收处理的价值。此外，处理企业从利润的角度考虑，也更愿意投资技术和设备，来回收废弃量大的产品。

3. 对报废总质量大的产品予以政策扶持，容易产生社会效益

废弃量大的产品一般社会保有量也较大，且社会普及率一般较高，以电视机为例，各国普及率均将近100%。为此，社会公众有意愿对其进行处理，利用政策鼓励回收处理，易产生社会效益。

4. 一票否决权的指标操作性强，有助于简化目录制订的决策过程

通过电器电子产品备选库可以发现，产品类目、种类繁多，如果对产品单个加以考虑不具有可操作性，并且在现有数据和资料基础上，无法判定每个产品纳入目录所产生的效益。设置一票否决权指标，运用统计年鉴中可查的相关数据，通过简单计算，筛除大部分产品，可达到简化政策制定过程的目的，方便决策者做出更加有针对性的决策。

（二）电器电子产品报废总量测算

1. 理论报废量定义

本报告给出理论报废量的定义是：已经到安全使用年限不能继续使用、没有到安全使用年限，但是已经被产品更新换代淘汰的电器电子产品的数量。由于本定义不单指被实际废弃的电器电子产品，而是指理论上不能再被使用的产品，且本定义不考虑超过安全使用年限仍然使用的情况等，为此本研究的理论报废量包含应废弃但由于各种原因（比如回收渠道便利性、个人收藏和储存偏好等）没有实际扔弃的数量。由于大量废弃电子电器产品堆放在办公场所或家庭，尽管短期不会产生环境危害，却造成资源的浪费。此外，实际废弃量估算的主观因素过多，本课题不予采用。

2. 理论报废量预测方法

预测废弃电器电子产品理论报废量的方法大致可分为定性分析和定量分析两类。定性分析方法有：销售人员判断法、经理意见法、德尔菲法、交叉影响法和用户调查法等；定量分析模型通常有相关回归预测模型和时间序列预测模型两大类[1]。Simon 等人（2001）总结出如下七种主要的估算模型，用于目前世界上电子废物理论报废量的估算。

（1）市场供给模型。该模型的使用始于1991 年德国针对废弃电子电器的调查（IMS，1991），根据产品的销量数据和产品的平均寿命期来估算电子废物量。假设

---

[1] 唐燕. 基于物质流分析的天津子牙循环经济产业区产业规划与设计 [D]. 天津理工大学，2009.

出售的电子产品到达平均寿命期时全部废弃，在寿命期之前仍被消费者继续使用，并且假设该电子产品的平均寿命稳定，不会随时间变化起较大波动。某种废弃电子电器每年产生量的估算方法可以表示为：$Q_w = S_n$。式中，Q_w 表示电子废弃物产生量，S_n 表示 n 年前电子产品的销售量，n 为该电子产品的平均寿命期。

（2）市场供给 A 模型。该模型是对市场供给模型的改进，由于电子产品使用寿命结束后没有达到平均寿命，而是围绕平均寿命前后分布的。因此，市场供给 A 模型对产品的平均寿命采用了分布值，假定每年的产品都服从几种不同的寿命期，并赋予每种寿命期一定的比例。IMS（1991）的研究报告表明，产品的寿命期围绕平均寿命呈正态分布。市场供给 A 模型的电子废弃物估算公式为：$Q_w = \sum_i S_i P_i$。式中，S_i 为从该年算起 i 年前电子产品的销售量，P_i 为 i 年前销售的电子产品过了 i 年之后废弃的百分比，i 为电子产品实际使用的年数。

（3）斯坦福模型。该模型采用某时间段内进入社会的销售量和该时间段内社会保有量的变化来计算电子废物的产生量。其计算方法与市场供给 A 模型类似，不同之处在于，市场供给 A 模型中的 P_i 是定值，即 i 年前销售的电子产品过了 i 年之后废弃的百分比是固定不变的，而斯坦福模型中的 P_i 是变化的。模型假设每年销售的产品按照使用方式的不同（NSC，1999），服从几种不同的寿命期。斯坦福模型特别适用于淘汰速度变化很快的 IT 产业产品。

（4）卡内基·梅隆模型。该模型通过考虑废弃后的处置方式，对市场供给方法进行了修正。预测时将消费者如何对待处理不使用的电子产品纳入了考虑。在分析消费者对于电子废物处理行为的基础上，设定了电子产品在被淘汰时有翻新再售、闲置、拆解还原、废弃处理四种不同处理情景，并且赋予每种处理方式一定的比例。卡内基·梅隆模型比较适合较大型和使用寿命较长的废旧电器。

（5）时间梯度模型。该模型从保有量出发，将进入和退出保有量的家电数量纳入考虑，根据销量数据以及私有保有量和工业保有量水平来估算废弃产生量。公式为：$P_t = \sum_{n=t_1}^{t} S_n - \sum_{n=t_1}^{t-1} P_n - (H_t - H_{t_1})$，其中（$t_1 > t$）式中，$P_t$ 为第 t 年电子废物产量，P_n 为第 n 年电子废物产量，S_n 为第 n 年电子产品的销售量，H_t 为第 t 年电子产量的社会存量，H_{t_1} 为第 t_1 年电子产量的社会存量。

（6）"估计"模型。模型也称作"消费和使用模型"，主要结合社会保有量与平均寿命期进行计算。它对产品平均年龄的改变很敏感。其估算表达式为：$Q_w = 保有量_{(私有+工业)}/n$

（7）我国学者在市场供给模型和斯坦福模型的基础上建立了基于固定和动态周期的废旧电子信息产品产生量的推算预测模型。

3. 报废量测算程序设计

鉴于目前所掌握的数据和信息，考虑运用市场供给 A 模型对 2015 年的电器电子产品废弃量进行测算。根据市场供给 A 模型的计算公式，本报告设计了计算程序，程序的使用说明如下：

（1）假设条件

一是假设产品在安全使用年限前全部淘汰，实际平均年限为 N-2 年。如果某种电器电子产品的安全使用年限为 N 年，则消费者对这种电器电子产品的实际平均使用年限不会超过安全使用年限。假设产品在安全使用年限前全部淘汰，并且大部分产品在安全使用年限的 2 年前淘汰，即产品的实际平均使用年限为 N-2 年。例如，电冰箱的安全使用年限为 10 年，则消费者对电冰箱的平均使用年限就是 8 年。

二是假设产品的实际使用年限符合正态分布，围绕平均使用年限上下浮动。根据 IMS 的研究报告，家电的寿命期围绕平均寿命呈正态分布，大部分在平均使用年限的上下 1 年的区间内波动，即产品均在使用 N-3 年到 N-1 年时被淘汰。也就是说，产品在使用 N-3 年到 N-1 年这段时间内淘汰。例如，电冰箱的平均使用寿命是 8 年，则产品的报废高峰期是产品使用 7 ~ 9 年后的时间。

（2）参数设置

μ 值代表某类电器电子产品的平均使用年限，为此，选取电器电子产品实际平均使用年限为 $\bar{X} = N-2$ 为 μ 值。运用公式 $\sigma = \sqrt{\Sigma (X_i - \bar{X})^2 / n}$（$i$ 为 N-3 和 N-1；n 为高峰期内产品符合的使用年限的种类数）。以电冰箱为例，平均使用年限为 8 年，则 $\bar{X} = 8$，解得 $\sigma = \sqrt{2}/3$，$\sigma^2 = 1/3$，即电冰箱的使用年限服从正态分布 N（8，1/3），标准化后，通过查正态分布表可得电冰箱的实际使用年限分布比例。

（3）程序说明

为了方便计算，本报告选用 C#语言，根据市场供给 A 模型编写了报废量计算程序，并形成易于理解和操作的界面，方便决策者操作与了解。如图 12-1 所示。

图 12-1　报废量计算程序

其中，N 代表某种电器电子产品的安全使用年限，M 代表电器电子产品的平均使用年限，Y 代表需要计算报废量的年份。输入年份后，程序界面会自动提示应该输入哪些年份的销售量，点击计算后，即可得到计算结果。

4．建立数据库

（1）数据模糊化处理说明

1）产品安全使用年限设定

根据市场供给 A 模型在计算报废量时，产品的安全使用年限对结果影响较大，是重要因子之一。为此，设置科学合理的产品安全使用年限非常重要。2012 年 11 月，由国家标准化管理委员会审批出台的《家用电器安全使用年限细则》（以下简称细则）对多种家用电器的使用寿命进行了明确规定，如彩电 8 ~ 10 年、电热水器 8 年、电冰箱 12 ~ 16 年、电饭煲 10 年、空调器 8 ~ 10 年、煤气灶 8 年、洗衣机 8 年、电吹风 4 年、个人电脑 6 年、微波炉 10 年、电风扇 10 年、吸尘器 8 年等。报告重点参考该细则中涵盖产品的相关规定。没有纳入细则的产品，一是与细则内产品进行类比，类似的产品参考细则中产品的安全使用年限；二是如果没有类似产品，则通过咨询相关行业专家的方法，估计安全使用年限。

2）产品淘汰高峰期设定

虽然报告给出了各产品的安全使用年限，但是产品的淘汰高峰期与安全使用年限不同，一般会在安全使用年限前淘汰。为了方便计算，报告假设每种产品均是在安全使用年限的前 2 年淘汰，例如，电视机的安全使用年限是 8 年，则在使用 6 年时报废。根据各类产品安全使用年限的不同，需要查找的销售量年份不同，我们对每种产品分别以"安全使用年限–2 年"为平均使用年限，并且假设大部分产品围绕平均使用年限上下一年浮动，即需要查找"安全使用年限–3 年"前的销售量、"安全使用年限–2 年"前的销售量、"安全使用年限–1 年"前的销售量。

3）产品重量的设定

电器电子产品重量的设定有众多不确定性因素。一是不同时期的产品重量不同。随着电子信息及电器时代正在以智能化、云端化、轻薄化、高速化为主要特征快速发展，产品对技术、材料的要求都有所变化。以塑料为例，随着技术水平的提高，如今改性塑料的刚性、抗冲击性、耐蠕变性、抗化学性等都有突破性的提高，已经成为大部分电子及电器产品的核心材料成分，从电子产品的外壳制造延伸到产品内部，塑料的广泛应用影响产品重量。二是同一时期，不同品牌的产品重量差别很大。生产规模较大、技术较为先进的企业相较于规模小、技术落后的企业，其产品设计中对材料的使用不尽相同，尤其是在 IT 产品及通信设备领域，高技术企业会使用较为轻便的原材料进行生产和组装，降低产品重量，确保用户体验度。

为此，研究中产品重量的设定不可能是一个确定的值，本研究的做法是：参考市场份额占比较大的主流企业、当年主流产品的产品使用手册，几种产品的平均重量视为全社会该类产品的平均重量。

4）相关数据空缺处理

为建立数据库，报告分别查阅了《中国电子信息产业年鉴》、《中国电器工业年鉴》、《中国海关统计年鉴》等多部年鉴，跨越年度达 10 年左右；此外，还通过国家统计局网站、UNCTAD、COMTRADE 网站及相关研究查找相关数据。但是由于数据库涉及上百种产品的产量、进口量、出口量、销售量、库存量等多种数据，部分产品数据不能被上述数据库所覆盖，对于此类产品，本研究做了如下模糊化处理：

一是默认为 0 处理。将进口量、出口量、库存量数据残缺的产品默认为该项数据为 0。

二是将产品排除处理。基本库中部分产品多数数据都不存在，经过对这类产品的归纳总结，此类产品一般市场普及率较低，为此，研究默认为此类产品报废量不能达标，并将其率先淘汰。

（2）不确定性及对结果的影响

以上对电器电子产品报废量的预测存在一些不确定性，主要体现在以下几点：

一是模型本身存在局限性。市场供给 A 模型中的 P_i 是定值，即实际使用年限为 i 年的手机的百分比是固定不变的，但实际生活中，由于使用方式的不同，电器电子产品会服从几种不同的使用年限。

二是数据模糊处理的影响。如上所述，为了简化数据，便于计算，报告做了相关的数据模糊化处理，如安全使用年限的估计，平均使用年限的估计，产量、销售量、进出口量空缺数据的处理等，对结果均有影响。

但是，本报告的目的不是精准地预测各类产品的报废量，而是希望通过对各类产品的对比分析，筛选出报废量较大的产品。在计算的过程中，经过多次调试，发现报废量在很大程度上取决于产品的销售量，销售量的来源是年鉴等统计数据，而其他数据的估计对排序结果的影响不大，为此报告认为，模型与数据的模糊处理对产品排序结果影响不大。

（3）数据库

数据库的建立主要是基于《中国电子信息产业年鉴》、《中国电器工业年鉴》、《中国海关统计年鉴》、国家统计局网站、UNCTAD、COMTRADE 网站及相关研究。并对部分产品数据做了模糊化处理。其中，销售量主要是参考《中国电子信息产业年鉴》，年鉴中，销售量＝产量−出口量−库存，由于年鉴本身没有考虑进口量，为此通过《中国海关统计年鉴》、UNCTAD、COMTRADE 网站等对进口量进行了统计，计算得出实际销售量。

（三）一级筛选阈值设定

1. 各类产品报废总量排序

根据市场供给 A 模型，计算得出各类产品的废弃量，并同时考虑重量，计算得出产品的报废总重量。即：报废总重量=报废量×平均重量。每类产品的排序见表 12-2、12-3、12-4、12-5、12-6、12-7。

表 12-2　含有受控气体产品部分产品报废总重量排序

排序	产品	平均重量（kg）	报废量（台）	报废总重量（kg）
1	房间空调器	50	121 324 983	6 066 249 190
2	电冰箱	60	56 116 863	3 367 011 831
3	电冷热饮水机	20	26 639 178	532 783 561.5
4	家用电热水器	20	20 783 579	415 671 599
5	工商用冷藏、冷冻柜及类似设备	60	13 048 949.49	782 936 969.4

表 12-3　含有超过 100cm^2 以上显示屏的产品及监视器部分产品报废总重量排序

排序	产品	平均重量（kg）	报废量（台/部）	报废总重量（kg）
1	电视机	25	107 929 999	2 698 249 990.12
2	显示器	10	81 257 062	812 570 621.30
3	通用应用电视监控系统设备（监视器）	10	79 507 654	795 076 546.31
4	台式微型计算机	25	31 151 758	778 793 950.97
5	便携式微型计算机	2	110 909 627	221 819 254.14
6	其他用途的应用电视设备	10	7 386 947	73 869 473.28
7	试听节目制作及播控设备	10	3 480 309	34 803 095.53
8	广播电视节目制作及播控设备	5	125 982	629 911.72
9	电纸书	2	131 017	262 034.92

表 12-4   电光源和灯具部分产品报废总重量排序

排序	产品	平均重量（kg）	废弃量（万只）	废弃总重量（kg）
1	荧光灯	0.08	183 727	146 982 010.5
2	白炽灯泡	0.12	28 875	34 650 428.29
3	高强度气体放电灯（HID 灯）	0.08	18 427	14 742 150.81
4	卤钨灯	0.003	61 885	1 856 555.791

表 12-5   IT 通讯及电子产品部分产品报废总重量排序

排序	产品	平均重量（kg）	废弃量（台/部）	废弃总重量（kg）
1	复印机	50.00	10 118 774	505 938 733.94
2	数字激光音、视盘机	2.00	174 925 806	349 851 612.04
3	打印机设备	5.00	44 794 168	223 970 844.64
4	便携式微型计算机	2.00	110 909 627	221 819 254.14
5	台式微型计算机	5.00	31 151 758	155 758 790.19
6	家用音响	3.00	44 970 632	134 911 896.55
7	手机	0.15	526 498 032	78 974 704.94
8	数码照相机	0.80	47 002 926	37 602 341.52
9	电视接收机顶盒	1.50	25 036 470	37 554 706.33
11	光盘驱动器	0.50	63 121 548	31 560 774.28
12	程控交换机	1.50	19 532 743	29 299 115.89
13	半导体储存器	0.20	140 530 161	28 106 032.30
14	硬盘类存储设备	0.20	128 396 857	25 679 371.49
15	高性能计算机	20.00	931 491	18 629 820.64
16	电话单机	0.50	83 852 893	41 926 446.79
17	磁性存储设备	0.50	19 448 367	9 724 183.66
18	扫描仪	2.00	4 712 982	9 425 964.26
19	图形版	0.20	41 487 692	8 297 538.42
20	摄像头	0.10	76 581 892	7 658 189.28
21	触感屏	0.20	36 064 859	7 212 971.83
22	传真机	4.00	1 781 761	7 127 046.24
23	数传机	0.50	13 839 098	6 919 549.19
24	数字蜂窝移动电话系统设备	0.20	15 875 789	3 175 157.92
25	对讲机	0.20	1 509 386	301 877.27
26	磁卡读写器	0.10	394 855	39 485.53
27	收发合一中小型电台	0.50	32 485	16 242.81
28	工作站	2.50	4 527	11 317.74
29	图形图像输出设备	0.50	7 265	3 632.78
30	小灵通	0.10	32 574	3 257.48

表12-6　仪器仪表及文化办公用品部分产品报废总重量排序

排序	产品	平均重量（kg）	废弃量（台/部）	废弃总重量（kg）
1	电子专用电表	0.25	387 479 350	96 869 837.59
2	银行自助服务终端	40	1 406 256	56 250 244.45
3	通用照相机	1	48 884 665	48 884 665.30
4	计算器	0.2	80 012 349	16 002 469.92
5	扫描、频谱波形分析仪器	10	1 506 634	15 066 340.80
6	金融、商业、税务电子应用产品	5	2 471 718	12 358 592.25
7	稳压电源	3	2 724 109	8 172 329.20
8	投影仪	3	1 290 588	3 871 765.98
9	电压测量仪器	0.5	7 622 111	3 811 055.80
10	工交电子应用仪器	5	628 773	3 143 868.36
11	超低频测量仪器	10	269 833	2 698 336.14
12	器件参数测量仪器	10	224 230	2 242 305.87
13	记录显示仪	10	214 021	2 140 214.81
14	信号源	4	522 569	2 090 277.88
15	税控机	6	272 723	1 636 339.84
16	频率测量仪器	1	1 298 738	1 298 738.31
17	微波测量仪器	0.2	3 351 903	670 380.74
18	点钞机	5	782 191	391 095.05
19	文教电子应用仪器	10	20 169	201 695.35
20	计算机辅助教学系统	10	18 903	189 035.50
21	电化学测试仪器	5	26 409	132 047.7551
22	自动柜员机	5	23 116	115 583.15
23	鉴别仪	5	22 659	113 295.5681
24	POS机	0.15	667 365	100 104.8946
25	电子电表	0.5	159 920	79 960.39
26	脉冲测量仪器	5	13 762	68 812.28
27	干扰场强测量仪	5	8 782	43 913.87
28	广播电视测量仪器	10	4 169	41 694.22
29	示波器	3	13 894	41 682.56

表 12-7　通用电器及专用电器部分产品报废总重量排序

排序	产品	平均重量（kg）	废弃量（台/部）	废弃总重量（kg）
1	家用洗衣机	35	45 570 688	1 594 974 101.25
2	吸排油烟机	20	15 072 304	301 446 088.82
3	家用吸尘器	4	66 451 439	265 805 757.76
4	家用电风扇	4	44 749 469	178 997 877.84
5	电饭煲	3	29 981 145	89 943 437.00
6	微波炉	12	7 339 491	88 073 896.90
7	电压力锅	5	3 696 589	18 482 946.65
8	豆浆机	2.5	6 544 421	16 361 053.91
9	空气净化设备	10	883 805	8 838 056.79
10	电水壶	1	6 393 217	6 393 217.51
11	电吹风机	0.6	7 893 345	4 736 007.37
12	医用电子仪器设备	0.5	2 539 347	1 269 673.74
13	安全检查仪器	10	9 616	96 168.15
14	医用生化分析仪器	50	1 073	53 677.76
15	中医用仪器	10	4 940	49 403.52
16	洗衣店用洗衣机械	100	429	42 974.72929
17	医用高频微波射线核素仪器	50	626	31 325.09321
18	监控电视摄像机	5	5 422	27 110.08531
19	医用超声仪器	20	130	2 617.974 049
20	医用激光仪器及设备	40	36	1 477.401504

2. 分位置法设置社会报废总重量阈值

分位值（数）是统计学的一种分析方法，是为获得具有高度稳定性及可信性的统计数据，在统计学中应用广泛。例如我国《特别纳税调整实施办法（试行）》规定，税务机关采用四分位法分析、评估企业利润水平时，企业利润水平低于可比企业利润率区间中位值的，原则上应按照不低于中位值进行调整。一般的数据分析当中，多计算 25 分位（下四分位）、50 分位（中位）、75 分位（上四分位）值等。

由于本报告建立的数据库已经将数据残缺的产品排除出去，为了能够更充分地对各类产品进行分析，本研究选取上四分位值（即 75 分为值）作为各类产品的阈值。经过分析计算，201.70 吨，约 202 吨，是社会报废总重量的阈值。即如果产品的报废总重量超过 202 吨，说明其报废总质量在电器电子产品中较大，资源性和环境性需要进一步考虑，则进入下一级筛选；如果小于其所属类别的阈值，说明其报废总质量较低，其资源型、环境性较低，则不予以考虑。这一阈值仅是基于 2015 年报废量设置，在实际决策操作中，应随时根据产品种类的变化、产品产量、销售、进口量、出口量、报废量、库存量等的变化而变化。

（四）一级筛选结果

根据阈值，基于各类产品 2015 年的报废总质量，得出可以进入二级筛选的产品包括 66 种。根据产品不同时期报废总重量的不同，通过一级筛选、进入二级筛选的产品池不可能是固定不变的。为此，要定期跟踪产品的报废总重量，以确定产品是否持续通过一级筛选。

表 12-8 通过一级筛选的产品

排序	产品	平均重量（kg）	废弃量（台）	废弃总重量（kg）
1	房间空调器	50	121 324 983	6 066 249 190
2	电冰箱	60	56 116 863	3 367 011 831
3	电视机	25	107 929 999	2 698 249 990
4	家用洗衣机	35	45 570 688	1 594 974 101
5	显示器	10	81 257 062	812 570 621.3
6	通用应用电视监控系统设备(监视器)	10	79 507 654	795 076 546.3
7	台式微型计算机	25	31 151 758	778 793 951
8	电冷热饮水机	20	26 639 178	532 783 561.5
9	复印机	50	10 118 774	505 938 733.9
10	家用电热水器	20	20 783 579	415 671 599.2
11	数字激光音、视盘机	2	174 925 806	349 851 612
12	吸排油烟机	20	15 072 304	301 446 088.8
13	家用吸尘器	4	66 451 439	265 805 757.8
14	打印机设备	5	44 794 168	223 970 844.6
15	便携式微型计算机	2	110 909 627	221 819 254.1
16	家用电风扇	4	44 749 469	178 997 877.8
17	荧光灯	0.08	183 727	146 982 010.5
18	家用音响	3	44 970 632	134 911 896.6
19	电子专用电表	0.25	387 479 350	96869837.59
20	电饭煲	3	29 981 145	89 943 437
21	微波炉	12	7 339 491	88 073 896.9
22	手机	0.15	526 498 032	78 974 704.94

续 表

排序	产品	平均重量（kg）	废弃量（台）	废弃总重量（kg）
23	银行自助服务终端	40	1 406 256	56 250 244.45
24	通用照相机	1	48 884 665	48 884 665.3
25	电话单机	0.5	83 852 893	41 926 446.79
26	数码照相机	0.8	47 002 926	37 602 341.52
27	电视接收机顶盒	1.5	25 036 470	37 554 706.33
28	白炽灯泡	0.12	28 875	34 650 428.29
29	光盘驱动器	0.5	63 121 548	31 560 774.28
30	半导体储存器	0.2	140 530 161	28 106 032.3
31	硬盘类存储设备	0.2	128 396 857	25 679 371.49
32	程控交换机	1	19 532 743	19532743.92
33	高性能计算机	20	931 491	18 629 820.64
34	电压力锅	5	3 696 589	18 482 946.65
35	豆浆机	2.5	6 544 421	16 361 053.91
36	计算器	0.2	80 012 349	16 002 469.92
37	扫描、频谱波形分析仪器	10	1 506 634	15 066 340.8
38	高强度气体放电灯（HID灯）	0.08	18 427	14 742 150
39	磁性存储设备	0.5	19 448 367	9 724 183.658
40	扫描仪	2	4 712 982	9 425 964.258
41	空气净化设备	10	883 805	8 838 056.793
42	图形版	0.2	41 487 692	8 297 538.422
43	稳压电源	3	2 724 109	8 172 329.2
44	摄像头	0.1	76 581 892	7 658 189.279
45	触感屏	0.2	36 064 859	7 212 971.83
46	传真机	4	1 781 761	7 127 046.239
47	数传机	0.5	13 839 098	6 919 549.193
48	电水壶	1	6 393 217	6 393 217.507
49	电吹风机	0.6	7 893 345	4 736 007.369

续 表

排序	产品	平均重量（kg）	废弃量（台）	废弃总重量（kg）
50	投影仪	3	1 290 588	3 871 765.984
51	电压测量仪器	0.5	7 622 111	3 811 055.805
52	数字蜂窝移动电话系统设备	0.2	15 875 789	3 175 157.925
53	超低频测量仪器	10	269 833	2 698 336.137
54	器件参数测量仪器	10	224 230	2 242 305.867
55	记录显示仪	10	214 021	2 140 214.811
56	信号源	4	522 569	2 090 277.884
57	卤钨灯	0.003	61 885	1856 555.791
58	税控机	6	272 723	1 636 339.835
59	频率测量仪器	1	1 298 738	1 298 738.311
60	医用电子仪器设备	0.5	2 539 347	1 269 673.742
61	工交电子应用仪器	2	628 773	1 257 547.346
62	微波测量仪器	0.2	3 351 903	670 380.742 3
63	点钞机	5	78 219	391 095.046 4
64	对讲机	0.2	1 509 386	301 877.272 1
65	电纸书	2	131 017	262 034.923
66	文教电子应用仪器	10	20 169	201 695.354 8

三、废弃电器电子产品目录二级筛选

本步骤的思路为，设计量化指标，重点对备选库一级筛选后的产品资源效益、环境效益进行测算，总评分低的予以淘汰，总评分高的进入下一步筛选。

（一）设置量化筛选指标体系

1. 资源效益

电子产品在生产制造过程中因设计的需要往往采用了众多且复杂的各类材料及资源，含有许多有色金属、黑色金属、塑料、橡胶、玻璃等可供回收的有用资源。随着电子工业和经济的发展，以及电子产品更新换代速度的加快，各类物质的消耗量越来越大，需求量也越来越大，电器电子产品的回收，可以一定程度缓解资源紧张问题。为此，资源效益是废弃电器电子产品目录筛选应该考虑的因素之一。《目

录》的资源效益主要从电子废弃物含量较大的铁、铜、铝、玻璃（不含 CRT 玻
璃）、塑料，以及含量较少但回收价值高的稀贵金属等几个因素进行评估。

（1）铁

铁是指电器电子产品中所含的铁及其化合物（主要指钢铁）的含量。主要来源
于电器电子产品的外壳、框架、电池和充电器等电子配件、元件中。此外，电路板
中也含有少量铁（大约占电路板的 8%）。

根据海关总署最新统计资料显示[1]：2013 年，我国出口钢材、钢坯折合成粗
钢 6 632.05 万吨，进口钢材、钢坯折合成粗钢 1 552.81 万吨，两者相抵净出口粗钢
5 079.24 万吨，占我国粗钢生产总量的 6.52%，净出口钢材 4 825.99 万吨。我国钢
铁行业主要原料（铁合金、焦炭、生铁、铁矿石、锰矿、铬矿、废钢）、半成品
（钢坯和钢锭）、钢材及铸铁制品累计外贸进出口总额为 2 059.61 亿美元，较上年同
期增长 6.73%，占我国外贸进出口总额的 4.95%。2013 年我国进口上述主要原料、
半成品、钢材及铸铁制品 94 641.82 万吨。出口主要原料、半成品、钢材及铸铁制品
7 265.88 万吨。可见，主要原料、半成品、钢材及铸铁制品依然依赖进口。

此外，我国钢铁行业虽产量巨大，但长期以来一直面临结构性过剩、产能利用
率低、产业集中度弱等一系列问题。面对近年来日益明显的市场表现下滑态势，我
国钢铁企业纷纷选择遵循国家政府的引导，通过资产重组的手段淘汰过剩产能，提
高市场竞争力和产能集中度。目前已经有很多钢铁企业进行了或正在计划进行资产
重组活动。未来，钢铁行业的产能可能将会缓解，且由于泰国、新加坡、印度尼西
亚、菲律宾和马来西亚等新兴市场需求强劲，将继续拉动我国钢铁行业的出口贸易。

（2）铜

铜主要用于电器电子产品的电路板中，对电路板成分的研究较多，但结论基本
一致，根据 NeffD，Schmidt 的研究，其重金属的含量大约占 50%，其中 Cu 的含量
最高，占到电路板重量的 20%。

我国铜矿资源并不丰富，而且随着我国经济的高速发展，铜消费量越来越大，
资源供需矛盾日益尖锐，目前我国铜矿资源 50% 的需求依赖于国外进口，自给率不
断下降。与一般铜矿物相比，废弃印刷线路板中铜含量相当高，再生其中的铜可促
进铜资源的有效循环利用，有利于我国资源循环型社会的构建。

从铜矿石资源中提炼铜需要经过采矿、选矿、冶炼、加工等工序，这些工序均
要消耗大量的能源和资源，而从废弃电脑印刷线路板中回收铜可以免去采矿等工序，

---

[1] 2013 年主要钢铁产品进出口情况分析［OL］. http：//www. govinfo. so/news_ info. php? id=31610.

因而节省了大量能源和资源。据美国环保局证实，用从废旧家电中回收得到的废铜与通过采矿、运输、冶炼得到的铜材相比，可节约原辅材料90%，节省能源74%，耗水量可减少40%，而得到的铜材与矿物冶炼的新铜材性能基本相同。可见，从废弃电脑印刷线路板中回收铜是有利于我国经济社会的可持续发展。

（3）铝

一般大量存在于电器电子产品外壳及框架中，并少量存在于电路板中（大约占2%）。铝冶炼产业的产品主要应用在包装、电子信息、机械、建筑、汽车等行业，随着这些行业的不断发展，其对铝冶炼产品的需求将不断加大。2013年，中国铝产品总产量上涨了6%，2014年增幅达到10%。虽然目前资料显示，中国新增工厂产能导致铝行业市场供应过多，但是根据Capital Economics的报告，传统消费部门的铝需求上涨可以弥补或抵消增长的金属供应量。在铝行业前景乐观但产能过剩有所缓解的情况下，废弃电器电子产品中的铝制品回收的前景也相对乐观。

目前，废铝回收在发达国家的铝生产中地位突出，发达国家再生铝占原生铝的比例平均为30.9%。其中，日本为99.5%，意大利为75.6%，美国为52.4%，德国为50.6%。我国的铝消费快速增长已经持续10年，按照铝20～30年的使用寿命周期，我国将进入铝快速回收阶段。铝自身的特性决定了其回收率较高，循环性能较好。据统计，截止到2010年，我国铝的累计消费量已达到1.2亿t，我国再生有色金属的产量达到835万t，其中铝440万t，从国内的回收量来看，废铝回收的市场份额很大。

（4）稀贵金属

稀贵金属是指金、银、铂、钯等金属，因其在地壳中含量甚少，因此称作稀贵金属。它们难于从原料中提取，在工业上制备和应用较晚，但在现代工业有广泛的用途，如用于制造特种钢、超硬质合金和耐高温合金。在电气工业、化学工业、陶瓷工业、原子能工业及火箭技术等方面，稀贵金属由于其优良的抗腐蚀性能和导电性能等特点而发挥着不可忽视的作用。且根据研究，从电子废弃物中回收贵金属的成本要比从原矿中提取的成本低得多。例如，采1t银大约需要30万元费用，回收1t银的成本仅为1万元。开采1盎司金的成本为250～300美元，回收1盎司金则只需100美元。

我国金矿成矿环境有利，成矿时代及资源分布广泛。但是，储量在100t以上的超大型矿床不多、富矿少、资源开发程度高然而浪费严重，存在重开发、轻勘查等问题。我国虽然是世界上银资源丰富的国家之一，但银仍然是我国资源保证程度较低的矿种之一，也存在特大型矿床少、探明储量不足的问题。铂族金属储量在世界上可排第五位，但与世界总储量相比，可以忽略不计。

根据原子吸收光谱法测定废弃印刷线路板中金属元素的含量，其中，金、银两项物质的含量，大约占印刷路板的 0.14%[1]，为此，稀贵金属的含量以电路板含量的 0.14% 计算。

（5）塑料

在电子信息及电器行业，塑料已经成为大部分电子及电器产品的核心材料成分，从电子产品的外壳制造延伸到产品内部。随着技术水平的提高，改性塑料的刚性、抗冲击性、耐蠕变性、抗化学性等都有突破性的提高。据统计，用于电器及家电配套用塑料年消费量已达 100 多万 t，这些产品报废后成了废塑料的重要来源之一。2004 年，国内废塑料已达约 1 100 万 t。这些废塑料的存放、运输、加工应用及后处理若不得当，势必破坏环境，危害百姓健康。业内专家称，近几年中国国内塑料回收量对塑料实际消费量的比率只有 20% 左右，而欧洲再生塑料平均回收率在 45% 以上，德国塑料回收率高达 60%。

2006 年 6 月 15 日在北京召开的塑料与可持续发展研讨会上，专家提出，随着全球经济的日益发展，能源与环境已经成为最重要的两大主题，中国作为能源大国和需求大国，废旧塑料的回收循环利用可为国家节约资源，缓解国内塑料原料供需矛盾，是对我国塑料原材料紧缺的有益补充，也是国内塑料业可持续发展的必由之路。将废旧塑料回收加工后生成再生塑料，做到循环生产的同时，还可以减少对石油化工原料的消耗，而且再生塑料凭借突出的价格优势，具备更强大的市场潜力。做好废旧塑料回收利用，节约能源、保护环境，应当得到社会各界的支持。

（6）玻璃（不含 CRT 玻璃）

玻璃制品大量存在于电器电子产品的显示屏、显像管等元、配件中，具有较高的回收利用价值。据统计，仅北京每天扔掉废玻璃达 1 500t，环卫部门为此的支出要超过 10 万元。另外，每年上海的废玻璃制品如果能够全部被回收的话，可带来近 3 亿元的收入。我国的废玻璃回收率只有 13% ~ 15%，大量的废玻璃还没有得到有效的回收与利用。将大量的废玻璃弃之不用，既占地，又污染环境，还造成大量的资源和能源的浪费。一般而言，每生产 1t 玻璃制品消耗 700 ~ 800kg 石英砂、100 ~ 200kg 纯碱和其他化工原料，合计每生产 1t 玻璃制品要用去 1.1 ~ 1.3t 原料，而且还要用去大量煤、油和电。对于废玻璃的循环再利用不但可为环保部门节省处置成本，还能够减少对环境的污染。权威机构称，当所用碎玻璃含量占配合料总量的

[1] 屈伟，王正模. 原子吸收光谱法测定废弃印刷线路板中金属元素的含量 [J]. 理化检验-化学分册. 2009，45：1389-1393.

60%时，可减少6%~22%的空气污染。

我国对废玻璃利用方面的研究与世界发达国家相比，还存在着相当大的差距，主要是解决工厂废玻璃的处理问题，废玻璃的回收工作还未能全面开展起来。在玻璃及化工等某些行业，每年仍然需要数量可观的废破碎玻璃作为生产用原材料，为此我国每年平均从国外进口废破碎玻璃3 500~4 000t。据中国建材工业经济研究会出版的《建材工业统计》资料显示，2004年我国仅进口建筑玻璃类中的废破碎玻璃就高达4 368t。废破碎玻璃的需求市场仍然日趋看好，废破碎玻璃的回收利用前景广阔。

2. 环境危害性

废弃电器电子产品中含有大量的CRT含铅玻璃、印刷电路板（PCB）、汞、废润滑油、荧光粉、温室气体等需要特别控制的物质。同时，废弃电器电子产品在回收、拆解、处理等过程中，这些受控物质容易发生破碎、泄露，对水体、大气、土壤等生态环境和人体健康造成威胁。环境危害性是废弃电器电子产品管理重点要解决的问题，是制订目录开展产品比较和评估的基础。

受控物质含量较大的电器电子产品元、配件包括CRT含铅玻璃、印刷电路板、制冷剂、汞、荧光粉、润滑油等。本体系通过废弃产品中受控物质的组成比例，评估受控物质的含量指标。

（1）CRT含铅玻璃

由于含铅玻璃具有良好的电性能和吸收X射线的性能，故广泛应用于生产CRT显示器玻壳。虽然近几年，随着平板液晶显示器的发展与普及，传统CRT显示器终将被取代，但是每年大量的废旧显示器的淘汰，会对环境产生极大的危害。CRT显示器玻壳主要由管屏玻璃、管颈玻璃、管锥玻璃通过低熔点封接玻璃焊接在一起。通常来讲，管屏玻璃氧化铅含量较低，为0~4%；管锥玻璃通常含有22%~23%的氧化铅；管颈玻璃则为电阻高和抗击穿性能高的32%~35%氧化铅的玻璃；而封接玻璃的氧化铅含量更是高达75%~78%。每类电子产品的CRT玻璃含量不同，例如，每部CRT监视器显示屏中的CRT玻璃含量占大约43.6%[1]。

铅是一种严重危害人类健康的重金属元素，它可影响神经、造血、消化、泌尿、生殖和发育、心血管、内分泌、免疫、骨骼等各类器官，主要的靶器官是神经系统和造血系统。

除了铅以外，废旧CRT监视器中还存在着少量的其他有毒有害物质，比如镉

[1] 吴霆，李金惠，李永红. 废旧计算机CRT监视器的管理和资源化技术[J]. 环境污染治理技术与设备. 2003，4（11）.

（荧光粉）、铬（荫罩等）、镍（阴极、荫罩等）、溴化阻燃剂（塑料）等。其中镉、铬、镍都是以金属或者合金的形式存在且含量较少，在正常情况下，对环境和人体健康的危害并不大；同时，塑料中的溴化阻燃剂等添加剂在正常情况下也不会对环境和人体健康造成危害。

（2）印刷电路板

电路板（PCB）的主要功能是使各种电子零组件形成预定电路的连接，起中继传输的作用，是电子产品的关键电子互连件。PCB 几乎存在于所有的电子电器产品中，小到电子手表、计算器、通用电脑，大到计算机、通信电子设备、军用武器系统，只要有集成电路等电子元器件，它们之间的电气互连都要用到 PCB。对电路板成分的研究较多，但结论基本一致，引用 NeffD, Schmidt 的研究，其主要组成为：重金属<50%，其中 Cu 20%、Fe 8%、Ni 2%、Sn 4%、Pb 2%、Al 2%、Zn 1%、Sb 0.40%；氧化物<35%，其中 SiO_2 l5%、Al_2O_3 6%、碱性氧化物 6%、其他陶瓷 3%；有机物<25%，其中塑料类有聚乙烯、聚丙烯、聚氯乙烯等，总含量<20%，另有添加剂<5%，其中包括溴系阻燃剂。

印刷电路板中的重金属进入环境或生态系统后就会存留、积累和迁移，造成危害。如随废水排出的重金属，即使浓度小，也可在藻类和底泥中积累，被鱼和贝的体表吸附，产生食物链浓缩，从而造成公害。

（3）制冷剂

制冷剂是制冷系统中完成制冷循环所必需的工作介质。制冷剂的热力状态在制冷循环中是不断发生变化的，如在蒸汽压缩式制冷循环中，制冷剂在蒸发器中吸收被冷却系统的热量而蒸发成为蒸汽，在冷凝器中将热量传递给周围环境介质（空气、水等）而被冷却冷凝成液体。制冷机借助于制冷剂的状态变化，完成制冷循环，达到制冷的目的。主要应用于空调、工商制冷、冷水机组等行业中。

氯氟烃 CFCs 与含氢氯氟烃 HCFCs 制冷剂对环境的破坏非常大，主要体现在两个方面，一是对臭氧层产生影响，从而导致紫外线过强危害人类健康；二是产生的温室气体，导致温室效应。为了保护人类所生存的地球，世界上几乎所有的国家都签署了《关于削减破坏臭氧层物质的蒙特利尔协议》。世界上发达国家已于 2000 年前就停止生产含 CFC 物质的产品，我国也承诺到 2005 年全面禁止生产含 CFC 物质的产品。但是含有 CFC 制冷剂的冰箱（冷柜）、空调等均进入报废高峰期，其回收处理会对环境产生积极作用。

（4）汞

汞主要存在于荧光灯的汞带中，汞带是预先将确定汞含量的钛汞合金与吸气剂

ZrAl16 压制在其表面的一种支架，其基带材料为铁镀镍。它在常压室温条件下几乎没有汞释放，只有在温度超过 500℃ 时汞才会开始略有释放。当灯管排气拉尖后，用高频炉的电磁感应线圈对其加热，当温度达到 850℃ ~ 900℃ 时，10 ~ 15s 内汞释放率高达 97%。目前国内一般用途的直管荧光灯中汞含量 ≤5mg；长寿命（≥ 25 000 h）的直管荧光灯的汞含量 ≤8mg。也有部分生产厂家将一般用途的直管荧光灯中的汞含量控制在 ≤3mg[1]。

汞蒸气达 0.04 ~ 3mg 时，会使人在 2 ~ 3 个月内慢性中毒；达 1.2 ~ 8.5mg，会诱发急性汞中毒；如若其量达到 20mg，会直接导致动物死亡。汞一旦进入人体内，可很快弥散，并积累到肾、胸等组织和器官中，慢性汞中毒会导致精神失常，自主神经紊乱，急性症状常头痛、乏力、发热、口腔及消化道齿龈红肿酸痛，糜烂出血，牙齿松动等，因此绝对不能将日光灯管碎片随处丢弃。

（5）荧光粉

荧光粉含有 ZnS，Y2O2S（粉末）：Sn、Si、K、Cd、Eu 等物质，灯用荧光粉主要有 3 类。第一类用于普通荧光灯和低压汞灯，第二类用于高压汞灯和自镇流荧光灯，第三类用于紫外光源等。此外，荧光粉还被广泛运用于电视机、显示屏中。

荧光粉由于组成成分复杂，含有镉等物质，为此，其环境危害和对人体的威胁很大。荧光粉的暴露途径包括以下几种：一是经口吸入。微量吸入荧光粉，会黏附在呼吸器官黏膜上。少量荧光粉，可能吸入肺部，导致"矽肺"的发生。二是通过皮肤影响人体健康。经常接触荧光粉，或荧光粉浆液，皮肤会变粗糙。此外，部分荧光粉为了利用放射性物质不断发出的射线激发荧光粉发光，从而掺入少量放射性物质，威胁人体健康。

（6）润滑油

润滑油广泛使用于电器电子产品中，例如录像（音）机润滑主要用胶体石墨、MoS_2、聚四氟乙烯等作为润滑油，以提高磁盘的耐磨性；照相机中要使用 MoS_2 或石墨、氮化硼，硼酸盐等的聚四氟乙烯结合固体膜润滑剂，确保采光量（光圈）调整时的摩擦系数保持恒定；钟表计器机械使用润滑油，减小轴的摩擦阻力。这些产品中润滑油的含量较小，基本不会泄漏或产生环境危害。润滑油含量较大的产品是空调、工商制冷、冷水机组等产品。如电冰箱因冷冻系统是密封式的，在冰箱制造组装过程中，会加注冷冻机用润滑油[2]。

随着润滑油的广泛使用，由于渗透、泄漏、溢出和处理不当，约有 1/3 的润滑油

［1］ 李秀华. 荧光灯的汞减量技术与工艺探讨［J］. 中国照明工业. 2013（2）：24-25.
［2］ 家用电器的润滑油知识［OL］. http：// www. chinapp. com/ knowledge/ 18097/.

在生产、使用和排放过程中会对自然、环境和人类造成危害。润滑油中含有一些对人体健康产生危害的物质：直径小于 5μm 的油雾会进入肺泡，损害人体的呼吸系统；润滑油中的微生物含有病原菌，会损害人体的皮肤；稠环芳烃是一种致癌物质，可能引起皮肤癌、肺癌，还会损伤生殖系统；润滑油中的亚硝酸盐可能转化为亚硝基化合物，成为致癌物质；人体的皮肤、肺部、神经系统和生殖系统会受到润滑油中有害物质的侵害。

选取上述 6 个指标作为评价废弃电器电子产品环境效益的指标，以上述 6 种物质在电器电子产品中的含量作为评价标准，即单位重量有害物质的比例。

综上，本报告确定了以铁、铜、铝、稀贵金属、塑料制品、玻璃制品含量为判定标准的资源效益指标；以 CRT 玻璃、印刷电路板、制冷剂、汞、荧光粉、润滑油含量为判定标准的环境危害性指标。指标体系见表 12-9。

表 12-9　废弃电器电子产品目录量化指标体系

目标层	一级指标	二级指标
废弃电器电子产品资源效益及环境危害性	资源效益指标	铁的含量
		铜的含量
		铝的含量
		稀贵金属
		塑料制品含量
		玻璃制品含量（不含 CRT 玻璃）
	环境危害性指标	CRT 玻璃含量
		印刷电路板含量
		制冷剂含量
		汞含量
		荧光粉含量
		润滑油含量

（二）产品指标权重及排序

1. 数据的模糊化处理说明

（1）根据相关研究对物质含量进行大致估算。本报告选用的物质含量数据广泛参考国内外各类研究，并根据研究提供的比例数据进行含量推算。例如，对于印刷电路板的物质含量，重点参考了原子吸收光谱法测定废弃印刷线路板中金属元素的含量，以及 NeffD、Schmidt、屈伟等[1]人的研究，最终得出印刷电路板的稀贵金属含量为电路板重量的 0.14%。

（2）对产品组分进行经验判断。不同时期，由于生产技术的差异，同类产品的组分存在差异；同一时期，不同品牌的产品组分也不尽相同。即使是某一个产品的精确产品组分，也不能代表这个行业产品的平均水平。本报告的产品组分采取依据产品说明书及专家意见进行估算的方法进行计算。

（3）对类似产品进行统一化处理。通过二级筛选的产品，存在类似的现象，例如计算机显示器和电视机，本报告对于不确定的产品通过类比与其类似产品的组分进行预估。

2. 用 Microsoft 决策树分析确定指标权重

（1）决策树分析方法简介

随着大数据时代的到来，数据挖掘的重要性越来越显而易见，数据挖掘的方法也得到广泛关注。决策树分析方法是大数据分析的一种方法，是将构成决策方案的有关因素，以树状图形的方式表现出来，并据以分析和选择决策方案的一种系统分析法。它以损益值为依据。对于离散属性，该算法根据数据集中输入列之间的关系进行预测。它使用这些列的值或状态预测指定的可预测列的状态。具体地说，该算法标识与可预测列相关的输入列。也就是说，该方法可以分析一组离散数据之间的关系，并对其进行分类，同时确定哪一个因素的影响作用较大，特别适于分析比较复杂的问题，也适用于确定指标权重。

（2）Microsoft 决策树分析确定权重

1）配置源数据

决策树分析方法的第一步是建立模型的"训练集"，具体做法是将部分产品信息（信息包括各项指标的数据）输入模型，并标注这些产品是否已经入选目录，模型会自动分析出入选目录的产品的共同特征。本研究将美国各州、澳大利亚、日本、韩国、中国台湾等的优先目录产品设置为"已入选目录"产品，赋值为"1"，选取部分未列入产品作为"未入选目录"产品，赋值为"0"，同时将表命名为 SJB（数据表）输入模型进行训练。

———————————

[1] 屈伟，王正模. 原子吸收光谱法测定废弃印刷线路板中金属元素的含量 [J]. 理化检验-化学分册 . 2009（45）：1389-1393.

表12-10　训练模型数据表（单位：%）

序号	产品名称	铁	铜	铝	稀贵金属	塑料	玻璃	CRT玻璃	印刷电路板[1]	制冷剂	汞	润滑油	荧光粉	目录
1	电冰箱	40	3	2	0	20	0	0	1	15	0	0.02[2]	0	1
2	房间空调器空调	30	18	10	0	16	0	0	1	20	0	0.02	0	1
3	CRT监视器	13	2	2.20	0.01	20	0	55	6	0	0	0	0	1
4	显像管电视机	13	2	2.20	0.01	15	0	55	6	0	0	0	0	1
5	笔记本电脑	13	2	2.20	0.01	15	0	55	6	0	0	0	0	1
6	显像管显示器	13	2	2.20	0.01	15	0	55	6	0	0	0	0	1
7	荧光灯[3]	0	0	0	0	0	90	0	0	0	0	0	0.624	1
8	移动电话	10	10	3	0.03	40	20	0	20	0	0	0	0	1
9	掌上电脑	10	10	3	0.03	40	20	0	20	0	0	0	0	1
10	固定电话	10	10	3	0.03	40	20	0	20	0	0	0	0	1
11	数码相机	10	10	3	0.03	40	20	0	20	0	0	0	0	1
12	台式机CPU	22	2	5	0.04	25	0	0	30	0	0	0	0	1
13	投影机	20	8	5	0.02	30	0	0	15	0	0	0	0	1
14	打印机	10	8	5	0.01	50	5	0	5	0	0	0	0	1
15	传真机	10	8	5	0.14	50	5	0	10	0	0	0	0	1
16	扫描仪	10	8	5	0.01	50	5	0	5	0	0	0	0	1
17	复印机	10	8	5	0.01	50	5	0	5	0	0	0	0	1
18	电子书阅览器	10	10	3	0.03	40	20	0	20	0	0	0	0	1
19	多功能设备	10	8	5	0.01	50	5	0	10	0	0	0	0	1

[1] 根据原子吸收光谱法测定废弃印刷线路板中金属元素的含量,其中,金、银两项物质的含量,约占印刷电路板的0.14%,重金属占印刷电路板的55%左右。
[2] 根据空调功率大小添加,一般在8~15ml。
[3] 用浆样ETAAS法测定荧光灯玻璃碎片的汞含量为2mg/kg,占荧光灯的重量比重为2×10^{-6}。有文献称,荧光灯中的目前国内一般用途的直管荧光灯中汞含量≤5mg;长寿命(≥25 000h)的直管荧光灯的汞含量≤8mg。也有部分生产厂家将一般用途的直管荧光灯中的汞含量控制在≤3mg。为此,选取平均值,大约为4.5mg,占比约为4.5×10^{-6}。

续　表

序号	产品名称	铁	铜	铝	稀贵金属	塑料	玻璃	CRT玻璃	印刷电路板	制冷剂	汞	润滑油	荧光粉	目录
20	电子计算器	10	10	3	0.03	40	20	0	20	0	0	0	0	1
21	计步器	10	10	3	0.03	40	20	0	27	0	0	0	0	1
22	洗衣机	30	18	10	0	40	0	0	1	0	0	0	0	1
23	电饭煲	30	5	10	0	50	0	0	0.30	0	0	0	0	1
24	微波炉	30	5	10	0	50	0	0	0.30	0	0	0	0	1
25	电风扇	20	5	10	0	70	0	0	0.30	0	0	0	0	1
26	除湿器	20	5	10	0	70	0	0	0.30	0	0	0	0	1
27	电熨斗	30	5	10	0	50	0	0	0.30	0	0	0	0	1
28	吸尘器	20	5	10	0	70	0	0	0.30	0	0	0	0	1
29	吹风机	10	5	10	0	70	0	0	1	0	0	0	0	1
30	电动理发器	10	5	10	0	70	0	0	1	0	0	0	0	1
31	电动按摩器	10	5	10	0	70	0	0	1	0	0	0	0	1
32	电子手表	20	5	10	0	40	20	0	1	0	0	0	0	1
33	电子乐器	10	5	10	0	70	0	0	1	0	0	0	0	1
34	游戏机	10	10	3	0.03	40	20	0	20	0	0	0	0	1
35	电冷热饮水机	12.00	3.00	3.00	0.00	70.00	0	0	0.50	0	0	0	0	0
36	家用电热水器	12	3.00	3.00	0	70	0	0	0.50	0	0	0	0	0
37	白炽灯泡	0	0	0	0.02	0	95.00	0	0	0	0	0	0	0
38	微机板卡	22.00	6.00	5.00	0.04	0	0	0	90.00	0	0	0	0	0
39	家用音响	20.00	10.00	10.00	0.50	40.00	0	0	5.00	0	0	0	0	0
40	电视接收机顶盒	10.00	10.00	3.00	0.01	60.00	0	0	10.00	0	0	0	0	0
41	光盘驱动器	10.00	10.00	2.00	0.03	60.00	0	0	20.00	0	0	0	0	0
42	摄像头	15.00	5.00	5.00	0.01	50.00	5.00	0	10.00	0	0	0	0	0
43	银行自助服务终端	20.00	20.00	10.00	0.14	10.00	10.00	10.00	10.00	0	0	0	0	0
44	电压测量仪器	15.00	5.00	5.00	0.03	70.00	0	0	20.00	0	0	0	0	0

2）导入源数据，使用 Microsoft 决策树模型

利用微软提供的 SQLserver 分析软件，将 EXCEL 格式源数据表（SJB）导入软件。运用该软件中 Analysis Service 数据挖掘中的 Microsoft 决策树模型。如图 12-2 所示。

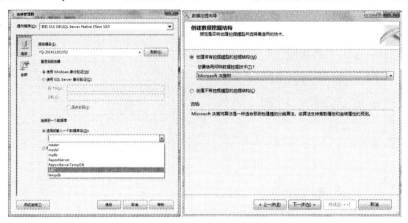

图 12-2　运用 Microsoft 决策树模型示意图

3）指定分析的指标

如图 12-3 所示，软件左侧显示出源数据表的所有内容，"输入列"就是根据我们要预测的目标，手动勾选"状态值列"，勾选本研究确定的量化指标。是否入选目录作为可预测列。这一步的实际意义是，确认上文确定的指标会影响预测目标的值列。

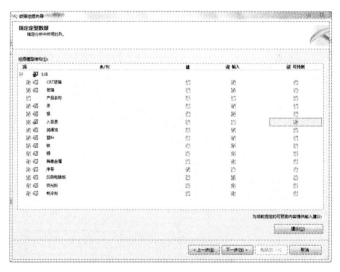

图 12-3　指标分析示意图

（3）指标权重及分析

通过上述步骤，会弹出图 12-4 所示窗口，即将所有指标的权重值用数图表示。

同时，软件自动识别出对是否入选目录影响较大的指标，分别是稀贵金属含量、印刷电路板含量、铁的含量、塑料含量、铜含量、玻璃含量、铝含量和 CRT 玻璃含量。

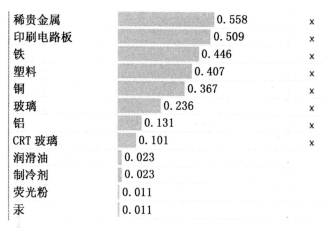

图12-4 资源效益及环境危害指标权重分析

根据模型的计算，得出如表12-11 所示的权重系数，同时得出如下结论：

一是资源效益、环境危害性对产品能否纳入目录的影响大。根据表12-11的指标体系权重可以发现，资源效益6 项指标权重合计2.145，环境危害性指标权重合计0.678，两者都是影响产品能否纳入目录的重要因素，但是资源效益所占权重更大。导致二者权重差别的原因，第一可能是环境危害大的产品一般在之前已经有相关专门管理部门制定政策进行控制，而现在纳入本废弃电器电子产品回收目录的产品更主要的是拥有资源价值，但还需政策发挥杠杆效应，便于管理和最大限度地发挥其资源价值。第二，由于荧光粉中的镉、汞以及其他物质，随着立法的发展，已经逐步在生产设计过程中最大限度地减少用量（控制在一定范围），为此，其含量得到了一定程度的控制，总的危害性持续降低，为此权重较低。

二是贵金属含量的多少对产品能否列入目录的影响大。其权重系数为0.558。笔者分析认为，由于稀贵金属普遍具有难于从原料中提取，在工业上制备和应用较晚，但在现代工业有广泛用途，尤其是广泛应用于电器电子产品制造，故稀贵金属的价值较高，回收价值高。因此，稀贵金属成为回收处理时考虑的重要因素。

表 12-11 指标体系权重

目标层	一级指标	二级指标	指标权重
废弃电器电子产品资源效益及环境危害性	资源效益指标（2.145）	铁的含量	0.446
		铜的含量	0.367
		铝的含量	0.131
		稀贵金属	0.558
		塑料制品含量	0.407
		玻璃制品含量（不含 CRT 玻璃）	0.236
	环境危害性指标（0.678）	CRT 玻璃含量	0.101
		印刷电路板含量	0.509
		制冷剂含量	0.023
		汞含量	0.011
		荧光粉含量	0.011
		润滑油含量	0.023

三是印刷电路板含量对产品能否纳入目录的影响大。印刷电路板权重为 0.509，仅次于稀贵金属的 0.558。印刷电路板中的重金属进入环境或生态系统后就会存留、积累和迁移，造成危害。如随废水排出的重金属，即使浓度小，也可在藻类和底泥中积累，被鱼和贝的体表吸附，产生食物链浓缩，从而造成公害。此外，印刷电路板中含量较大的重金属和稀贵金属含量也较大，从另一个角度而言，如果能够回收再利用，则具有很大的资源效益。

3. 产品资源效益及环境危害性分析

本研究通过一级筛选，选出 66 种产品，根据权重值，分别计算每种产品资源效益和环境危害性得分，两种特性的排序如表 12-12 所示。可见房间空调器、电冰箱、电视机、家用洗衣机、通用应用电视监控系统设备（监视器）、显示器、台式微型计算机、复印机等产品，无论是从资源效益还是从环境危害性来讲，分值都较高，说明这些产品资源效益大、环境危害性大，亟须回收处理。

表 12-12 资源效益与环境危害性权重评分值排序

序号	产品	资源效益排序	产品	环境危害性排序
1	房间空调器	1 686 949 964.32	电视机	232 292 341.65
2	电冰箱	920 668 347.93	显示器	69 954 204.79
3	家用洗衣机	599 339 928.22	通用应用电视监控系统设备（监视器）	68 448 139.87

序号	产品	资源效益排序	产品	环境危害性排序
4	电视机	348 880 680.10	台式微型计算机	67 046 371.24
5	电冷热饮水机	188 266 480.36	房间空调器	58 809 859.40
6	复印机	149 681 498.85	电冰箱	28 769 769.29
7	家用电热水器	146 883 339.91	便携式微型计算机	19 096 419.59
8	通用应用电视监控系统设备（监视器）	118 982 308.31	复印机	12 876 140.78
9	家用吸尘器	107 798 148.00	吸排油烟机	9 206 163.55
10	数字激光音、视盘机	106 561 302.51	数字激光音、视盘机	8 903 723.53
11	显示器	105 064 464.75	家用洗衣机	8 118 418.18
12	台式微型计算机	100 697 179.38	手机	8 039 624.96
13	吸排油烟机	88 187 110.36	打印机设备	5 700 058.00
14	家用电风扇	72 593 008.86	通用照相机	4 976 458.93
15	打印机设备	66 261 563.85	电话单机	4 268 112.28
16	家用音响	40 721 680.04	数码照相机	3 827 918.37
17	电饭煲	33 166 853.19	家用音响	3 433 507.77
18	微波炉	32 477 455.89	银行自助服务终端	3 431 264.91
19	电子专用电表	31 915 614.33	光盘驱动器	3 212 886.82
20	荧光灯	31 218 979.03	程控交换机	2 982 650.00
21	便携式微型计算机	28 680 979.35	硬盘类存储设备	2 614 160.02
22	手机	23 328 041.15	电子专用电表	2 465 337.37
23	银行自助服务终端	13 544 001.36	电视接收机顶盒	1 911 534.55
24	通用照相机	13 089 174.17	计算器	1 629 051.44
25	电话单机	12 384 495.47	高性能计算机	1 603 841.26
26	电视接收机顶盒	12 374 580.68	电冷热饮水机	1 355 934.16
27	数码照相机	11 107 214.28	家用电热水器	1 057 884.22
28	光盘驱动器	10 483 739.33	荧光灯	1 008 957.28
29	程控交换机	8 654 555.68	磁性存储设备	989 921.90
30	硬盘类存储设备	8 429 927.52	图形版	844 689.41
31	半导体储存器	8 315 143.24	器件参数测量仪器	798 933.58
32	白炽灯泡	7 773 266.41	记录显示仪	762 558.54
33	电压力锅	7 351 141.49	触感屏	734 280.53
34	计算器	4 726 909.42	半导体储存器	715 298.52

序号	产品	资源效益排序	产品	环境危害性排序
35	扫描、频谱波形分析仪器	4 457 362.76	信号源	638 370.86
36	空气净化设备	3 584 294.64	家用吸尘器	405 885.39
37	高强度气体放电灯（HID 灯）	3 305 190.21	摄像头	389 801.83
38	磁性存储设备	3 192 218.45	电压测量仪器	387 965.48
39	豆浆机	2 812 241.18	扫描、频谱波形分析仪器	383 438.37
40	扫描仪	2 788 662.67	传真机	362 766.65
41	稳压电源	2 467 685.80	数传机	352 205.05
42	图形版	2 450 978.68	投影仪	295 609.33
43	高性能计算机	2 408 814.79	超低频测量仪器	274 690.62
44	摄像头	2 352 428.19	家用电风扇	273 329.76
45	触感屏	2 130 612.63	扫描仪	239 890.79
46	传真机	2 113 819.20	稳压电源	207 985.78
47	数传机	2 052 277.40	电压力锅	188 156.40
48	电水壶	2 001 349.69	税控机	166 579.40
49	电压测量仪器	1 436 220.16	电水壶	162 707.39
50	电吹风机	1 053 873.69	数字蜂窝移动电话系统设备	161 615.54
51	超低频测量仪器	1 016 884.81	工交电子应用仪器	160 022.90
52	投影仪	957 592.96	电饭煲	137 343.63
53	数字蜂窝移动电话系统设备	941 723.90	微波炉	134 488.84
54	工交电子应用仪器	930 233.30	频率测量仪器	132 211.56
55	频率测量仪器	489 437.64	医用电子仪器设备	129 252.79
56	税控机	483 352.27	电吹风机	120 531.39
57	医用电子仪器设备	478 484.47	豆浆机	111 871.98
58	卤钨灯	416 488.44	微波测量仪器	68 244.76
59	微波测量仪器	252 637.17	点钞机	39 813.48
60	点钞机	147 386.61	对讲机	30 731.11
61	器件参数测量仪器	107 063.02	电纸书	26 675.16
62	记录显示仪	102 188.49	文教电子应用仪器	20 532.59
63	信号源	99 804.16	空气净化设备	13 495.71
64	对讲机	89 170.39	高强度气体放电灯(HID 灯)	8 108.18
65	电纸书	77 401.51	白炽灯泡	0.00
66	文教电子应用仪器	76 010.15	卤钨灯	0.00

（三）阈值设置及产品类型划分

根据计算数据，产品资源效益和环境危害性的散点图如图 12-5 所示。运用"中位值法"，我们在资源效益中，以电压力锅的评分值 7351141.49 作为资源效益的评分阈值，并以此值为基准，画一条参考线；以触感屏的评分值 734280.53 作为环境危害性的评分阈值，并以此为基准，画一条参考线。这两条线根据产品资源效益环境和环境危害性，将一级筛选出来的产品分为以下四种类型：

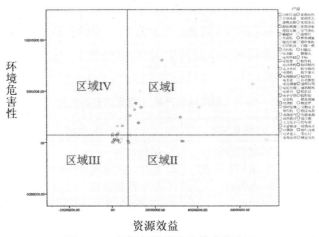

图 12-5　根据权重评分值的产品分区

（1）处于区域 I 的产品，报废量大，资源含量丰富，结构精密复杂。这一区域的大部分产品总资源含量丰富，相关材料回收拆解能够带来可观的经济效益，这与社会总报废重量大有关，为此这一区域的产品可能已经达到报废高峰期，如冰箱、电视机等家用电器，也可能单个产品重量大。且这一区域产品通常具有精密复杂的结构，对零部件的专用性和质量的要求都较高，生产该种产品需要种类繁多的材料，其中包括大量的有毒重金属，并且在目前的技术水平下产品拆解再用所需花费的成本较高。这一区域的产品如"四机一脑"等可以优先考虑纳入目录。

（2）处于区域 II 的产品，资源含量丰富，但产品结构简单。这一区域的大部分产品资源含量丰富，资源效益高，可能已经达到报废高峰期，或者单个产品重量大。但是通常不具有精密复杂的结构，回收处理的拆解工艺简单，有毒物质含量不高，在目前的技术水平下，产品拆解再用花费的成本较于处于区域 I 的产品要低，可以优先纳入目录。

（3）处于区域 III 的产品，通常不具有回收价值。回收后重新利用较为困难，由于产品的环境危害性小，回收再用带来的环境效益有限，通常可以暂且不考虑将其纳入目录。

（4）处于区域 IV 的产品，结构精密复杂，资源含量低。处于这一区域的产品一般结构精密复杂，不能通过正规渠道回收处理，对环境产生的危害性极大。但与此同时，可能由于产品的总量小，没有达到报废高峰期，资源效益并不显著，在这种情况下，可以考虑纳入备选目录，以备考察。

（四）二级筛选结果

综上所述，我们选取位于区域 I、区域 II、处于区域 IV 的产品纳入备选库。二级筛选入选产品包括 38 种，如表 12-13 所示。这些产品构成"产品备选库"，目录调整时，从这 38 种产品中优先选择，并进行下一步分析。其中，处于第 I 区域的产品可以重点分析，优先考虑列入目录；处于第 II 区域的产品作为备选产品，可考虑纳入目录；处于第 III 区域的产品，现阶段不考虑纳入目录；处于第 IV 区域的产品可暂缓纳入目录。

与一级筛选类似，本级筛选也是基于 2015 年的现状，实际情况可能会随时间的推移而动态变化。

表 12-13　通过二级筛选的产品（目录调整备选库）及分区

第 I 区域	第 II 区域	第 III 区域	第 IV 区域
1. 房间空调器	1. 家用吸尘器	1. 电压力锅	1. 计算器
2. 电冰箱	2. 家用电风扇	2. 扫描、频谱波形分析仪器	2. 高性能计算机
3. 家用洗衣机	3. 电饭煲	3. 空气净化设备	3. 磁性存储设备
4. 电视机	4. 微波炉	4. 高强度气体放电灯（HID 灯）	4. 图形版
5. 电冷热饮水机	5. 白炽灯泡	5. 豆浆机	5. 器件参数测量仪器
6. 复印机	6. 半导体储存器	6. 扫描仪	6. 记录显示仪
7. 家用电热水器		7. 稳压电源	
8. 通用应用电视监控系统设备（监视器）		8. 摄像头	
9. 数字激光音、视盘机		9. 触感屏	
10. 显示器		10. 传真机	
11. 台式微型计算机		11. 数传机	
12. 吸排油烟机		12. 电水壶	
13. 打印机设备		13. 电压测量仪器	
14. 家用音响		14. 电吹风机	
15. 电子专用电表		15. 超低频测量仪器	
16. 荧光灯		16. 投影仪	
17. 便携式微型计算机		17. 数字蜂窝移动电话系统设备	
18. 手机		18. 工交电子应用仪器	
19. 银行自助服务终端		19. 频率测量仪器	
20. 通用照相机		20. 税控机	
21. 电话单机		21. 医用电子仪器设备	
22. 电视接收机顶盒		22. 卤钨灯	
23. 数码照相机		23. 微波测量仪器	
24. 光盘驱动器		24. 点钞机	
25. 程控交换机		25. 信号源	
26. 硬盘类存储设备		26. 对讲机	
		27. 电纸书	
		28. 文教电子应用仪器	

四、废弃电器电子产品目录三级筛选

（一）定性分析指标选择依据

目前，学术界对推进弃电器电子产品回收的研究可以分为两大类：一是以延伸生产者责任为框架，强调从宏观制度层面规范和约束企业废弃产品的回收责任；二是以微观企业为研究主体，强调在逆向物流的框架下，探索企业废弃产品回收的具体实施问题。而专门探讨企业履行废弃电器电子产品纳入目录的影响因素综合性研究还比较少，且缺乏必要的实证检验。本报告通过已有研究成果，总结归纳出废弃电器电子产品目录筛选定性指标。

Stock 在给美国物流管理协会的一份报告中提到，原材料成本的节省是驱动企业构建逆向物流的重要因素，产品主要原材料的价格及稀缺程度影响企业是否能够积极地响应延伸生产者责任制；Carter 和 Ellram 认为，企业履行废弃产品回收责任的驱动因素主要来自 4 个方面：政府立法、供应商、竞争者和顾客；Brito 和 Dekker 认为，驱动企业履行废弃产品回收责任的因素来自三方面：经济、立法和公司关系（corporatecitizenship）；孙林岩认为，EPR 制度下企业履行废弃产品回收责任主要是法律法规的压力和经济利益的驱动；朱炜将驱动企业开展废弃物回收的因素归结为外部因素、内部因素、战略因素、运营因素 4 个维度，并通过交叉分析得到环境立法、经营战略、客服要求、经济利益 4 个影响企业实施逆向物流的因素；靖麦玲将影响企业履行废弃物回收责任的因素分为驱动因素和阻碍因素两个方面，并指出立法和企业生产责任是主要的驱动因素，而成本、技术和统一的退货标准是主要的阻碍因素；靖续迪在靖麦玲研究的基础上，进一步提出法规强制、经济效益、生态效益、社会效益是企业实施逆向物流最主要的驱动因素，而逆向物流系统的外部性、公共物品性，人们的观念以及回收技术的滞后是阻碍逆向物流实施的因素；周垂日强调经济收益、立法、企业责任与义务、环境保护等因素对企业回收责任履行的影响；刘璐从影响电子废弃物逆向物流的外部因素和内部因素的角度入手，将外部因素概括为法律因素、市场因素、整体技术水平、社会舆论等，内部因素归结为企业发展战略、企业高层管理者的支持、企业的管理水平、经济效益和社会效益的结合；Ondemir 将消费者参与回收的积极性也纳入到影响逆向物流实施的因素当中。

结合上述研究成果，本报告认为，目录政策的制定，应该从社会福利最大化的角度出发，为此研究设计的定性指标，综合考虑社会、经济、技术和政策导向性等多重因素，在目录调整时，对二级筛选的 52 种产品进行综合评价。

（二）定性分析指标体系构建

本报告从经济因素、社会因素、技术因素、政策因素 4 个方面进行综合考量、定性评估。

1．经济因素分析

（1）产品生产行业现状及供求特点

1）要考虑生产企业的产能及盈利水平

目前，我国家电行业整体上产能过剩，盈利水平较低，基金政策将对企业产生影响。从国内角度来看，基金的征收有助于淘汰落后产能，促进产业整合，对行业产业产生利好。从国际角度来看，基金征收会加大企业负担，虽然企业有内销转出口的可能性；但是随着我国劳动力成本的提高，周边其他发展中国家的崛起，我国家电出口也将面临巨大挑战，基金征收反而会削弱企业的国际竞争力。为此，产能严重过剩、盈利水平较低的行业产品不适合纳入目录。

2）要考虑产品的市场结构

市场结构处于寡占市场形态还是竞争市场形态，对基金分担的影响较大。通过对比第一批目录中冰箱行业与电视行业市场结构对基金分担的影响发现，如果行业带有寡头垄断特点，则寡占企业会考虑下游买方的需求弹性，扩大市场份额，更多地承担基金成本。另一方面，要分析国内行业结构，出于保护国内产业的目的，如果外资企业的市场份额大，应优先考虑纳入目录。

3）要分析产品的供求状况

一是分析产品的供给现状。我国电器电子产品出口量较大，根据《废弃电器电子产品回收处理管理条例》，对于出口部分的产品要予以免征基金，以避免重复征收的可能。因此，如果产品的出口量远大于内销量，则纳入目录后可能强化企业继续内销转出口，使得基金面临难以向生产企业征收的局面，为此，这部分产品不适合优先纳入目录。

二是分析产品的需求现状。从需求方面，应分析产品是否为消费者的生活必需品，其可替代性情况，是否有释放刚需的可能。因为在刚需较大的情况下，绝大部分的基金负担将转嫁给消费者，征收基金的效果较为理想。

（2）产品处理市场现状

一是要考虑产品回收处理率水平。废弃电器子产品处理目录制订推行的一个目的即是提高资源利用效率，实现资源的重复使用与再生利用。为此，目录和配套政策实施的对象应重点考虑当前回收利用率较低电器电子产品。此类产品无法依靠市场力量得到充分有效的回收利用，需要依靠政府以废弃电器电子产品处理基金征收与补贴的方式推动其回收处理。

二是要考虑产品残值高低。举例来讲，目前进入许可企业拆解的产品以电视机为主，其他很少进入正规渠道。但是实际上依赖于市场的作用，通过其他非正规渠道进行了资源化利用。反而残值较高的房间空调器、电冰箱和洗衣机等通过市场力量就可以充分回收处理的产品，受基金的影响并不是特别明显。

（3）产品回收处理成本

一是要考虑处理成本。处理成本是指为实现废旧电子产品回收再利用或材料再生利用而进行的一系列活动所需支付的费用，其中包括拆卸成本、分拣成本、产品再用处理成本、材料再生处理成本等。对于回收处理技术可行的产品，应该考虑其处理成本。通常具有精密复杂的结构，对零部件的专用性和质量的要求都较高，生产该种产品需要种类繁多的材料，其中包括大量的有毒重金属，并且在目前的技术水平下，产品拆卸、重用所需花费的成本较高，许多耐用型电器产品都属于这一类型，如冰箱、电视机等家用电器，这类产品需要纳入目录，予以政策扶持，强化回收处理。

二是要考虑收购、物流和仓储成本。收购成本是指企业从零售商处回收废旧产品后经第三方物流企业运输至企业回收中心的全部费用，具体是指回收企业支付给零售商和第三方物流企业的回收费用和运输费用。仓储成本是指企业储存需进行再用、再生处理产品的成本。与处理成本相同，回收费用高、物流成本高的产品，一般具有精密复杂的结构，适合纳入目录予以政策激励。仓储成本高的产品一般体积较大，所含资源量丰富，适合纳入目录予以政策激励。

2. 社会因素分析

（1）产品回收渠道分析

回收作为物料循环的主要载体和经济方式，是废弃电器电子产品处理处置、获得社会效益、经济效益和环境效益的前提。回收渠道的完善程度决定了回收的废弃电器电子产品的数量和质量，并影响社会成本的投入。根据《废弃电器电子产品回收处理管理条例》及《废弃电器电子产品处理基金征收使用管理办法》的相关规定，建立回收渠道是目前废弃电器电子产品管理的重要目标之一。为了通过《目录》政策撬动回收渠道的建立杠杆，需要在制订《目录》时，充分了解产品的回收渠道，对于难回收的产品进行补贴，通过传导机制，促进回收渠道的完善。

（2）产品主要用户群体分析

社会公众是电器电子产品的直接消耗者，也是废旧产品的产生源头。多数研究表明，产品用户的环境意识在一定程度上决定了产品能否回收处理。如我国学者王明兰[1]指出费用的分担问题和人们相关意识淡薄是制约电子废弃物回收的主要原因，印度学者 Nnorom 从消费者的角度，指出公众对电子废弃物造成环境危害的意识

[1] 王明兰. 基于循环经济的电子垃圾治理立法思路研究 [D]. 上海：同济大学，2005.

以及保护环境的意愿，对企业履行废弃物的回收处置责任有重要影响。为此，产品
主要用户的环境意识应从用户群体的知识结构与学历等方面进行考察。将用户群体
分为：高学历和知识结构群体（如使用打印机、复印机等办公用品）、一般学历和
知识结构群体（指一般民众，如使用普及率较高的电视机、手机等产品）、低学历
和知识结构群体（如使用电钻等技术产品）。对于用户群体为一般学历和知识结构
及以下的产品，应予以政策支持，促进回收处理。

（3）社会公众回收处理需求

提高居民环保意识的效果并不弱于扩大处理基金规模。若政府采取有效措施，
提高居民环保意识，使得居民倾向于使用环保型家电，即便不扩大基金规模，也能
够使得环保型产品市场占有率上升，同时有效减少废弃电器电子产品产生量，从源
头减少高污染废弃电器电子产品的产生。公众对不同产品的处理需求不一，这主要
取决于产品的社会保有量、报废量以及社会舆论关注度。因此，应优先选择公众关
注度高，甚至愿意支付一定废弃电器电子产品处理成本的产品进入目录。

3．技术因素分析

（1）产品回收处理的技术可行性

如果产品回收处理在技术上不可行，则不能纳入目录，例如荧光灯管等，虽然
废弃量巨大，环境效益和资源效益显著，但是目前国内回收技术不能达到要求，因
此不适合纳入目录。如果产品虽然处理技术可行，但是规模不够，则需要纳入目录。
根据 2013 年《废弃电器电子产品处理行业年度报告》，回收处理产品日渐多样化，
已有 17 家企业提前进行"四机一脑"以外产品的回收拆解工作。其中有 10 家企业
回收复印机；14 家企业回收打印机；9 家企业回收传真机；1 家企业回收扫描仪；1
家企业回收投影仪；1 家企业回收多媒体终端一体机；2 家企业回收微波炉；1 家企
业回收电磁炉、燃气具；1 家企业回收油烟机；1 家企业回收电饭煲；3 家企业回收
热水器；2 家企业回收饮水机；2 家企业回收游戏机；1 家企业回收 DVD 机；1 家企
业回收录像机；1 家企业回收充电器；1 家企业回收网张交换机、光纤模块、交换机
堆叠工具包、UPS 电源、服务器；3 家企业回收手机；2 家企业回收电话机；1 家企
业回收笔记本电脑；1 家企业回收麻将机、老虎机。这些企业的技术研发与尝试，
证明上述产品及类似产品的回收处理目前技术可行，需要政策的扶持，扩大回收处
理规模，为此，此类产品适宜优先纳入目录。

（2）生产企业生产技术发展趋势

根据《废弃电器电子产品处理基金征收使用管理办法》第十一条规定："对采
用有利于资源综合利用和无害化处理的设计方案以及使用环保和便于回收利用材料
生产的电器电子产品，可以减征基金。"随着社会经济的发展，电器电子产品不断

更新换代，生产技术不断改进，对原材料的需求也产生了较大的改变。如果重点企业将绿色产品设计[1]纳入其发展战略，则将在行业内形成技术标杆，带动整个行业的绿色产品设计。例如，随着技术的发展，显像管电视机的市场份额逐步下降，CRT 玻璃也会逐步淘汰，则在一定时期之后，显像管电视机退出市场，CRT 玻璃的危害性则不列入考虑范围之内，该类产品也不能纳入目录或者退出目录。未来，该类产品有害物质含量低，并且生命周期的末端具有容易回收的优势，需要目录政策的扶持力度小，为此，可暂缓列入目录。如果生产技术有利于降低产品的环境危害性，提高资源效益，则这部分产品有望靠市场力量完成回收利用，则不予纳入目录。

4. 政策因素分析

（1）产品纳入目录的政策风险

由于补贴方式按照拆解处理企业实际拆解处理台数进行补贴，《办法》中提出"处理企业应当按照规定建立废弃电器电子产品的数据信息管理系统，跟踪记录废弃电器电子产品接受、贮存和处理，拆解产物出入库和销售，最终废弃物出入库和处理等信息"，以解决虚增回收处理量，套取政策补贴的风险。虽然目前此项规定在政策落实上还存在困难，但是制订目录时，应考虑这一政策趋势。将异质性较大、容易分辨产品类别的产品优先纳入目录，方便未来的跟踪记录。此外，部分产品重组再用的比例大，整机收购比例较小，零部件难以计算补贴价格，纳入目录顺利执行的风险大。

（2）与有关电器电子产品的其他配套政策的协调性

与有关电器电子产品的其他配套政策的协调性是指目录政策是否与其他相关政策相一致，在促进产品回收处理方面形成相辅相成的关系。以家电"以旧换新政策"为例，该政策对废弃电器电子产品中标的回收企业进行运费补贴，降低了运输成本，促进范围内产品回收渠道的构建。虽然家电"以旧换新政策"于 2012 年结束，对废旧家电回收企业的运费补贴随之取消，但是《目录》政策下，获得资质的废弃电器电子产品处理企业为了企业自身的利益与发展，有动机扩张回收数量和产能，通过让利的方式，利用零散在各个城市、街道、社区的回收点收集废弃家电，是一种有效的扩张模式。此外，具有逆向物流优势的电器电子产品生产企业也在关注回收体系建设和政策导向，并积极进行筹备。再如，国家对产品重点回收物质的产业政策体系包括产业规划（产业的调整方向和重点）、产品技术升级（行业新建类和限制类项目、鼓励及淘汰技术和工艺）等，产品原材料的产业政策体系是国家

---

[1] 绿色设计（Green Design）也称生态设计（Ecological Design），环境设计（Design for Environment），环境意识设计（Environment Conscious Design）。在产品整个生命周期内，着重考虑产品环境属性（可拆卸性、可回收性、可维护性、可重复利用性等）并将其作为设计目标，在满足环境目标要求的同时，保证产品应有的功能、使用寿命、质量等要求。

战略的风向标，如果废弃电器电子产品中富含国家鼓励的原材料，则应该纳入目录，予以回收。为了与其他政策相互作用，最大限度地撬动回收处理的利益杠杆，应该对该类产品的其他配套政策进行协调性分析。

表 12-14 综合定性评估指标

一级指标	二级指标	分析内容	是否适合纳入目录	
			是	否
经济因素	生产行业现状及供求特点	生产企业的产能及盈利水平	产能平衡、盈利水平相对较高	产能过剩、盈利水平低
		产品的市场结构	寡头垄断	竞争市场
			外资企业市场份额大	国内企业市场份额大
		产品的供求状况	刚需大	刚需小
			内销量大于出口量	出口量大于内销量
	产品处理市场现状	处理率水平	处理率水平低	处理率水平高
		商品残值	残值低，需靠政策扶持	残值高，可依赖市场回收处理
	产品回收处理成本	处理成本	技术可行的情况下处理成本高	技术可行的情况下处理成本低
		收购成本	收购成本高	收购成本低
		物流和仓储成本	物流和仓储成本高	物流和仓储成本低
社会因素	产品回收渠道	—	没有建立回收渠道	回收可以依靠市场力量
	产品主要用户群体	—	主要用户群体知识水平较低	主要用户群体知识水平较高
	社会公众回收处理需求	—	公众关注度高	公众关注度低
技术因素	产品回收处理的技术可行性	—	处理技术可行	处理技术不可行
	生产企业生产技术发展趋势	—	生产技术发展不利于降低环境危害，提高资源效益	生产技术发展有利于降低环境危害，提高资源效益
政策因素	产品纳入目录的政策风险	—	政策风险低	政策风险高
	与有关电器电子产品的其他配套政策的协调性	—	与相关政策协调	与相关政策不协调

（三）决策支持方法

1. 指标评测方法

综上，本报告从经济、社会、技术和政策4个方面确定了17类定性分析指标。这17类指标中，初步可以考虑超过半数的指标显示该产品不适合纳入目录，则不予以考虑；如果超过半数的指标显示该产品适合纳入目录，则将产品纳入调整目录中。

2. 发布重点产品评估报告

由国家发展改革委牵头，根据产品指标的评估结果进行对比分析，并向社会发布《重点〈目录〉准入产品评估报告》，对筛选出来的重点产品入选目录的原因进行逐一说明。根据《制订和调整废弃电器电子产品处理目录的若干规定》，将评估报告呈递专家小组进行评估。

五、目录产品复审

（一）目录产品复审原则

1. 以某类产品基金政策的整体执行效果为核心，形成退出机制

2009年3月，《废弃电器电子产品回收处理管理条例》的正式颁布，标志着生产者延伸责任制成了现阶段我国废弃电子电器管理的核心思想。2011年开始，《废弃电器电子产品处理目录（第一批）》、《废弃电器电子产品处理资格许可管理办法》、《废弃电器电子产品处理基金征收使用管理办法》、《废弃电器电子产品处理企业补贴审核指南》等政策细则陆续出台，初步建立了以基金征收制度和回收企业补贴制度为核心的具体政策实施方案。

《废弃电器电子产品回收处理管理条例》出台的目的是"为了规范废弃电器电子产品的回收处理活动，促进资源综合利用和循环经济发展，保护环境，保障人体健康"。目录政策等配套政策的颁布是为了更好地辅助条例能够取得良好效果，实现上述目标，但是相关研究表明，由于产品的差异，目录政策执行的效果也具有差异，有些产品的政策效果则微乎其微。为此，本报告认为，定期对产品目录政策的执行效果进行评估，适时调整现有目录，形成退出机制，是必要环节。

2. 充分考虑政策执行效果的滞后性，合理制订拟退出产品清单

政策的出台均会经历一个调整和适应期，导致政策的效果会有一定的滞后性。废弃电器电子产品的基金及配套政策亦是如此。由于基金政策涉及回收企业、处理企业和生产企业等多个责任主体，各类责任主体均需要一段时间对产业政策进行调整。此外，由于目前的补贴政策直接与处理的台数挂钩，这种政策模式确实在一定程度上助长了企业扩张产能，以增加处理台数的行为，具有一定的政策调整空间。

政策执行效果的滞后性，要求我们在考察某种产品政策效果时，不能仅仅参考

某一年的情况，而应该考察连续几年的情况。考虑到基金的使用有一年的滞后时期，同时充分考虑企业对政策的调整和适应时间，并最大限度地保证政策的稳定性，本报告将对每一项复审内容均考察连续三年的情况。

（二）目录产品复审重点

以执行效果为核心的目录产品复审，应该重点考察以下几个方面：

1. 考察某类产品基金征收使用的合理性

产品基金征收使用的合理性主要是指基金是否专品专用。根据《目录及配套政策实施情况评估（2013）——废弃、回收、处理、资源化利用情况分析》课题的研究结论表明：基金是否专品专用决定了是否将基金合理地转化为经济价值和环保价值，是否对产品的回收量和回收技术起到刺激作用。虽然现阶段我国并没有实现基金专品专用，但是为了更好地发挥生产者责任延伸制度的效果，提高基金使用匹配度仍是大趋势。若从某一类电子电器生产企业所征收的基金只用于该类产品的回收补贴或配套设施建设，则为专款专用；如果从不同产品征收的基金统一管理，根据回收补贴审批情况来决定资金的分配，则不是专品专用。如果某类产品基金政策执行连续三年出现不合规情况，则将此类产品列入拟退出清单，择期剔除出目录。

2. 考察对产品回收处理的激励作用

对处理行业的激励情况从两个方面进行考察：产品处理量和处理企业产能利用率。根据《目录及配套政策实施情况评估（2013）——产业和经济发展影响及跟踪分析评价》课题，通过确定居民对废弃电子产品的供给弹性、企业对废弃电子产品的需求弹性以及回收企业的补贴率，计算企业回收均衡价格和回收量的变化情况。在仅考虑局部均衡理论的基础上，考察政策对产品回收处理量的影响。此外，为防止企业运用基金盲目扩大产能，应考察处理企业对某种产品拆解的产能利用率。排除由于产品回收率低导致的产能闲置问题，如果某种产品由于盲目扩大产能，连续三年考察显示均存在产能闲置问题，即产能利用率不足50％，则可以考虑列入拟退出清单。如果某类产品在基金政策下，产品回收处理量和处理企业产能利用率连续三年产生的积极影响趋势不明显，则列入拟退出清单，择期剔除出目录。

3. 考察对规范处理的激励作用

考察产品实际规范处理率。由于各类产品技术门槛高低不同，导致许可证企业对部分产品的规范拆解与非许可证企业拆解获得的资源量相当，但是成本更高，回收后的资源在价格上不具备优势，为此许可证企业有可能减少此类产品的回收处理，以降低总成本，这样一来，基金政策就发挥不到应有的作用，同时也说明该类产品可通过市场机制达到回收的目的。因此，如果某类产品连续三年规范拆解量占比低于60％，则列入拟退出清单，择期剔除出目录。

（三）目录产品复审方法

1. 一年一评估，三年一复审

根据上文确定的复审重点，对目录产品实施一年一评估制度，每年开展政策实施执行效果评价。每三年进行一次复审，如果 5 项及以上显示不合格，应列入退产品清单；3~4 项不合格，应重点考察；1~2 项不合格，视为可以继续纳入目录。由国家发展改革委牵头，对拟退出目录产品进行深入分析，确定退出产品清单。

2. 加强对退出产品清单的后续管理

处理企业在经济利益的激励下会自发地回收处理某些废弃电器电子产品，而不需要来自政府或其他方面的资金补贴，这是在解决废弃电器电子产品问题上充分发挥了市场机制的作用，但不意味着脱离监管，这类产品只是不再适用基金补贴政策，但仍然在生产者责任框架下对其进行环境影响评估和监管。

3. 补充目录与退出目录的衔接

根据本筛选系统，退出产品清单三年一制订，原则上应该在部分产品退出的同时，通过新产品的三级筛选进行目录的补充，确保基金政策持续发生作用。

六、小结

本筛选系统具有以下几个突出特点：

1. 设置一票否决指标，通盘考量电器电子产品

"一票否决指标"的设置是本研究确定的筛选系统最大的特点之一。研究将电器电子产品社会报废总重量作为一票否决权指标，对电子产品基本库（大目录）中各类产品进行报废总质量的测算，一是有助于决策者全面了解、通盘考量当前电器电子产品的报废情况及形式，及时调整目录政策；二是有助于简化决策者的决策程序，避免备选产品的遗漏和错选。

2. 设置三级筛选程序，充分考虑四大原则

社会保有量大、废弃量大，污染环境严重、危害人体健康，回收成本高、处理难度大，社会效益显著、需要政策扶持是目录制订的原则。为了充分考虑上述几个方面，研究设计了三级筛选程序。通过三级筛选，将一票否决指标、可量化指标、定性分析指标层层递进、分层分析，有助于将四大原则有效归类，确保目录制订的科学、客观、有效。

3. 大目录和小目录结合，兼顾开放性与聚焦性

（1）基本库以"开放性"大目录为特点。本研究参考欧盟 2012 年 WEEE 指令中大目录的制定，本着"开放性"原则，以产品的环境属性和资源性（体积大小）为特点，对所有电器电子产品进行分类。同时，结合我国《统计用产品分类目录》，

将目录基本库确定为 6 大类，分别是含有受控气体产品（包括破坏臭氧层物质和温室气体）、含有超过 100 平方厘米以上显示屏的产品及监视器、电光源和灯具、IT 通讯及电子产品、仪器仪表及文化办公用品、通用电器及专用电器。

（2）备选库聚焦于"资源效益和环境危害性"。研究通过一票否决的指标筛选和量化指标评估，确定的备选库具有小目录的特征，即纳入备选库的产品资源效益和环境危害性在所有产品中位于前列，确保备选库产品具有较高的回收处理价值。

4. 制订目录产品退出机制，适时调整目录政策

根据本筛选系统的目录产品复审机制，退出产品清单三年一制订，原则上应该在部分产品退出的同时，通过新产品的三级筛选进行目录的补充，既能考虑政策产生效果的滞后性，又可确保基金政策持续发生作用。

目录动态调整系统验证

一、中国废弃电器电子产品处理目录基本情况

我国是电器电子产品的生产、出口和消费大国，特别是主要家用电器自 20 世纪八九十年代大量进入我国家庭以来，目前开始进入报废的高峰期。为规范废弃电器电子产品的回收处理活动，促进资源综合利用和循环经济发展，保护环境，保障人体健康，国家发展改革委从 2001 年开始，着手我国废弃电器电子产品回收处理的立法工作。2009 年 2 月 25 日，温家宝总理签署了国务院第 551 号令，发布了《废弃电器电子产品回收处理管理条例》（以下简称《条例》）。

在《条例》起草阶段以及配合国务院法制办研究完善过程中，国家发展改革委会同有关部门多次组织专题调研，进行座谈，反复论证，就有关制度设计、监督管理、相关标准、回收处理运行等问题进行研究，达成共识，并积极组织推进试点示范，进行实践和提高。电视机、电冰箱、洗衣机、房间空调器、微型计算机这五种产品是家庭中体积较大的废弃物，回收处理成本高、难度大，综合考虑资源性、环境性、技术经济性等因素，启动初期需要政策扶持，作为首批目录产品纳入《条例》管理范围。为此，2010 年 9 月 15 日，国家发展改革委、环境保护部、工业和信息化部联合公布了《废弃电器电子产品处理目录（第一批）》，确定从 2011 年 1 月 1 日起，电视机、电冰箱、洗衣机、房间空调器和微型计算机 5 种产品的回收处理必须严格遵守相关法规。为便于目录的调整，将目录作为一项配套政策，单独发布。《条例》第三条规定："列入目录的废弃电器电子产品的回收处理及相关活动，适用本条例。国务院资源综合利用主管部门会同国务院环境保护、工业信息产业等主管部门制订和调整目录报国务院批准后实施。"

2013 年 12 月，为贯彻落实《废弃电器电子产品回收处理管理条例》，在总结《废弃电器电子产品处理目录（第一批）》实施情况的基础上，国家发展改革委环资司委托有关单位研究提出《废弃电器电子产品处理目录调整重点（征求意见稿）》。征求意见稿中，首次将电器电子产品分为含有受控气体产品、含有超过 100 平方厘米以上显示屏的产品、电光源、电池、IT 通信产品及其他等六类，并在"四机一脑"的基础上，新增家用电热水器、电冷热饮水机、监视器、显示器、荧光灯、铅酸蓄电池、锂离子电池、打印机、打印机耗材、复印机、复印机耗材、扫描仪、移动通讯手持机、电话单机、传真机、电风扇、吸排油烟机、电饭锅、电压力锅、微波炉、豆浆机、榨汁机、家用燃气热水器等 21 种产品及 2 类耗材。第一批目录调整重点归纳如表 13-1：

表 13-1 中国废弃电器电子产品处理目录

出台文件	实施时间	产品
《废弃电器电子产品处理目录（第一批）》	2011 年 1 月 1 日	电视机、电冰箱、洗衣机、房间空调器和微型计算机
《废弃电器电子产品处理目录调整重点（征求意见稿）》	2013 年 12 月征求意见	家用电热水器、电冷热饮水机、监视器、显示器、荧光灯、铅酸蓄电池、锂离子电池、打印机、打印机耗材、复印机、复印机耗材、扫描仪、移动通讯手持机、电话单机、传真机、电风扇、吸排油烟机、电饭锅、电压力锅、微波炉、豆浆机、榨汁机、家用燃气热水器

二、目录动态调整系统验证及应用

（一）目录动态调整系统一级筛选验证

1. 第一批目录对动态调整一级筛选条件的验证

根据本研究确定的目录筛选系统，在一级一票否决权指标筛选，即报废总重量筛选中名列前茅。根据计算数据，一级筛选后，2015 年报废总重量前十位的产品分别是：房间空调器社会报废总重量约为 606.62 万吨，排名第一位；电冰箱社会报废总重量约为 336.70 万吨，排名第二位；电视机社会报废总重量约为 269.83 万吨，排名第三位；家用洗衣机社会报废总重量约为 159.50 万吨，排名第四位；台式微型计算机和便携式微型计算机的社会报废总重量合计约为 99.06 万吨，合计排名第五位。如表 13-2 所示。前五位的产品均被纳入第一批目录，可见第一批目录政策与筛选系统符合度为 100%。第一批目录与目录调整征求意见稿中的产品均通过本研究设置的一级筛选条件，即符合《制订和调整废弃电器电子产品处理目录的若干规定》中"社会保有量大、废弃量大"原则，同时说明，目录筛选系统一级筛选条件设置合理。

表 13-2　现有《目录》产品报废总质量排名情况

目录	产品	报废总质量（万吨）	排名
第一批	房间空调器	606.62	1
	电冰箱	336.70	2
	电视机	269.83	3
	家用洗衣机	159.50	4
	台式微型计算机	77.88	合计 99.06 合计排名第五
	便携式微型计算机	21.18	
调整重点征求意见稿	显示器	81.26	5
	通用应用电视监控系统设备（监视器）	79.51	6
	电冷热饮水机	53.28	8
	复印机设备	50.59	9
	家用电热水器	41.57	10
	吸排油烟机	30.14	12
	打印机设备	22.40	14
	家用电风扇	17.90	16
	荧光灯	14.70	17
	电饭煲	9.00	20
	微波炉	8.81	21
	手机	7.91	22
	电话单机	4.20	25
	电压力锅	1.85	34
	豆浆机	1.64	35
	扫描仪	0.94	40
	传真机	0.71	46
	电水壶	0.64	48
	电吹风机	0.47	49

2. 运用一级筛选条件对目录调整重点进行筛选

征求意见的目录中，家用电热水器、电冷热饮水机、监视器、显示器、荧光灯、打印机、复印机、扫描仪、移动通讯手持机、电话单机、传真机、电风扇、吸排油烟机、电饭锅、微波炉、电压力锅、微波炉、豆浆机等都通过一级筛选。铅酸蓄电池、锂离子电池、电压力锅、豆浆机、榨汁机、家用燃气热水器等 5 种家电产品没有通过筛选条件，原因分析如下：

（1）根据基本库产品分类方法，铅酸蓄电池、锂离子电池不被纳入目录。研究确定的基本库没有将电池类产品纳入废弃电器电子产品，电池类产品通过国家《关于限制电池汞含量的规定》（1997，中国轻工总会、国家经贸委等9部门）、《废电池污染防治技术政策》（2003，环保总局）等电池专项政策框架下进行管理。此外，电池的拆解和再利用与电器电子产品差别较大，不适合放在目录政策中进行补贴。

（2）由于数据原因，榨汁机、家用燃气热水器没有纳入目录。由于这两项产品数据缺失，社会报废总重量无法计算。但是，现有数据已经可以充分证明，第二批征求意见的目录中已有80.95%的产品通过一级筛选。

（二）目录筛选系统二级筛选验证

经过目录筛选系统的一级筛选，现有目录中铅酸蓄电池、锂离子电池、榨汁机、家用燃气热水器等已经被排除出目录，为此二级筛选验证，不考虑上述产品，仅对剩余产品进行分析。

1. 第一批目录对动态调整二级筛选条件的验证

结合第二级筛选对产品四个区域的划分，先对目录产品分析如下：第一批目录全部处于第Ⅰ区域，优先度最高。根据二级筛选的区域划分，房间空调器、电冰箱、电视机、家用洗衣机、微型计算机均处于第Ⅰ区域，其中房间空调器、电冰箱、电视机、洗衣机等体积大、重量大，各类产品普及率较高，达到报废高峰期，这几类产品社会资源总量也大，适合纳入目录。微型计算机虽然重量较小，但是由于具有含有大量精密复杂结构的印刷电路板，故资源效益和环境危害性非常突出。

根据二级筛选系统的筛选，"四机一脑"产品应该优先考虑纳入目录，表明系统与第一批目录相吻合，二级筛选条件成立。

2. 运用二级筛选条件对目录调整重点进行筛选

根据本研究确定的目录筛选系统的第二级筛选，第一批目录和目录调整重点中，铅酸蓄电池、锂离子电池、榨汁机、家用燃气热水器、打印机耗材、复印机耗材等产品没有通过本研究确定的一级筛选，为此，二级筛选时，不考虑这几项产品。

目录调整重点产品较为分散，优先度差异大。根据区域划分，目录调整重点中，通用应用电视监控系统设备（监视器）、显示器、复印机、打印机、手机、电话单机、电冷热饮水机、家用电热水器、吸排油烟机、荧光灯等10种产品处于第Ⅰ区域，资源效益和环境危害性显著，优先度较高。家用电风扇、电饭锅、微波炉3种产品资源效益较高，但是环境危害性较低，处于第Ⅱ区域。可以在第Ⅰ区域进入目录后，优先考虑。而根据筛选系统，电压力锅、豆浆机、榨汁机、电水壶、电吹风机、家用燃气热水器等资源效益低，环境危害性不大，处于第Ⅲ区域，为此可以暂不考虑纳入目录。

即目前的情况，调整重点中，显示器、通用应用电视监控系统设备（监视器）、复印机、打印机、手机、电话单机、电冷热饮水机、家用电热水器、吸排油烟机、荧光灯、家用电风扇、微波炉、电饭锅等产品可以考虑纳入目录。家用燃气热水器、电压力锅、豆浆机、榨汁机、扫描仪、传真机、电水壶、电吹风机等产品，不考虑纳入目录。如表13-3所示。

表13-3　现有目录产品通过二级筛选的结果

目录	产品	区域	纳入目录情况
第一批	房间空调器 电冰箱 电视机 家用洗衣机 台式微型计算机 便携式微型计算机	第I区域	资源效益和环境危害性显著，应该优先考虑纳入目录
调整重点征求意见稿	通用应用电视监控系统设备（监视器） 显示器 复印机 打印机 手机 电话单机 电冷热饮水机 家用电热水器 吸排油烟机 荧光灯	第I区域	资源效益较高，但是环境危害性较低，可以在第I区域进入目录后，优先考虑
	家用电风扇 微波炉 电饭锅	第II区域	可暂缓纳入目录
	电压力锅 传真机 豆浆机 扫描仪 电水壶 电吹风机	第III区域	资源效益低，环境危害性不大，可以暂不考虑纳入目录

（三）目录筛选系统三级筛选验证

1. 第一批目录对动态调整三级筛选条件的验证

（1）电视机

1）经济因素分析

①生产行业现状及供求特点

一是生产企业的产能及盈利水平不乐观。数据显示，经历了20世纪90年代爆发式的增长，近年来销售数量已经没有明显提升。同时，家电下乡使得农村家庭的电视覆盖率接近100%。国家节能家电补贴政策结束后，对电视机行业的影响也很大。所以，其市场普及率已接近饱和，产能过剩，企业盈利水平不理想。在这一指标方面，电视机不适合纳入目录。

二是该产品的市场结构呈现国内企业互相竞争的特点。历经90年代的价格血战之后，几家大型国企生存下来，国内品牌企业主导了国内市场，即国内企业占主导地位。但是，由于技术门槛降低以及产品的同质化使得行业面临着潜在竞争压力，从价格表现上来看，很难表现出传统意义上寡头企业的定价能力，因此呈现出竞争型市场格局。从这一角度看，电视机也不适合纳入目录。

三是内销量大，虽然市场饱和，但是刚需仍然存在。随着电脑和网络的普及，电视机的必需品地位受到一定程度的冲击，但中长期的刚需特点仍然明显，为此应该纳入目录。而且，根据国家统计局数据，2013年电视机全年总产量为32 676.96万台，销售量为32 815.70万台。可见我国电视机内销量较大。

②产品回收处理市场现状

一是处理率水平高。由于电视机拆解简单，多家有资质的企业对电视机进行回收处理，处理率水平较高。

二是电视机拆解后的产品残值低。很难依靠市场撬动产品的回收处理。电视机拆解后的产物主要是金属、塑料和玻璃等，残值较低，很难依靠市场力量回收处理，因此，需要政策予以扶持，纳入目录。

③产品回收处理成本

一是处理成本较高。电视机的组成简单，目前的拆解主要是靠手工拆解，技术和工艺相对简单，技术成本低。但是对中间产物进行处理较为烦琐，比如回收贵金属，技术成本也相应较高，需要政府扶持。

二是收购成本较低。虽然电视机的残值较低，但是目前电视机仍被消费者视为有价商品，随着"以旧换新"政策的结束，电视机的收购成本较高。

三是物流、仓储成本高。在家电"以旧换新"政策实施期间，回收的大部分产品是阴极射线管电视，其运费补贴约为每个产品40元。按产品30kg重量计，可以得出每kg的运费成本为1.33元，说明成本较高。由于目前主流的电视机为液晶显示屏，虽然不及CRT电视机的报废量大，达到报废高峰期，但由于其显示屏易碎，破碎后对环境也有污染，不易搬运。为此物流和仓储成本较高，需要纳入目录予以政策扶持。

2）社会因素分析

一是回收渠道已经建立。由于电视机的普及以及其历史相对较长，长久以来已经形成了正规有效的回收渠道，家电"以旧换新"政策促进了电视机的回收。

二是产品主要用户群体知识水平不高。电视机的使用以一般普通家庭为主，用户知识水平结构总体符合国家整体的知识水平结构，平均来看不算太高，家电的回收意识不强，所以需要予以政策扶持。

三是社会公众处理需求大。由于电视机普及率高，而且已经达到报废高峰期，故社会公众的关注度较高，对于回收处理的要求也高，需要政府给予关注。

3）技术因素分析

一是产品回收处理的技术可行性。目前处理回收电视机的企业较多，回收方法和技术较为成熟，所以技术上具有可行性。

二是产品生产技术发展趋势环境友好性、资源节约性明显。随着技术的发展，电视机从显像管技术到目前的液晶屏、平板电视等，相对于显像管技术的 CRT 玻璃，当前市场份额较大的电视机产品环境危害性逐步减小。

4）政策因素分析

一是产品纳入目录的政策风险较高。由于监视器、显示屏的外形和电视机比较接近，容易使销售者利用此漏洞从国家获得补贴。所以，其产品异质性小，不易分辨，政策风险高，不便纳入目录。

二是与产品相关配套政策相协调。2009 年，国家出台家电"以旧换新"政策，该政策对废弃电器电子产品中标的回收企业进行运费补贴，降低了运输成本，促进范围内产品回收渠道的构建。虽然家电"以旧换新"政策于 2012 年结束，对废旧家电回收企业的运费补贴随之取消，但是《目录》政策下，获得资质的废弃电器电子产品处理企业为了企业自身的利益与发展，有动机扩张回收数量和产能，通过让利的方式，利用零散在各个城市、街道、社区的回收点收集废弃家电，是一种有效的扩张模式。此外，国家发展改革委在铅锌行业准入条件（公告 2007 年，第 13 号）中明确规定铅冶炼项目，单系列铅冶炼能力必须达到 5 万吨/年（不含 5 万吨）以上，再生铅项目的规模必须大于 5 万吨/年。国家在产业结构调整指导目录（2011 年版）中对再生铅项目建设也做出明确的确定。规范 CRT 电视的回收处理与上述政策一致。因此，电视机纳入目录与相关政策相协调，未来仍需要利用补贴刺激回收。

5）分析总结

综上，电视机有 10 项指标显示该产品适合纳入目录，超过半数，可将电视机继续纳入优先处理目录。如表 13-4 所示。

表 13-4　电视机定性指标分析情况表

一级指标	二级指标	分析内容	是否适合纳入目录	
			是	否
经济因素	生产行业现状及供求特点	生产企业的产能及盈利水平		产能过剩、盈利水平低
		产品的市场结构		竞争市场
				国内企业市场份额大
		产品的供求状况	刚需大	
			内销量大于出口量	
	产品回收处理的市场现状	处理率水平		处理率水平高
		商品残值	残值低，需靠政策扶持	
	产品回收处理成本	处理成本	技术可行的情况下处理成本高	
		收购成本	收购成本高	
		物流和仓储成本	物流和仓储成本高	
社会因素	产品回收渠道	—		回收可以依靠市场力量
	产品主要用户群体	—	主要用户群体知识水平较低	
	社会公众回收处理需求	—	公众关注度高	
技术因素	产品回收处理的技术可行性	—	处理技术可行	
	生产企业生产技术发展趋势	—		生产技术发展有利于降低环境危害，提高资源效益
政策因素	产品纳入目录的政策风险	—		政策风险高
	与有关电器电子产品的其他配套政策的协调性	—	与相关政策协调	

（2）电冰箱

1）经济因素分析

①生产行业现状及供求特点

一是生产企业的产能及盈利水平较低。数据显示，目前国内冰箱产能已超过 1 亿台，与千万级的年销售量相比存在明显的产能过剩，中国冰箱业产能过剩三成。所以产能过剩，盈利水平低。

二是该产品的市场结构处在寡占与竞争市场形态边缘。电冰箱近年来迎来告诉扩产期，由于技术门槛不高，目前仍有新进者纷至沓来，尤其是彩电企业对于进入冰箱业表现积极，如 TCL、康佳、创维、格力等，使得电冰箱行业呈现竞争状态，但是，海尔、容声、美的三家企业的市场份额占到一半左右，仍然带有寡占的特点，并且国内企业市场份额大。

三是该产品内销量大于出口量，刚需较大。2012 年我国冰箱总产量为 6 600 万台，国内冰箱市场销售总量为 4 100 万台，出口 2 006 万台，内销量大于出口量，适合纳入目录。从需求方面来看，虽然电冰箱产能过剩，但是冰箱是家庭生活的必需品，具有很强的不可替代性，尤其是城镇化进程将有效释放刚需。

②产品回收处理市场现状

一是处理率水平高。随着电冰箱作为第一批《目录》产品对处理企业进行补贴，目前，多家有资质的企业对电冰箱进行回收处理，处理率水平较高。

二是拆解后的产品残值较高，可依赖市场回收处理。电冰箱的主要构成是铜、铝等金属和塑料，其中的金属价值较高。且废铜、废铝、废塑料、电线、电机等均已在国内形成了较好的流通市场，从这一角度看，电冰箱纳入目录效果可能会低于电视机。

③产品回收处理成本

一是技术可行的情况下处理成本较高。电冰箱的组成较为复杂，手工拆解等初级拆解较为简单，但是对中间产物进行处理较为烦琐，比如回收贵金属，技术成本也相应较高，需要政府扶持。

二是收购成本高。由于废旧电冰箱残值较高，多被二手商贩高价收购转售二手，导致处理企业没有货源收购或因回收价格过高无法收购。

三是物流、仓储成本高。家电"以旧换新"政策期间，电冰箱的补贴根据容积和距离的不同，补贴价格为 30～50 元，以平均 40 元计算，电冰箱平均重量为 60kg，为此每 kg 的补贴为 0.67 元，说明运费成本较高。而且电冰箱体积较大，不利于运输，且所占存储空间较大。故物流和仓储成本较高，需要纳入目录予以政策扶持。

2）社会因素分析

一是尚未建立正规回收渠道，但是可依靠市场力量回收。目前，电冰箱较为正规的回收渠道主要是家电以旧换新，但是"以旧换新"政策隐退后，并没有形成正规有效的回收渠道。电冰箱由于高附加值，多被二手商贩高价收购转售二手，导致处理企业没有货源收购或因回收价格过高无法收购，但是可以依靠市场力量，对电冰箱及其配件进行回收再利用。

二是产品主要用户群体知识水平不高。电冰箱的使用以一般普通家庭为主，知识水平有限，家电的回收意识不强，所以需要予以政策扶持。

三是社会公众处理需求大。目前电冰箱普及率较高，而且已经达到报废高峰期，社会公众的关注度较高，对于回收处理的要求也高，需要政府给予关注。

3）技术因素分析

一是产品回收处理的技术可行性。电冰箱纳入第一批《目录》后，不断有回收处理企业投产拆解冰箱，故目前国内技术可行。

二是产品生产技术发展趋势环境友好性、资源节约性趋势明显。各企业在研发电冰箱的节能节电、制冷剂（低氟无氟）方面取得了许多进展，其趋势有利于降低环境危害。

4）政策因素分析

一是产品纳入目录的政策风险高。由于电冰箱的异质性大，容易分辨，回收处理企业利用此漏洞套取国家补贴的可能性几乎没有。但是，电冰箱的残值高，重组再用的比例大，导致企业收购价格高，综合来看，其政策风险高。

二是与产品相关配套政策相协调。电冰箱的制冷剂是破坏臭氧层、导致气候变化的"元凶"之一。我国作为世界上最大的发展中国家，先后签订了《蒙特利尔议定书》[1]、《京都议定书》等一系列减少温室气体的协议，承担着巨大的温室气体减排压力。电冰箱的回收，尤其是对制冷剂的回收处理，与国家一贯的温室气体政策相一致，可以为国家温室气体减排贡献力量。此外，与电视机类似，电冰箱纳入目录，与家电"以旧换新"政策相辅相成。

5）分析总结

综上，电冰箱有10项指标显示该产品适合纳入目录，超过半数，可将电冰箱纳入优先处理目录。如表13-5所示。

---

[1]《蒙特利尔议定书》是联合国为了避免工业产品中的氟氯碳化物对地球臭氧层继续造成恶化及损害，承续1985年保护臭氧层维也纳公约的大原则，于1987年9月16日邀请所属26个会员国在加拿大蒙特利尔签署的环境保护公约。该公约自1989年1月1日起生效。

表 13-5　电冰箱定性指标分析情况表

一级指标	二级指标	分析内容	是否适合纳入目录	
			是	否
经济因素	生产行业现状及供求特点	生产企业的产能及盈利水平		产能过剩、盈利水平低
		产品的市场结构	寡头垄断	
				国内企业市场份额大
		产品的供求状况	刚需大	
			内销量大于出口量	
	产品处理市场现状	处理率水平		处理率水平高
		商品残值		残值高，可依赖市场回收处理
	产品回收处理成本	处理成本	技术可行的情况下处理成本高	
		收购成本	收购成本高	
		物流和仓储成本	物流和仓储成本高	
社会因素	产品回收渠道	—		回收可以依靠市场力量
	产品主要用户群体	—	主要用户群体知识水平较低	
	社会公众回收处理需求	—	公众关注度高	
技术因素	产品回收处理的技术可行性	—	处理技术可行	
	生产企业生产技术发展趋势	—		生产技术发展有利于降低环境危害，提高资源效益
政策因素	产品纳入目录的政策风险	—		政策风险高
	与有关电器电子产品的其他配套政策的协调性	—	与相关政策协调	

（3）空调

1）经济因素分析

①生产行业现状及供求特点

一是生产企业的产能及盈利水平较低。近几年空调市场的火爆促使众多空调厂家积极扩张，建立新的生产基地、购置新的生产线。2011 冷冻年结束的时候，空调厂家的库存就高达1 080万台。因此产能过剩，盈利水平低。

二是该产品的市场结构属于寡头垄断。中国空调市场仍然为格力、海尔和美的占领，尤其在变频空调市场，三品牌的领先优势更加明显。而借助家电下乡等政策的实施，三大厂家也趁机扩展渠道，全面布局于三、四线市场，进一步巩固了领先的优势。除格力、海尔和美的三足鼎立的局势外，其他竞争者也大多为国内品牌。

三是内销量较大，刚需较大。2012 年我国空调总产量为36 932.31万台，国内空调市场销售总量为36 903.60万台，内销量较大。从需求方面来看，空调是家庭生活的必需品，具有很强的不可替代性，因此中长期城镇化进程可以释放刚性需求。

②产品回收处理市场现状

一是处理率水平不高。空调作为第一批《目录》产品对处理企业进行补贴，目前有多家有资质企业对空调进行回收处理，但是由于残值高，大部分产品被二手倒卖，为此目前来看空调处理率不高。

二是拆解后的产品残值较高，可依赖市场回收处理。空调的主要构成是铜、铝等金属和塑料。据了解，一台 2P 空调可能拆出 10～15kg 的铜、17.5kg 重的压缩机、10～15kg 的铁、废塑料、电路板以及电线、电机等，且废铜、废铝、废旧压缩机、废塑料、电线、电机等均已在国内形成了较好的流通市场。从这一个角度看，与电冰箱类似，空调的激励效果不明显。

③产品回收处理成本

一是技术可行的情况下处理成本较高。空调的组成较为复杂，手工拆解等初级拆解较为简单，但是对中间产物进行处理较为烦琐，比如印刷电路板中贵金属的回收，技术成本也相应较高，需要政府扶持。

二是收购成本高。由于废旧空调残值较高，多被二手商贩高价收购转售二手，导致处理企业没有货源收购或因回收价格过高无法收购。

三是物流、仓储成本高。在家电"以旧换新"政策期间，空调的运费补贴为20～50 元不等，以平均40 元计算，空调的平均重量为50kg，平均每 kg 运费补贴为0.8 元，运费成本较高。同时，由于空调含有制冷剂，运输和储存过程中泄漏风险较大，为此物流和仓储成本较高。

2）社会因素分析

一是尚未建立回收渠道，但可以依靠市场力量回收再用。目前，较为正规的空调回收渠道主要是家电以旧换新，但是"以旧换新"的政策隐退后，并没有形成正规有效的回收渠道。空调因其高附加值，多被二手商贩高价收购转售二手，导致处理企业没有货源收购，但是依靠市场力量，空调也可以得到充分的再利用。

二是产品主要用户群体知识水平不高。空调的使用以一般普通家庭为主，知识水平有限，家电的回收意识不强，所以需要予以政策扶持。

三是社会公众处理需求大。目前空调普及率较高，而且已经达到报废高峰期，为此社会公众的关注度较高，对于回收处理的要求也高，需要政府给予关注。

3）技术因素分析

一是产品回收处理的技术可行性。目前回收处理空调的方法和技术较多，简单的处理可以分选出铜、铝等金属。纳入第一批《目录》后，很多回收处理企业由于生产要求，对空调进行回收处理。深度处理方面，如集成电路板中含有镍、镓、钯、金、银等多种稀有金属，其中相当一部分是重要的工业原材料，其深加工处理，则有多种方法，如焚烧、萃取、电解、离心等复杂的物理化学工艺。所以，在技术可行性上适合纳入目录的。

二是产品生产技术发展趋势环境友好性、资源节约性较好。目前，各企业都在研发空调的节能节电、环保型制冷剂和资源回收等方面取得了许多进展，其趋势有利于降低环境危害，提高资源效益。从这方面考虑不需要纳入目录。

4）政策因素分析

一是产品纳入目录的政策风险很低。由于空调的异质性大，容易分辨，回收处理企业不容易利用此漏洞套取国家补贴。但是空调重组再用的可能性大，零部件较多，所以其纳入目录补贴计算难的政策风险高。

二是与产品相关配套政策相协调。空调中也含有制冷剂。我国先后签订了《蒙特利尔议定书》、《京都议定书》等一系列减少温室气体的协议，面临巨大的减排压力。空调制冷剂的回收处理，与国家一贯的温室气体政策相一致，可以为国家温室气体减排贡献力量。此外，空调纳入目录，与家电"以旧换新"政策相辅相成。

5）分析总结

综上，空调有12项指标显示该产品适合纳入目录，超过半数，可将空调纳入优先处理目录。如表13-6所示。

表 13-6　空调定性指标分析情况

一级指标	二级指标	分析内容	是否适合纳入目录	
			是	否
经济因素	生产行业现状及供求特点	生产企业的产能及盈利水平		产能过剩、盈利水平低
		产品的市场结构	寡头垄断	
				国内企业市场份额大
		产品的供求状况	刚需大	
			内销量大于出口量	
	产品处理市场现状	处理率水平	处理率水平低	
		商品残值		残值高，可依赖市场回收处理
	产品回收处理成本	处理成本	技术可行的情况下处理成本高	
		收购成本	收购成本高	
		物流和仓储成本	物流和仓储成本高	
社会因素	产品回收渠道	—		回收可以依靠市场力量
	产品主要用户群体	—	主要用户群体知识水平较低	
	社会公众回收处理需求	—	公众关注度高	
技术因素	产品回收处理的技术可行性	—	处理技术可行	
	生产企业生产技术发展趋势	—		生产技术发展有利于降低环境危害，提高资源效益
政策因素	产品纳入目录的政策风险	—	政策风险低	
	与有关电器电子产品的其他配套政策的协调性	—	与相关政策协调	

（4）洗衣机

1）经济因素分析

①生产行业现状及供求特点

一是生产企业的产能及盈利水平较低。与电视机行业相似，产能过剩给洗衣机行业带来了较大的销售压力。行业内价格战的掀起加剧了竞争格局，行业供给曲线平坦，供给弹性较大，产量对价格调整非常敏感，反映出行业利润空间有限。因此产能过剩，盈利水平低，不适合纳入目录。

二是该产品的市场结构属于竞争型。从2012全年累计数据看，海尔占据国内市场头把交椅。但由于洗衣机的技术条件已经非常成熟，企业之间的产品技术差异不大，总体而言市场竞争激烈。市场份额前四的企业市场份额不足50%，市场没有形成寡占。从这一角度看，不需要将其纳入目录。中国洗衣机的市场依然被海尔占据，且其他竞争者也大多为国内品牌。所以是国内企业市场份额大，这不适合纳入目录考虑。

三是该产品内销量大于出口量，刚需较大。2012年我国洗衣机总产量为5 567万台，国内洗衣机市场销售总量为3 481万台，出口2 086万台，内销量大于出口量，适合纳入目录。从需求方面来看，洗衣机是家庭生活的必需品，虽然目前洗衣机销售主体依赖更新需求，行业增长放缓。但是，中长期城镇化进程同样会释放洗衣机的刚性需求，消费升级推动高端产品比重上升，大容量洗衣机受宠。从这个角度来看，洗衣机也适合纳入目录。

②产品回收处理市场现状

一是处理率水平低。随着洗衣机作为第一批《目录》产品对处理企业进行补贴，目前，多家有资质的企业可以对洗衣机进行回收处理，但是由于洗衣机拆解处理的附加值较小，处理企业不愿意收购，为此处理率水平不高。

二是拆解后的产品残值较低，需要政策扶持。洗衣机拆解后的产品残值较低，回收处理企业出于利益考虑，在《目录》政策下，都不愿意回收洗衣机，因此需要继续加大力度，促进回收处理。

③产品回收处理成本

一是技术可行的情况下处理成本较低。洗衣机的组成简单，手工拆解等初级拆解较为简单。

二是收购成本高。由于废旧洗衣机的价值仍然很高，消费者易将其视为有价商品，导致收购成本较高。

三是物流、仓储成本高。家电"以旧换新"政策期间，洗衣机的补贴价格为

30～50 元期间，以 40 元计，洗衣机的平均重量为 30kg，平均每 kg 的补贴为 1.33元，说明物流成本较高。由于洗衣机体积大，存储成本也较高。

2）社会因素分析

一是尚未建立回收渠道。目前，正规拆解企业由于洗衣机的附加值较小，不愿意收购并大批量地回收处理，因此，洗衣机拆解市场以从事物理拆解的中小企业和个体小贩为主。没有形成正规的回收渠道。

二是产品主要用户群体知识水平不高。洗衣机的使用以一般普通家庭为主，知识水平有限，家电的回收意识不强，所以需要予以政策扶持。

三是社会公众处理需求大。目前洗衣机普及率很高，而且已经达到报废高峰期，为此社会公众的关注度较高，对于回收处理的要求也高，需要政府给予关注。

3）技术因素分析

一是产品回收处理的技术可行性。目前回收处理洗衣机的方法和技术较多，简单的处理可以分选出铜、铝等金属。进一步处理，如集成电路板中含有镍、镓、钯、金、银等多种稀有金属，其中相当一部分是重要的工业原材料，其深加工处理有多种方法，如焚烧、萃取、电解、离心等复杂的物理化学工艺。随着洗衣机纳入第一批《目录》，多家企业拥有洗衣机的拆解技术。

二是产品生产技术发展趋势环境友好性、资源节约性不明显。目前来看，洗衣机领军企业在降低环境危害、提高资源效益方面的探索稍显不足。

4）政策因素分析

一是产品纳入目录的政策风险很低。由于洗衣机的异质性小，容易分辨，销售者不容易利用此漏洞从国家获得补贴。而且整机收购的比例大，所以其政策风险低，便于纳入目录。

二是与产品相关配套政策相协调。2009 年，国家出台家电"以旧换新"政策，该政策促进范围内产品回收渠道的构建。因此，洗衣机纳入目录与相关政策相协调，未来仍需要利用补贴刺激回收。

5）分析总结

综上，洗衣机有 13 项指标显示该产品适合纳入目录，超过半数，可将洗衣机纳入优先处理目录。如表 13-7 所示。

表 13-7　洗衣机定性指标分析

一级指标	二级指标	分析内容	是否适合纳入目录	
			是	否
经济因素	生产行业现状及供求特点	生产企业的产能及盈利水平		产能过剩、盈利水平低
		产品的市场结构		竞争市场
				国内企业市场份额大
		产品的供求状况	刚需大	刚需小
			内销量大于出口量	
	产品处理市场现状	处理率水平	处理率水平低	
		商品残值	残值低，需靠政策扶持	
	产品回收处理成本	处理成本		技术可行的情况下处理成本低
		收购成本	收购成本高	收购成本低
		物流和仓储成本	物流和仓储成本高	物流和仓储成本低
社会因素	产品回收渠道	—	没有建立回收渠道	
	产品主要用户群体	—	主要用户群体知识水平较低	
	社会公众回收处理需求	—	公众关注度高	
技术因素	产品回收处理的技术可行性	—	处理技术可行	
	生产企业生产技术发展趋势	—	生产技术发展不利于降低环境危害，提高资源效益	
政策因素	产品纳入目录的政策风险	—	政策风险低	
	与有关电器电子产品的其他配套政策的协调性	—	与相关政策协调	

（5）微型计算机

1）经济因素分析

①生产行业现状及供求特点

一是生产企业的产能及盈利水平较为乐观，2012年，中国市场个人电脑出货量为6 900万部，而美国为6 600万部。这是中国首次超越美国而成为全球最大个人电脑市场。联想、华硕、惠普领跑计算机市场。

二是该产品的市场结构处于竞争与寡占边缘，略微偏向寡占的特点。目前来看，中国计算机市场品牌非常多，但联想、华硕、惠普领跑计算机市场，未来还将有进一步上升的趋势。故计算机行业呈现出略微偏向寡占的特点。

三是该产品出口大于内销，但是刚需较大。随着生活水平和人们需求的提高，计算机越来越成为工作及娱乐必不可少的设备，刚需较大。未来市场保有量增长空间大，未来报废量也将逐步增加，应该纳入目录。

②产品处理市场现状

一是处理率水平很低。拆解处理技术与产品的结构复杂程度成正比。计算机的拆解技术和工艺相对复杂，材料组成也比较复杂，主要是金属、塑料和玻璃等。正因为计算机的拆解处理技术等级较高，拆解和审核标准一直未出，所以处理企业迟迟未开工拆解，正规渠道的拆解处理率水平较低。

二是拆解后的产品残值较高，可依靠市场回收处理。计算机拆解后的产物主要是稀贵金属、塑料和玻璃等，残值较高，可依靠市场力量回收处理，因此，需要政策及技术予以扶持。

③产品回收处理成本

一是在技术可行的情况下处理成本较高。计算机的结构较为复杂，其拆解技术和工艺相对复杂，技术成本也相应较高。

二是收购成本较高。由于计算机的普及率越来越高，但没有达到报废高峰期，消费者易将其视为有价商品，导致收购成本较高。

三是物流、仓储成本高。家电"以旧换新"政策期间，计算机的补贴价格为20～35元，以平均28元计算，电脑的平均重量为25kg，每kg运费补贴1.12元，说明运费成本较高。电脑为较贵重的物品，体积较小，易于便携，但是其含量较高的电路板、液晶屏显示器等需要在运输和存储的过程中谨慎对待。为此物流和仓储成本较高。

2）社会因素分析

一是回收渠道没有建立。目前，计算机较为正规的回收渠道主要是家电"以旧换新"政策，但是"以旧换新"政策隐退后，并没有形成计算机正规有效的回收渠道。目前，废弃的计算机大部分在流通环节被拆解，正规的处理企业没有大批量的回收处理计算机的渠道。故应该纳入目录，利用传导机制，促进回收渠道的建立。

二是产品主要用户群体知识水平较低，回收意识不强。计算机目前比较普及，用户知识水平结构总体符合国家整体的知识水平结构，平均来看，不算太高。故用户普遍的回收意识不强，应该予以政策扶持。

三是社会公众关注度较高。由于计算机进入市场较晚，其普及率远低于电视、电冰箱等家电产品，目前也没有达到报废高峰期，社会公众的处理需求较低。

3）技术因素分析

一是产品回收处理的技术可行性。目前已有有许可证资质的企业回收处理计算机，说明国内目前已经达到计算机回收处理的技术，计算机回收处理技术上是可行的。但是尚未出台拆解和审核标准。

二是产品生产企业生产技术发展趋势环境友好性、资源节约性明显。随着计算机技术的发展，污染较为严重的 CRT 显示器逐步被液晶屏和平板替代，在对计算机的环境危害性、资源回收利用方面有所突破。

4）政策因素分析

一是产品纳入目录的政策风险较高。计算机这类产品异质性大，容易分辨，政策风险低，不容易出现套取政策补贴的风险，但是由于电脑零部件重组再用比例大，补贴计算方面有一定政策风险。

二是与产品相关配套政策相协调。计算机印刷电路板的含量较大，电路板的破碎分选处理需要获得环保部门的危废处理许可。故纳入目录与相关政策相一致。此外，由于电路板有色金属含量大，近年来国家在有色金属领域主要出台了《有色金属产业调整和振兴规划》（国发〔2009〕14 号）和《再生有色金属产业发展推进计划》（工信部联节，〔2011〕51 号），都重点强调现阶段有色金属产业在我国实现城镇化、工业化、信息化中的重要作用没有改变，作为现代高新技术产业发展关键支撑材料的地位没有改变，产业发展的基本面没有改变。同时，加快建设覆盖全社会的有色金属再生利用体系，支持具备条件的地区建设有色金属回收交易市场、拆解市场。因此，规范电脑的回收再用与上述政策相一致。

5）分析总结

综上，计算机有 11 项指标显示该产品适合纳入目录，超过半数，可将计算机纳入优先处理目录。如表 13-8 所示。

表 13-8　计算机定性指标分析

一级指标	二级指标	分析内容	是否适合纳入目录	
			是	否
经济因素	生产行业现状及供求特点	生产企业的产能及盈利水平	产能平衡、盈利水平相对较高	
		产品的市场结构	寡头垄断	
				国内企业市场份额大
		产品的供求状况	刚需大	
				出口量大于内销量
	产品处理市场现状	处理率水平	处理率水平低	
		商品残值		残值高，可依赖市场回收处理
	产品回收处理成本	处理成本	技术可行的情况下处理成本高	
		收购成本	收购成本高	
		物流和仓储成本	物流和仓储成本高	
社会因素	产品回收渠道	—	没有建立回收渠道	
	产品主要用户群体	—	主要用户群体知识水平较低	
	社会公众回收处理需求	—		公众关注度低
技术因素	产品回收处理的技术可行性	—	处理技术可行	
	生产企业生产技术发展趋势	—		生产技术发展有利于降低环境危害，提高资源效益
政策因素	产品纳入目录的政策风险	—		政策风险高
	与有关电器电子产品的其他配套政策的协调性	—	与相关政策协调	

（6）验证结果

通过验证，第一批目录结果与第三级筛选条件吻合，说明本研究制定的第三级筛选条件具有一定的科学性。

2. 运用三级筛选条件对目录调整重点进行筛选

经过目录筛选系统的一级筛选、二级筛选，现有目录中铅酸蓄电池、锂离子电池、榨汁机、家用燃气热水器、电压力锅、传真机、豆浆机、扫描仪、电水壶、电吹风机等已经被排除出目录，为此三级筛选验证，不考虑上述产品，研究将仅对剩余产品进行分析。

（1）微波炉适合纳入目录

1）经济因素分析

①生产行业现状及供求特点

一是生产企业的产能及盈利水平较为乐观。目前来看，微波炉的市场普及率还不高，产能相对较低，企业保持较为理想的盈利水平。在这一指标方面，微波炉适合纳入目录予以扶持。

二是产品的市场结构呈现国内企业寡占特点。目前来看，中国微波炉市场品牌集中度非常高，美的与格兰仕两大巨头占到微波炉产量的90%以上，未来还将有进一步上升的趋势。故微波炉行业呈现出明显的寡占现象，适于纳入目录予以管理。但是，从另一个角度看，目前寡头垄断的美的和格兰仕两大品牌均为中国企业，纳入目录征收基金不利于保护企业国际竞争力。

三是产品出口大于内销，但是刚需较大。随着生活节奏的加快，操作简易便利的微波炉越来越成为家庭必需品，刚需有待进一步释放。未来市场保有量增长空间大，报废量也将逐步增加，应该纳入目录。但是，根据国家统计局数据，2012年微波炉全年总产量为6 999.4万台，出口5 382.9万台。可见虽然我国微波炉产量巨大，但80%左右用于出口。出口量远大于内销量，从这个角度看，微波炉不适合纳入目录。

②产品处理市场现状

一是处理率水平低。目前，仅有2家有资质的企业对微波炉进行回收处理，处理率水平较低。

二是拆解后的产品残值较低，很难依靠市场撬动产品的回收处理。微波炉拆解后的产物主要是金属、塑料和玻璃等，残值较低，很难依靠市场力量回收处理，需要政策予以扶持。

③产品回收处理成本

一是处理成本较低。拆解处理技术与产品的结构复杂程度成正比。微波炉的拆解技术和工艺相对简单，材料组成也不复杂，主要是金属、塑料和玻璃等，微波炉的拆解处理技术水平低，技术成本也相应较低。

二是收购成本较高。由于微波炉普及率不高，也没有达到报废高峰期，消费者易将其视为有价商品，导致收购成本较高。

三是物流、仓储成本低。微波炉有坚硬的金属外壳，体积适中，易于搬运，且微波炉发生磕碰后，也不存在有液体或气体等外泄污染环境。由此推断运费、仓储成本低。

2）社会因素分析

一是回收渠道没有建立。目前，微波炉较为正规的回收渠道主要是家电"以旧换新"政策，但是"以旧换新"政策隐退后，并没有形成微波炉正规有效的回收渠道。目前，废弃的微波炉大部分在流通环节被拆解，正规的处理企业没有大批量地回收处理微波炉。故应该纳入目录，利用传导机制，促进回收渠道的建立。

二是产品主要用户群体回收意识不强。微波炉主要以一般普通家庭为主，用户知识水平结构总体符合国家整体的知识水平结构，平均来看，不算太高。故用户普遍的回收意识不强，应该予以政策扶持。

三是社会公众处理需求不大。由于微波炉进入市场较晚，其普及率远低于电视、电冰箱等家电产品，目前也没有达到报废高峰期，社会公众的处理需求较低。

3）技术因素分析

一是产品回收处理的技术可行。目前已有2家有许可证资质的企业回收处理微波炉，说明国内目前已经达到微波炉回收处理的技术，微波炉回收处理技术上是可行的。

二是产品生产企业生产技术发展趋势环境友好性、资源节约性较差。美的和格兰仕等领军企业除了在节能节电方面投入力量，鼓励研发之外，在对微波炉的环境危害性、资源回收利用方面没有较大突破。因此，可以认为微波炉行业的生产技术发展趋势没有向有利于减缓环境危害、提高资源效率方面发展，应该纳入目录，加大管理。

4）政策因素分析

一是产品纳入目录的政策风险较低。微波炉这类产品异质性大，容易分辨，政策风险低，不容易出现套取政策补贴的风险，重组再用比例也不高，如果纳入目录，将取得较好的效果。

二是与产品相关配套政策相协调。塑料和印刷电路板是微波炉的主要组成部分。印刷电路板的破碎分选处理需要获得环保部门的危废处理许可。此外，2012年8月24日环境保护部、国家发展改革委和商务部联合发布了废塑料加工利用污染防治管理规定，对废塑料加工利用企业进行污染预防严格管理。纳入目录与上述政策相辅相成。

5）分析总结

综上，微波炉有11项指标显示该产品适合纳入目录，超过半数，此可将微波炉纳入优先处理目录。如表13-9所示。

表 13-9　微波炉定性指标分析情况表

一级指标	二级指标	分析内容	是否适合纳入目录	
			是	否
经济因素	生产行业现状及供求特点	生产企业的产能及盈利水平	产能平衡、盈利水平相对较高	
		产品的市场结构	寡头垄断	
				国内企业市场份额大
		产品的供求状况	刚需大	
				出口量大于内销量
	产品回收处理的市场现状	处理率水平	处理率水平低	
		商品残值	残值低，需靠政策扶持	
	产品回收处理成本	处理成本		技术可行的情况下处理成本低
		收购成本	收购高	
		物流和仓储成本		物流和仓储成本低
社会因素	产品回收渠道	—	没有建立回收渠道	
	产品主要用户群体	—	主要用户群体知识水平较低	
	社会公众回收处理需求	—		公众关注度低
技术因素	产品回收处理的技术可行性	—	处理技术可行	
	生产企业生产技术发展趋势	—	生产技术发展不利于降低环境危害，提高资源效益	
政策因素	产品纳入目录的政策风险	—	政策风险低	
	与有关电器电子产品的其他配套政策的协调性	—	与相关政策协调	

（2）监视器适合纳入目录

1）经济因素分析

①生产行业现状及供求特点

一是生产企业的产能及盈利水平较为乐观。监视器作为闭路监控系统（cctv）的显示终端，是除了摄像头外监控系统中不可或缺的一环。长期以来，监视器主要应用在金融、珠宝店、医院、地铁、火车站、飞机场、展览会所、商业写字楼、休闲娱乐场所等，负责安防方面的工作。由于技术的发展，闭路监控系统整套成本得到了很好的调整。越来越多的小企业也具备价格承受能力，开始建立自己的监控系统实现安防或其他监控需求。根据《中国电子信息产业年鉴》，2012年监视器的产量为421.60万台，年末库存为8.42万台，产能基本平衡。

二是产品的市场结构呈现国际、国内企业竞争特点。目前来看，我国液晶监视器的生产企业众多。既有国际知名品牌，如三星、索尼、博世、松下、霍尼韦尔，也有国有知名品牌，如天地伟业、海康威视、泰科、大华、亚安，还有更多知名度较少的品牌，品牌集中度不高，呈多元化趋势，竞争形式明显，不适于纳入目录予以管理。从另一个角度看，目前中国企业占一定主导地位的情况，也使得监视器纳入目录征收基金不利于保护企业国际竞争力。

三是产品出口大于内销，刚需特点明显。根据工业和信息化部对全部国有电子信息产业制造业企业和年主营业务收入在500万元以上的非国有电子信息产业制造业企业主要产品产量的统计显示，监视器的出口量大于内销量。而且目前来看，监视器未来需求量较大。

②产品处理市场现状

一是处理率水平低。由于监视器没有纳入第一批基金目录，并且其单个价值很低，因此，大量废弃的监视器没有进入处理企业进行拆解处理。同时，由于与电视机有同质性，很多监视器被充当电视机套取补贴，因此处理行业规范水平评估较低。

二是拆解后的产品残值较低，很难依靠市场撬动产品的回收处理。废液晶监视器的拆解主要以手工物理拆解为主。拆解后的产物为塑料外壳、液晶显示组件、印刷电路板和其他零部件等。由于液晶监视器构造比较简单，因此拆解过程并不复杂，物质残值较低，需要政策予以扶持。

③产品回收处理成本

一是处理成本较高。由于液晶监视器构造比较简单，因此拆解过程并不复杂，目前主要以手工拆解为主。但对印刷电路板的加工属于深加工，故监视器的处理技术要求高，技术成本也高。

二是收购成本较低。监视器用户比较集中，以企业、机关单位为主，在产品更新换代后，多数企业为了不浪费仓储用地及资金，愿意主动回收，导致收购成本较低。

三是物流、仓储成本低。监视器主要由金属壳体、金属屏蔽罩、印刷电路板、线材、玻璃和其他液晶屏部件组成。运输过程中，液晶监视器发生磕碰后，没有危险物质外泄。由于监视器与电视机有很大的同质性，为此类比家电以旧换新的补贴每台 30 元计，监视器的平均重量为 10kg，平均每 kg 运费为 3 元，物流成本高。

2）社会因素分析

一是回收渠道没有建立。目前，液晶监视器生产企业还没有开展废弃产品的回收工作，因此生产行业参与回收处理水平低，回收渠道没有建立。

二是产品主要用户群体回收意识强。监视器主要以企业用户为主，用户知识水平结构较高，普遍的回收意识强。

三是社会公众处理需求不大。由于监视器进入市场较晚，普及率低，目前没有达到报废高峰期，且由于体积不大，容易被社会公众忽视，为此社会公众的处理需求较低。

3）技术因素分析

一是产品回收处理的技术可行。监视器与电视机具有极大的相似性，从第一批《目录》实施情况来看，电视机拆解处理企业也进行少量的液晶监视器和液晶电视机拆解，但由于没有基金补贴，因此拆解处理企业回收到的液晶监视器和液晶电视机暂时进行贮存。这说明国内目前已经达到监视器回收处理的技术水平，因此监视器回收处理在技术层面上是可行的。

二是国有企业生产技术发展趋势环境友好性、资源节约性明显。近年来液晶屏技术、平板技术逐步替代铅污染严重的 CRT 技术，因此监视器领域的生产技术发展趋势有利于减缓环境危害、提高资源效率。

4）政策因素分析

一是产品纳入目录的政策风险较高。监视器这类产品异质性小，容易与显示器、电视机等混淆，容易出现套取政策补贴的风险，故政策风险高，如果纳入目录，效果可能不理想。

二是与产品相关配套政策相协调。液晶显示屏、CRT 玻璃和印刷电路板是监视器的主要组成部分。印刷电路板的破碎分选处理需要获得环保部门的危废处理许可。此外，2012 年 8 月 24 日，环境保护部、国家发展改革委和商务部联合发布了废塑料加工利用污染防治管理规定，对废塑料加工利用企业进行污染预防严格管理。而国家对于含铅物质加强了管控，因此，纳入目录与上述政策相辅相成。

5）分析总结

综上，监视器有 10 项指标显示该产品适合纳入目录，超过半数，可将监视器纳入优先处理目录。如表 13-10 所示。

表 13-10　监视器定性指标分析情况

一级指标	二级指标	分析内容	是否适合纳入目录	
			是	否
经济因素	生产行业现状及供求特点	生产企业的产能及盈利水平	产能平衡、盈利水平相对较高	
		产品的市场结构		竞争市场
				国内企业市场份额大
		产品的供求状况	刚需大	
				出口量大于内销量
	产品处理市场现状	处理率水平	处理率水平低	
		商品残值	残值低，需靠政策扶持	
	产品回收处理成本	处理成本	技术可行的情况下处理成本高	
		收购成本		收购成本低
		物流和仓储成本	物流和仓储成本高	
社会因素	产品回收渠道	—		没有建立回收渠道
	产品主要用户群体	—		主要用户群体知识水平较高
	社会公众回收处理需求	—		公众关注度低
技术因素	产品回收处理的技术可行性	—	处理技术可行	
	生产企业生产技术发展趋势	—		生产技术发展有利于降低环境危害，提高资源效益
政策因素	产品纳入目录的政策风险	—		政策风险高
	与有关电器电子产品的其他配套政策的协调性	—	与相关政策协调	

（3）电冷热饮水机适合纳入目录

1）经济因素分析

①生产行业现状及供求特点

一是该产品的市场结构属于寡头垄断。数据显示，我国电热饮水机品牌集中度相对较高，前三大品牌市场占有率近90%，包括美的、安吉尔和沁园，其他小品牌多且分散，市场占有率也不高。从这一角度看，需要将其纳入目录，且其他竞争者也大多为国内品牌，所以国内企业市场份额大，这不适合考虑纳入目录。

二是产品主要用于内销，国内市场刚需较大。从供给方面来看，国内企业生产的饮水机主要用于内销；从需求方面来看，电热饮水机是家庭生活以及办公场所的必需品。随着近年来国人生活水平的提高，在小家电领域里的热度逐年攀升，刚需大。

②产品回收处理市场现状

一是处理率水平低。目前，废弃的电热饮水机大部分在回收环节被拆解，正规的处理企业还没有大批量地回收电热饮水机。故电热饮水机处理率水平较低。

二是拆解后的产品残值低，需要靠政府扶持。饮水机拆解后的产物主要是金属、塑料和玻璃等，残值较低，很难依靠市场力量回收处理，需要政策予以扶持，将其纳入目录。

③产品回收处理成本

一是技术可行的情况下处理成本较高。电热饮水机的拆解工艺相对简单，手工拆解即可。电热饮水机中含有PCB，但拆解过程中，不会对人体和环境造成危害，而制冷剂需要专用设备加以回收和处置，因此，技术成本会相应增高，需要政府扶持。

二是收购成本高。由于废旧电热饮水机的价值仍然很高，消费者易将其视为有价商品，导致收购成本较高。

三是物流、仓储成本高。电热饮水机外形比较规则，重量适中，较易于搬运。但是电热饮水机中含有PCB，有些还含有制冷剂，制冷剂在回收和运输过程中存在泄露的危险，因此，电热饮水机不便于运输和存储，收购、物流和仓储成本较高，需要纳入目录予以政策扶持。

2）社会因素分析

一是尚未建立回收渠道。目前，生产企业还未发起电热饮水机的回收处理行动，仅有格林美等大企业利用自建回收渠道回收了少量废弃电热饮水机。可见回收渠道还不健全。

二是产品主要用户群体知识水平不高。饮水机的使用以一般普通家庭为主，知识水平有限，家电的回收意识不强，所以需要予以政策扶持。

三是社会公众处理需求大。目前饮水机普及率很高，而且已经达到报废高峰期，因此社会公众的关注度较高，对于回收处理的要求也高，需要政府给予关注。

3）技术因素分析

一是产品回收处理的技术可行性。根据2013年《废弃电器电子产品处理行业年度报告》，已有2家企业提前进行电冷热饮水机的回收拆解工作。

二是产品生产技术发展趋势环境友好性、资源节约性不明显。目前，各企业都在致力于研发饮水机的节能节电技术，但是在环境友好和资源回收方面突破性进展不大。

4）政策因素分析

一是产品纳入目录的政策风险很低。由于饮水机的异质性大，容易分辨，回收处理企业不容易利用此漏洞从国家获得补贴。并且整机回收的比例大，适于指定补贴额度，所以其政策风险低，便于纳入目录。

二是与产品相关配套政策相协调。电热饮水机的深加工主要指印刷电路板的破碎分选，分离金属和非金属。印刷电路板的处理需要获得环保部门的危废处理许可。2012年8月24日，环境保护部、国家发展改革委和商务部联合发布了废塑料加工利用污染防治管理规定，对废塑料加工利用企业进行污染预防严格管理。所以与相关政策相协调，适于纳入目录。

5）分析总结

综上，排除无法确定的产能状况，电热饮水机有12项指标显示该产品适合纳入目录，超过半数，可将电热饮水机纳入优先处理目录。如表13-11所示。

表13-11　电冷热饮水机定性指标分析情况

一级指标	二级指标	分析内容	是否适合纳入目录	
			是	否
经济因素	生产行业现状及供求特点	生产企业的产能及盈利水平	无数据	无数据
		产品的市场结构	寡头垄断	
				国内企业市场份额大
		产品的供求状况	刚需大	
			内销量大于出口量	
	产品处理市场现状	处理率水平	处理率水平低	
		商品残值	残值低，需靠政策扶持	
	产品回收处理成本	处理成本		技术可行的情况下处理成本低
		收购成本		收购成本低
		物流和仓储成本		物流和仓储成本低

续　表

一级指标	二级指标	分析内容	是否适合纳入目录	
			是	否
社会因素	产品回收渠道	—	没有建立回收渠道	
	产品主要用户群体	—	主要用户群体知识水平较低	
	社会公众回收处理需求	—	公众关注度高	
技术因素	产品回收处理的技术可行性	—	处理技术可行	
	生产企业生产技术发展趋势	—	生产技术发展不利于降低环境危害，提高资源效益	
政策因素	产品纳入目录的政策风险	—	政策风险低	
	与有关电器电子产品的其他配套政策的协调性	—	与相关政策协调	

（4）家用电热水器适合纳入目录

1）经济因素分析

①生产行业现状及供求特点

一是该产品的市场结构属于竞争型。数据显示，我国家用电热水器品牌集中度相对较低，前十大品牌市场占有率90%左右，因此市场属于竞争型。从这一角度看，不需要将其纳入目录。数据显示，2011年美的、海尔等国内知名品牌的电热水器市场占有率超过50%。所以是国内企业市场份额大，这不适合考虑纳入目录。

二是内销量大于出口量，刚需较大。2012年我国电热水器总产量为2 000万台，多数用于国内市场的销售。从需求方面来看，电热水器是家庭生活的必需品，其产量呈逐年增长的趋势，城镇化趋势导致未来刚需较大。

②产品回收处理市场现状

一是处理率水平低。目前，家用电热水器大部分在流通环节被拆解，正规的处理企业还没有大批量地回收处理家用电热水器。故处理率水平较低。

二是拆解后的产品残值低，需要靠政府扶持。电热水器拆解后的产物主要是金属、塑料和泡沫等，残值较低，很难依靠市场力量回收处理，故需要政策予以扶持，纳入目录。

③产品回收处理成本

一是技术可行的情况下处理成本较高。家用电热水器的拆解需借助专业设备或工具，拆解产物为储水箱、外壳、电热元件、温度控制装置、安全保护装置等。拆解过程中，如没有负压装置，保温层破碎后会有少量含 CFC 物质泄漏的风险，CFC 物质对人体有害，也会对臭氧层产生破坏作用。因此，技术成本会相应增高，需要政府扶持。

二是收购成本高。由于废旧电热水器的价值仍然很高，消费者易将其视为有价商品，导致收购成本较高。

三是物流、仓储成本高。家用电热水器体积较大，重量较重，但其坚硬外壳可防止磕碰，因此，电热水器不便于运输和存储，故收购、物流和仓储成本较高，需要纳入目录予以政策扶持。

2）社会因素分析

一是尚未建立回收渠道。目前，生产企业还未发起家用电热水器的回收处理行动，总体来说，电热水器的处理行业还处于不规范中，应该纳入目录。

二是产品主要用户群体知识水平不高。电热水器的使用以一般普通家庭为主，知识水平有限，家电的回收意识不强，所以需要政策扶持。

三是社会公众处理需求不大。目前电热水器普及率很高，而且已经达到报废高峰期，但是社会公众的关注度不高。

3）技术因素分析

一是产品回收处理的技术可行性。根据2013 年《废弃电器电子产品处理行业年度报告》，已有 3 家企业提前进行电热水器的回收拆解工作。以现有的可行技术，在技术可行性上适合纳入目录。

二是产品生产技术发展趋势环境友好性、资源节约性不明显。目前，各企业都在研发电热水器的节能节电方面取得了许多进展，但是有利于降低环境危害、提高资源效益的技术研发尚无进展。

4）政策因素分析

一是产品纳入目录的政策风险很低。由于电热水器的异质性大，容易分辨，销售者不容易利用此漏洞从国家获得补贴。整机回收比例大，易制定补贴标准，所以其政策风险低，便于纳入目录。

二是与产品相关配套政策相协调。电热水器中印刷电路板的处理需要获得环保部门的危废处理许可。2012 年 8 月 24 日，环境保护部、国家发展改革委和商务部联合发布了废塑料加工利用污染防治管理规定，对废塑料加工利用企业进行污染预防严格管理。所以与相关政策相协调，适于纳入目录。

5）分析总结

综上，除去产能没有相关数据支持，电热水器有 10 项指标显示该产品适合纳入目录，超过半数，可将电热水器纳入优先处理目录。如表 13-12 所示。

表 13-12　家用电热水器定性指标分析情况

一级指标	二级指标	分析内容	是否适合纳入目录	
			是	否
经济因素	生产行业现状及供求特点	生产企业的产能及盈利水平	无数据	无数据
		产品的市场结构		竞争市场
				国内企业市场份额大
		产品的供求状况	刚需大	
			内销量大于出口量	
	产品处理市场现状	处理率水平	处理率水平低	
		商品残值	残值低，需靠政策扶持	
	产品回收处理成本	处理成本		技术可行的情况下处理成本低
		收购成本		收购成本低
		物流和仓储成本		物流和仓储成本低
社会因素	产品回收渠道	—		没有建立回收渠道
	产品主要用户群体	—		主要用户群体知识水平较低
	社会公众回收处理需求	—		公众关注度低
技术因素	产品回收处理的技术可行性	—		处理技术可行
	生产企业生产技术发展趋势	—		生产技术发展不利于降低环境危害，提高资源效益
政策因素	产品纳入目录的政策风险	—		政策风险低
	与有关电器电子产品的其他配套政策的协调性	—		与相关政策协调

（5）复印机设备适合纳入目录

1）经济因素分析

①生产行业现状及供求特点

一是生产企业的产能及盈利水平较为乐观。2012年国内全年复印和胶印设备行业规模以上企业有94家，同比增长9.30%，从业人员62 933人，资产总额260.84亿元，共完成销售总产值543.23亿元，同比增长5.28%，主营业务收入552.10亿元，利润总额23.18亿元。

二是产品的市场结构呈现外资企业市场竞争特点。2012年12月，中国复印机市场上，夏普以19.7%的关注比例夺得品牌关注榜首位，成为最受市场关注的复印机品牌。佳能位居次席，市场关注比例为15.7%。柯尼卡美能达、理光和东芝的关注比例均在12%～14%之间，相互竞争十分激烈。前十名品牌累计占据了99.0%的市场关注份额。因此，复印机行业呈现出明显的市场竞争现象，不适于纳入目录予以管理。从竞争格局看，中国复印机市场基本被惠普、爱普生、佳能等外资品牌占据。

三是内销大于出口，刚需不大。2012年，复印机市场低迷，市场需求量低，各大厂商调整了其复印机业务发展战略，惠普公司将其复印业务部门与其他部门合并以削减开支。此外，由于复印机不是生活必需品，故刚需有限。

②产品处理市场现状

一是回收处理率水平低。我国已有获得废弃电器电子产品处理资质的企业，在当地政府的支持下，拆解处理来自行政事业单位报废的复印机等办公电器。但总体来看，复印机的深加工行业中规范企业与不规范企业并存，拆解技术和工艺相对复杂，材料组成也复杂。因此，复印机回收处理率水平不高。

二是拆解后的产品残值较高，依靠市场可撬动产品的回收处理。复印机可被拆解成金属框架、塑料壳体、电路板、硒鼓/墨盒等再次出售。拆解后产品残值较高，依靠市场力量可以确保其回收处理。

③产品回收处理成本

一是处理成本较高。如上所述，不能再使用的报废复印机以手工拆解为主。但是深加工主要指印刷电路板的破碎分选，分离金属和非金属，硒鼓、墨盒或碳粉盒的处理；以及塑料的清洗、破碎、改性和造粒，深加工工艺相对复杂，技术成本也相应较高。

二是收购成本较高。由于复印机残值较高，多数被拆解重组再出售，真正废弃的整机较少，收购成本较高。

三是物流、仓储成本高。在废弃复印机回收过程中，复印机中墨盒或碳粉盒以及废粉盒中仍然含有残余的碳粉，回收、运输等过程中可能发生破碎、泄漏，加大了物流和仓储的成本。

2）社会因素分析

一是回收渠道没有建立。我国已有获得废弃电器电子产品处理资质的企业，在当地政府的支持下，拆解处理来自行政事业单位报废的复印机等办公电器。其他复印机没有正规的回收渠道。

二是产品主要用户群体回收意识强。复印机主要以一般企事业单位为主，用户知识水平结构较高。用户普遍的回收意识强。

三是社会公众处理需求不大。由于复印机进入市场较晚，且不是生活必需品，其普及率远低于电视、电冰箱等家电必需品，目前也没有达到报废高峰期，故社会公众的处理需求较低。

3）技术因素分析

一是产品回收处理的技术可行。我国已有获得废弃电器电子产品处理资质的企业，在当地政府的支持下，拆解处理来自行政事业单位报废的复印机等办公电器。根据2013年《废弃电器电子产品处理行业年度报告》，已有10家企业提前回收复印机，可见目前国内处理技术可行。

二是产品生产企业生产技术发展趋势环境友好性、资源节约性较差。目前来看，夏普、佳能等复印机行业的生产技术发展趋势没有向有利于减缓环境危害、提高资源利用效率方面发展，应该纳入目录，加大管理。

4）政策因素分析

一是产品纳入目录的政策风险较高。复印机这类产品异质性大，容易分辨，政策风险低，不容易出现套取政策补贴的风险，但是复印机残值高，很多零部件可以重组再用。如果纳入目录，有一定的政策风险。

二是与产品相关配套政策相协调。复印机被拆解成金属框架、塑料壳体、电路板、硒鼓/墨盒等。2012年8月24日，环境保护部、国家发展改革委和商务部联合发布了废塑料加工利用污染防治管理规定，对废塑料加工利用企业进行污染预防严格管理，纳入目录与上述政策相辅相成。在电路板方面，印刷电路板的破碎分选处理需要获得环保部门的危废处理许可。此外，由于电路板有色金属含量大，近年来国家在有色金属领域主要出台了《有色金属产业调整和振兴规划》（国发〔2009〕14号）和《再生有色金属产业发展推进计划》（工信部联节，〔2011〕51号），都重点强调了现阶段有色金属产业在我国实现城镇化、工业化、信息化中的重要作用没有改变，作为现代高新技术产业发展关键支撑材料的地位没有改变，产业发展的基本面没有改变。同时，加快建设覆盖全社会的有色金属再生利用体系，支持具备条件的地区建设有色金属回收交易市场、拆解市场。因此，复印机的回收处理与上述政策相一致。

5）分析总结

综上，复印机有11项指标显示该产品适合纳入目录，超过半数，可将复印机纳入优先处理目录。如表 13-13 所示。

表 13-13　复印机定性指标分析情况

一级指标	二级指标	分析内容	是否适合纳入目录	
			是	否
经济因素	生产行业现状及供求特点	生产企业的产能及盈利水平	产能平衡、盈利水平相对较高	
		产品的市场结构		竞争市场
			外资企业市场份额大	
		产品的供求状况		刚需小
			内销量大于出口量	
	产品处理市场现状	处理率水平	处理率水平低	
		商品残值		残值高，可依赖市场回收处理
	产品回收处理成本	处理成本	技术可行的情况下处理成本高	
		收购成本	收购成本高	
		物流和仓储成本	物流和仓储成本高	
社会因素	产品回收渠道	—	没有建立回收渠道	
	产品主要用户群体	—		主要用户群体知识水平较高
	社会公众回收处理需求	—		公众关注度低
技术因素	产品回收处理的技术可行性	—	处理技术可行	
	生产企业生产技术发展趋势	—	生产技术发展不利于降低环境危害，提高资源效益	
政策因素	产品纳入目录的政策风险	—		政策风险高
	与有关电器电子产品的其他配套的政策协调性	—	与相关政策协调	

（6）吸排油烟机适合纳入目录

1）经济因素分析

①生产行业现状及供求特点

一是生产企业的产能及盈利水平较为乐观。我国家用吸排油烟机行业经过20多年的发展，已成为一个较成熟的产业。2001—2012年，产业规模稳步增长，2012年产量达到2 016.5万台，且产能相对均衡。

二是产品的市场结构呈现国内企业竞争特点。中国家用吸排油烟机市场品牌集中度不高，2010年的品牌数量共336个。根据2012年7月中怡康全国重点大商场主要品牌市场占有率监测数据，吸排油烟机前十大品牌的市场占有率为65%左右，前十大品牌包括老板、方太、华帝、西门子、美的、帅康、樱花、海尔、万和、万家乐，其中国内品牌表现较好。

三是产品内销大于出口，刚需特点明显。目前来看，国内企业生产的吸排油烟机主要用于内销，且吸排油烟机属于必需品，在城镇化步伐加快的情况下，有利于家用吸排油烟机市场释放刚需。

②产品处理市场现状

一是处理率水平低。目前，家用吸排油烟机大部分在流通环节被拆解，正规的处理企业还没有大批量地回收家用吸排油烟机。故处理率水平很低。

二是拆解后的产品残值较低，很难依靠市场撬动产品的回收处理。家用吸排油烟机的拆解主要以手工物理拆解为主。拆解后的拆解产物为家用吸排油烟机机壳、集烟罩、过滤装置、风机系统和控制部件等，物质残值较低，需要政策予以扶持。

③产品回收处理成本

一是处理成本较低。由于家用吸排油烟机的拆解主要以手工物理拆解为主，拆解处理技术水平低，技术成本也相应较低。

二是收购成本较低。废弃的吸排油烟机由于储存困难，因此大多数用户作为生活垃圾处理，或者按照金属价格出手，收购成本较低。

三是物流、仓储成本低。家用吸排油烟机体积较大，重量较重，但其坚硬外壳可防止磕碰。家用吸排油烟机虽然含有PCB，但在回收和运输过程中不易外泄，故物流和仓储成本不高。

2）社会因素分析

一是回收渠道没有建立。目前，生产企业还未发起家用吸排油烟机的回收处理行动，因此，家用吸排油烟机生产行业回收处理水平低。

二是产品主要用户群体回收意识不强。吸排油烟机的主要用户是普通消费者，平均知识水平不高，用户普遍的回收意识不强。

三是社会公众处理需求不大。由于吸排油烟机进入市场较晚，其普及率低，目前没有达到报废高峰期，且由于体积不大，社会公众的处理需求较低。

3）技术因素分析

一是产品回收处理的技术可行性。根据2013年《废弃电器电子产品处理行业年度报告》，已有1家企业提前进行吸排油烟机的回收拆解工作。故吸排油烟机在回收处理技术上是可行的。

二是国有企业生产技术发展趋势环境友好性、资源节约性较差。吸排油烟机领军企业除了在节能节电方面加强投入、鼓励研发之外，在对其环境危害性、资源回收利用方面没有较大突破，因此，可以认为吸排油烟机行业的生产技术发展趋势没有向有利于减缓环境危害、提高资源效率方面发展，应该纳入目录，加大管理。

4）政策因素分析

一是产品纳入目录的政策风险较低。吸排油烟机的异质性小，不容易出现套取政策补贴的风险，并且整机回收的比例较大，补贴标准容易制定，故政策风险低。

二是与产品相关配套政策相协调。吸排油烟机含有印刷电路板，印刷电路板的破碎分选处理需要获得环保部门的危废处理许可。此外，2012年8月24日，环境保护部、国家发展改革委和商务部联合发布了废塑料加工利用污染防治管理规定，对废塑料加工利用企业进行污染预防严格管理，将吸排油烟机纳入目录与上述政策相辅相成。

5）分析总结

综上，吸排油烟机有11项指标显示该产品适合纳入目录，超过半数，可将吸排油烟机纳入优先处理目录。如表13-14所示。

表13-14　吸排油烟机定性指标分析情况

一级指标	二级指标	分析内容	是否适合纳入目录	
			是	否
经济因素	生产行业现状及供求特点	生产企业的产能及盈利水平	产能平衡、盈利水平相对较高	
		产品的市场结构		竞争市场
				国内企业市场份额大
		产品的供求状况	刚需大	
			内销量大于出口量	
	产品处理市场现状	处理率水平	处理率水平低	
		商品残值	残值低，需靠政策扶持	
	产品回收处理成本	处理成本		技术可行的情况下处理成本低
		收购成本		收购成本低
		物流和仓储成本		物流和仓储成本低

一级指标	二级指标	分析内容	是否适合纳入目录	
			是	否
社会因素	产品回收渠道	—	没有建立回收渠道	
	产品主要用户群体	—	主要用户群体知识水平较低	
	社会公众回收处理需求	—		公众关注度低
技术因素	产品回收处理的技术可行性	—	处理技术可行	
	生产企业生产技术发展趋势	—	生产技术发展不利于降低环境危害，提高资源效益	
政策因素	产品纳入目录的政策风险	—	政策风险低	
	与有关电器电子产品的其他配套政策的协调性	—	与相关政策协调	

（7）家用电风扇应暂缓纳入目录

1）经济因素分析

①生产行业现状及供求特点

一是生产企业的产能及盈利水平不乐观。据国家统计局数据，2012年，家用电风扇产量达到22 875.25万台，出口量17 904.8万台。随着空调的出现和普及，电风扇行业受到了巨大的冲击，经过几十年的发展，虽然市场日趋饱和，但其并没有像黑白电视机一样因彩电的出现而退出市场。

二是该产品的市场结构呈现国内企业竞争特点。家用电风扇品牌市场集中度较高，根据中怡康2010年监测数据，前五大品牌占全国市场的80%。前五大品牌包括美的、艾美特、先锋、格力、联创，另外富士宝、海尔也占有一定的市场份额。故电风扇行业呈现出明显的竞争现象。

三是出口大于内销，但是刚需较小。2012年，家用电风扇产量达到22 875.25万台，出口量17 904.8万台，出口量远大于内销量。随着生活节奏的加快，空调的出现并未完全取代电风扇的应用。电风扇依旧存在于家庭生活当中，但未来市场保有量增长空间不大，刚需特点不明显。

②产品处理市场现状

一是回收处理率水平低。目前，家用电风扇大部分在回收环节被拆解，只有格林美等少数企业自建回收渠道，回收处理了少量的电风扇，正规的处理企业还没有大批量地回收处理家用电风扇。故回收处理率水平低。

二是拆解后的产品残值较低，很难依靠市场撬动产品的回收处理。电风扇拆解后的产物主要是金属、塑料和玻璃等，残值较低，很难依靠市场力量回收处理，需要政策予以扶持。

③产品回收处理成本

一是处理成本较低。如上所述，电风扇的拆解以手工拆解为主，拆解过程中没有有毒有害物质的泄露，拆解技术和工艺相对简单，技术成本也相应较低。

二是收购成本较低。随着空调的出现，许多电风扇被搁置，逐渐达到报废高峰期，收购成本较低。

三是物流、仓储成本低。家用电风扇虽然含有 PCB，但其坚硬的外壳可防止磕碰，运输过程中不易泄漏，也不存在有液体或气体等外泄污染环境。故收购、物流和仓储成本也较低。

2）社会因素分析

一是回收渠道没有建立。目前，只有格林美等少数企业自建回收渠道，回收处理了少量的电风扇，电风扇没有依靠市场力量形成回收处理的有效渠道。

二是产品主要用户群体回收意识不强。电风扇主要以一般普通家庭为主，用户知识水平结构总体符合国家整体的知识水平结构，平均来看，不算太高。故用户普遍的回收意识不强。

三是社会公众处理需求低。由于电风扇进入市场较早，但是由于体积不大，危害性较小，容易被消费者忽视，处理需求不高。

3）技术因素分析

一是产品回收处理的技术可行性。虽然目前尚未有具备许可证资质的企业回收处理电风扇，但是电风扇主要以手工拆解的特点，说明国内目前已经达到电风扇回收处理的技术，故电风扇回收处理技术上是可行的。

二是产品生产企业生产技术发展趋势环境友好性、资源节约性较好。家用电风扇近年来在生产技术的绿色设计上没有突破，因此没有向着环境友好性、资源节约性技术的方向发展。

4）政策因素分析

一是产品纳入目录的政策风险较低。电风扇这类产品异质性大，容易分辨，政策风险低，不容易出现套取政策补贴的风险，而且整机回收可能性大，如果纳入目录，将取得较好的效果。

二是与产品相关配套政策相协调。电风扇中含有印刷电路板。印刷电路板的破碎分选处理需要获得环保部门的危废处理许可。此外，2012 年 8 月 24 日，环境保护部、国家发展改革委和商务部联合发布了废塑料加工利用污染防治管理规定，对废塑料加工利用企业进行污染预防严格管理。纳入目录与上述政策相辅相成。

5）分析总结

综上，家用电风扇有 8 项指标显示该产品适合纳入目录，没有超过半数，可将家用电风扇暂缓纳入优先处理目录。如表 13-15 所示。

表 13-15　家用电风扇定性指标分析情况

一级指标	二级指标	分析内容	是否适合纳入目录	
			是	否
经济因素	生产行业现状及供求特点	生产企业的产能及盈利水平		产能平衡但盈利水平低
		产品的市场结构		竞争市场
				国内企业市场份额大
		产品的供求状况		刚需小
				出口量大于内销量
	产品处理市场现状	处理率水平	处理率水平低	
		商品残值	残值低，需靠政策扶持	
	产品回收处理成本	处理成本		技术可行的情况下处理成本低
		收购成本		收购成本低
		物流和仓储成本		物流和仓储成本低
社会因素	产品回收渠道	—		没有建立回收渠道
	产品主要用户群体	—		主要用户群体知识水平较低
	社会公众回收处理需求	—		公众关注度低
技术因素	产品回收处理的技术可行性	—		处理技术可行
	生产企业生产技术发展趋势	—		生产技术发展不利于降低环境危害，提高资源效益
政策因素	产品纳入目录的政策风险	—		政策风险低
	与有关电器电子产品的其他配套政策的协调性	—		与相关政策协调

（8）打印机设备适合纳入目录

1）经济因素分析

①生产行业现状及供求特点

一是生产企业的产能及盈利水平较为乐观。根据《中国电子信息产业年鉴》，打印机设备 2012 年产量为 7 059.21 万台，年末库存量达到 72.67 万台，产能基本平衡。

二是产品的市场结构呈现国际、国内企业垄断特点。互联网消费调研中心（ZDC）统计数据显示，2012 年中国激光打印机市场上，惠普独占五成以上的市场份额，比例达到了 53.5%，领先第二名 40.2 个百分点，品牌优势十分明显。佳能和联想分列其后，关注比例分别为 13.3% 和 10.4%。富士施乐、三星和兄弟的市场关注份额均在 5% ~ 7% 之间，相互竞争异常激烈。其他品牌的关注比例均不超过 1.0%。

三是产品内销大于出口，刚需特点不明显。根据《中国电子信息产业年鉴》，国内企业的内销量大于出口量。随着办公电器小型化、家庭化，打印机已经开始进入家庭，我国打印机行业还有很大的发展空间。打印机行业也是资源消耗型行业，尤其是打印机耗材，随着打印机的普及，其销量将快速增长，但是打印机不属于必需品，刚需特点不明显。

②产品处理市场现状

一是处理率水平低。打印机本身技术含量较高，生产企业相对较集中。知名打印机生产企业以外资为主。随着国际社会上生产者责任延伸制度和企业社会责任的推广和深入，一些打印机生产企业已经开展产品的回收处理工作。例如富士施乐公司，在苏州建立了打印机和复印机再制造和再生利用工厂，该工厂被列入首批工业和信息化部再制造试点企业名单。随着打印机报废量的增多，一些获得环境保护部废弃电器电子产品处理资质的企业开始拆解处理废打印机。其中，来自机关、事业单位以及部分大型企业产生的报废服务器，交由报废固定资产核销资质企业或涉密载体销毁资质企业处理。但整体来看，处理率水平不高。

二是拆解后的产品残值较高，可依靠市场撬动产品的回收处理。由于服务器材料价值较高，仍存在相当部分报废服务器或被私营回收公司收取，或被简易手工作坊简单拆解零部件投入二手市场。

③产品回收处理成本

一是处理成本较高。打印机结构复杂，通常要经过多级拆解。根据拆解物的不同性质，将拆解物进行分类。虽然设备要求不高，但打印机（特别是激光打印机）

整机初级拆解技术相对复杂，而且打印机的深加工主要指印刷电路板的破碎分选，分离金属和非金属；硒鼓、墨盒或墨粉盒的处理，技术成本高。

二是收购成本较高。打印机用户比较集中，以企业、机关单位为主，在产品更新换代后，多数企业为了不浪费仓储用地及资金，愿意主动回收，导致收购成本较低。

三是物流、仓储成本高。根据中国家电研究院《废弃电器电子产品处理目录分档体系研究报告》，打印机的运输和贮存成本为6.5元，远高于电视机和电冰箱等家电产品，废打印机中的墨盒（或墨粉盒）以及废粉盒中仍然含有残余的墨粉，回收、运输等过程中可能发生破碎、泄漏，这是物流、仓储成本高的主要原因。

2）社会因素分析

一是回收渠道没有建立。服务器材料价值较高，相当部分报废服务器或被私营回收公司收取，或被简易手工作坊简单拆解零部件投入二手市场。硒鼓/墨盒作为打印机的主要耗材，每年的报废量远远高于整机的报废量。目前，已有少数企业对废旧硒鼓/墨盒进行二次循环利用，多数硒鼓经多次灌粉之后非法废弃或由处理企业回收后运往有资质企业进行处理，再利用率较低。目前，打印机处理行业仍处于混乱之中。

二是产品主要用户群体回收意识强。打印机主要以一般企事业单位为主，用户知识水平结构较高，普遍的回收意识强。

三是社会公众处理需求不大。由于打印机进入市场较晚，且不是生活必需品，其普及率远低于电视、电冰箱等家电必需品，目前也没有达到报废高峰期，故社会公众的处理需求较低。

3）技术因素分析

一是产品回收处理的技术可行性。根据2013年《废弃电器电子产品处理行业年度报告》，已有14家企业提前进行打印机的回收拆解工作，且部分企业也建立了自有品牌的回收拆解，如富士施乐有专门回收处理废打印机的企业，但仅限于回收自己品牌的产品。

二是国有企业生产技术发展趋势环境友好性、资源节约性较差。目前来看，惠普、佳能等打印机行业的生产技术发展趋势没有向有利于减缓环境危害、提高资源效率方面发展，应该纳入目录，加大管理。

4）政策因素分析

一是产品纳入目录的政策风险较高。打印机异质性大，容易分辨，政策风险低，不容易出现套取政策补贴的风险，但是残值高，很多零部件可以重组再用。如果纳入目录，有一定的政策风险。

二是与产品相关配套政策相协调。拆解产物通常包括金属框架、塑料壳体、印刷电路板、墨盒或墨粉盒、电线、滚轴及其他零部件等。2012 年 8 月 24 日，环境保护部、国家发展改革委和商务部联合发布了废塑料加工利用污染防治管理规定，对废塑料加工利用企业进行污染预防严格管理。纳入目录与上述政策相辅相成。在电路板方面，印刷电路板的破碎分选处理需要获得环保部门的危废处理许可。此外，由于电路板有色金属含量大，近年来国家在有色金属领域主要出台了《有色金属产业调整和振兴规划》（国发〔2009〕14 号）和《再生有色金属产业发展推进计划》（工信部联节，〔2011〕51 号），都重点强调现阶段有色金属产业在我国实现城镇化、工业化、信息化中的重要作用没有改变，作为现代高新技术产业发展关键支撑材料的地位没有改变，产业发展的基本面没有改变。同时，加快建设覆盖全社会的有色金属再生利用体系，支持具备条件的地区建设有色金属回收交易市场、拆解市场。因此，打印机的回收处理与上述政策相一致。

5）分析总结

综上，打印机设备有 12 项指标显示该产品适合纳入目录，超过半数，可将打印机设备纳入优先处理目录。如表 13-16 所示。

表 13-16　打印机设备定性指标分析情况

一级指标	二级指标	分析内容	是否适合纳入目录	
			是	否
经济因素	生产行业现状及供求特点	生产企业的产能及盈利水平	产能平衡、盈利水平相对较高	
		产品的市场结构	寡头垄断	
			外资企业市场份额大	
		产品的供求状况		刚需小
			内销量大于出口量	
	产品处理市场现状	处理率水平	处理率水平低	
		商品残值		残值高，可依赖市场回收处理
	产品回收处理成本	处理成本	技术可行的情况下处理成本高	
		收购成本	收购成本高	
		物流和仓储成本	物流和仓储成本高	

续 表

一级指标	二级指标	分析内容	是否适合纳入目录	
			是	否
社会因素	产品回收渠道	—	没有建立回收渠道	
	产品主要用户群体	—		主要用户群体知识水平较高
	社会公众回收处理需求	—		公众关注度低
技术因素	产品回收处理的技术可行性	—	处理技术可行	
	生产企业生产技术发展趋势	—	生产技术发展不利于降低环境危害，提高资源效益	
政策因素	产品纳入目录的政策风险	—		政策风险高
	与有关电器电子产品的其他配套政策的协调性	—	与相关政策协调	

（9）电饭锅适合纳入目录

1）经济因素分析

①生产行业现状及供求特点

一是生产企业的产能及盈利水平不乐观。作为在中国普及率非常高的小家电，电饭锅产业的发展已经非常成熟。据国家统计局数据，2012 年，电饭锅产量达到 1.84 亿台，且产量不断上涨。产能有过剩趋势。

二是产品的市场结构呈现国内企业竞争特点。我国市场上销售的电饭锅品牌超过 100 个。总体上看，电饭锅品牌格局比较稳定，前十大品牌占据全国市场份额 87% 左右。美的和苏泊尔两大品牌占市场的 60% 以上，其他品牌包括奔腾、九阳、格兰仕、三角、松桥、松下、海尔、格力等。

三是产品内销大于出口，刚需特点明显。据国家统计局数据，2012 年，电饭锅产量达到 1.84 亿台，出口量 4 393 万台，出口明显小于内销。而且目前来看，电饭锅属于生活必需品，刚需特点明显。

②产品处理市场现状

一是回收处理率水平低。电饭锅是普及率非常高的小家电，产业集中度较高。电饭锅价格相对便宜，更新换代较快，且趋向于电脑智能控制。虽然有些正规的处理企业已经开始收集和处理小家电，但是从整体来说，电饭锅处理行业还不规范，处理率低。

二是拆解后的产品残值较低，很难依靠市场撬动产品的回收处理。电饭锅的拆解工艺相对简单，手工拆解即可。拆解产物为发热盘、限温器、保温开关、杠杆开关、限流电阻、指示灯、桶座等，残值较低，需要政策予以扶持。

③产品回收处理成本

一是处理成本较低。电饭锅的拆解工艺相对简单，手工拆解即可。拆解产物为发热盘、限温器、保温开关、杠杆开关、限流电阻、指示灯、桶座等。虽然有些电饭锅中含有 PCB，但含量较低，拆解过程中不会对人体和环境造成危害。

二是收购成本较低。电饭锅本身价值较低，报废价值也较低，故收购成本也较低。

三是物流、仓储成本低。电饭锅体积小、重量轻，易于搬运，其坚硬外壳可防止磕碰。有些电饭锅中含有 PCB，但在回收和运输过程中不易外泄，故物流和仓储成本也较低。

2）社会因素分析

一是回收渠道没有建立。我国电饭锅品牌集中度相对较高，前五大品牌市场占有率 70% ~80%。目前生产企业还未发起电饭锅的回收处理行动，废弃的电饭锅大部分在流通环节被拆解，正规的处理企业还没有大批量地回收电饭锅，仅有格林美等大企业利用自建回收渠道收取了少量的废弃电饭锅。可见正规的回收渠道尚未建立。

二是产品主要用户群体回收意识不强。电饭锅主要以一般居民用户为主，用户知识水平不高，用户普遍的回收意识不强。

三是社会公众处理需求不大。由于电饭锅进入市场较晚，目前没有达到报废高峰期，且由于体积不大，容易被社会公众忽视，故社会公众的处理需求较低。

3）技术因素分析

一是产品回收处理的技术可行性。根据2013 年《废弃电器电子产品处理行业年度报告》，除了生产商的处理拆解外，已有 1 家有资质的回收处理企业提前进行电饭锅的回收拆解工作。

二是国有企业生产技术发展趋势环境友好性、资源节约性较差。美的和苏泊尔等领军企业除了在节能节电方面投入力量，鼓励研发之外，在对微波炉的环境危害性、资源回收利用方面没有较大突破，因此，可以认为电饭锅行业的生产技术发展趋势没有向有利于减缓环境危害、提高资源效率方面发展，应该纳入目录，加大管理。

4）政策因素分析

一是产品纳入目录的政策风险较低。微波炉这类产品异质性大，容易分辨，政策风险低，不容易出现套取政策补贴的风险，重组再用比例也不高，如果纳入目录，将取得较好的效果。

二是与产品相关配套政策相协调。塑料和印刷电路板是微波炉的主要组成部分。印刷电路板的破碎分选处理需要获得环保部门的危废处理许可。此外，2012 年 8 月24 日，环境保护部、国家发展改革委和商务部联合发布了废塑料加工利用污染防治管理规定，对废塑料加工利用企业进行污染预防严格管理。纳入目录与上述政策相辅相成。

5）分析总结

综上，电饭锅有 11 项指标显示该产品适合纳入目录，超过半数，可将电饭锅纳入优先处理目录。如表 13–17 所示。

表 13–17　电饭锅定性指标分析情况

一级指标	二级指标	分析内容	是否适合纳入目录	
			是	否
经济因素	生产行业现状及供求特点	生产企业的产能及盈利水平		产能过剩、盈利水平低
		产品的市场结构		市场竞争
				国内企业市场份额大
		产品的供求状况	刚需大	
			内销量大于出口量	
	产品处理市场现状	处理率水平	处理率水平低	
		商品残值	残值低，需靠政策扶持	
	产品回收处理成本	处理成本		技术可行的情况下处理成本低
		收购成本		收购成本低
		物流和仓储成本		物流和仓储成本低

续　表

一级指标	二级指标	分析内容	是否适合纳入目录	
			是	否
社会因素	产品回收渠道	—	没有建立回收渠道	
	产品主要用户群体	—	主要用户群体知识水平较低	
	社会公众回收处理需求	—		公众关注度低
技术因素	产品回收处理的技术可行性	—	处理技术可行	
	生产企业生产技术发展趋势	—	生产技术发展不利于降低环境危害，提高资源效益	
政策因素	产品纳入目录的政策风险	—	政策风险低	
	与有关电器电子产品的其他配套政策的协调性	—	与相关政策协调	

（10）荧光灯适合纳入目录

1）经济因素分析

①生产行业现状及供求特点

一是生产企业的产能及盈利水平较为乐观。改革开放以来，我国的照明电器行业得到快速发展，特别是最近十几年来发展尤为迅速。中国已经成为全球照明电器产品的生产大国和出口大国。

针对我国 220 家生产企业统计，2011 年荧光灯产量 70.2 亿支，与 2010 年的66.9 亿支相比增长 4.9%。其中，双端荧光灯产量 21.7 亿支，与 2010 年 18.3 亿支相比增加了 18.6%。双端荧光灯中的 T8 荧光灯产量为 10.98 亿支，同比增长31.5%；双端荧光灯中的 T5 荧光灯产量为 7.9 亿支，同比增长 14.5%。环型荧光灯产量为 1.83 亿支，与上一年度基本持平稍有下降。紧凑型荧光灯 2011 年产量约为 46.7 亿只，同比增长 14.2%（俗称节能灯）（针对 108 家生产企业统计）。我国照明行业的长远目标是，将中国由目前的照明电器产品生产大国逐步发展成为照明电器产品生产强国。"十二五"期间的主要目标是，年均增长率 10%，到 2015 年全行业销售额达到 4 600 亿元；产品抽样合格率达到 80% 以上。我国照明行业调整和发展方向主要是产品转型升级、加强环境保护和企业结构调整。因此未来产能将逐步扩大。

二是产品的市场结构呈现国内企业竞争特点。目前来看，我国荧光灯的生产企业众多，统计已经涉及 220 家生产企业，品牌极度不集中，竞争特点明显。

三是产品内销大于出口，刚需特点明显。根据统计数据，2013 年我国荧光灯产量为354 472万只，出口量为23 924万只，销售量为330 548万只，内销量大于出口量。且由于荧光灯是生活必需品，更新速度较快，故未来刚需特点明显。

②产品处理市场现状

一是回收处理率水平低。虽然目前国内少数企业具备荧光灯的处理技术，但是整个生产行业参与回收处理的水平并不高。截至 2012 年底，全国取得资质的废弃荧光灯处理能力达到11 412吨/年，与 2010 年理论报废量 15.09 万吨相比，处理量仅为 7.32%，由此可见有超过 90% 的废弃荧光灯没有通过取得资质的处理厂进行处理。

二是拆解后的产品残值较低，很难依靠市场撬动产品的回收处理。废液晶监视器的拆解主要以手工物理拆解为主。拆解后的产物为塑料外壳、液晶显示组件、印刷电路板和其他零部件等。由于荧光灯构造比较简单，因此拆解过程并不复杂，物质残值较低，需要政策予以扶持。

③产品回收处理成本

一是处理成本较高。废荧光灯属于危险废物。国内取得荧光灯处理资质的企业大部分使用的是进口的 MRT 技术和设备。该技术将荧光灯的拆解处理整个过程设为负压状态，不断吸收拆解过程中产生的荧光粉、汞等有害物质，产生的废气经过活性炭处理后排放到大气中，以减少对环境的危害。技术的复杂性导致处理的成本较高。

二是收购成本较低。废弃的荧光灯一般被消费者当作生活垃圾处置，收购成本几乎为零或者很低。

三是物流、仓储成本高。由于荧光灯主体材质为玻璃，在回收及运输过程中容易发生碎裂，其中的汞会向周围环境散发，对物流和仓储环境要求高，成本也较高。

2）社会因素分析

一是回收渠道没有建立。在中国，无论是针对家庭生活产生的废弃荧光灯管，还是企事业单位产生的废弃荧光灯管，均未建立起完善的、行之有效的回收体系。大部分废弃荧光灯管被当作生活垃圾一同处置。近几年，随着人们环保意识的提高，部分省市相继开展和规范废弃荧光灯管的回收工作。但总体来看尚未建立有效的回收渠道。

二是产品主要用户群体回收意识不强。虽然荧光灯属于危险废物，但是由于消费者以一般消费者为主，对荧光灯的危害性认识不足，大都将荧光灯作为普通垃圾处置，回收意识极低。

三是社会公众处理需求不大。荧光灯的环境危害性容易被社会公众忽视，故社会公众的处理需求较低。

3）技术因素分析

一是产品回收处理的技术可行性。杭州宇中高虹照明电器有限公司、厦门通士达照明有限公司、浙江阳光照明电器集团股份有限公司已经引进了国外荧光灯处理技术，并且获得了环境保护部颁发的"危险废物经营许可证"。可见，目前国内具备荧光灯处理的技术可行性。

二是有关荧光灯汞带技术的研究[1]。汞带技术是预先将确定汞含量的钛汞合金与吸气剂 ZrAl16 压制在其表面的一种支架，其基带材料为铁镀镍。它在常压室温条件下几乎没有汞释放，只有在温度超过 500℃ 时汞才会略有释放。这一技术可以精确汞含量，确保低温条件下汞不被释放。这一技术趋势表明，生产企业生产技术有环境友好、资源节约的趋势。

4）政策因素分析

一是产品纳入目录的政策风险较高。荧光灯与其他灯管容易混淆，在我国现有的回收体系下，回收人员分类能力较低，可能与其他灯管混淆。且灯管容易破碎，加大了回收的难度，故政策风险高，如果纳入目录，效果可能不理想。

二是与产品相关配套政策相协调。我国1995年制定并颁布了《中华人民共和国固体废物污染环境防治法》，随后又颁布并实施了《国家危险废物名录》和《危险废物鉴别标准》，形成了我国危险固体废物管理依据，此后还针对照明产品推广开展了"绿色照明工程"等专项活动。"十二五"期间，我国照明行业的发展方向主要是产品转型升级、加强环境保护和企业结构调整。荧光灯纳入目录与上述政策相辅相成。

5）分析总结

综上，荧光灯有11项指标显示该产品适合纳入目录，超过半数，可将荧光灯纳入优先处理目录。如表13-18所示。

---

[1] 李秀华. 荧光灯的汞减量技术与工艺探讨［J］. 中国照明电器. 2013，2：24-28.

表 13-18　荧光灯定性指标分析情况

一级指标	二级指标	分析内容	是否适合纳入目录	
			是	否
经济因素	生产行业现状及供求特点	生产企业的产能及盈利水平	产能平衡、盈利水平相对较高	
		产品的市场结构		竞争市场
				国内企业市场份额大
		产品的供求状况	刚需大	
			内销量大于出口量	
	产品处理市场现状	处理率水平	处理率水平低	
		商品残值	残值低，需靠政策扶持	
	产品回收处理成本	处理成本	技术可行的情况下处理成本高	
		收购成本		收购成本低
		物流和仓储成本	物流和仓储成本高	
社会因素	产品回收渠道	—		没有建立回收渠道
	产品主要用户群体	—		主要用户群体知识水平较低
	社会公众回收处理需求	—		公众关注度低
技术因素	产品回收处理的技术可行性	—	处理技术可行	
	生产企业生产技术发展趋势	—		生产技术发展有利于降低环境危害，提高资源效益
政策因素	产品纳入目录的政策风险	—		政策风险高
	与有关电器电子产品的其他配套政策的协调性	—	与相关政策协调	

（11）手机适合纳入目录

1）经济因素分析

①生产行业现状及供求特点

一是生产企业的产能及盈利水平较为乐观。近年来，随着经济发展和技术进步，手机产品普及率日益提高，更新换代的速度也越来越快，手机销售量和废弃手机产生量都急剧增加。自 2004 年，我国已经成为世界第一大手机生产和销售国[1]。

根据《中国电子信息产业年鉴》，2012 年，中国手机产量为 11.82 亿部，年末库存为 1831.81 万台，企业销售压力不大。

二是产品的市场结构呈现国际、国内企业竞争特点。根据赛诺数据显示，2012 年 6 月，国内手机市场中，三星以 15.73% 位列第一；联想手机以 11% 的市场份额超越华为、诺基亚，成为中国市场第二。前十名中还有酷派、中兴、金立、HTC、苹果、天语等品牌。国内前十名的手机生产企业占全国市场总额的 73.61%，行业集中程度较高，但不存在垄断现象。从另一个角度看，目前市场份额前十的企业中，国内品牌占到 6 家，市场份额较大，纳入目录征收基金不利于保护企业的国际竞争力。

三是产品内销大于出口，刚需特点明显。根据《中国电子信息产业年鉴》，2012 年，国内手机销售量为 11.79 亿部，出口量为 5 亿部左右，内销大于出口。到 2013 年底，我国手机用户数量已达到 12.29 亿，普及率达 90.8 部/百人[2]。手机等 IT 和通信电子产品的一个显著特点是，随着生产效率的提高和科学技术的进步而不断更新换代，导致它们的生命周期不断缩短，并具有随时间而价格不断降低的趋势，即遵循摩尔定律（Moore´s Law），也就是说当价格不变时，每隔 18 个月，电子产品性能将提升 1 倍，换句话说就是单位货币所能购买到的电子产品性能每隔 18 个月将会出现倍增。这一定律揭示了信息技术进步的速度，但也促使许多消费者更换手机的频率越来越高。因此，虽然手机设计安全使用年限一般为 7~8 年，且目前市场普及率较高，但是由于更新换代速度过快，未来市场将继续保持刚需特点。

②产品处理市场现状

一是处理率水平低。手机的拆解技术相对简单，设备投入少。而手机的深度处理需要专业的技术和设备，且技术要求较高，目前来看手机的正规处理率水平还

---

[1]　信息产业部经济体制改革与经济运行司. 信产部统计：我国已成手机生产销售第一大国 [EB/OL]. (2005-03-07) [2013-04-11]. http://it.people.com.cn/GB/1068/42899/3225480.html

[2]　工业和信息化部运行监测协调局. 2013 年通信运营业统计公报 [EB/OL]. (2014-01-23) [2013-03-21]. http://www.miit.gov.cn/n11293472/n11293832/n11294132/n12858447/15861120.html.

较低。

二是拆解后的产品残值较高，依靠市场可达到回收处理。手机印刷电路板上很多零部件能够再使用，需要小心拆解和细致的分类。拆解后的零部件中能再使用者，经过简单修复后出售，用于维修或者制造或其他电子产品，没有再使用价值的通过湿法冶金过程用于提炼金等贵重金属；拆解后的电路板（俗称光板）留待通过火法冶金或者物理破碎分选提取铜等金属材料。

③产品回收处理成本

一是处理成本较高。手机拆解流程如下：已经没有整机再使用价值的废弃手机进入企业后直接进入拆解流程，在分别除去后盖、电池后，工人用螺丝刀等简易工具将废弃手机的剩余部分拆开，将得到的金属材料、塑料结构、屏幕和电路板等分类，金属材料和塑料结构直接出售，电路板留在作坊进行进一步的拆解。拆解过程并不复杂，目前主要以手工拆解为主。但是电路板的进一步拆解技术成本较高。

二是物流、仓储成本低。手机的重量约为100克，测算的运输和贮存成本为0.13元。手机主要由金属壳体、金属屏蔽罩、印刷电路板、线材、玻璃和其他液晶屏部件组成。运输和储存过程中没有危险物质外泄。故物流和仓储成本也较低。

2）社会因素分析

一是回收渠道初步建立，基本可以依靠市场进行回收。部分生产厂家主动发起回收活动，中国移动联合摩托罗拉、诺基亚公司于2005年12月共同策划发起了"绿箱子环保计划——废弃手机及配件回收联合行动"，越来越多的手机生产商、销售商加入"绿箱子行动"。另外，北京迪信通（2006年8月）、北京大中电器（2008年1月30日）、中域电讯（2008年1月22日—3月6日）、国美通讯（2008年5月15日）等企业也开展了一系列短期的废弃手机回收或以旧换新活动。[1] 此外，由于手机零部件拆解再用的利润较高，小商贩也加入回收行列，促进了手机的回收再利用。

二是产品主要用户群体回收意识不强。手机一般以普通居民用户为主，因为传统观念影响，我国消费者普遍把废弃手机视为有价废旧物资，在缺乏相关扶持政策的条件下，回收意识不强。

三是社会公众处理需求大。虽然近年来手机危害性的研究显示，由于手机体积小，47%左右的手机被留在家中，仅有2.3%左右的手机流入回收市场。[2] 但是随

[1] 牟焕森，杨舰. 我国手机回收结构特征及其科技政策内涵分析——基于技术产品生命周期的视角 [J]. 科技进步与对策，2009（7）：101-105.
[2] 高颖楠. 废旧手机资源化研究 [D]. 天津：南开大学，2012.

着媒体对手机等产品环境危害性的报道，社会舆论的压力加大，公众处理需求逐渐升高。

3）技术因素分析

一是产品回收处理的技术可行。根据 2013 年《废弃电器电子产品处理行业年度报告》，已有 3 家企业提前进行手机拆解工作，可见目前国内手机的回收处理技术上是可行的。

二是国有企业生产技术发展趋势环境友好性、资源节约性较明显。手机外壳主要成分是 PC/ABS 塑料，它是聚碳酸酯（PC）和丙烯腈-丁二烯-苯乙烯（ABS）的混合物，而手机充电器的主要成分是聚碳酸酯。这些塑料在燃烧过程中易形成有毒有害的碳氢化合物，因此需要完全燃烧。手机印刷电路板基材通常由环氧树脂和玻璃纤维制成，手机外壳和印刷电路板的阻燃剂中都含有溴化物，这些塑料不完全燃烧时会产生溴化烃等有害物质。但是近年来随着手机技术的不断推进，塑料的含量越来越低，这一发展趋势大大降低了未来手机的环境危害。

4）政策因素分析

一是产品纳入目录的政策风险较高。手机异质性小，不容易与其他物品混淆，不容易出现套取政策补贴的风险。但是，由于手机零部件再用价值高，整机收购的数量有限，纳入目录后补贴标准难以量化，因此政策风险高。

二是与产品相关配套政策相协调。塑料和印刷电路板是手机的主要组成部分。印刷电路板的破碎分选处理需要获得环保部门的危废处理许可。此外，由于电路板有色金属含量大，近年来国家在有色金属领域主要出台了《有色金属产业调整和振兴规划》（国发〔2009〕14 号）和《再生有色金属产业发展推进计划》（工信部联节，〔2011〕51 号），都重点强调现阶段有色金属产业在我国实现城镇化、工业化、信息化中的重要作用没有改变，作为现代高新技术产业发展关键支撑材料的地位没有改变，产业发展的基本面没有改变。同时，加快建设覆盖全社会的有色金属再生利用体系，支持具备条件的地区建设有色金属回收交易市场、拆解市场。另外，2012 年 8 月 24 日，环境保护部、国家发展改革委和商务部联合发布了废塑料加工利用污染防治管理规定，对废塑料加工利用企业进行污染预防严格管理。纳入目录与上述政策相辅相成。

5）分析总结

综上，手机有 9 项指标显示该产品适合纳入目录，超过半数，可将手机纳入优先处理目录。

表 13-19　手机定性指标分析情况

一级指标	二级指标	分析内容	是否适合纳入目录	
			是	否
经济因素	生产行业现状及供求特点	生产企业的产能及盈利水平	产能平衡、盈利水平相对较高	
		产品的市场结构		竞争市场
				国内企业市场份额大
		产品的供求状况	刚需大	
				内销量大于出口量
	产品处理市场现状	处理率水平	处理率水平低	
		商品残值		残值高，可依赖市场回收处理
	产品回收处理成本	处理成本	技术可行的情况下处理成本高	
		收购成本		收购成本低
		物流和仓储成本		物流和仓储成本低
社会因素	产品回收渠道	—		回收可以依靠市场力量
	产品主要用户群体	—	主要用户群体知识水平较低	
	社会公众回收处理需求	—	公众关注度高	
技术因素	产品回收处理的技术可行性	—	处理技术可行	
	生产企业生产技术发展趋势	—		生产技术发展有利于降低环境危害，提高资源效益
政策因素	产品纳入目录的政策风险	—		政策风险高
	与有关电器电子产品的其他配套政策的协调性	—	与相关政策协调	

（12）电话单机适合纳入目录

1）经济因素分析

①生产行业现状及供求特点

一是生产企业的产能和盈利水平平衡。根据国家统计局对工业产品产量的统计显示，从2004年开始，电话单机（主要为固定电话产品）产量基本呈下降趋势，根据《中国电子信息产业年鉴》，2012年，中国电话单机产量为1.26亿部，年末库存为40.75万部，企业销售压力不大。

二是产品的市场结构呈现国产品牌主导特点。固定电话行业经过几十年的激烈竞争，现在行业的集中度较高。根据中国市场调查中心数据表明，2011年4月，前十强品牌占据行业的主要市场。前三强的行业集中度是61.7%，前五强的行业集中度为79.95%，前十强的行业集中度高达93.9%。在前十大品牌的市场占有率方面，步步高排在第一，市场占有率为31.77%；中诺位列第二，市场占有率为17.50%；飞利浦排名第三，市场占有率为12.43%。接下来依次是TCL 9.66%、西门子8.59%、松下4.07%、高科3.48%、堡狮龙2.49%、宝泰尔2.10%、三洋1.81%。国产品牌步步高具有相对明显的市场占有优势，国际品牌飞利浦、西门子、松下、三洋等市场占有率的总和不及步步高一个品牌的市场占有率，因此可以断定，电话单机是由国产品牌主导市场。

三是产品内销大于出口，刚需特点不明显。根据《中国电子信息产业年鉴》，2011年，中国电话单机的国内销售量为1.37亿部，出口量仅为0.44亿部。2012年，电话单机国内销售量为1.26亿部，出口量为0.60亿部，内销量远远大于出口量。但是由于移动通信的发展，手机的普及率逐年上升，一定程度上抑制了电话单机的内需，刚需特点不明显。

②产品处理市场现状

一是处理率水平低。固定电话产品本身技术含量较低，生产企业相对分散。一些跨国外资固定电话生产企业已经在国外开展产品的回收处理工作。但目前在中国，几乎没有企业参加回收处理，整体固定电话生产行业参与回收处理水平低，故目前处理率水平相对较低。

二是拆解后的产品残值较低。电话单机本身价值较低，报废价值也较低，其他绝大部分报废电话单机或被简易手工作坊简单拆解零部件投入二手市场，或直接随生活垃圾流入处置中心。

③产品回收处理成本

一是处理成本较低。固定电话结构简单，体积小，重量轻。整机初级手工拆解技术相对简单，设备投入少。因此处理成本较低。

二是收购成本较低。电话单机本身价值较低，报废价值也较低，收购成本也较低。

三是物流、仓储成本低。由于电话单机体积小，易储存，且没有泄露风险，仓储条件要求较低，因此物流和仓储成本均较低。

2）社会因素分析

一是初步建立回收渠道。随着电话单机报废量的增多，一些获得环境保护部废弃电器电子产品处理资质的企业开始回收、拆解处理废固定电话。其中，来自机关、事业单位以及部分大型企业产生的报废电话单机，交由报废固定资产核销资质企业或涉密载体销毁资质企业处理。

二是产品主要用户群体回收意识不强。电话单机的使用以一般普通家庭和机关、事业单位及企业为主，用户知识水平结构总体符合国家整体的知识水平结构。除了机关、事业单位以及部分大型企业的收集有报废要求外，家庭一般由于电话单机体积较小，容易储存，回收价格较低，大都不考虑将其回收。平均来看，用户对电话单机的回收意识不强。

三是社会公众处理需求不大。电话单机虽然进入市场较早，普及率也较高，但是由于体积小、易储存的特点，容易被社会公众忽视，社会公众的处理需求较低。

3）技术因素分析

一是产品回收处理的技术可行。一些跨国外资固定电话生产企业已经在国外开展产品的回收处理工作。根据 2013 年《废弃电器电子产品处理行业年度报告》，国内已经有 2 家有资质的企业回收电话单机，可见电话单机的回收处理技术上可行。

二是产品生产企业生产技术发展趋势环境友好性、资源节约性较差。近年来，电话单机技术发展缓慢，由于手机对固话市场的冲击，国内以步步高为主导的生产企业为吸引用户，在无绳电话、数字技术、扩频、调频[1]等方面投入较多，但对环境友好、资源节约考虑不足。

4）政策因素分析

一是产品纳入目录的政策风险较低。电话单机异质性大，不容易与其他产品混淆，出现套取政策补贴的风险较小，整机收购的比例大，政策风险低，如果纳入目录，按部补贴较为可行。

二是与产品相关配套政策相协调。固定电话中的受控物质主要指印刷电路板。具备来电显示的固定电话机中的液晶显示器，由于面积小于 100 平方厘米，因此暂不进行考虑。印刷电路板被列入《国家危险废物名录》，其破碎分选处理需要获得环保部门的危废处理许可。纳入目录与上述政策相互协调。

---

[1] 步步高官方网站：http://www.bbktel.com.cn/zhishi.php。

5）分析总结

综上，电话单机有 10 项指标显示该产品适合纳入目录，超过半数，可将电话单机纳入优先处理目录。如表 13-20 所示。

表 13-20　电话单机定性指标分析情况

一级指标	二级指标	分析内容	是否适合纳入目录	
			是	否
经济因素	生产行业现状及供求特点	生产企业的产能及盈利水平	产能平衡、盈利水平相对平稳	
		产品的市场结构		竞争市场
				国内企业市场份额大
		产品的供求状况		刚需小
			内销量大于出口量	
	产品处理市场现状	处理率水平	处理率水平低	
		商品残值	残值低，需靠政策扶持	
	产品回收处理成本	处理成本		技术可行的情况下处理成本低
		收购成本		收购成本低
		物流和仓储成本		物流和仓储成本低
社会因素	产品回收渠道	—		没有建立回收渠道
	产品主要用户群体	—		主要用户群体知识水平较低
	社会公众回收处理需求	—		公众关注度低
技术因素	产品回收处理的技术可行性	—		处理技术可行
	生产企业生产技术发展趋势	—		生产技术发展不利于降低环境危害，提高资源效益
政策因素	产品纳入目录的政策风险	—		产品异质性大，容易分辨，政策风险低
	与有关电器电子产品的其他配套政策的协调性	—		与相关政策协调

（13）显示器适合纳入目录

1）经济因素分析

①生产行业现状及供求特点

一是生产企业的产能及盈利水平较为乐观。显示器是属于电脑的I/O设备，即输入/输出设备。它可以分为CRT、LCD等多种，是一种将一定的电子文件通过特定的传输设备显示到屏幕上再反射到人眼的显示工具。根据《中国电子信息产业年鉴》，2012年，显示器全年生产量为1.27亿台，年末库存100万台，产能均衡。

二是产品的市场结构呈现国际企业寡占特点。目前来看，我国显示器生产企业众多。既有国际知名品牌，如三星、飞利浦、戴尔等，也有华硕、宏碁等国产品牌，还有更多知名度较少的品牌，品牌集中度不高，呈多元化趋势，竞争形式明显。其中三星市场占有率最大，达到28.2%；AOC（台湾品牌冠捷）紧随其后，占有率达21.1%。两者占有将近一半的市场份额。其余品牌占到一半市场份额。

三是内销大于出口。根据《中国电子信息产业年鉴》，2012年，显示器销售量为1.27亿台，出口量为5 238万台，内销量大于出口量。此外，电脑未来一段时间的普及率将会继续增加，显示器刚需特点明显。

②产品处理市场现状

一是处理率水平低。由于显示器没有纳入第一批基金目录，并且其单个价值很低，因此大量废弃的显示器没有进入处理企业进行拆解处理。同时，由于与电视机有同质性，很多显示器被充当电视机套取补贴，因此处理行业规范水平评估为低。

二是拆解后的产品残值较低，很难依靠市场撬动产品的回收处理。显示器的拆解主要以手工物理拆解为主。拆解后的产物为塑料外壳、液晶显示组件、印刷电路板和其他零部件等。由于液晶显示器构造比较简单，因此拆解过程并不复杂，物质残值较低，需要政策予以扶持。

③产品回收处理成本

一是处理成本较高。由于显示器构造比较简单，目前主要以手工拆解为主。但深加工是印刷电路板的加工，故显示器的处理技术水平高。技术成本也高。

二是收购成本较低。显示器用户比较集中，以企业、机关单位为主，在产品更新换代后，多数企业为了不浪费仓储用地及资金，愿意主动回收，导致收购成本较低。

三是物流、仓储成本低。显示器主要由金属壳体、金属屏蔽罩、印刷电路板、线材、玻璃和其他液晶屏部件组成。运输过程中，液晶显示器发生磕碰后，没有危险物质外泄。由于显示器与电视机有很大的同质性，类比家电以旧换新的补贴每台

30 元计，显示器的平均重量为 10kg，每 kg 运费为 3 元，物流成本高。

2）社会因素分析

一是回收渠道没有建立。目前，显示器生产企业还没有开展废弃产品的回收工作，因此生产行业参与回收处理水平低，回收渠道没有建立。

二是产品主要用户群体回收意识低。显示器主要以企业用户为主，用户知识水平结构较低，普遍的回收意识不强。

三是社会公众处理需求高。显示器常与台式微型计算机捆绑销售，由于一体机、笔记本电脑的普及，显示器进入报废高峰期，社会公众的处理需求较高。

3）技术因素分析

一是产品回收处理的技术可行。显示器与电视机具有极大的相似性，从第一批《目录》实施情况来看，电视机拆解处理企业也进行少量的液晶显示器和液晶电视机拆解，但由于没有基金补贴，拆解处理企业回收到的液晶显示器和液晶电视机暂时进行贮存。说明国内目前已经达到显示器回收处理的技术，即显示器回收处理技术上是可行的。

二是国有企业生产技术发展趋势环境友好性、资源节约性明显。近年来液晶屏技术、平板技术逐步替代铅污染严重的 CRT 技术，因此，显示器领域的生产技术发展趋势有利于减缓环境危害、提高资源效率。

4）政策因素分析

一是产品纳入目录的政策风险较高。显示器这类产品异质性小，容易与监视器、电视机等混淆，容易出现套取政策补贴的风险，因此政策风险高，如果纳入目录，效果可能不理想。

二是与产品相关配套政策相协调。液晶显示屏、CRT 玻璃和印刷电路板是显示器的主要组成部分。印刷电路板的破碎分选处理需要获得环保部门的危废处理许可。此外，2012 年 8 月 24 日，环境保护部、国家发展改革委和商务部联合发布了废塑料加工利用污染防治管理规定，对废塑料加工利用企业进行污染预防严格管理。而国家对于含铅物质也加强了管控，纳入目录与上述政策相辅相成。

5）分析总结

综上，显示器有 12 项指标显示该产品适合纳入目录，超过半数，显示器适合纳入优先处理目录。如表 13-21 所示。

表 13-21　显示器定性指标分析情况

一级指标	二级指标	分析内容	是否适合纳入目录	
			是	否
经济因素	生产行业现状及供求特点	生产企业的产能及盈利水平	产能平衡、盈利水平相对较高	
		产品的市场结构	寡头垄断	
			外资企业市场份额大	
		产品的供求状况	刚需大	
			内销量大于出口量	
	产品处理市场现状	处理率水平	处理率水平低	
		商品残值	残值低，需靠政策扶持	
	产品回收处理成本	处理成本		技术可行的情况下处理成本低
		收购成本		收购成本低
		物流和仓储成本		物流和仓储成本低
社会因素	产品回收渠道	—	没有建立回收渠道	
	产品主要用户群体	—	主要用户群体知识水平较低	
	社会公众回收处理需求	—	公众关注度高	
技术因素	产品回收处理的技术可行性	—	处理技术可行	
	生产企业生产技术发展趋势	—		生产技术发展有利于降低环境危害，提高资源效益
政策因素	产品纳入目录的政策风险	—		政策风险高
	与有关电器电子产品的其他配套政策的协调性	—	与相关政策协调	

（四）目录产品复审机制应用

2009 年 3 月，《废弃电器电子产品回收处理管理条例》正式颁布，2011 年《废弃电器电子产品处理目录（第一批）》出台，2012 年《废弃电器电子产品处理基金征收使用管理办法》出台，目前，政策实施不足三年时间，处于调整适应期，尚不能提出退出目录清单。本节尝试运用复审考核重点内容，对 2013 年产品的相关情况进行评价，并提出需要重点评估和关注的产品。

1. 第一批目录产品基金政策执行效果评价

根据《目录及配套政策实施情况评估（2013）——产业和经济发展影响及跟踪分析评价》的研究结果，各类产品通过执行基金及配套政策的执行效果差异较大：

（1）在基金征收使用的合理性方面。根据《目录及配套政策实施情况评估（2013）——废弃、回收、处理、资源化利用情况分析》课题组研究结论，现阶段，我国的回收补贴政策并没有实现基金专品专用，而是将不同电器产品所缴的基金依照补贴审核的结果统一发放。

（2）在产能利用率方面。《2013 年废弃电器电子产品处理行业年度报告》中称，2013 年，电视机、电冰箱、洗衣机、空调和电脑的产能利用率分别为 49.7%、6.16%、13.73%、0.1% 和 7.75%。其中，洗衣机、空调、电冰箱和电脑的产能利用率非常低，即便是相对较高的电视机，也有一半以上的产能处于闲置状态。

（3）在对产品回收处理的促进作用方面。根据《目录及配套政策实施情况评估（2013）——产业和经济发展影响及跟踪分析评价》的研究结果，在仅考虑局部均衡理论的基础上，由于空调的补贴率相对较低，加之居民供给量对抬价的敏感程度相对偏低，对其回收处理的积极影响较弱；个人电脑的积极影响次之；对冰箱、洗衣机和电视机回收量的积极作用加强。由于电视机拆解价值低于空调，但给予的补贴额度较高，因此补贴率较高，导致电视机回收盈利最为明显，冰箱、洗衣机次之，个人电脑和空调最低。

（4）在对规范处理的促进作用方面。根据《目录及配套政策实施情况评估（2013）——产业和经济发展影响及跟踪分析评价》的研究结果，"四机"的处理率情况差异大。2013 年，资质企业废弃电视机处理率达到 34.01%，较 2012 年翻了一倍；而对于洗衣机、冰箱等其他四类商品，则资质企业处理率的变化不大，且一直维持在非常低的水平。如表 13-22 所示。

表 13-22 2013 年目录复审情况一览表

考察内容	产品				
	电视机	电冰箱	洗衣机	空调	电脑
基金征收使用的合理性	×	×	×	×	×
资质企业处理量变化情况	上升明显	上升明显	上升明显	上升不明显	上升不明显
产品实际规范处理率	34.01%	水平较低	水平较低	水平较低	水平较低
产能利用率	49.7%	6.16%	13.73%	0.1%	7.75%
建议	保留	保留	保留	继续观察，考虑退出	继续观察，考虑退出

2. 政策尚处于调整适应阶段，执行效果属短期情况

综上，"四机一脑"的执行效果差异大。根据上述指标分析，电视机、电冰箱、洗衣机可予以保留；空调和电脑的执行效果不理想，建议继续考察，如果仍持续现状，则令退出。但是目前，由于各类责任主体尚处于政策调整期，基金政策处于逐步完善的过程，政策执行力度不断加大，回收、处理企业也在新的政策下探索新的均衡点。因此，应该持续每年对目录产品基金政策执行效果进行跟踪评价，并于2015年底制订第一批退出清单，同时通过目录调整重点，对目录进行补充。

三、小结

1. 经过验证，本研究确定的三级目录筛选系统可行

本研究运用第一批目录对筛选系统进行了验证，结果表明，通过筛选系统筛选的产品与第一批目录完全吻合，说明本筛选系统科学可行。

2. 根据筛选系统，对目录调整提出相关建议

针对目录产品，第一级筛选将铅酸蓄电池、锂离子电池、榨汁机、家用燃气热水器排除出目录；第二级筛选将电压力锅、传真机、豆浆机、扫描仪、电水壶、电吹风机等排除出目录；第三级筛选将家用电风扇排除出目录。应先将监视器、显示器、手机、电话单机、打印机、复印机、电饭锅、微波炉、荧光灯、吸排油烟机、电冷热饮水机、家用电热水器等纳入目录。

3. 根据复审机制，空调和电脑需继续跟踪，并考虑退出

根据相关课题的研究结果，空调和电脑的执行效果不理想，但考虑到政策处于调整期，应该持续每年对目录产品基金政策执行效果进行跟踪评价，并于2015年底制订第一批退出清单，同时通过目录调整重点，对目录进行补充。

第十四章

关于目录动态调整的建议

基于对国外产品回收范围的分析以及目录动态调整方法体系设计，未来目录产品范围需要遵循可预期、有依据、及时性的动态调整原则，设计一套具有实用性、可操作性的动态调整工作程序。

从国外针对废弃电器电子产品回收处理设置的产品范围看，基本呈现出产品覆盖范围广、对电子产品的定义宽泛的特点，而且各国没有着重从技术属性方面对纳入目录的产品进行定义，而是对回收率、产品中有害物质成分等方面做出了具体的规定。

目录管理的产品范围的动态调整一方面涉及对已进入目录产品是否继续适用基金补贴政策，另一方面对拟纳入的新产品需要考虑其是否适用基金政策，是否可以促进对该产品回收处理的规范化。这就需要对基金征收管理成本、回收体系建设、产品回收处理的技术水平、资源效益、回收处理效率等影响因素进行考察。

一、目录动态调整的基本原则

国家发展改革委会同环境保护部、工业和信息化部已经成立了目录管理委员会，负责目录的制订和调整工作，下设专家小组、行业小组、企业小组，分别由长期从事电器电子产品生产、拆解研究工作的有关技术专家、高校学者、政策研究专家以及行业协会、相关企业组成，负责目录的咨询和评估工作。

建议目录动态调整程序设计的总原则为：

（一）兼顾政策的稳定性和时效性，科学确定目录调整的时间点

目录产品范围的调整周期不宜过长或过短，应避免经常性调整或无法及时适应废弃电器电子产品回收处理的实际需要，因此，建议在充分考察生产商、回收处理企业生产决策调整所需周期的基础上，设定相应的调整周期。

（二）调整程序必须有利于形成稳定的政策预期

调整时点的设置、新一轮目录产品公布时间点以及政策调整方案各项具体措施之间的间隔时间应保持稳定，政策调整趋势要紧密结合废弃电子产品处理技术发展趋势、资源回收利用市场发展等情况，帮助利益相关者形成合理的政策预期。

（三）鼓励以市场化的方式发展壮大废弃电器电子产品回收处理行业，引导回收处理的规范发展

目录产品范围的动态调整最终目标在于改变生产者进行决策时的外部条件、影响生产者进行不同经济行为的成本和收益，从而实现对生产者行为的间接调节。产品范围的动态调整要遵循有利于引进市场化手段为原则，以最小的政策执行成本实现最为广泛的正向影响和引导。建议目录产品的范围缩小在小区间范围内，不宜盲目扩大目录范围，在考虑纳入新产品时，必须考虑是否最终能够帮助该产品回收处理行业达到规模化、资源回收利用效益最大化，否则，需要考虑将该类产品及其产生的有害物质管控置于其他政策框架下处理。

（四）审慎和兼顾各方的原则

在充分的前期调查和广泛听取意见后，对目录产品范围进行调整，对不能实施或不能适用于基金补贴政策的方案需要酌情考虑。要做好基金征收的政策成本与收益，以及生产商、回收处理企业成本—收益分析，确保调整方案顺利实施。

二、目录动态调整工作的主要内容

基于本章的目录动态调整机制，目录调整程序包括如下内容：

（一）进行电子电器产品废弃情况的测算、目录新产品筛选和评估

在本课题建立的数据库资源的基础上，不断维护和完善废弃电器电子产品目录管理数据库。

新产品纳入的评估仍然遵循已有的目录三级筛选方法体系，具体程序如下：

建议目录管理委员会每两年一次，测算未来 2～5 年数据库内电子产品的理论废弃量，进行一级筛选，对于废弃量达到某一阈值的产品，委托有关机构根据环境效益、资源效益等可量化指标等二级筛选指标，筛选资源性相对比较突出、环境危害也相对比较大的产品作为目录调整重点。根据经济因素、社会因素、技术因素和政策因素等三级筛选指标，对目录调整重点产品进行评估，最终形成拟纳入目录新产品范围。

对重点产品纳入目录管理的必要性和可行性进行深入研究和论证。除了考察上述因素外，还要考察处理企业在严格遵守政府相关环保措施或标准条件下，回收处理该产品能否实现合理盈利。据此提出应重点考虑的目录调整范围。

（二）对目录产品进行周期复审

基于评估指标体系和筛选机制，对目录范围内的产品进行常规性评估（一年一次），重点考察每一类产品基金补贴政策框架下的执行情况和经济效益、环境效益和社会效益。如果运用目录筛选和复审机制，产品连续 3 次被列为不适宜纳入目录，可将其列入拟退出产品目录清单。

除了三级筛选方法外，要重点分析产品在回收处理过程中，严格遵守政府制定的相关环保措施或标准，营利性依然较好，处理企业有足够的意愿和动力去自发地从事这种产品的回收处理活动，那么，这样一种产品可考虑退出目录；此外，如果产品连续 3 次评估都没有取得明显的回收处理效果，并且在不断改善目录配套政策的情况下，仍无改观，也可列入拟退出产品名单。

加强对退出目录产品的后续管理。处理企业在经济利益的激励下会自发地回收处理某些废弃电器电子产品，而不需要来自政府或其他方面的资金补贴，这是在解决废弃电器电子产品问题上充分发挥了市场机制的作用，但不意味着脱离监管，这类产品只是不再适用基金补贴政策，但仍然在生产者责任框架下对其进行环境影响评估和监管。

（三）针对拟调整产品征求各方意见

针对拟进入目录新产品和拟退出产品，设置拟调整产品库，向上级部门和下级执行机构以及生产商、回收处理企业发布，征求各方意见。一是考虑政策调整成本，对将来政策调整时间点的设置等事宜进行准备；二是考虑生产商和回收处理企业生产决策调整成本，尽量减少政策调整带来的负面效应。

（四）为拟纳入目录和退出目录的产品设计较为明确的调整时间点

在深入研究每个产品的废弃、回收、处理情况及政策效果的情况下，为拟纳入目录和拟退出目录产品设计进入和退出的最佳时间点。

为了给生产、消费、回收处理主体形成稳定的政策预期，应给其留出决策调整周期。根据实际情况，对拟进入和拟退出产品给予一定的进入和退出缓冲周期，使得政策作用对象形成稳定的政策预期，从而调整其生产和消费决策。

1. 调整周期首先需要考虑的因素

（1）动态调整方法体系的操作时间：包括对目录实施效果的监测、评估，对拟调整产品征求意见所需的时间，形成决策所需必要的时间；

（2）政策调整所需的影响评估直至政策出台和生效等环节的时间：包括政策调整从提出方案、征求意见到形成决策等环节；

（3）生产者和消费者相应决策调整所需的时间。

2. 目录调整时序图

针对以上考虑，对目录动态调整程序设置如图 14-1 的时序：

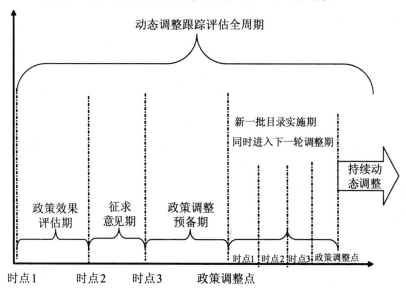

图 14-1 目录动态调整程序时序图

时点 1：维护和完善废弃电器电子产品目录管理数据库，开始对政策效果进行评估。

时点 2：提出拟调整产品库，并征求各方意见。

时点 3：调整目录确定并进行发布。

3. 建议周期

建立目录调整（包括新产品进入和目录产品退出）周期以 3 年为低限，一般为 5 年。但是否真正做出调整，以评估和筛选的结果为主要依据。

（1）对废弃电器电子产品目录管理数据库的维护和完善贯穿于动态调整全周期；

（2）时点 1—时点 2 的周期为 3 年，不低于 1~2 年；

（3）时点 2—时点 3 周期是根据目录委员会意见征询以及最终做出决策所需时间而定，时间为半年到 1 年；

（4）政策调整预备期应不少于 1 年，建议为企业调整生产决策预留足够时间，以形成稳定的政策预期。

（五）及时调整和完善目录筛选方法

根据目录执行过程中的具体问题，需要对目录筛选体系本身做出及时评估和必要的调整，包括新增评估指标、调整指标权重等层面的具体调整。

三、机制和组织保障

（一）建立五大机制

1. 产品筛选机制

根据三级筛选方法定期对电器电子产品进行筛选，科学测算理论废弃量，及时更新备选产品库和拟纳入目录产品清单。

2. 定期评估机制

对目录产品执行情况进行评估，提出产品回收处理情况及影响评估报告；对拟纳入目录产品进行前期评估，提出纳入目录对产品生产、流通以及废弃回收的可能影响，提出纳入目录可行性评估分析报告。

3. 产品退出机制

根据目录产品政策执行情况评估，并运用三家筛选体系和复审机制，提出拟退出目录清单，政策观察期结束，不符合条件的产品退出目录。

4. 组织协调机制

协调《目录》调整动态委员会和各有关部门、行业协会及研究机构加强政策研究与沟通；及时征求有关各方对产品范围调整的意见和建议；按照政策调整时序有步骤地安排目录产品动态调整各项任务。

5. 信息发布机制

保障信息公开透明，定期发布废弃电子产品各项指标变化信息及趋势，形成定期报告并公布；公布基金征收和使用情况；发布《重点目录准入产品评估报告》；每年对政策调整及政策效果进行总结并发布。

（二）完善组织保障

目录动态调整工作由目录管理委员会负责牵头组织实施，建议由目录管理委员会组织进行目录筛选、目录评估、行业调查、信息发布等工作，长期跟踪、监测目录实施情况，评估目录实施的影响情况，提出目录调整的具体建议。

其主要职责：

（1）根据目录动态调整三级筛选方法体系，定期评估目录产品和备选库产品。三级筛选方法体系是基于目录产品范围动态调整的基本属性而设置的，首先根据实际情况的变化对方法体系本身进行调整，其次针对每一类电器电子产品的各项指标的变化，及时利用三级筛选体系进行监测和评估，为确定新一轮目录产品提供依据。

（2）提出拟调整产品清单。根据三级筛选体系的评估结果，定期提出拟退出目录产品和拟进入目录产品清单，同时也要充分考虑筛选体系无法适用的特殊产品。

（3）征求意见。产品进入或退出目录涉及产品的类型、产品耐用度、产品成分、市场条件、运输条件、替代原料市场等因素，需要综合考虑各方意见和政策可实施性。

（4）设计调整方案。

（5）发布《目录及配套政策执行情况评估报告》，将历次目录调整情况进行综合分析并发布。

四、其他需要注意的事项

（一）充分考虑拟纳入目录产品对基金政策的适用性

前面分析目录筛选机制，并没有充分考虑目前实行的基金政策。从基金政策可能对严格的生产者责任制度产生排异反应，以及基金政策本身征收管理成本等入手分析纳入目录，需要更加谨慎。

对于生产企业而言，我国电子电器行业整体盈利水平目前仅为 3% 左右，加上产能大量过剩，在未来的竞争当中有一部分企业将不可避免地被淘汰出局。尤其是随着我国劳动力成本的提高，周边其他发展中国家的崛起，我国家电出口也将面临巨大挑战。因此，在涉及回收处理基金征收水平的时候，要避免出现影响企业盈利水平下降的负面作用。尽管目前来看，基金征收对生产企业影响比较小，但由于目前规范拆解比率仍然较低，拆解产品覆盖率也低，如果拆解产品覆盖更多产品、产能也得到更好的利用、废弃电子电器产品回收处理率逐步提高，按照"以支定收"即基金的征收标准应与处理成本相匹配原则，恐怕就需要大幅度提高基金征收标准，这样可能导致生产企业成本增加，削弱电子电器行业的竞争力。

在基金征收和管理方面，我国的基金制度在分配和补贴配给方面还存在不少问题。目前基金补贴对象是拆解处理企业，基金补贴依靠市场的力量在回收主体、运输企业和处理企业之间进行分配。事实证明，对于多数产品拆解缓解补贴不能有效撬动回收，导致我国处理企业普遍存在"吃不饱"的现象，而大量流动商贩收集到的废弃电子电器产品仍然不能进入规范处理企业进行拆解处理。

为此，可以从基金征收和政府管理便利性角度实施调整：对生产企业进行绿色设计、减少有害污染、保护环境方面要有一定刺激和鼓励的作用，如果企业采取了绿色设计，自建了回收系统或者自己有处理系统，可以采取"先征后返"的模式。这样一方面起到鼓励生产企业加强生态设计的作用，另一方面也逐步形成自建系统与政府基金模式管理效率的竞争，如果企业自建系统效率更高、成本更低，则可以自建回收处理系统；相反则强制缴纳基金，并提高政府基金管理的效率。

（二）充分考虑拟纳入目录的产品与回收体系建设的关系

如果某一产品没有回收体系支持，目前的基金政策效果会受到局限，但如果社会回收网络足够发达，可能使某些产品实现处理的规模效应，也不需要补贴，所以有一个平衡点问题。

与发达国家相比，我国只是简单地建立起粗放式回收处理系统，整个回收体系尚缺乏明确的约束与激励机制。整个电子废弃物再生回收利用体系中尚有以下几点不足：

（1）缺乏系统性管理的规划。对于构成管理框架的多个要素如信息系统、经济要素、物流系统、科技要素、文化要素、政治要素等缺乏综合性评价，至今尚没有明确统一的回收处理系统指导原则。

（2）缺乏区域性特色的回收处理系统。因中国地域广阔，各地区经济发展水平差异性较大，统一的电子废弃物处理处置过程中法律法规的科学性及有效性是否适合中国国情值得斟酌。此外，在环保的监管与约束机制上，中央与地方存在着分工不明确的问题，目前依然缺乏各地方政府根据自身特点所制订的回收处理系统。

（3）缺乏引导市场主体积极参与的激励机制。目前，中国电子废弃物回收具有企业收集、个体收集、维修点回收等多元化回收模式。导致这种情况出现的主要原因在于回收系统管理体系缺乏有效的市场激励制度。消费者往往将报废的电子产品直接卖给上门收购的回收者，然后个体回收者又将其转向二手市场或一些家庭的拆解作坊。

解决上述问题，要多管齐下：

（1）建立竞争性的市场机制，鼓励、引导或促进制造商内部化回收处理业务。对于B2C类产品，企业可以通过自身售后服务渠道自行回收处理。至于B2B类产品，则要根据该产品的制造商对供应链的控制能力和该产品对最终产品的环境影响程度来区别对待回收处理。政府应该鼓励制造商建立闭环供应链系统，对于集生产、销售、回收、处理为一体的企业给予政策倾斜，给予更多的优惠政策。

（2）尽快出台政策，鼓励生产者承担本企业产品的回收处理责任；或支持企业进行资源整合，由若干生产者组成联合体，成立非营利性的回收管理组织，承担电子废弃物的回收管理责任，提高电子废弃物的回收处理效率，降低各生产厂家运行和管理成本，体现规模经济和效益。在考虑各个相关实体的经济、社会、环境等多方利益的基础上，建立有效的持续稳定的回收体系。

（3）鼓励处理企业建设和完善回收渠道。根据《条例》，处理企业自身可以从事回收，这样有利于保证废弃电器电子产品的来源。处理企业一是可以直接从机关、事业单位、金融机构、工厂、学校等处回收；二是整合个体经营户，他们手中有大量渠道资源，但是没有资质；三是与生产企业和经销商建立长期合作关系，处理他们回收的废弃电器电子产品。

（4）完善市政回收体系。地方政府加强电子废物回收体系建设，在垃圾分类的基础上，针对电子废弃物建设和完善专门的回收体系和回收渠道，建立面向社区的回收组织。

（5）倡导消费者自愿参与回收的习惯，并营造全社会主动回收的环境。

（三）充分考虑拟纳入目录产品处理技术、水平和能力

依据目录产品和拟纳入目录产品处理技术和资源价值进行目录的动态调整。如果某一产品资源价值高，企业深加工利用资源的能力强，依靠市场的力量逐步实现自发回收和处理，也可以退出目录。

从资源价值角度而言，我国原材料价格的扭曲是根本上制约回收处理产业发展的因素。长期以来，原材料开发不计成本，资源开发和环境补偿不足促使资源过度开采，资源开采过度导致市场供给过多，原材料价格偏低。而废旧电器回收再生处理的最终结果是通过资源化来实现其价值的，再生资源的价格直接受到原材料价格的影响，再生材料价格不高，导致回收再生处理收益降低。由于材料价格扭曲，造成的废旧电器回收再生处理产业运行的成本高、收益低，制约产业发展健康运行。

从整个产业链的角度看，产业链上游存在自然资本的原材料价格扭曲；后端的再生资源价值不高影响再生资源利用的收益。加之回收体系不通畅造成的回收成本高昂，以及生产工艺技术的进步程度不足形成的处理费用较高。

因此，目录产品的选择和调整要持续地从产品处理环节和回收处理收益两个角度考虑：

从处理环节看，资源循环利用是以技术创新为基础，通过技术修复和改造，将其作为原材料或产品重新应用于生产和消费环节中去，以延长使用寿命，减少新原材料和产品的投入，降低废弃物对环境的危害，缓解资源紧缺的矛盾。为此，一是考虑产品绿色设计水平是否有助于降低处理成本，二是考虑生态化、无害化处理技术水平的情况。产品在设计、生产和处理环节的技术水平较高，使处理成本低于资源再生收益，能够满足回收处理的产业化要求的，可以考虑退出或不纳入目录。

从回收处理收益看，回收处理产业化在很大程度上受到再生资源价值的影响，再生资源价值高，其回收处理取得物料和资源的收益本身就对企业形成了激励，对于这类产品也可考虑退出或不纳入目录。

当然，可以通过纳入产品目录逐步培育企业的处理技术和资源化能力，待具备能力后再将产品移出目录，使企业摆脱对基金补贴的依赖。

（四）充分考虑拟纳入目录产品专业化、规模化回收处理与非专业化、非规模化回收处理的环境和资源效率

如果某一产品专业企业回收处理和小商小贩回收处理的环境和资源效率差别不大，也可考虑不纳入目录。对于某些环境危害小甚至无环境危害、技术门槛低的产品，由小规模企业进行拆解处理可能效率更高，不必纳入目录进行管理。

对策篇 Waste
Electronic Product Management in Major
Countries and Relevant Policies in China

· 基于现行基金模式的政策建议

· 基于 B2B 的生产者责任机构制度设计

基于现行基金模式的政策建议

虽然从社会总福利的角度来说，完善的生产者责任延伸制度充分发挥了市场的效力，是优于基金模式的，但是，考虑到中国市场经济发展的水平和社会现实背景，并参照欧美发达国家的经验，现行的责任转嫁的基金模式，是当前比较适合中国国情的废弃电器电子产品回收处理模式。并且，如果要全面调整政策模式，政府和社会所付出的成本都很高。因此，我们认为，在未来的一段时期内，我们应当立足于现行的基金模式，对政策进行小幅度的调整和完善。而从长期来看，等到中国的市场经济体制建设完善、经济发展水平和法制建设达到相应的高度、群众环保意识增强的时候，应吸取发达国家的经验，建立能够充分发挥市场机制作用的生产者责任延伸制度。

随着废弃电器电子产品回收处理管理体系的不断完善，我国废弃电器电子产品回收处理行业正在逐渐向规范化、规模化和产业化发展。《废弃电器电子产品目录》和配套政策作为回收处理体系重要的组成部分，在过去一段时间内取得了良好的实施效果，不仅有效提高了资源的回收效率，还在较大程度上减少了对环境的污染。

但是，综合本研究结论，并认真审视过去我国废弃电器电子产品回收处理体系的实施现状后，我们认为，在《目录》和配套政策实施方面还存在着进一步改进和完善的空间。

一、不断完善生产者责任延伸制度

目前我国推行废弃电器电子产品回收处理政策的初衷在于实践生产者责任延伸制度、即令电器电子产品生产者承担废弃物回收处理的责任。但是，就当前的废弃电器电子产品回收处理政策的实施效果来说，离真正落实生产者责任延伸制度、真正实现生产前端资源集约使用及回收处理后端资源高效利用，尚有一定距离。

相比之下，许多发达国家（地区）在制定废弃电器电子产品回收处理政策时，更加忠实于生产者责任延伸制度，强调电器电子产品生产者在此流程中的实际管理责任。例如美国推行废弃电器电子产品回收处理法律法规的 25 个州政府，大多要求生产企业自身建立起废弃电器电子产品回收处理项目，其回收处理义务一般基于其市场份额。这一政策的优势在于，生产企业对于自身产品的构造与性能具有最为深入的了解，对于其资源量的构成及价值拥有最为准确的认识，并可因此建立起具有针对性的回收渠道与处理设备，以最高的效率完成回收、拆解以及资源的重复使用或再生利用。同时，由于废弃电器电子产品回收处理成本已自然而然内部化为生产企业生产成本的一部分，生产者从而获得较大的激励以改进产品设计，使其更易于拆解回收，在处理过程中不进行不必要的粉碎，并将回收再利用的资源作为新产品的原材料直接投入使用，真正实现了物料最大限度的内部循环。在欧盟、日本和中国台湾地区也明确规定并认真实施了"电器电子产品废弃物处理处置的经济责任、具体实施责任和信息责任均由生产者所承担"这一基本的生产者责任延伸制度，如表 15-1 所示。

表 15-1　生产者责任延伸制度实施的国际比较

国家	生产者责任延伸制度实施现状
美国	在美国，倾向于利用市场的力量来实施生产者责任延伸制度，并同时支持各州政府探索创新电子废物的各种管理途径。自 2000 年以来，美国先后有 20 多个州尝试制定自己的电子废弃物专门管理法案，部分已经正式生效。联邦政府认为，如果企业自己不能解决问题，将进行强制立法，以此促进企业自己开展废弃产品的回收和处理行动
欧盟	在 2001 年之前，欧盟各国主要的任务是致力于探索电器电子废弃物的管理方法，并积极寻找符合本国特点的 EPR 政策体系。2001 年之后，欧盟颁布了两个关于废弃电器电子产品处理的整体性法令：WEEE 指令和 RoHS 指令。按照规定，电器电子产品废弃物处理处置的经济责任、具体实施责任和信息责任均由生产者承担
日本	日本于 2001 年 4 月开始实施《特定家用电器收集和再商品化法》，该法明确要求对于特定家用电器（电视机、电冰箱、洗衣机和空调）的废弃物，产品生产者承担回收和再商品化义务；产品零售商承担回收和交付给处理企业的义务；而消费者有将废旧家电分类交给特定对象（零售商、回收点、处理企业）的义务
中国台湾	台湾地区实施的回收处理法规中明确要求制造商或进口商承担废弃产品的回收处理费用；而废弃产品实物的处理处置由专门的处理工厂完成，并享受政府的专门补贴；政府有偿收购废弃产品并制定相应的补贴费率；但是消费者不承担回收处理费用且有偿出售废弃产品

资料来源：作者整理。

对于当下中国而言，要真正落实生产者责任延伸制度，政府首先须从完善相关的法律法规开始。《废弃电器电子产品处理基金征收使用管理办法》中曾明确指出，"电器电子产品生产者、进口电器电子产品的收货人或者其代理人应当按照规定履行基金缴纳义务"，并将基金部分用于"废弃电器电子产品回收处理费用补贴"。由于基金减征办法迟迟未出台，"对采用有利于资源综合利用和无害化处理的设计方案以及使用环保和便于回收利用材料生产的电器电子产品，可以减征基金"的政策并未得到实际实施。这一基金征收政策对于电器电子产品生产者主动减少资源能源耗费、采用易于末端回收利用的产品设计等做法的激励作用并不明显；而缴纳废弃电器电子产品处理基金被企业认为履行了生产者责任，由于是否生态设计与企业承担回收处理成本无关，也会在客观上降低企业进行生态设计研发投入的动力。换句话说，目前我国废弃电器电子产品回收处理政策的相关法律法规在界定责任方面尚存在着一定的改进空间。因此，有必要进一步完善相关法律法规，一方面对那些主动承担本品牌废弃电器电子产品回收处理责任的生产企业实施除外责任，另一方面要将企业承担成本与是否进行生态设计建立必要的联系。

其次，一个更为关键的命题是当前我们必须要对"延伸责任"进行更具体的界定。生产者到底需要承担多大的"延伸责任"，各国生产者责任延伸制度往往会因时间的推移、废弃产品成分差异和国情不同而有所不同。我们认为，对于目前的中国国情而言，《中华人民共和国清洁生产促进法》规定的源头预防责任与产品环境信息披露责任也应该包括在生产者"延伸责任"内。这样一来，我们认为的"生产者责任延伸"制度的责任就应该包括对于原材料采购和产品制造阶段的源头预防责任，对产品制造、运输、销售和消费阶段的信息披露责任，对废弃产品消费和回收的回收责任和对循环利用和废物处置的处置责任，如图15-1所示。

图15-1 生产者责任延伸制度中的"责任"界定示意图

再次，下一阶段落实生产者责任延伸制度过程中有必要更进一步理顺废弃电器电子产品回收处理中的运行机制问题。我们可以借鉴台湾地区的政策和统一管理模式，在法规中明确要求制造商或进口商承担废弃产品的回收处理费用；政府有偿收购废弃产品并制订相应的补贴费率，逐步理顺"生产者付费，补贴回收处理者"的机制，采取废弃电器电子产品运输转移网上申报、车辆实施监控等管理措施。各级环保部门，特别是地县市环境监察机构，要强化对废弃电器电子产品的监管，加强对废弃电器电子产品产生和经营单位的现场检查和监督性监测，加强区域联动执法，联合打击废弃电器电子产品非法转移、利用和处置行为；同时，规范企业废弃电器电子产品管理，实时掌握废弃电器电子产品产生、收集、贮存、运输、利用和处置情况。

总结说来，我国应在推行废弃电器电子产品回收处理政策时，切实实践生产者责任延伸制度，鼓励电器电子产品生产者负担资源回收利用责任，担当整个废弃电器电子产品回收处理流程的主导力量，而绝非仅作为处理基金缴纳者的辅助角色。只有如此，才能实现在最大限度上降低资源过度耗费、提高资源利用率变废为宝、充分发挥废弃电器电子产品等废物资源的用途，并不断支撑我国经济社会可持续快速发展。

在中长期逐渐推进现有政策向更加严格的生产者责任延伸制度过渡。可考虑进一步深化"生产者责任延伸制"，加大生产者的激励与约束，基于中国的经济发展水平，在已初见成效的基金管理制度的框架内，建议：

（1）明确界定责任主体和边界。在电子废弃物管理的责任界定方面，力求清晰、明确、标准定量、协调衔接，确保电子废弃物的流动符合物质循环理念；按照"生产者负责、政府分担、各方权责明确"的原则，完善生产者责任延伸制度，明确界定电器电子废弃物回收、处理与处置各环节的责任主体和责任边界，同时做到责任规定的合理衔接。

（2）鼓励生产者自愿履行生产者责任，对于自愿履行生产者责任的企业，无论自行回收处理或与处理企业建立长期合作关系，都可考虑基金减征或给予奖励。

（3）建立和加强生产者信息披露制度建设，需报告其销售的电子产品是否超过了铅、汞、镉、六价铬、多溴联苯和多溴二苯醚等物质的有害物质限制指令（RoHS）规定的最大容许浓度值，审查后如报告不属实，严加惩罚。

（4）建立一个生产商和处理企业合作的透明平台，在回收渠道通畅的前提下，实现主要知名品牌商均和废弃电器电子产品处理企业建立有效的合作机制，实现废弃电器电子产品由"消费者—生产商—处理商"的高效逆向物流。

另外，应积极鼓励生产商进入回收处理环节。政府、民众、环保组织等应积极和生产商合作，逐步建立遍布全社会的回收网络，并引导民众逐步将废弃电器电子产品向这一网络回收，解决生产商最为困难的回收渠道问题。同时，逐步建立规范化的处理商资格认证及分级制度，并引导生产商进入处理环节，形成一个技术水平较高、环保效益良好的回收处理市场。

二、进一步完善基金征收政策

（一）完善基金审核运行模式

现阶段，我们可以借鉴我国台湾地区的基金审核运行模式，如图 15-2 所示。具体而言，首先由费率审议委员会研究出各种产品的基金征收费率；然后由制造企业提供产品产出量、产品销售量等相关数据，并根据该数据缴纳相应的基金费用；最后由稽核认证团体来进行电器电子废弃物回收处理企业回收量的查核工作，然后将正确回收和处理数量上报到基金管理委员会，由此来确定发放基金补贴的数额。

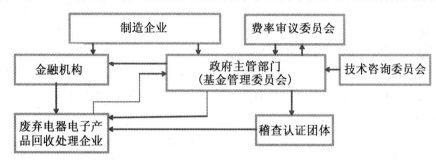

图 15-2　台湾地区的废弃电器电子产品基金运行模式

此外，为更好地从台湾地区获取基金补贴审核经验，我们有必要更深入地说明台湾地区稽核认证团体所负责的对回收处理企业的审核工作。总结说来，其主要内容包括有：

（1）核查回收处理企业的回收、储存、清除、处理等作业程序是否符合该项废弃电器电子产品的回收储存清除处理方法及设施标准；

（2）核查回收处理企业有关废弃电器电子产品的再生材料或衍生废弃物的数量，并根据应回收的废弃电器电子产品的性质追踪其来源、流向、用途、运输里程、处理费用或其他相关数据；

（3）核查回收处理企业的进货、生产、销售、存货凭证、账册等相关报表及其他产销运营或进出口数据，以及应回收的废弃电器电子产品、再生材料、核心零部件及衍生废弃物的库存量等；

（4）核算接受补贴的回收处理企业应回收的废弃电器电子产品稽核认证量等。

为切实促进废弃电器电子产品回收处理行业的发展，在借鉴学习台湾地区经验的基础之上，我国政府相关部门应当加强监督力度，从资质审核过程开始提高监管水平，确保资质处理企业确实具有行业领先能力；另外，在后续的废弃电器电子产品回收处理流程中，监管部门也应严格履行稽核管理义务，除了审查企业上报的数据信息外，还要核查再生材料的数量，并追踪其最终流向，一方面防止弄虚作假、虚报冒领补贴资金等行为的发生，另一方面确保危险废弃物能够得到安全处置。

（二）"以支定收"方式弹性化

"以支定收"具有一定的合理性，但基于测算结果表明，若能够有效弥补基金赤字，其征收标准应为当前标准的 2~3 倍甚至更高。现在若完全实现"以支定收"，必然会大幅度增加基金征收标准，对生产企业的短期冲击可能较大。因此，在短期内一是尝试制定公共资金进入和退出机制，在保证透明度的前提下，在基金不足以发放补贴时运用财政资金进行短期贴补，并由未来的基金向财政进行返还；二是灵活运用所征收的基金规模，重点针对关键产品发放补贴；三是对基金进行谨慎金融运作，将获取收益用于弥补基金和补贴的缺口；四是以当前征收标准的 1.5 倍为限，适度提高基金征收标准。

（三）制定差异化的征收政策

在适度提高基金征收标准的前提下，应该制定差异化的征收政策，针对不同类型产品的环保性能、污染程度等，制订出灵活的标准，差异化征收基金，对生态设计、环境友好、拆解成本低、便于资源再利用的产品实行减征或免征基金。这样可以促使企业贯彻绿色设计理念，采用低污染的原材料生产电器电子产品，有助于提高环保型产品的市场占有率。

三、逐步建立完善的回收体系

建立起正规、有效的回收渠道将会显著地提高我国废弃电器电子产品的回收情况，减少我国目前广泛存在的简单物理拆解的现象，增大优质企业的废弃电器电子产品处理规模，更好地促进回收处理企业的集约发展。

1. 发挥非政府组织的作用

可以基于行业协会，成立废弃电器电子产品回收利用协调中心，进行生产商信息跟踪、市场份额数据收集和废弃产品回收处理绩效评估。根据我国的情况，可以借鉴发达国家废旧电器电子产品回收物流建设经验，完善回收物流渠道。如瑞典采用了社区回收和销售体系两个平行的废旧电器电子产品回收渠道，二者互相结合，构成了一个有效的回收物流体系。销售商销售电器电子产品时，消费者可以免费返还功能相似的旧电器电子产品，也可以在指定的收集点回收。每 4~5 个社区设有一个分选处理站，收集分类和整理后再送往处理厂。制造商负责组织收集废旧家电并承担所有回收费用。

2. 构建回收物流信息系统

废旧电器电子产品种类繁多，产生的地点、时间和数量分散且难以确定，涉及的消费者、单位和企业众多。此外，废旧产品的回收处理过程复杂，包括收集、运输、分拣、检测、修复、拆卸、清洗、翻新、再利用、废弃处理等诸多环节。由此可见，废旧电器电子产品的回收处理是一项庞大而复杂的系统工程，其所涉及的信息来源多、范围广，信息的产生及处理方式不确定，因此应针对废旧电器电子产品回收物流的特点，构建一个高效的回收物流信息系统，并在回收物流各节点进行信息共享，让销售商、生产商、收站点、回收商及回收处理企业能及时掌握废旧电器电子产品回收物流信息，把握回收物流的动态，及时做出处理决策，从而提高回收物流处理运作效率，降低回收和处理成本。高效的回收物流信息系统还有助于促进废旧电器电子产品回收物流的合理化，完善回收物流网络。

3. 进一步增强多渠道的回收体系中销售企业、居民团体和地方政府的作用

多渠道的回收体系是与我国当前经济发展阶段及传统的回收体系相适应的。继续鼓励多渠道的回收体系，建立方便消费者的社区回收和多种收购形式混合的收购模式，建议进一步增强各方的回收责任，具体为：在销售点提供便利的回收设施，并鼓励生产企业与销售商联盟，不定期到社区进行宣传性的回收服务；发挥社区居民的积极作用，加强对其宣传教育，实施分类丢弃；地方政府在加大回收设施建设的基础上，建立回收团队，专门组织力量定期对废弃电器电子产品进行回收。

4. 宣传教育与经济补偿相结合

在加大对消费者宣传教育的同时，在消费者处置废弃电器电子产品时，给予一定的经济补偿。不同于美国、中国台湾等地区，目前我们回收环节面临的不仅是回收本身的成本，还包括回收产品本身的价值补偿。在消费者环保意识不强、不能普遍接受免费交投的情况下，给予消费者一定的经济补偿则可提高回收率。销售企业给予经济补偿可与消费者的账户积分结合，或者形成新购产品折扣，或者采纳礼品的方式回收废弃产品；市政回收网点也可给予消费者一定的经济补偿。

四、探索注册制，加强对回收处理系统的信息管理

实施注册制度的基本目的是实施对生产者、销售者、回收企业和处理企业的有效管理和监督。从其内容来看，信息报告和注册费是构成注册制度的两大要素。中国目前对该行业的相关责任主体包括生产或进口企业、销售企业、回收和处理企业，没有统一的管理机构，更没有统一的信息平台。生产者、进口人承担废弃电器电子产品的处理以及相关支出，分别按照销售或者进口的数量定额征收，而对生产企业相关信息的收集和管理没有重视或者说疏于监督和管理。

中国实行注册制的基本目标在于加强对生产企业的信息管理，有助于了解一个地区生产企业的销售情况和布局的回收网点情况，并为进一步实施生产者责任延伸制奠定基础。

（1）中国注册制的实施，一定程度上将生产企业、回收和处理企业的管理放入同一

个平台，置于一体化的管理体系中，因此，该建议能否实施在很大程度上取决于目前管理职能能否整合。一体化的注册制度在一定程度上要求改变目前的如处理企业主要由环保部门负责监督管理，而回收企业主要由商务部门主管等职能设置。建议前期，可从生产企业的注册制度开始。

（2）注册管理的职能，可分层级设置。全国有统一的信息平台，由省级或者是区域层面具体实施注册管理，对应的管理部门不建议新增，可考虑在现有机构设置的基础上对应落实。中国生产企业的注册费设置，可以简化，将生产企业或进口商按其销售量或者是进口量划分为两个等级，差异化收取注册费，这样可减少小企业的负担。

（3）注册费的使用范围建议为省或者区域级的回收设施的建立和完善。管理部门可根据各地区情况，重点建设和完善回收基础设施，为提高该地区的回收处理水平提供资金支持。

五、加强对销售商、消费者等相关者的约束

禁止随意丢弃、土地填埋和焚烧废弃电器电子产品的法令，对提高回收利用率发挥非常重要的作用。美国的相关规定为我国提供了很好的经验借鉴。目前美国通过立法的 25 个州中，有 15 个州包括印第安纳州、纽约州和缅因州等在法案中包括了禁止任何人把含有危险物的电子产品扔到普通的固体废弃物中对其进行处置的规定，而加州是列在有毒有害物质管理委员会的废弃物管理法案中。从美国法案规定的具体内容来看，具有明显的递进特征，通常从时间先后顺序上分别对生产者、销售商和包括家庭在内的个人做出禁止性规定。如纽约州的详细规定为，2011 年 1 月 1 日起，生产企业、销售企业以及废弃电子产品处理企业，不允许将废弃电子产品作为一般的固体废弃物进行填埋或者焚烧处理。2012 年 1 月 1 日起，除了个人和家庭之外的任何人，不得将废弃电子产品放置于固体废弃物以及危险废弃物的收集和处置场所，应交至专门的回收设施。2015 年 1 月 1 日起，纽约州的所有个人包括消费者及组织，禁止将废弃电子产品以与一般固体废弃物相同的方式丢弃或者处置。

我国目前尚无明确的禁止废弃电器电子产品扔弃的法案，建议出台禁止以一般废弃物方式丢弃或处置废弃电器电子产品的规定。建议渐进性地实施禁止随意处置令。可借鉴台湾地区禁止销售商随意处置的法令，率先禁止销售商、回收企业和生产者随意处置，在条件成熟后再发布对个人消费者和家庭随意处置的禁止法案。详见表 15-2。

表 15-2　禁扔法案及其他措施建议实施时间

实施时间	措施内容
2016 年 3 月 1 日—7 月	集中对生产者、销售商、回收企业进行宣传教育培训
2016 年 7 月 1 日	颁布生产者、销售商、回收企业随意处置的禁止法案
2017—2018 年	开展对消费者的宣传教育
2018 年 12 月 1 日	颁布个人消费者和家庭随意处置的禁止法案（建议）

禁止丢弃法案的颁布不仅有利于废弃电器电子产品的回收和集中处理，而且通过法律手段对产品环境危害性进行确认，有利于提高消费者对废弃电器电子产品环境危害性的认识，也有利于降低产品回收价格，提高集中回收处理率。

六、引导提高资源综合利用价值

我国目前的政策重视产品的集中处理，缺少对提高资源综合利用效益的引导。可充分借鉴国外经验，采取导向性的政策，鼓励废弃电器电子产品回收处理行业提高资源综合利用技术能力和资源综合利用价值。

1. 扩展废弃电器电子产品内涵

我国《条例》对废弃电器电子产品的定义主要是强调废弃，而对二次利用或可通过翻新可以再利用的产品有意排除在外，这样容易造成资源综合利用政策的衔接和适用问题。可借鉴美国经验，将废弃产品定义为更广泛的"使用过的产品"，该产品可以被翻新，作为可用的电子设备再次销售，可以被拆解成为可用的零部件，也可以成为废弃品（金属、塑料和玻璃），通过回收利用后作为制造业的投入再次出售。

2. 鼓励再使用的最大化而不是拆解处理的最大化

借鉴欧盟，更加重视产品再使用。欧盟 2012 年 WEEE 指令，再使用相关定义有 3 条，并在第 6 条中，明确要求成员国确保第三方机构能方便地接触到收集回来的废弃电器电子设备，以便他们能从中选出适当的产品进行再使用；同时为了使废弃电器电子设备的再使用最大化，成员国应要求废弃电器电子设备收集体系或收集厂，在 WEEE 的收集点允许废弃产品再使用中心的人员先将可用于再使用的 WEEE 从其他的废弃电器电子设备中分离出来。我国要调整政策的激励方向，如果企业能够把回收产品进行整机或部件的再使用，应该比直接还原到原材料给予更多的支持。

3. 通过政府购买的方式促进生产企业建立回收体系和进行生态设计

借鉴日本经验，规定政府购买产品时尽可能地选择对环境污染少、可回收的产品。特别是要求选择购买电器电子产品时考虑该企业是否拥有回收体系，从政府和消费者层面给予生产厂家建立回收体系的激励，以此提高办公用电器电子产品的回收处理和资源化利用效率。

七、发挥政策对生态设计和技术创新的激励作用

就电器电子产品的生产流程来讲，传统的工业生产仅仅关注如何将产品快速廉价地生产出来并销售给消费者，故而其产品设计主要考虑市场需求、美观程度、产品质量等因素，对于环境因素则关注较少，对于产品所使用原料的毒性、对消费者健康的威胁、产品的节能特性以及产品废弃后是否易于回收处理等因素未加以考虑。

然而，随着经济与认知水平的不断提高，消费者开始将目光转向高质量的生活与自身的安全，产品的节能、环保、安全设计成为普遍的需求。美国绿色电子委员会（Green Electronics Council）的研究显示，电器电子产品 90% 的环境属性来自于其设计阶段。因此，将环境因素融入电器电子产品的设计中，改善产品在整个生命周期内的节能环保性能，降低对环境的负面影响，既是满足消费者不断与时俱进的消费需求，也是生产企业树立良好企业形象、巩固市场地位并不断扩大市场份额的重要途径。

电器电子产品生产企业应该在废弃电器电子产品处理相关政策的激励下，自生产流程多个层面不断提升技术、改进设计，实现在产品生命链条前端减少废弃物与污染的目标，具体包括：

（1）生产者在原材料的选取上应当避免使用有毒有害的材料与添加物而考虑引入环保替代材料，或尽量提高有毒物质的稳定性以降低毒物释放的可能。

（2）避免电器电子产品包装物的设计过于奢华，而应当简约、耐用且易于回收。

（3）在产品设计阶段则融入节能技术，切实降低电器电子产品使用中的能源耗费。

（4）电器电子产品生产企业在进行产品设计时，应当将其回收处理的难易程度纳入考虑，使用统一标准的连接点，以螺丝代替焊接或黏合，提供信息芯片或标示，生产出便于机械化拆解、有利于回收再利用的电器电子产品。

而废弃电器电子产品处理企业也应该在政策激励下，不断改善处理工业和流程，提高资源利用效率和环境效益。

目前的政策设计并未能有效激励企业进行上述生态设计和技术创新。

（1）由于没有完全落实生产者责任延伸制度，废弃产品回收处理成本没有内化成企业的生产成本，环境成本仍然由社会负担，企业缺乏最直接的动力去进行生态设计；

（2）由于对生产商所生产的产品征收基金时没有进行差异化征收，对企业环保设计包括减少回收处理难度等缺乏直接的激励；

（3）基金征收对自愿履行生产者责任的品牌制造商反而是个打击，上缴基金后企业认为已经履行了生产者责任，会认为再自行履行回收处理责任是个额外的负担；

（4）由于只是根据物理拆解量进行补贴，对处理企业加强技术研发投入、改善处理工艺和提高回收利用效率也缺乏正向激励。

实际上，许多跨国电器电子产品生产企业已经在我国开展废弃电器电子产品回收处理项目（见表15-3），例如，戴尔公司于2006年12月21日宣布在中国开展面向本品牌各产品个人消费者的免费回收服务，并获得了越来越多的客户对于该项利于环境保护的措施的认同与赞赏。尽管市场上存在众多废旧电子计算机收集者，大多数消费者依然表示愿意向戴尔公司免费交还废弃产品，并信任戴尔公司将会对废旧设备实施绿色无污染处理并充分保护客户隐私。这一举措有利于戴尔公司环保负责的跨国公司形象的树立以及知名度的扩大，同时有助于品牌知识产权的保护；对于消费者，向负责任的生产者交还废弃产品可使储存在产品中的个人信息得到相对可靠的保护，并为日益严重的环境资源困境的缓解贡献自己的力量。

表15-3 各主要电器电子产品生产者在华回收计划

电器电子产品生产商		自愿性回收计划
美国	苹果	苹果公司目前在中国无回收项目
	戴尔	2006年11月，戴尔公司在中国开展免费回收废旧电脑服务，且无须购买戴尔任何新品即可回收
	惠普	2007年9月，惠普公司将在中国免费回收任意型号的惠普打印机、扫描仪、传真机、笔记本电脑或台式机、显示器、手持设备以及相关的外设，如数据线、鼠标、键盘等
日本	东芝	东芝公司在中国实施笔记本电脑免费回收服务
	佳能	佳能公司通过指定服务店、经销商、区域总部、快修中心以及售后服务网点等渠道免费回收废弃的复印机、传真机、打印机和耗材等产品
韩国	LG	LG公司目前在中国无回收项目
	三星	2006年3月，三星公司在遍布全国60个城市的76家三星服务网点安放手机废件回收箱，并建立联网计算机管理系统，专门回收废旧手机及配件
中国	联想	2006年12月，联想在中国大陆地区实施电脑免费回收服务，涉及产品目录包括：Lenovo品牌的笔记本电脑、台式电脑、服务器、ThinkPad笔记本电脑及ThinkCentre台式电脑，商业客户和个人消费客户均可享受该服务。客户可自行将电脑送往回收网点，也可由联想免费上门回收

　　为了鼓励企业围绕生态设计（也即绿色设计）积极进行技术创新，鼓励企业承担社会责任，一方面，切实履行生产者责任延伸制度，电器电子产品生产者有必要积极参与废弃电器电子产品回收处理流程，承担经济责任、信息教育责任甚至实际管理责任，以此实现外部成本内部化；通过强制规定生产者承担产品的处理成本，促使电器电子产品可以以最节能环保的方式被生产，同时以最高的资源利用率和环境保护水平被回收处理，实现资源与能源随产品生命链条的高效循环利用。另一方面，采取税收等鼓励措施，推动生产企业与回收处理企业加大科技研发投入，引导产业技术的不断创新。

八、改许可制度为认证制度

1. 许可制度实施现状分析

　　当前，我国对废弃电器电子产品处理实行较为严格的许可制度。《废弃电器电子产品回收处理管理条例》第六条规定："国家对废弃电器电子产品处理实行资格许可制度，设区的市级人民政府环境保护主管部门审批废弃电器电子产品处理企业资格。"第十二条中又指出，"废弃电器电子产品回收经营者对回收的废弃电器电子产品进行处理，应当依照本条例规定取得废弃电器电子产品处理资格；未取得处理资格的，应当将回收的废弃电器电子产品交有废弃电器电子产品处理资格的处理企业处理"，并且明确禁止未取得废弃电器电子产品处理资格的单位和个人处理废弃电器电子产品。

　　上述许可制度有效地规范了废弃电器电子产品的回收处理活动并维护了整个回收处理行业的经济秩序，同时有效地制止了不法经营和不正当竞争情况的出现，一定程度解决了由于权利分散性所带来的交易成本上升的问题。

　　当然，和其他制度一样，许可制度也无法摆脱利弊共存的辩证规律。每一项行政许可制度在它达到了某种预期的时候，都会逻辑地暗含着许多消极影响（弗里德曼语）。具体到废弃电器电子产品回收处理行业而言，可以概括为如下三个方面：

　　（1）许可制度的行政成本较高。和企业一样，政府也存在着信息不对称的困境。一般说来，政府对废弃电器电子产品回收处理企业的现实状况和发展趋势往往不能获得完全的信息。这样一来，就容易产生机会成本，导致有些可以通过行政许可进行的资源配置与经济规律相悖，继而产生无效率的市场准入。此外，对回收处理企业的许可审批权过大，则会进一步使政府缺少监督和制约，行政许可机关人员较易产生腐败，导致"二次行政成本"的产生。

　　（2）许可制度会降低市场运行的效率。按照现代经济学的一般观点，在完全竞争市场的长期均衡状态下，厂商的平均成本、边际成本和边际收益相等，都等于市场价格，也即完全竞争市场是有效率的。而当对废弃电器电子产品处理行业实施行政许可时，就会人为降低整个处理行业市场竞争的程度，此时，市场效率会受到一定影响。与此同时，基金补贴政策又使得获取处理资质的企业的竞争能力得到了额外的扶持。这种强者愈强、弱者愈弱的"马太效应"（Matthew Effect）在一定程度上抑制了市场的自由竞争和人们创新的动力。

（3）许可制度可能会给产业链带来一定的压力。具有处理资质的回收处理企业将利用其地位获取更大的行业话语权，并在获取废弃电器电子产品资源的价格博弈中占据优势。随着资质企业市场地位的提高，技术升级改造的动力将有所减弱，而这一趋势将不利于资源利用效率和环境保护能力的持续提高。

2. 认证制度的可行性分析

基于上述讨论，我们认为，政府在考虑对于废弃电器电子产品回收处理行业加以监督规范的同时，应同时兼顾市场整体的运行效率。我们之前的调研发现，目前国内还存在一些并未获得处理资质，但处理能力与技术已经符合目标资源回收效率以及环保水平的回收处理企业，然而目前的许可审批制度却严格限制了这类企业的发展。这样一来，从长期来看，许可制度并不利于整个处理行业提高市场竞争性和效率。为此，允许更多的优质企业参与废弃电器电子产品回收处理流程，来激发废弃处理市场的活力与创新性，可能是下一阶段决策部门需要考虑的一个命题，而认证制度为我们提供了另一种可能性。

（1）认证种类

认证是指由认证机构证明产品、服务、管理体系符合相关技术规范或者相关技术规范的强制性要求的评定活动。目前，我国有体系认证和产品认证两大类，而废弃电器电子产品回收处理企业的认证制度构建可以参照产品认证的方式来进行。

（2）废弃电器电子产品回收处理企业实施认证制度具备的条件分析

1）我国认证事业的发展为废弃电器电子产品回收处理企业认证提供了良好的经验借鉴和制度保障

经过 20 多年的发展，我国的认证体系获得了长足的进步，在国民经济和社会发展中发挥了非常重要的作用（见图 15-3、表 15-4）。到目前为止，我国已经建立了包括认可约束、行业自律和社会监督在内的比较完善的认证认可管理体系。完善的认证认可管理体系为我们下一阶段制定废弃电器电子产品回收企业的认证制度提供了良好的经验借鉴。

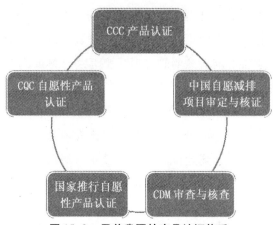

图 15-3　目前我国的产品认证体系

表 15-4　目前我国的产品认证体系主要内容摘要

CCC 产品认证	中国强制性产品认证简称 CCC 认证或 3C 认证，是一种法定的强制性安全认证制度，也是国际上广泛采用的保护消费者权益、维护消费者人身财产安全的基本认证制度
CQC 自愿性产品认证	CQC 标志认证是中国质量认证中心开展的自愿性产品认证，以加施 CQC 标志的方式表明产品符合相关的质量、安全、性能、电磁兼容等认证要求，认证的范围涉及机械设备、电力设备、电器、电子产品、纺织品、建材等 500 多种产品
国家推行自愿性产品认证	国推自愿认证指由国家认证认可行业管理部门制订相应的认证制度，经批准并具有资质的认证机构按照"统一的认证标准、实施规则和认证程序"开展实施的认证项目。国推自愿认证业务包括国家节能环保型汽车、有机产品和良好农业规范认证（GAP），上述三项认证主要以推荐性国标标准实施
CDM 审查与核查	CDM（清洁发展机制）审查与核查领域涉及可再生能源（风电、水电、太阳能发电、供热）、玻璃和水泥生产余热余压利用、垃圾填埋气处理、垃圾焚烧、煤层气、生物质等
中国自愿减排项目审定与核证	该认证是指在能源工业（可再生能源/不可再生能源）、能源分配、能源需求、制造业、化工行业、建筑行业、交通运输业、矿产品、金属生产、燃料的飞逸性排放（固体燃料、石油和天然气）、碳卤化合物和六氟化硫的生产和消费产生的飞逸性排放、溶剂的使用、废物处置、造林和再造林及农业等 1～15 个领域开展自愿减排项目的审定

资料来源：中国质量认证中心。

　　此外，从性质上而言，废弃电器电子产品回收处理企业的认证属于认证行业的某一项专项认证，2003 年 11 月 1 日起施行的《中华人民共和国认证许可条例》又为我们提供了坚实的法律和制度保障。

　　2）相关的环保认证为废弃电器电子产品回收处理企业认证提供了现实途径

　　2010 年 5 月 18 日，为配合《电子信息产品污染控制管理办法》中相关工作的有效开展和实施，国家认监委、工业和信息化部，依据国家相关法律、法规和政策精神，编制完成了《国家统一推行的电子信息产品污染控制自愿性认证实施意见》。该意见对于控制和减少电子信息产品废弃后对环境造成的污染，保护人体健康，推动电子信息产业持续、健康发展，并促进低污染电子信息产品的生产和销售，规范、指导并有效监管境内所开展的电子信息产品污染都具有重要的现实意义。此外，国家认监委与工业和信息化部进一步还采取了措施来鼓励、支持电子信息产品的生产者、销售者、进口者对其生产、销售、进口的电子信息产品申请国推污染控制认证。具体说来，主要包括如下五个方面：推动电子信息产品污染控制强制性认证对国推污染控制认证结果的采信；争取财税部门对满足国推污染控制自愿性认证要求的产品及相关获证企业给予各种扶持鼓励政策；争取国家政府采购部门对通过国推污染控制自愿性认证的产品优先进行政府采购；按照平等互利的原则，推动国推污染控制自愿性认证的国际互认；制定相关措施，促进电子信息产品污染控制新技术的研究、开发和推广应用。

为确保国推污染控制认证制度实施的有效性和可操作性，2011年8月25日，国家认监委、工业和信息化部又共同确定了国家统一推行的电子信息产品污染控制自愿性认证（以下简称国推污染控制认证）目录（第一批），该目录（第一批）包括有整机产品、组件产品、材料产品和部件以及元器件产品等。

国推污染控制认证作为目前我国官方推出的有关电子产品认证的一项重要制度安排，在认证机构、法律效力、结构体系、内容设定以及管理模式和相关制度方面的经验为我国实施废弃电器电子产品回收处理企业认证提供了有益借鉴。

3. 废弃电器电子产品回收处理企业实施认证制度的流程构建

在构建我国废弃电器电子产品处理企业的认证流程之前，我们有必要先考察相关发达国家的实践情况。以美国为例，当前各州政府并未限制参与废弃电器电子产品回收处理的企业数量，而是充分调动市场力量参与到该流程的各个环节。统计显示，截至2012年，美国从事废弃电器电子产品回收、处置与利用的企业总计2 878家，广泛分布于全美各州。在此种情况下，各个回收处理企业都会面临极大的竞争压力，故而有极大的动力来提升服务与技术水平。举例说来，全美规模最大的废弃电器电子产品回收处理企业 Electronic Recyclers International（ERI）每年平均回收处理7.71万吨废弃电器电子产品，然而仅仅占到2011年全美回收量的2.3%左右，由此可见美国废弃电器电子产品回收处理行业的高度竞争特点。在这一竞争压力之下，以 ERI 为代表的回收处理企业已实现对于所有废弃电器电子产品采取粉碎处理，禁止非法出口以及填埋处置，以及资源100%的回收再利用。

借鉴美国等发达国家的相关经验后，我们试图构建出适合我国国情的认证制度流程：具备相关资质的废弃电器电子产品回收处理企业向指定的被授权机构提出书面认证申请书，被授权机构做出实质审查，并根据企业申请材料、产品检验报告撰写评价报告，然后提交审查委员会审查，被授权机构收到审查委员会审查意见后，汇总审查意见，批准（或者不批准）认证，并由被授权机构颁发（或者不颁发）证书并公示，最后获得（或者不获得）认证资格。在整个过程中，由定点监测机构负责监督，并出具监督报告存档、备查。如图15-4所示。

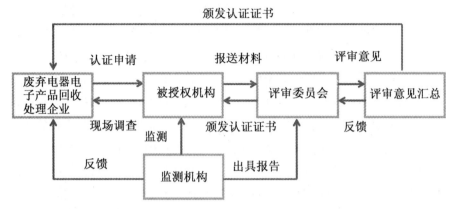

图15-4　我国认证制度流程构建示意图（初步构想）

4. 认证制度与许可制度的比较

世界近百年的认证发展史已充分证明：认证既是国际通行的标准实施监督方式，也是一种质量监督的有效方法。发达国家环境保护史也已经证实，让政府逐渐退回监督者的角色，从宏观上引导环保经济的发展，而不直接介入环保工作的实际运作是顺应国际经济社会发展趋势的做法。

现代经济学的市场供需原理要求企业尽一切力量来满足消费者的现有或预期需求，由此再通过增加销售量、降低销售成本等手段来最大化自己的利润。具体到市场上的废弃电器电子产品回收处理行业来说，能够获得认证的企业是其中的最优秀者。因此，大多数企业为了获得更强的市场竞争力和争取更好的环境形象，将会不断地革新科学技术，使产品能够长期保持在认证技术的最前沿。但是，如本章开始所言，就目前中国经济社会发展的现实国情来说，许可制度也有其存在的必然性，因地制宜地选择合适的运行制度是各国的通行做法，这也告诉我们简单照搬国外经验是不可行的。

为此，建议对当前我国废弃电器电子产品回收处理行业实行许可制度的同时，逐步探索认证许可并行模式，最终向更有效率的认证模式转变。

5. 推行中国废弃电器电子产品回收处理企业认证制度的切入点

（1）开展认证试点示范。针对目前我国废弃电器电子产品回收处理的实际情况，结合《废弃电器电子产品处理目录（第一批）》以及《废弃电器电子产品处理基金征收使用管理办法》等配套政策，并根据"四机一脑"产品和企业的不同特性，选择若干有针对性、有代表性的产品和企业开展试点研究，试行回收处理企业的认证制度，为进一步全面推广提供必要的参考和借鉴。

（2）重视政府的推动作用。无论是从美国还是其他发达国家的经验来看，企业在由行政许可制度向认证认可制度过渡过程中，政府的推动都发挥着关键的作用。

（3）促进国际交流合作。当前，要尽快缩小我国与发达国家之间的差距，主动吸收现有的先进技术和经验，并同时积极开展国际合作，通过共同研发、沟通交流等方式提高国内的科学技术水平和创新发展能力，继而建立起适合中国国情的废弃电器电子产品回收处理企业认证制度。

针对前面分析的电器电子产品的生产、回收和处理环节中现行政策所受到的诸多制约因素，在当前的基金模式下，探讨了相应的政策调整方向，汇总如图 15-5。

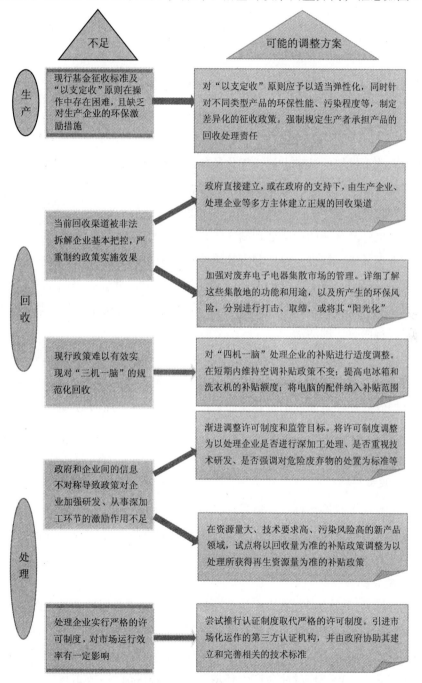

图 15-5 当前政策所受制约因素以及相应的解决方案

基于 B2B 的生产者责任机构制度设计

在现有政策框架的基础上逐步优化各项政策设计是在我国废弃电器电子产品回收处理领域落实生产者责任的现实路径，但着眼长远，基于 B2B 的 PRO 平台为我国 WEEE 回收处理的 EPR 制度提供了另一种可能性。

本文提出一套全新的回收处理制度体系，即基于 B2B（Business to Business）形式的生产者责任机构制度。这项制度的主要特点是引入在多个发达国家应用的生产者责任机构（PRO）概念，并根据我国实际情况加以改良。在该制度中，政府将规定生产商强制回收处理额度。生产商通过 PRO 与处理商建立起供求联系，在 PRO 的管理下进行回收处理活动。

新制度分析的逻辑框架如图 16-1 所示，在分析现有制度问题的基础上，结合我国回收处理市场的情况，制定四大政策目标，通过充分借鉴发达国家经验，针对我国建立回收处理体系面临的特殊障碍，提出适合中国特点的新制度。

一、新制度的主要内容

（一）政策目标

新制度有四个政策目标：环境目标、资源再利用目标、生产者责任目标及效率目标。这四个目标反映的是新制度需要对废弃电器电子产品回收处理体系的作用与影响。

1. 环境目标

环境目标是回收处理制度当中的首要目标，新制度必须达到最大限度地减少废弃电器电子产品对环境的危害。废弃产品中正价值的物品如铜、铁、稀有金属等依靠市场自身力量就可以重新回收利用，但市场缺少动力处理其中负价值的污染物。根据外部性理论，WEEE 对社会产生环境污染，负外部性造成市场失灵，政府需要创新制度，建立规范的回收处理体系以解决负外部性问题。EPR 制度就是将减少环

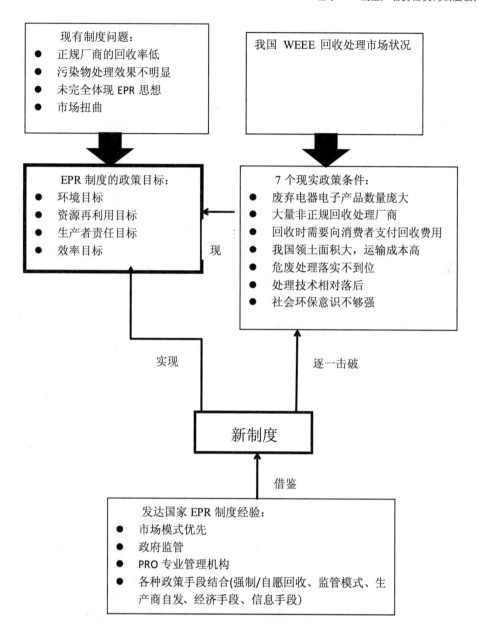

图 16-1　新制度设计逻辑框架

境污染的成本由政府负责内部化为生产者的成本。因此，新制度需要达到有利于污染物妥善处理、处理技术提高以及产品环保性增强等环境目标。

2. 资源再利用目标

新制度的第二个政策目标为促进废弃产品中资源的再生和再利用。废弃电器电子产品中有许多可以再生的资源，如金属、塑料等物料。同时，许多产品的零部件也可以经过回收后再使用。资源的再生和再利用大大减少了原材料的使用和矿产等自然资源的开采，对保护自然资源起到了积极作用。新制度需要大力促进废弃资源清洁高效的循环利用。该制度需要达到的目标之一是通过规范回收和处理尽可能多的废弃电器电子产品实现资源的循环利用。

3. 生产者责任目标

新制度的第三个政策目标是使得该制度符合生产者责任延伸制的设计理念，使生产者必须在回收处理过程中承担主要责任。一般认为（最早由托马斯提出，后被广泛接受），生产者责任大致分为五种：

（1）产品（环境损害）责任（liability）。即生产者对已经证实的由其生产的问题产品所导致的环境损害负有责任，其责任范围由法律规定，产品（环境损害）责任不但存在于产品使用阶段，而且存在于产品的最终处置阶段，并且可能包括产品生命周期的各个阶段。

（2）经济责任（economic responsibility）（或称财务责任）。生产者支付管理产品（使用后）废弃物的全部或部分成本，为其生产的产品（使用后）的收集、循环利用或最终处置支付全部或部分费用。生产者可以通过某种特定费用的方式来承担经济责任。

（3）亲自参与责任（physical responsibility）（或称物质责任、有形责任、具体责任）。生产者在产品使用期后（消费后阶段）直接或间接地承担废弃产品物质管理责任，必须亲自实际参与处理其产品（使用后）或其产品引起的影响。这包括：发展必要的技术、建立并运转回收系统以及处理他们生产的产品。

（4）物主责任（ownership）（或称所有权责任）。在产品的整个生命周期中，生产者保留产品的所有权，为其产品的环境影响承担责任。在此种情况下，生产者应通过管理产品与支付费用的方式来对其产品承担责任。目前，生产者将产品租赁给消费者的做法就体现了生产者物主责任。

（5）信息责任（informative responsibility）。生产者有责任提供有关产品以及产品在其生命周期的不同阶段对环境的影响的相关信息。例如，环保标志、能源信息或噪音信息等。

只有生产者尽可能承担以上五种责任，生产者责任延伸制才可能行之有效。否则会造成回收处理中利益相关者的权责不明，导致"人人都有责，人人都不管"的现象。

4. 效率目标

新制度的最后一个政策目标是提高回收处理体系的运行效率。这主要体现在三个方面。一是尽量减少在回收处理体系中产生的各项成本，包括收集成本、各个环节的运输和储存成本、人力成本、行政和监管成本等。二是尽量减少因 EPR 制度的实行造成的市场扭曲和社会福利减少。三是要充分考虑政策和法律法规的执行效率。经济目标指标必须与之前的环境目标综合考虑，制度本身需要将减少环境污染放在首位，在此基础上再考虑经济效率。

（二）政策内容

新制度分为四个部分：处理商资格认证与分级、强制规定生产商回收处理额度、PRO 运营平台及其他政策支持。

1. 处理商资格认证与分级

（1）参与回收处理活动的处理商必须是获得资格认证的合法经营企业。目前的基金征收回收制度中，国家为处理企业设立了高门槛，使得一些中小处理商无法通过资格审核得到补贴。全国只有 63 家企业获得了补贴资格，这对于我国电子垃圾回收处理潜在巨大市场而言是九牛一毛。而大量中小处理商缺少政府监管和具体运营标准约束，对环境造成极大破坏。对大量存在的回收处理企业通过资格认证使其合法化并纳入规范监管是一个现实的选择。资格认证的标准需要适当降低，但政府能对获得认证的处理商进行监督，而非让其以"黑市"形态存在，处于监管的真空状态；政府应该对这些处理商提出更加明确的基本经营标准，例如要求厂商摒弃单纯的家庭作坊式拆解以及将对环境产生污染的部分妥善储藏等，使其改善处理方法，合法化，正规化，杜绝"家庭作坊式"的拆解办法，尽量减少拆解处理造成的环境污染；各个处理商可以自愿向政府提交资格审查和认证申请，以获得合法的经营权；而未获得资格的处理商都作为非法经营进行处理。

（2）建立处理商分级、分资质的认证体系。对合法的处理厂商将按照处理的技术水平高低进行评级。例如厂商仅进行手工物理拆解为最低级别，可以用机器进行拆解处理为高一级，可以进行深加工处理则为更高一级等。

（3）根据"3R"原则（Reduce，Recycle，Reuse）进行资质认证。例如，做到减少废弃物污染性，并回收部分物料的厂商获得"减少废弃物资质"；在前一资格基础上做到资源再生的厂商，例如将电路板物中的铜提炼重塑成铜板等工艺，可以申请获得"资源再生资质"；在前两个资格基础上可以做到再制造的厂商，可以申请获得"再制造资质"。

但一般而言，处理商的级别越高，获得的资格越全面，处理成本可能相对越高。因此，政府需要对于获得资格审核的处理厂商根据级别和获得资质实行不同程度的税收减免等优惠措施，鼓励技术先进的处理厂商发展。例如，仅获得"减少废弃物资质"的厂商就无法享受税收减免，而获得"资源再生资质"或者"再制造资质"的厂商可以享受低税甚至免税的优惠。

概括起来，政府对市场上的处理商进行资格认证与分级有三个重要步骤：一是降低资格认证门槛，建立处理商基本经营标准，未获资格企业将按非法经营进行取缔；二是对合法处理商进行技术分级和资质分级；三是按照不同的分级，对技术先进和清洁的处理商进行税收减免优惠等政策支持。

2. 规定强制性的生产商回收处理额度

政府对每个生产商提出年度强制回收处理额度。该额度一般根据产品的市场份额和生产量进行科学计算得出。额度规定的数量必须在当年按要求回收处理。例如，今年对生产商 A 的回收处理额度为年平均生产量的 50%。目前回收处理技术差异较大，仅进行物理和简单深加工处理的处理商与能实现资源再生和再利用的处理商都属于回收处理范畴，且后者处理成本较高。为了保证生产商不因为降低成本只选择低技术拆解处理方式，在额度中还需规定一部分为高技术处理。例如，在规定的 50% 回收处理额度中，至少有 25% 需要通过处理技术先进的厂商进行。如无法达标，生产商将受到政府的严厉处罚，并确保处罚带给生产商的成本高于生产商回收处理产品的成本。另外，额度将按重量而不是件数计算，因为如果按照件数规定，生产商则会为了减少处理成本，尽量选择较小的产品回收，而大件商品则会回收量偏少，这样会对整体回收处理量造成影响。政府将每年对生产商的任务完成情况进行审核。

总结来说，政府对生产商回收处理额度的要求有三：一是额度按照生产商的产量和市场份额决定；二是额度中一部分要求生产商必须通过技术先进的处理方法进行；三是额度的单位为重量而非件数。

3. 构建 PRO 运营平台

新制度的核心为建立 B2B 形式的生产者责任机构（PRO）的运营形式。

（1）引入 PRO 的必要性

相比于基金征收和补贴的形式，为生产商与处理商创造一个供求市场可以减少社会福利的无谓损失。在这个市场上，众多处理商为生产商提供废弃产品的回收处理服务，而生产商消费这种服务，最终达到市场均衡。根据前文介绍的国外经验，欧洲与北美的发达国家更多的是依靠市场力量进行废弃产品的回收。但是在现实世界中，市场情况比较复杂，参与者众多。尤其在中国，目前有成千上万家分布在不同城市和地区的废弃产品处理商，而且处理商的规模、技术水平等参差不齐。对于生产商而言，选择适合的回收处理商存在极大的信息不对称。另外，由于中国国土面积大，人口众多，生产商仅仅与一家或者几家处理商签订合约进行回收处理会产生高昂的运输费用。而让每家生产商单独在全国范围内找到众多合适的处理商也会耗费大量时间精力，增加管理成本。这时就需要引入代理人的思想，不同生产商将回收处理的管理工作交付给同一个专业管理机构，也就是在发达国家大量运用的生产责任机构（PRO）。目前，欧洲、加拿大和韩国都采用了 PRO 废弃产品管理的形式。仅欧洲就有 250 家 PRO。索尼电脑欧洲中心估算，PRO 帮助其在 2005 年减少了 408 000 欧元的回收处理成本。在发达国家的回收处理体系中，PRO 一般为非营利组织。生产商根据自身需求选择适合的 PRO，由其全权负责合同生产商对废弃电器电子产品的收集、运输、处理事物等。生产商根据每单位产品回收处理的成本向 PRO 付费。

（2）基于 B2B 的 PRO 平台设计

根据我国市场情况，引入 PRO 管理的制度比较符合我国国情，但需要在发达国家应用的基础上进行改良。本文提出的 PRO 是基于电子商务中的 B2B 理论。B2B 全称为 Business to Business，是指互联网市场领域中一种企业与企业的营销关系，即供需双方都是商家。它们通过商务网络平台在网上进行交易。PRO 负责建立起网络平台，并对加入平台的处理商和生产商进行审核，对交易活动进行管理和监督。生产商将根据处理商提出的回收处理费，为处理商回收的该品牌废弃产品付费。平台里的生产商和处理商也需要向 PRO 交付一定费用，用于维护 PRO 的运营管理。加入平台的处理商必须获得政府的资格认证，并在平台上公布自己的资质情况。

处理商经过 PRO 核实材料，便可以加入该 PRO 商务平台。回收处理活动有三种情况：第一种情况为处理商自行从消费者处回收废弃产品；第二种情况为生产商负责回收；第三种情况由 PRO 全权代理，帮助生产商完成回收任务。

第一种情况：处理商自行回收

在第一种情况下，处理商需要对回收上来的产品的品牌和类型进行分类，并统计重量，公布在 PRO 平台。生产商可以通过加入该 PRO 获取各处理商回收处理其品牌产品的数量信息以及每单位重量的回收处理价格。此时，生产商可以根据自己的需要，自行选择平台上的处理商进行交易。例如，电视机生产商 A 加入 PRO 后，各处理商在每个周期时间（比如 1 个季度）向 PRO 平台报出回收处理 A 的电视机产品的数量、重量、种类和回收处理费。所有信息均需要通过 PRO 进行审核。拆解处理后，处理商必须将危废运送到危废处理厂进行处理，并获得危废处理厂开具的危废处理证明，然后将证明提供给 PRO 平台核实。审核通过后，生产商可以根据需要选择适合自己的处理商。由于生产商必须通过资质较高的处理商处理一定额度的废弃产品，因此，回收处理费高的技术先进厂商不会由于价格的劣势被资格低的厂商挤出市场。选定后，生产商根据市场价格和回收处理量将回收处理费交付处理商。

处理商回收 WEEE 的 PRO 平台流程如图 16-2 所示。

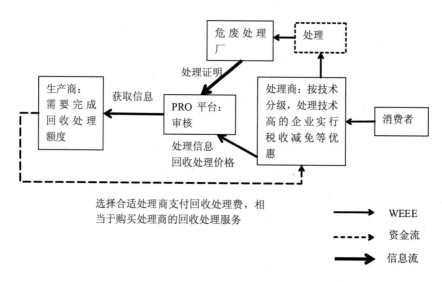

图 16-2　处理商回收 WEEE 的 PRO 平台流程图

第二种情况：由生产商负责回收废弃产品，建立逆向物流的回收网络

为了向消费者提倡废弃电器电子产品的环保回收处理，并有效降低生产商回收成本，生产商应当为消费者主动提供回收渠道，并以其他方式替代提供给消费者的回购费。按照发达国家的经验，生产商的回收服务主要依靠销售商完成，即消费者可以将废弃的产品交给销售点进行回收，或寄回销售商指定地址。在有些发达国家城市，消费者也可将废弃产品交送到政府或由政府挨家收取。根据我国的实际情况，可以针对不同消费者采用不同的回收模式。在我国，消费者与销售商主要分为以下几类（见图 16-3）：

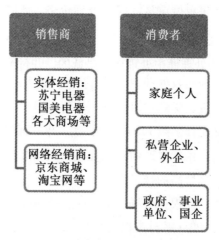

图 16-3　我国消费者与销售商的类别

生产商可以通过与销售商协议将各销售分店作为废弃产品回收点，号召消费者自行将废弃产品交回任意销售分店或各销售分店可以进行上门取件服务。例如美国的电器电子产品销售巨头百思买（BestBuy）在美国开展了废弃电器电子产品的回收服务。无论消费者在哪里购买的电器商品，只要在百思买规定的回收目录中，都可以送到百思买的营业点，目录包括了绝大多数电器电子产品。百思买在营业时间内每分钟都可回收 400 磅电器电子产品，它们的目标是到 2014 年底可以回收 10 亿磅。消费者可以选择将小件的产品直接投放到营业点的指定位置或收款台。对于大件产品，如电视机等，百思买也可以负责免费上门回收。百思买对于回收处理商的处理流程也做了严格要求，包括避免焚烧和填埋的处理方式以及禁止向发展中国家出口WEEE 等。因此在中国，尤其是在大中型城市，生产商也可以与苏宁电器、国美电器等销售商合作开展回收服务。另外，目前网络经销商也是电器电子产品销售的一大主力军，由于缺乏实体店，这些网络经销商可以提供邮寄回收服务，即消费者可以将废弃电器电子产品寄回这些经销商的指定地点，并由生产商和经销商承担运费。生产商与销售商可以合作推出针对回收的优惠活动。例如，对于有能力自行将废弃产品送回指定回收点的消费者，消费者在购买新产品时可以享受一定折扣优惠。或者消费者从销售点购得新产品，在送货上门时同时将旧电器回收至销售点，并为消费者提供礼品、优惠券等。而政府、事业单位和大型公司企业在更换电器电子产品时，必须主动联系生产商进行无偿回收。

由生产商自行回收的废弃产品必须交给资质高、技术先进的处理厂进行处理。此时，生产商有两个选择。一是将回收上来的废弃产品直接送到指定处理商，并根据危废处理厂出具的证明交付处理商一定处理费。例如，百思买的回收项目是与 3个回收处理商进行合作。二是将回收上的产品情况发布到 PRO 平台，并提出最高处理价格。平台上相应地区的处理商可以根据自身情况进行拍卖。生产商可将回收上的废弃产品交给同资质的处理商中处理成本最低的，并付给该处理商协议的处理费。生产商实际如何进行选择要依照两种方式的成本进行比较。

图 16-4 表示了由生产商自行回收 WEEE 的逆向物流：

第三种情况：由 PRO 代理完成回收任务

与发达国家相似，PRO 平台也可以全权代理生产商的回收处理任务。生产商只需提供回收处理资金以及其他必要支持，PRO 将负责为生产商达到年度回收处理额度。

理论上，生产商支付的回收处理费要低于生产商自行回收并交付给指定处理商的成本。处理商的净利润为再生资源收入−回收处理成本。在原有市场中，假设处理商不按环保要求进行危废处理，则处理商的回收处理成本为提供给消费者的回购

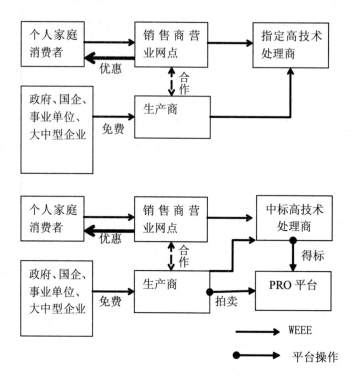

图 16-4　生产商自行回收逆向物流

费+"粗放式"拆解费用+运输成本+固定成本（如场地租金、设备、人力等）。在新制度下，处理商的回收处理成本还要加上其获得合法经营资格的成本、PRO 收取的管理费与危废处理成本。因此，根据经济学原理，假设回收处理市场为完全竞争市场，当处理商的边际收益 MR＝边际成本 MC 时，即回收处理费只要等于处理商加入 PRO 所产生的边际成本，该体制便可以运行。这种方式利用当地的回收处理网络，使废弃产品可以尽量就近处理，减少了大量无谓的运输费用，该回收处理费涵盖了危废处理费用，相当于生产商为其产品造成的环境问题埋单。

综上所述，这种类型的 PRO 的主要职责主要有四点：一是为生产商和处理商提供并维护交易平台；二是审核信息的真实性；三是为交易金额提供第三方托管；四是必要时 PRO 可以提供全权代理服务，为生产商达到回收处理目标。

4. 相关配套

除了该制度外，政府还应出台其他配套政策对废弃电器电子产品的回收处理活动进行引导。

（1）我国废弃电器电子设备市场存在着大量的进口走私产品。这些进口的废弃产品因为数量庞大且涉及跨国处理的问题，往往无法根据生产者责任延伸制来解决。目前国家最新的 WEEE 进口禁令是《关于调整固体废物管理目录的公告》（2009 年第 36 号公告），该公告禁止进口玻璃废物（包括阴极射线管废玻璃和放射性废玻璃等），废弃电池，废弃计算机设备及办公用电气电子设备（废弃打印机、复印机、传真机、打字机、计算器、计算机和其他同类设备），废弃家电（废旧空调、冰箱和其他制冷设备等），废弃通信设备（废弃电话、网络通信设备等）和废弃电气电子元件（印刷电路板、阴极射线管等）。相较 2001 年出台的禁令已经有了很大提高。但仍旧无法完全阻挡 WEEE 的进口走私。因此，为了尽量减少这些进口废料对我国环境的破坏，国家应该出台更为严格的措施，并积极与美国等 WEEE 出口国政府进行合作协调，联合对走私活动进行打击。呼吁各国都要完善 EPR 制度，使生产商切实处理 WEEE，阻止电子垃圾流出国外。

（2）对于废弃产品处理的集散城市，国家应该尽快发展起废弃产品处理集中园区，将成片的家庭作坊整合入专业的园区，引进更先进的技术和设备，并为家庭作坊的从业者提供就业。逐渐整合回收处理的上下游企业，例如回收处理企业、危废处理厂与材料生产厂在同一园区，降低运输成本。

（3）政府需要加大监管。一旦发现已经获取回收处理资格认证的处理商违反规定进行处理或随意弃置危废，将施以重罚或取消其回收处理资格。而与其违法行为有关联的 PRO 也将受到处罚。

（4）政府需要联合生产商和 PRO 对废弃电器电子产品的危害以及绿色的回收处理方式进行广泛宣传，强调消费者也有保证废弃产品安全处置的责任，教育消费者尽量将废弃产品免费交与生产商以减少回收处理的成本，促进先进处理技术的发展。

（三）实施要点

新制度主要有以下实施要点：

（1）政府降低回收处理商资格准入门槛，对取得营业资格的回收处理商设立基本处理标准，严禁"家庭作坊"式处理方法。未取得资格的回收处理商按非法经营取缔。

（2）对获得资格的回收处理商按照技术高低进行分级。政府为技术先进，可以实现资源再生再利用的厂商提供税收减免等政策优惠。

（3）政府为生产商设定强制回收处理额度。其中必须至少有一定比例的回收处理由技术先进的处理商完成。未达到额度的生产商将受到政府的处罚。

（4）生产商与处理商经过 PRO 的资格审核加入 PRO 平台，并向平台支付一定管理费。

（5）处理商将回收处理的 WEEE 按品牌与种类分类，将重量等信息发布于 PRO 平台。处理商必须将 WEEE 的危废送往危废处理厂处理，并开具危废处理证明，发布于平台。处理商在平台报出每单位的回收处理费。

（6）生产商根据自身情况，按照每单位回收处理费通过平台支付给合适的处理商，以此来积累回收处理额度。

（7）生产商同时联合销售商为消费者提供更多的回收渠道，以各种礼品优惠方式代替回购费。回收上的 WEEE 必须交由技术先进的处理商处理。处理可以指定给特定处理商或者在平台上向该地区的处理商进行拍卖。

（8）政府部门、国企事业单位以及中大型公司有义务主动将 WEEE 免费交由生产商回收处理。

（9）生产商可以选择将回收处理任务全权交由 PRO 进行处理。由 PRO 帮助其达到每年额度。

（10）政府严格进口 WEEE 标准，严禁含有某些危险污染物的 WEEE 进口至国内。

（11）在 WEEE 回收处理集散中心城市尽快建立 WEEE 回收处理园区，整合大量家庭作坊。

（12）政府和生产商需加大力度宣传 WEEE 的危害和正规回收渠道，鼓励消费者免收回购费，减少回收处理成本。

（13）生产商每年向政府报告回收处理情况。政府也对 PRO 运营进行监管。

二、新制度目标可达性分析

（一）政策目标的可达性

1. 该制度能够有效减少废弃电器电子产品的回收处理对环境的影响

首先，获得资历的处理商必须要符合政府规定的基本环保要求，例如禁止使用"家庭作坊式"的拆解方式等。这种方式明确了合法处理商和非法处理商的区别，减少处理商的不规范活动。其次，处理商必须将危废送往危废处理厂，并获得危废处理厂开具处理证明后才能获得生产商提供的回收处理费。这种做法降低了处理商随意弃置危废的风险。并且促进生产商在制造过程中减少对危险物料的使用，以减少危废处理成本。再次，对于处理商的资质分级和对更清洁、先进回收处理的强制要求以及对高技术厂商的税收等政策优惠，使得这些高技术厂商不会在回收处理活动中缺乏竞争优势，也鼓励了处理商的技术发展，逐渐淘汰技术落后的处理商。同时，生产者要承担较高的回收处理费也促使生产商设计易回收产品并减少污染物的使用以降低处理成本。最后，其他政策支持中，国家严格对废弃产品进口的标准以及尽快建立废弃产品处理园区以规范目前某些沿海城市成为废弃产品集散中心的问题，来减少这些地区的环境压力。

2. 该制度对资源再利用也有极大的促进作用

强制的回收处理额度确保生产商至少可以回收额度规定数量的废弃产品。将原有市场上大量处理商纳入到该回收体系中，解决了现有制度下有资质处理商回收率低的问题。对废弃电器电子产品的回收宣传以及为消费者提供多渠道回收方式使得消费者可以更便捷地将弃置不用的家电产品投入回收体系，从而增加了产品的回收率。同时，对回收处理商的处理方式分级并对"资源再生商"及"资源再利用商"提供政策优惠，鼓励了"城市矿山"的发展。

3. 该制度明确了生产者责任延伸制

首先，生产者被强制要求回收处理一定额度的废弃产品，如未达标将受到政府大力处罚。这使生产者必须对自身产品的整个生命周期负责，体现了 EPR 中的"产品责任"。其次，通过 PRO 平台找到合适的处理商，并为处理商提供回收处理费，这体现了生产商的"经济责任"。再次，生产商通过销售商为消费者提供便捷的回收渠道，履行收集、运输等责任，体现了"亲自参与责任"。最后，生产商向社会大力宣传废弃产品的危害及回收的重要性，并告知消费者合法的回收方式，体现了生产商的"信息责任"。

4. 该制度能够提高回收处理体系的经济效率

首先，PRO 平台将生产商与全国各地的处理商直接联系到一起，形成一个供求市场。处理商提供废弃产品处理服务，而生产商用回收处理费消费处理服务。这样的市场机制可以实现资源的更合理配置，减少社会福利损失。处理商为了从生产商那里获得更多的回收处理费，会增加回收数量并尽量降低回收成本。最终市场上处理效率高的处理商将最有竞争力，处理效率低的将被市场淘汰。其次，这样的方式为生产商节省了一部分回收和运输费用。如果完全由生产商自己负责回收处理，生产商将不得不向消费者支付比非正规回收商贩相同甚至更高的回收费用。而且，生产商为了将废弃产品回收且运输到处理地点，又会产生相应的运输费用。根据索尼在美国进行 WEEE 回收处理的资料显示，在回收处理成本中，运输费与回购费占了50% 以上。因此，新制度利用了现有市场的回收处理网络，使其成本远低于生产商自己回收。最后，PRO 以网络平台的形式出现，并负起审核、监督、信息提供等责任，降低了每个生产商在回收处理上的信息搜集和管理成本。尤其是生产商可以选择将回收处理任务全权交付 PRO 进行管理，也节省了生产商的管理成本。

（二）对我国回收处理市场的适应性分析

新制度可以有效消除我国回收处理市场上的七个难题（见表 16-1）：

表 16-1　新制度有效解决我国回收处理市场难题

制度设计现实基础	解决办法
废弃电器电子产品数量庞大	政府强制规定回收处理额； 加强废弃产品进口限制
大量非正规回收处理厂商	合法化达到基本处理要求的处理商； PRO 平台对处理商活动进行审核； 生产商为合适的处理商提供回收处理费，为处理商规范废弃产品处理提供动力
回收时需要向消费者支付回收费用；	利用原回收处理市场，继续由处理商支付消费者回购费用；生产商为处理商提供回收处理费，理论上该费用低于生产商自行从消费者处回购；生产商以其他回收优惠政策代替回购费用
我国领土面积大，运输成本高	可以做到本地回收本地处理，减少跨区域运输费用
危废处理落实不到位	处理商必须得到危废处理厂的处理证明才能获取生产商的回收处理费
处理技术相对落后	实行处理商分级； 为技术先进的处理商提供税收减免等政策优惠； 强制规定生产商利用先进技术回收的额度
社会环保意识不够强	生产商与政府都有宣传废弃电器电子产品对环境的危害以及回收处理重要性的义务； 生产商为消费者提供更便捷的清洁回收方式

三、政策总体效果和不确定性

新制度的实施将逐步规范 WEEE 回收处理市场。由于税收与政策优惠，技术先进的处理商会逐步发展。并且在市场机制的作用下，处理效率高的厂商会获得生产商更多资金，从而淘汰落后的厂商，或者将落后小处理商整合成为大的加盟连锁处理机构。这样一来，处理商的整体水平将提升。非正规处理商一方面将遭到取缔，一方面正规厂商的回收能力加强，可占据大量市场份额。这样一来，"家庭作坊式"的处理商将逐渐减少。

但是，新制度的设计也存在着一些不确定因素。

（1）新制度基本建立在逻辑分析和推演之上，实际效果如何要看市场力量，在此基础上再进行调整。我国市场上目前只有为 WEEE 提供者与拆解企业提供交易平台的服务商。但在此基础上，一旦政府推行新制度，生产者与回收拆解企业间便形成了供求市场，在政府鼓励下，PRO 平台也可以逐步实现。

（2）新制度的建立需要的管理成本较高。对政府而言，审核认证大量回收处理商的资格需要耗费大量时间和精力，增加了行政监管成本。对生产商而言，在 PRO

平台上进行大量交易远比固定几家处理商的管理成本高。PRO 平台需要对各处理商的资质和交易信息进行核实，也增加了管理时间和成本。因此，在具体实施中，生产商还是应该根据自身情况选择适合自己品牌的回收处理办法来达到额度要求。

（3）在制度执行过程中有可能出现谎报处理量等欺诈行为，骗取生产商的回收服务费。因此，可能实际处理量小于公布的处理量。因此，在制度设计上如何完善防治欺诈行为发生需要重点关注。

（4）PRO 平台的效率问题也存在不确定性。就国外经验来说，PRO 既可能出现完全竞争市场，也出现了一家垄断的现象。如瑞士 2/3 的废弃产品回收都被一家 PRO 垄断。垄断的优点在于提高了信息服务的效率，而缺点是可能产生高额的管理费。

综上所述，该制度可以解决现有制度产生的问题，并克服我国回收处理市场的一些特殊障碍，提高 WEEE 的回收处理效率。但同时在设计过程中由于缺乏市场实际数据，信息不够充分，因此，无法进行比较准确的政策"成本-收益分析"来检验其优越性。

致谢 **Waste**
Electronic Product Management in Major
Countries and Relevant Policies in China

　　谨以此书感谢国家发展改革委资源节约和环境保护司李静和牛波等领导的支持、信任和指导。此外，我们要特别感谢刘强、翟勇、田晖、崔燕、唐爱军、冯晓曦等业界同人的帮助和鼓励。

　　此书的所有观点，包括任何疏漏和错误，仅代表作者本人的意见。

曲凤杰